高等院校环境类系列教材

物理污染控制

主　编　高艳玲

副主编　李晓华　孙　颖

参　编　（按姓氏笔画排序）

马　达　万秋山　王会法　王红芳

申左元　刘旭东　孙　颖　杨建文

金泥砂　陆洪宇　姚淑霞　黄应忠

楼　静　霍保全　董春艳

中国建材工业出版社

图书在版编目（CIP）数据

物理污染控制/高艳玲，张继有主编. —北京：中国建材工业出版社，2005.7（2015.1 重印）

（高等院校环境类系列教材）

ISBN 978-7-80159-887-5

Ⅰ. 物… Ⅱ. ①高，②张 Ⅲ. 环境物理学-高等学校-教材 Ⅳ. X12

中国版本图书馆 CIP 数据核字（2005）第 059792 号

内 容 简 介

本书系统地介绍了当今前沿的物理污染控制理论及方法，全面细致地阐述了目前已开展研究的声（振动）、电磁场、热、光和射线等对人类的影响及其评价，以及消除这些影响的技术途径和控制措施。本书分别对环境声学、环境电磁学、环境热学、环境光学以及环境辐射学进行了论述。

本书可作为高等院校环境类专业教材，也可供环境专业人员参考。

物理污染控制

主编　高艳玲　张继有

出版发行：中国建材工业出版社

地　　址：北京市海淀区三里河路 1 号

邮　　编：100044

经　　销：全国各地新华书店

印　　刷：北京雁林吉兆印刷有限公司

开　　本：787mm×1092mm　1/16

印　　张：18.5

字　　数：457 千字

版　　次：2005 年 7 月第 1 版

印　　次：2015 年 1 月第 3 次

定　　价：48.00 元

本社网址：www.jccbs.com

本书如出现印装质量问题，由我社发行部负责调换。联系电话：(010)88386906

序 言

随着人类对环境问题认识的加深，越来越多的企事业单位需要有懂得环境保护的专业人员参与管理。这些人才的培养责无旁贷地落在了高等教育上。高等院校环境专业领域的学生应该学到最新的环境专业概念；受到最新的环境技术研究、设计、运行管理等方面的教育，并树立正确的环境保护和可持续发展的观点。

环境教育课程一般具有综合学科的性质，并需要十分关注真正的实际环境问题。学生应是活跃的思考者和知识的产生者，而不应是消极的旁观者或仅仅是他人知识和思想的接受者，学生的知识和技能应集中于对环境保护的决策和解决环境问题的实践上。环境问题的解决应采用多学科的综合性方法，因此，要求学生具有综合分析问题和解决实际问题的能力。

编辑出版《高等院校环境类系列教材》的目的，就是要把现有的理论与实践经验汇集起来，传扬开去，交流出来，让更多的人看到这些成果，并通过这些成果增强学生解决相关实际环境问题的能力，为环境保护工作培养基础扎实、技术过硬的合格人才。

《高等院校环境类系列教材》的编者们，有的是环境领域的专家、学者，有的是在高等院校从事环境教育的教授，有的是科研院所和企业单位的科技骨干，他们既有扎实的理论基础，又有丰富的实践经验。从而保证了本系列教材的系统性、实用性、前沿性和权威性，是一套值得推广的教材，同时对于从事相关领域教学和科学研究的人员也具有较高的参考价值和实用价值。

中国工程院院士

張傑

2005 年 6 月

《高等院校环境类系列教材》

编委会

前　言

近年来，随着我国国民经济的突飞猛进，环境保护事业也迅速发展，人们越来越重视自己生存环境的变化。人类的健康，需要适宜的物理环境，但长期以来人们对物理性污染却缺乏了解。物理性污染和化学性、生物性污染相比有两个特点：

第一，物理性污染是局部性的，区域性和全球性污染较少见。

第二，物理性污染在环境中不会有残余的物质存在，一旦污染源消除以后，物理性污染也即消失。

物理性污染严重地危害着人类的身体健康和生存环境，必须对其进行控制和治理。物理性污染控制是环境科学在自然科学领域内的又一个研究方向，主要是通过研究物理污染同人类之间的相互作用，探寻为人类创造一个适宜的物理环境的途径。

本书较系统地介绍了当今前沿的物理污染控制理论及方法，力求全面细致地阐述目前已开展研究的声（振动）、电磁场、热、光和射线等对人类的影响及其评价，以及消除这些影响的技术途径和控制措施。本书分别对环境声学，环境电磁学，环境热学，环境光学，以及环境辐射学等进行了研究和讨论，并将物理性污染的危害和防治的最新信息和发展动态呈现给大家，使读者通过对本书的阅读和学习，引起对物理性污染的重视。通过理论的学习，指导在实践中采取措施改善生存物理环境，从而获得更好的生活质量。

全书由北京城市学院高艳玲组织编写，分为十五章，第一章由申左元、万秋山编写，第二章由高艳玲、刘旭东编写，第三章、第四章由高艳玲、王红芳、杨建文编写，第五章、第六章由金泥砂、姚淑霞编写，第七章由高艳玲、孙颖编写，第八章由高艳玲、霍保全、黄应忠编写，第九章、第十章由张继有、董春艳、王会法编写，第十一章、第十二章由马达、陆洪宇、楼静编写，第十三章、第十四章、第十五章由李晓华编写，此外，张有锁在全书编写过程中做了大量文字校对工作，在此谨致感谢。

本书可以作为研究物理环境和物理性污染的基础读物，也可作为从事环境保护研究、监测的工程技术和管理人员的参考书，更是高等院校环境工程专业、环境监测专业、环境监理专业、环境管理专业、环境规划专业、环境学、市政工程等专业需要环境相关知识的专业参考书或教材。

限于编者水平和经验，缺点、疏误恐难避免，敬请读者提出建议和修改意见，供再版时修改。

编　者

2005 年 6 月

前　言

目　录

第一篇　噪声污染

第二篇　辐射污染

第三篇　热　污　染

第四篇　电　磁　污　染

第一篇 噪声污染

第一章 噪声控制理论

第一节 声音的产生、传播与接受

一、声音的产生

噪声和声音有共同的特性，声音的产生来源于物体的振动。例如，敲锣时，我们会听到锣声。此时如果你用手去摸锣面，就会感到锣面在振动。如果用手按住锣面不让它振动，锣声就会消失。这就说明锣声的声源是锣面振动引起的，它属于机械运动。在许多情况下，声音是由机械振动产生的。如锻锤打击工件的噪声，机床运转发出的声音，洗衣机工作时产生的噪声，它们都是由振动的物体发出的。能够发声的物体称为声源。当然，声源不一定就是固体振动，液体、气体振动同样能发出声音。如内燃机的排气噪声，锅炉的排气噪声，风机的进、排气噪声，高压容器排气放空噪声，都是高速气流与周围静止空气相互作用，引起空气振动的结果。

二、声音的传播

前述物体振动发出的声音要通过中间介质才能把声音传播出去，送到人耳，使人感觉到有声音的存在。那么，声音是怎样通过介质把振动的能量传播出去的呢？

现以敲锣为例。当人们用锣锤敲击锣面时，锣面振动，即向外(右)运动，使靠近锣面的空气介质受到压缩，空气介质的质点密集，空气密度加大；当锣面向内(左) 运动时,又使这部分空气介质体积增大,从而使空气介质的质点变稀,空气密度减小。锣面这样往复运动,使靠近锣面附近的空气时密时疏,带动邻近空气的质点由近及远地依次推动起来,这一密一疏的空气层就形成了传播的声波,声波作用于人耳鼓膜使之振动,刺激内耳的听觉神经,就产生了声音的感觉。声音在空气中的产生和传播如图 1－1 所示。

声音在介质中传播的只是运动的形式,介质本身并不被传走,介质只是在它平衡的位置来回振动。声音传播就是物体振动形式的传播,故亦称声音为声波。产生声波的振动源为声源。介质中有声波存在的区域称为声场。声波传播的方向叫做声线。

在图 1－1 中,声波在两个相邻密部或两个相邻疏部之间的距离叫做波长,或者说,声源振动一次,声波传播的距离叫波长。波长用 λ 表示,单位是 m。声波每秒钟在介质中传播的距离称为声速,用 c 表示,单位是 m/s。每秒钟振动的次数称为频率,用 f 表示,单位是 Hz。波长 λ、频率 f 和声速 c 是三个重要的物理量,它们之间的关系为

$$\lambda = \frac{c}{f} \tag{1-1}$$

由式(1-1)可以看出,波长、频率和声速三个量中,只要知道其中两个便可求第三个。

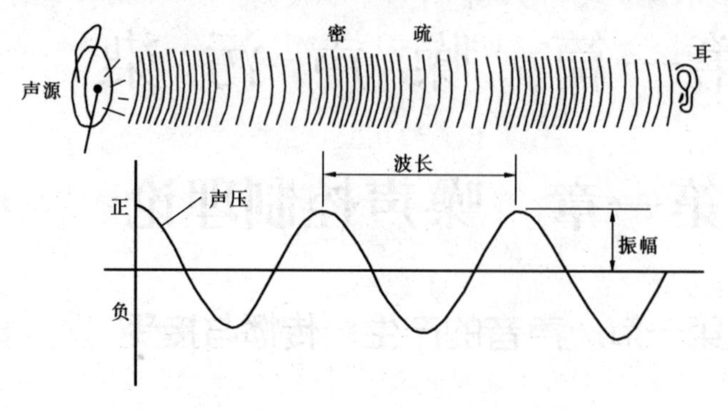

图 1-1　声音的产生和传播

声音不仅在空气中可以传播,在水、钢铁、混凝土等固体中也可以传播。不同的介质有不同的声速。如声音在钢铁中的声速约为 5 000m/s,在水中约为 1 500m/s,在橡胶中约为40~150 m/s。声速大小与介质有关,而与声源无关。空气是一种主要介质,其弹性与温度有关。

当温度 $t > 30℃$或 $t < -30℃$时,声速由下式计算

$$c = 20.05\sqrt{T} \tag{1-2}$$

式中　T——绝对温度(K),$T = 273 + t$(℃),t 为摄氏温度(℃)。

当 $-30℃ \leqslant t \leqslant 30℃$时,声速由下式计算

$$c = 331.5 + 0.61t \tag{1-3}$$

下面通过例题说明声波的波长、频率和声速的关系。

【例 1-1】　当空气温度为 40℃时,试计算空气中的声速,并求在该温度下频率为 500Hz 纯音的波长。

【解】　因为 $t > 30℃$

由 $T = 273 + t$ 得

$$T = 273 + 40 = 313(\text{K})$$

由 $c = 20.05\sqrt{T}$得

$$c = 20.05\sqrt{313} \approx 355(\text{m/s})$$

在 $f = 500$Hz 时

$$\lambda = \frac{c}{f} = \frac{355}{500} = 0.71(\text{m})$$

【例 1-2】　当空气温度为 20℃时,试计算空气中的声速,并求在该温度下 1 000Hz 纯音的波长。

【解】　因为 $t < 30℃$,由式 (1-3) 得

$$\begin{aligned} c &= 331.5 + 0.61t \\ &= 331.5 + 0.61 \times 20 \\ &= 343.7 \approx 344(\text{m/s}) \end{aligned}$$

在 $f = 1\ 000$Hz 时

$$\lambda = c/f = 344/1\ 000 = 0.344(\text{m})$$

【例 1-3】 试计算 1 000Hz 纯音在钢和空气中的波长，并对波长进行比较。

【解】 在常温下，钢中声速约为 5 000m/s，钢中声波波长为

$$\lambda_1 = 5\ 000/1\ 000 = 5(\text{m})$$

常温下，空气中声速为 344m/s，则空气中的波长为

$$\lambda_2 = 344/1\ 000 = 0.344\ (\text{m})$$

由此得

$$\lambda_1/\lambda_2 = 5/0.344 = 14.53$$

由此看出，钢中的波长是空气中波长的 14.53 倍。

常温下（20℃）空气中的声速约为 344m/s，表 1-1 列出某些介质的声速、密度和声阻抗率（亦称声特性阻抗）。声阻抗率等于介质的密度与声速的乘积，单位是 Pa·s/m。声阻抗率（简称声阻）的大小决定着声波从一种介质传入另一种介质时的反射程度以及材料的隔声性能。

表 1-1　某些介质的声速、密度和声阻抗率

名称	温度 t/℃	密度 ρ/kg·m^{-3}	声速 c/m·s^{-1}	声阻抗率/kg·m^{-2}·s^{-1}
空气	20	1.205	344	410
水	20	1×10^3	1 450	1.45×10^6
玻璃	20	2.5×10^3	5 200	1.38×10^7
铝	20	2.7×10^3	5 100	1.30×10^7
钢	20	7.8×10^3	5 000	3.90×10^7
铅	20	11.4×10^3	1 200	1.37×10^7
木材		0.5×10^2	2 400	1.20×10^6
橡胶		（1～2） $\times10^3$	40～500	
混凝土		2.6×10^3	4 000～5 000	1.3×10^7
砖		1.8×10^3	2 000～4 300	6.5×10^6
石油		70	1 330	9.3×10^6

第二节　噪声的主要物理参量

一、声压、声强和声功率

声波引起空气质点的振动，使大气压力产生压强的波动，称为声压，亦即声场中单位面积上由声波引起的压力增量为声压，用 P 表示，其单位为 Pa。通常都用声压来衡量声音的强弱。

正常人的耳朵刚刚能够听到的声音的声压值是 2×10^{-5}Pa，称为听阈声压。使人耳产生疼痛感觉的声压是 20Pa，称为痛阈声压。

对声波，人们经常研究的瞬时间隔内声压的有效值，即随时间变化的均方根值称为有效声压值。其数学表达式为

$$P = \sqrt{\frac{1}{T}\int_0^T p^2(t)\mathrm{d}t} \tag{1-4}$$

式中　$p(t)$——瞬时声压；

t——时间；

T——声波完成一个周期所用的时间。

对于正弦波，有效声压等于瞬时声压的最大值除以$\sqrt{2}$，如未加说明，即指有效声压。

声波作为一种波动形式，将声源的能量向空间辐射，人们可用能量来表示它的强弱。在单位时间内，通过垂直声波传播方向的单位面积上的声能，叫做声强，用 I 表示，单位为 W/m^2。

在自由声场中，声压与声强有密切的关系

$$I = \frac{P^2}{\rho c} \tag{1-5}$$

式中　I——声强（W/m^2）；

P——有效声压（Pa）；

ρ——空气密度（kg/m^3）；

c——空气中的声速（m/s）；

ρc——声阻抗率［$kg/(m^2 \cdot s)$］。

由式（1-5）看出，如已知声压可求声强。

声源在单位时间内辐射的总能量叫声功率，通常用 W 表示，单位是 W，$1W = 1N \cdot m/s$。

在自由声场中，声波作球面辐射时，声功率与声强有下列关系

$$I = W/4\pi r^2 \tag{1-6}$$

式中　I——离声源 r 处的平均声强（W/m^2）；

W——声源辐射的声功率（W）；

r——离声源的距离（m）。

二、声压级、声强级和声功率级

从听阈声压 2×10^{-5}Pa 到痛阈声压 2×10^{1}Pa，声压的绝对值数量级相差100万倍，因此，用声压的绝对值表示声音的强弱是很不方便的。再有，人对声音响度感觉是与对数成比例的，所以，人们采用了声压或能量的对数比表示声音的大小，用“级”来衡量声压、声强和声功率，称为声压级、声强级和声功率级。这与人们常用级来表示风、地震大小的意义是相同的。声压级定义为

$$L_P = 10\lg\frac{P^2}{P_0^2} \tag{1-7}$$

或

$$L_P = 20\lg\frac{P}{P_0}$$

式中　L_P——声压级（dB）；

P——声压（Pa）；

P_0——基准声压，$P_0 = 2\times10^{-5}$Pa。

【例1-4】 某一声音的声压为2.5Pa（均方根值），试计算其声压级。

【解】 由式（1－7）和已知条件 $P_0 = 2 \times 10^{-5}$Pa 得

$$L_P = 20\lg\frac{P}{P_0} = 20\lg\left(\frac{2.5}{2\times10^{-5}}\right) = 20\lg(12.5\times10^4)$$

$$= 20(\lg 12.5 + \lg 10^4) = 20(1.096 + 4)$$
$$= 101.9(\text{dB})$$

同理，声强级定义为

$$L_I = 10\lg\frac{I}{I_0} \quad (1-8)$$

式中 L_I——声强级（dB）；

I——声强（W/m^2）；

I_0——基准声强，$I_0 = 10^{-12}W/m^2$。

【例1－5】 对某声源测得其声强 $I = 0.1\ W/m^2$，试求其声强级。

【解】 由式（1－8）和已知 $I_0 = 10^{-12}W/m^2$ 得

$$L_I = 10\lg\frac{I}{I_0} = 10\lg\left(\frac{0.1}{10^{-12}}\right)$$
$$= 10\lg(10^{11}) = 10\times11$$
$$= 110(\text{dB})$$

在自由声场中 $I = P^2/\rho c$，因此，声功率级和声强级数值相等。声功率级定义为

$$L_W = 10\lg\frac{W}{W_0}(\text{dB}) \quad (1-9)$$

式中 L_W——声功率级（dB）；

W——声功率（W）；

W_0——基准声功率（W），$W_0 = 10^{-12}W$。

【例1－6】 某一汽车喇叭发出0.2W声功率，试求其声功率级。

【解】 由式（1－9）和 $W_0 = 10^{-12}W$

$$L_W = 10\lg\frac{W}{W_0} = 10\lg\left(\frac{0.2}{10^{-12}}\right) = 10\lg(2\times10^{11})$$

$$= 10(0.3010 + 11\times1) = 113(\text{dB})$$

由此可见，在人耳敏感范围内，0.2W的较小声功率将是一个相当大的噪声源。

声压级、声强级和声功率级的单位都是dB（分贝），dB是一个相对单位，它没有量纲。

为方便起见，图1－2列出声压级与声压，声强级与声强，声功率级与声功率的换算关系。

表1－2列出了某些声源或噪声环境的声压级，表1－3列出了某些声源或噪声环境的声功率级，以使人们对声压级、声功率级大小有初步的印象。

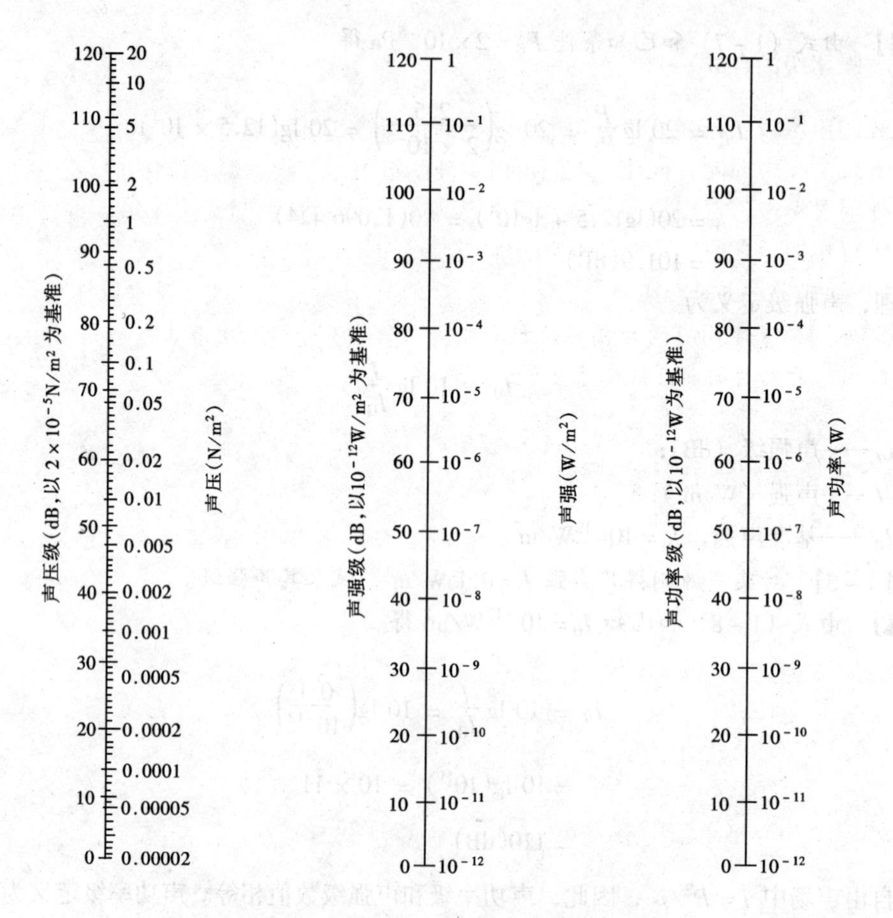

图 1-2　声压、声强、声功率和它们的级的关系

表 1-2　某些声源或噪声环境的声压级

声源或环境	声压级/dB	声源或环境	声压级/dB
核爆炸试验场	180	汽车喇叭，距离 1m	120
导弹、火箭发射	160	公共汽车内	80
喷气式飞机附近	140	大声讲话	80
锅炉排气放空	140	繁华街道	70
大型球磨机附近	120	安静房间	40
大型风机房（离机 1m）	110	轻声耳语	30
织布车间、机间过道	100	树叶沙沙声	20
冲床车间（离床 1m）	100	农村静夜	10

表 1-3　某些声源或噪声环境的声功率级

声源或噪声环境	声功率级/dB	声源或噪声环境	声功率级/dB
阿波罗运载火箭	195	通风扇	90
波音 707 飞机	160	大的喊叫声	80
螺旋桨发动机	120	一般谈话	70
空气锤	120	低噪声空调机	50
空压机	100	耳语	30

三、噪声级的合成

前述的声压级、声强级、声功率级都是通过对数运算得来的。在实际工程中，常遇到某些场所有几个噪声源同时存在，人们可以单独测量每一个噪声源的声压级，那么，当噪声源同时向外辐射噪声，它们总的声压级是多少呢？我们不能把两个声压级进行简单的代数相加，能进行相加运算的，只能是声音的能量。

（一）相同噪声级的合成

【例 1-7】 某车间有两台相同的车床，它们单独开动时，测得声压级均为 100dB，求这两台机床同时开动时的声压级是多少？

【解】 按照声压级的定义，它们的总声压级为

$$L_P = 20\ \lg\frac{P}{P_0} = 10\ \lg\frac{P^2}{P_0} = 10\ \lg\frac{P^2 + P^2}{P_0} = 10\ \lg\frac{2P^2}{P_0^2}$$

$$= 10\ \lg 2 + 20\ \lg\frac{P}{P_0} \approx 3 + 100 = 103(\text{dB})$$

由此可见，两个特性相同、声压级相等的噪声相加，其总声压级比单个声源的声压级增加了 3dB。

如果有 N 个性质相同、声压级相等的声源叠加到一起，总声压级可用下式表示：

$$L_{总} = L_P + 10\ \lg N \quad (1-10)$$

式中 L_P——一个声源的声压级（dB）；

N——声源的个数。

如有 10 个相同的声源，每个声源的声压级仍为 100dB，那么，由式（1-10）知，它们的总声压级为：

$$L_{总} = 100 + 10\ \lg 10 = 110(\text{dB})$$

（二）声压级分贝的加法

对声源不相同的声压级加法可以按如下方法计算。

设有两个不同声压级 L_{P1}、L_{P2}，并有 $L_{P1} > L_{P2}$，由声压级的定义

$$L_{P1} = 10\ \lg\frac{P_1^2}{P_0^2}$$

由反对数有

$$\frac{P_1^2}{P_0^2} = 10\frac{L_{P1}}{10}$$

$$L_{P2} = 10\ \lg\frac{P_2^2}{P_0^2}$$

由

$$\frac{P_2^2}{P_0^2} = 10\frac{L_{P2}}{10}$$

$$L_{总} = 10\ \lg\frac{P_1^2 + P_2^2}{P_0^2} = 10\ \lg\left(\frac{P_2^2}{P_0^2} + \frac{P_2^2}{P_0^2}\right)$$

$$= 10\ \lg\left(10\frac{L_{P1}}{10} + 10\frac{L_{P2}}{10}\right)$$

$$= 10\ \lg\frac{L_{P1}}{10}\left[1 + 10\left(\frac{L_{P2} - L_{P1}}{10}\right)\right]$$

$$= L_{P1} + 10\ \lg\left[1 + 10 - \left(\frac{L_{P1} - L_{P2}}{10}\right)\right]$$

令
$$\Delta = 10\lg\left[1 + 10 - \left(\frac{L_{P1} - L_{P2}}{10}\right)\right] \tag{1-11}$$

有
$$L_{总} = L_{P1} + \Delta \tag{1-12}$$

由式（1－11）和式（1－12）看出，总的声压级等于较大的声压级 L_{P1}加上一个修正项，修正项 Δ 是两个声压级差值的函数。为方便起见，通常由声压级叠加分贝的增值图 1－3 来计算，由图 1－3 看出，当声压级相同时，叠加后声压级增加 3dB；当声压级相差 15dB 时，叠加后的总声压级仅增加 0.1dB。因此，两个声压级叠加，若两者相差 15dB 以上，对总声压级的影响可以忽略。

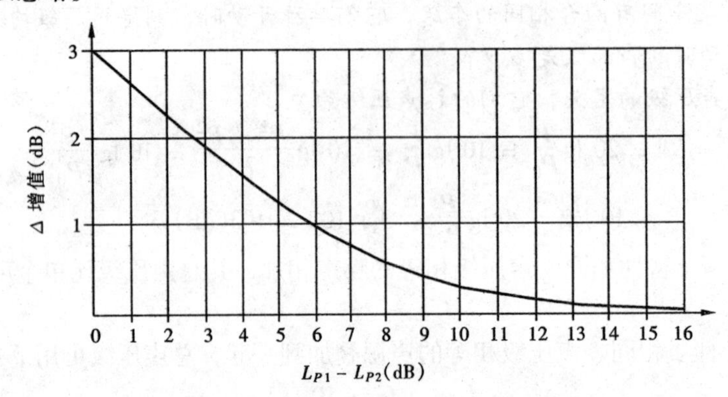

图 1－3　声压级叠加分贝的增值图

【例 1－8】　某针织厂 1 位挡车工操作五台机器，在她的操作位置测得这五台机器的声压级分别为 95dB、90dB、92dB、86dB、80dB，试求在她的操作位置产生的总声压级是多少？

【解】　先按声压级的大小依次排列，然后每两个一组，从前面两个开始由差值 3 查图 1－3得增值为 1.8，其和是 96.8，再后逐个相加，求得总声压级。

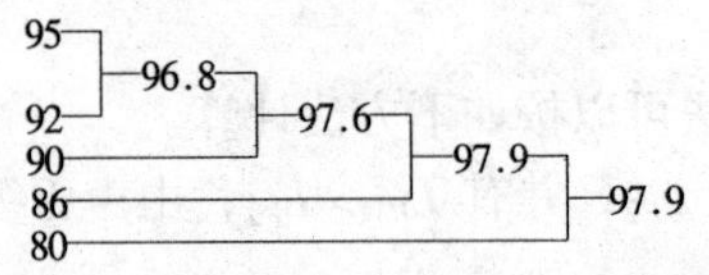

如 95 与 92 相加，两声压级相差 3dB，由图 1－3 查得修正项 Δ＝1.8dB。所以，95dB 和 92dB 的总声压级为 95＋1.8＝96.8(dB)，然后将 96.8dB 与 90dB 相加，它们的差值为 6.8dB，由图 1－3 查得 Δ＝0.8dB，因此，它们相加的总声压级为 96.8＋0.8＝97.6(dB)，其他依次相加，最后，得到这五台机器噪声的总声压级为 97.9dB。

由此题可得到这样的结论：两个相同声压级噪声相加，因其声压级差值为 0，则总声压级等于一个噪声的分贝数加上 3dB；两个噪声的声压级差值在 10dB 以上．则修正项 Δ 小于 0.5dB，即对总声压级影响较小；当差值大于 15dB 时，其对总声压级的影响可以忽略。

【例 1－9】　某车间有八台机器，在某一位置测得这八台机器的声压级分别为 100dB、95dB、93dB、90dB、82dB、75dB、70dB 和 70dB，试求八台机器在这一位置的总声压级为多少？

【解】　方法同例 1－8，由图 1－3，先按如下次序合成：

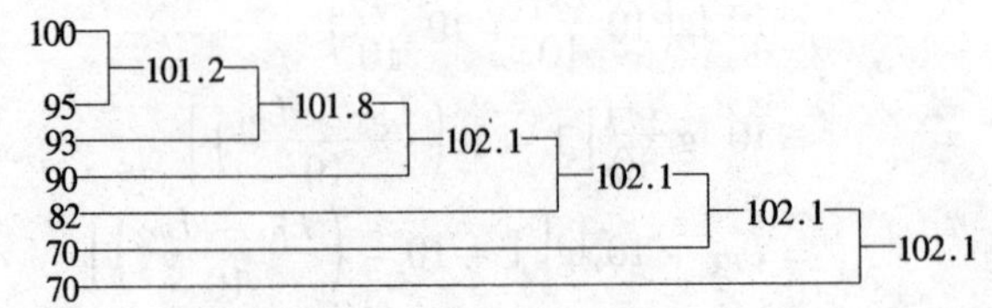

再按另一种次序合成：

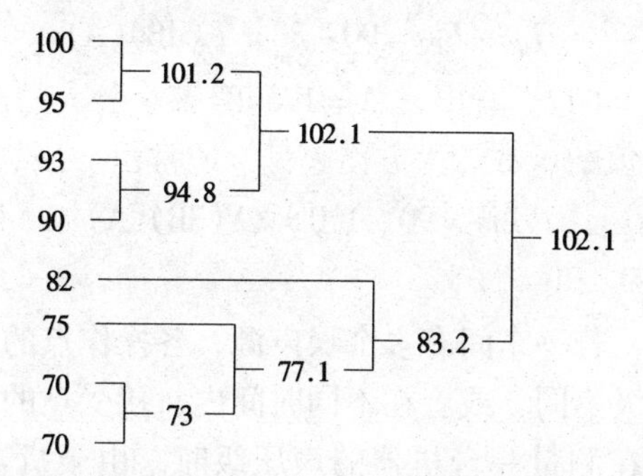

从例 1－8 和例 1－9 的声压级叠加可以看出，声压级的叠加与叠加次序无关，最后总声压级是不变的。叠加时，一般选择两个声压级相近的依次进行，因为两个声压级数值相差较大，则修正项 Δ 很小（有时忽略），影响准确性。当两个声压级相差很大时，即 $L_{P1}-L_{P2}>15$dB，总声压级的增加量 Δ 可以忽略。因此，在噪声控制中，抓住噪声源中主要的、有影响的噪声源，将这些主要噪声源降下来，才能取得良好的降噪效果。

（三）声压级分贝的减法

在某些实际工作中，常遇到从总的被测声压级中减去本身或环境噪声声压级，来确定由单独声源产生的声压级。如某加工车间内的一台机床，在它开动时，辐射的声压级是不能单独测量的，但是，机床未开动前的本身或环境噪声是可以测量的，机床开动后，机床噪声与本底噪声的总声压级也是可以测量的，那么，计算机床本身的声压级就必须采用声压级的减法。求声压级分贝的减法的计算与由声压级的定义推导声压级分贝的加法计算一样，推导得

$$L_{P1}=L_P-\Delta \tag{1-13}$$

式中 L_P——总声压级（dB）；

L_{P1}——机器本身声压级（dB）；

Δ——修正项，L_P-L_{P2}的函数（dB）；

L_{P2}——本底或环境噪声的声压级（dB）。

修正项 Δ 与 L_P-L_{P2}的关系见图 1－4。

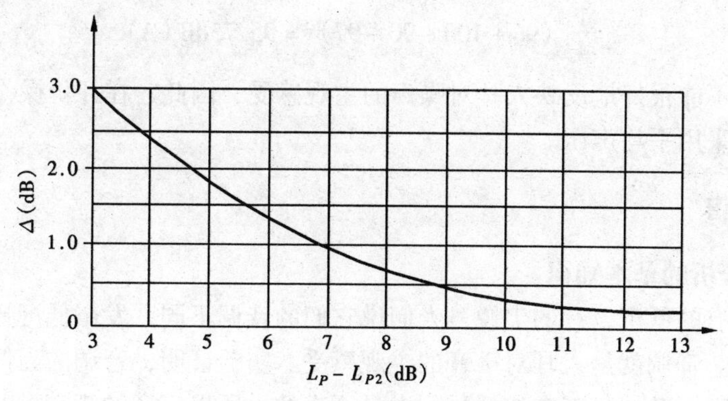

图 1－4　声压级分贝差增值图

【例 1－10】 某车间有一台空压机，当空压机开动时，测得噪声声压级为 90dB（A），当空压机停止转动时，测得噪声声压级为 83dB（A），求该空压机的噪声声压级为多少 dB（A）?

【解】 空压机开动与不开动时的噪声声压级差值：

$$L_P - L_{P2} = 90 - 83 = 7\ (\text{dB})(\text{A})$$

由图 1－4 查得 $\Delta = 1.0\text{dB}$

则空压机的噪声声压级为

$$L_{P1} = 90 - 1.0 = 89\ (\text{dB})(\text{A})$$

(四) 平均声压级

在噪声测量和控制中，若一车间有多个噪声源，各操作点的声压级不相同；一台机器在不同的时间里发出的声压级不同，或者在不同时间内，接受点的声压级不同。这时，就需求出一天内的平均声压级；在测量一台机器的声压级时，由于机器各方向的声压级不同，因此，需测出若干个点的声压级，然后求平均声压级。

设有 N 个声压级，分别为 L_{P1}、L_{P2}、…、L_{Pn}。因为声波的能量可以相加，故 N 个声压级的平均值 $\overline{L}_P$ 可由下式表示

$$\overline{L}_P = 10\ \lg\left(\frac{1}{N}\sum_{i=1}^{N} 10^{\frac{L_{Pi}}{10}}\right) \tag{1－14}$$

平均声压级的计算是由声能的平均原理导出的，它与人耳对噪声的主观感受基本相符。

【例 1－11】 某风机工作时，在机体周围四个方向测得噪声级分别为 $L_{P1} = 96\text{dB}$（A）、$L_{P2} = 100\text{dB}$（A）、$L_{P3} = 90\text{dB}$（A）、$L_{P4} = 97\text{dB}$（A），试求噪声声压级的平均值 $\overline{L}_P$ 是多少？

【解】 由式（1－14），得

$$\begin{aligned}\overline{L}_P &= 10\ \lg\left(\frac{1}{N}\sum_{l-1}^{N} 10^{\frac{L_{Pi}}{10}}\right)\\ &= 10\ \lg\left[\frac{1}{4}\left(10^{\frac{96}{10}} + 10^{\frac{100}{10}} + 10^{\frac{90}{10}} + 10^{\frac{97}{10}}\right)\right]\\ &= 10\ \lg\left[\frac{1}{4}\left(10^{9.6} + 10^{10} + 10^{9} + 10^{9.7}\right)\right]\\ &= 97\text{dB}(\text{A})\end{aligned}$$

如果求上述四个声压级的算术平均值，则有

$$\frac{1}{4}\ (96 + 100 + 90 + 97) = 95.75\text{dB}\ (\text{A})$$

算术平均值不能很好地反映人耳对噪声的主观感受，因此，在评价操作岗位的噪声对人们的影响时，宜采用平均声压。

四、噪声频谱

(一) 噪声分析的基本知识

声音听起来有的低沉，有的尖锐，人们说它们的音调不同，发出低沉音的音调低，发出尖锐音的音调高。音调就是人耳对声音的主观感受。实验证明，音调的高低主要由声源振动的频率决定。由于振动的频率在传播过程中是不变的，所以声音的频率指的就是声源振动的频率。声音按频率高低可分为：次声、可听声、超声。次声是指低于人们听觉范围的声波，即频率低于 20Hz；可听声是人耳可以听到的声音，频率为 20～2 000Hz；当声波频率高到超过人耳听觉范围的极限时，人们觉察不出声波的存在，这种声波称为超声波。在噪声控制中

所研究的是可听声。在噪声控制这门学科中，通常把 500Hz 以下的称为低频声，把 500～2 000Hz 称为中频声，把 2 000Hz 以上的称为高频声。噪声的频率不同，其传播特性不同，控制方法也不同。

人们在日常生活中接触到各种各样的声音，如乐声、交通运输噪声、建筑设备噪声、机械设备噪声等，它们都是由许多不同频率、不同强度的纯音复合成的。为采取有效的噪声控制措施，了解分析噪声源所发出的噪声频率特性是必要的。

（二）倍频程

由于可听声的频率从 20Hz 到 20 000Hz，高达 1 000 倍的变化。为了方便起见，通常把宽广的声频变化范围划分为若干个较小的频段，称为频带或频程。

在噪声测量中，最常用的是倍频程和 1/3 倍频程。在一个频程中，上限额率与下限额率之比为

$$\frac{f_u}{f_l} = 2 \tag{1-15}$$

式中 f_u——上限截止频率（Hz）；

f_l——下限截止频率（Hz）。

式（1－15）称为一个倍频程。

倍频程通常用它的几何中心频率来表示

$$f_c = \sqrt{f_u f_l} = \frac{\sqrt{2}}{2} f_u = \sqrt{2} f_l \tag{1-16}$$

式中 f_c——倍频程中心频率（Hz）。

当把倍频程再分成三等分，即 1/3 倍频程，那么，上限频率 f_u 与下限频率 f_l 之比为

$$\frac{f_u}{f_l} = \frac{\sqrt[3]{2}}{1} \tag{1-17}$$

那么，1/3 倍频程的几何中心频率为

$$f_c = \sqrt{f_u f_l} = \sqrt[6]{2} f_l = \frac{f_u}{\sqrt[6]{2}} \tag{1-18}$$

1/3 倍频程把频率分得更细了，可以更清楚地找出噪声峰值所在的频率。

按照国际标准，把倍频程和 1/3 倍频程的中心频率及每个频率范围列于表 1－4。

表 1－4 倍频程中心频率及频率范围

1/1 倍频程/Hz			1/3 倍频程/Hz		
f_l	f_c	f_u	f_l	f_c	f_u
22.3	31.5	44.5	28.06 35.6 44.9	31.5 40 50	35.6 44.9 56.1
445	63	89	56.1 70.7 89.8	63 80 100	70.7 89.8 112
89	125	177	112 140 178	125 160 200	140 178 224

续表

1/1 倍频程/Hz			1/3 倍频程/Hz		
f_l	f_c	f_u	f_l	f_c	f_u
			224	250	280
177	250	354	280	315	353
			353	400	449
354	500	707	449	500	561
			561	630	707
707	1 000	1 414	707	800	898
			898	1 000	1 122
			1 122	1 250	1 403
1 414	2 000	2 828	1 403	1 600	1 796
			1 796	2 000	2 245
			2 245	2 500	2 806
2 828	4 000	5 656	2 806	3 150	3 535
			3 535	4 000	4 490
			4 490	5 000	5 612
5 656	8 000	11 312	5 612	6 300	7 071
			7 071	8 000	8 980
			8 980	10 000	11 220
11 312	16 000	22 624	11 220	12 500	14 030
			14 030	16 000	17 960

由于人耳对 31.5Hz（接近次声）和 16kHz（靠近超声）这两个频带声音不敏感，因此，在实际噪声控制工程中，一般只选用 63～8kHz 这 8 个倍频程。

（三）频谱分析

声音的频率成分是很复杂的，为了较详细地了解声音成分分布范围和性质，通常对一个噪声源发出的声音，将它的声压级、声强级，或者声功率级按频率顺序展开，使噪声的强度成为频率的函数，并考查其频谱形状，这就是频谱分析，也称频率分析。通常以频率（Hz）为横坐标，声压级(声强级、声功率级)(dB)为纵坐标，来描述频率与噪声强度的关系图，这种图称为频谱图。

声音的频谱有多种形状，一般可分为三种（图 1－5）：

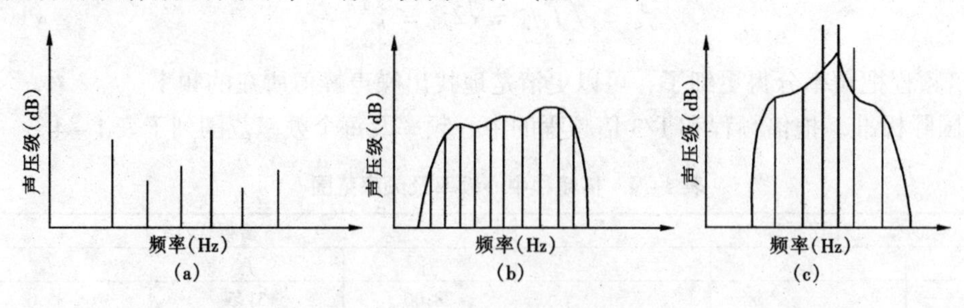

图 1－5　三种频谱

(a) 成谱；(b) 连续谱；(c) 成谱和连续谱

乐器（如笛子、提琴等）所发出的声音频谱中，具有一系列的分立的频率成分，在频谱图上是一些线状谱，如图 1－5a 所示。频率最低的成分叫基音，其他频率较高的成分称为泛音，泛音为基音的整数倍。泛音的数目多少决定了声音的音色，泛音的数目越多，声音听起来越丰满好听。人们之所以对不同的乐器所发出的声音，即使音调相同、强度相同也能区别出来，就是由于泛音数目不同所致。工业上的噪声是由许多个协调的基音和泛音组成的，频率、强度、波形都是杂乱无序的，听起来使人心烦。

在频谱上对应各频率成分的竖线排列得非常紧密，它没有显著的突出频率成分，声能连续地分布在空阔的频率范围内，故称为连续谱，如图 1－5b 所示，这种噪声叫无调噪声。

在有些噪声源，如鼓风机、车床、空调机、发电机等产生噪声的频谱中，既有线状谱又有连续谱成分，故称为有调噪声。这种噪声听起来有明显的音调，如图 1－5c 所示。

常见的一些机械设备的噪声频谱如图 1－6 所示。

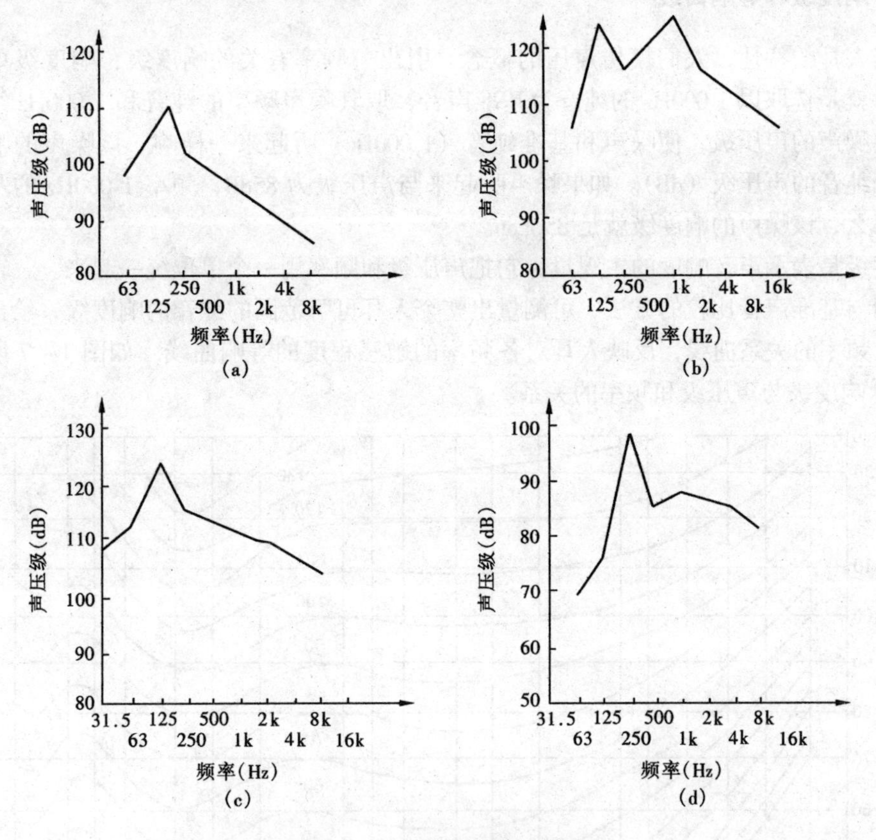

图 1－6　几种机械噪声频谱

(a) $10m^3$/min 空压机噪声；(b) LG80m^3/min 鼓风机噪声；

(c) 柴油机排气噪声；(d) JB 51—2 电动机噪声

注：横坐标中 k 表示 1×10^3（全书同）。

从图 1－6 所示的噪声频谱，可清楚地看出相应频率所对应的声压级（dB）。一目了然地找出声压级的峰值所在的频率，这些峰值属于有调成分，而其余声能谱则属于无调成分。上述的突出峰值，对噪声源采取有效的噪声控制提供了可靠的理论依据。

第三节　噪声的主观量度和主要评价量

在噪声的物理量度中，声压和声压级是评价噪声强度的常用量，声压级越高，噪声越强，声压级越低，噪声越弱。但人耳对噪声的感觉，不仅与噪声的声压级有关，而且还与噪声的频率、持续时间等因素有关。人耳对高频率噪声的反应较敏感，对低频噪声的反应较迟钝。声压级相同而频率不同的声音，听起来很可能是不一样的。如大型离心压缩机的噪声和活塞压缩机的噪声，声压级均为90dB，可是前者是高频，后者是低频，听起来，前者比后者响得多。再如声压级高于120dB，频率为30kHz的超声波，尽管声压级很高，但人耳却听不见。

为了反映噪声的这些复杂因素对人的主观影响程度，就需要有一个对噪声的评价指标。现将常用的评价指标简略介绍如下：

一、响度级和等响曲线

根据人耳的特性，人们模仿声压的概念，引出与频率有关的响度级，响度级单位是方(phom)。就是选取以1 000Hz的纯音为基准声音，取其噪声频率的纯音和1 000Hz纯音相比较，调整噪声的声压级，使噪声和基准纯音（1 000Hz）听起来一样响。该噪声的响度级就等于这个纯音的声压级（dB）。如果噪声听起来与声压级为85dB，频率1 000Hz的基准音一样响，那么，该噪声的响度级就是85phon。

响度级是表示声音响度的主观量，它把声压级和频率用一个单位统一起来。

利用与基准声音比较的方法，可测量出整个人耳可听范围的纯音的响度级，绘出响度级与声压级频率的关系曲线，反映人耳对各频率的敏感程度的等响曲线，如图1－7所示。表1－5表示响度级与声压级和频率的关系。

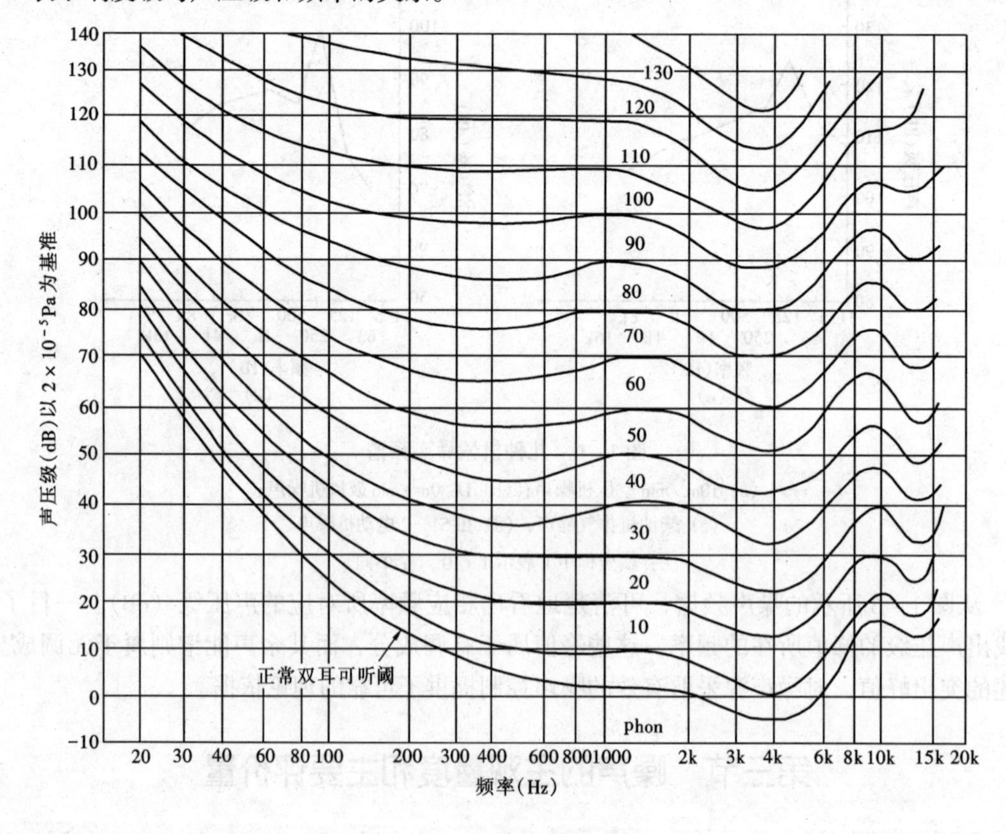

图1－7　等响曲线

等响曲线的横坐标为频率，纵坐标是声压级。每一条曲线相当于声压级和频率不同而响度相同的声音，即相当于一定响度（phon）的声音。最下面的曲线是听阈曲线，上面120

phon 的曲线是痛阈曲线，听阈和痛阈之间是正常人耳可以听到的全部声音。

表 1-5 响度级与声压级和频率的关系

声压级/dB	各频率/Hz 下的响度级/phon											
	20	40	60	100	250	500	1 000	2 000	4 000	8 000	12 000	15 000
120	61.50	108.50	112.50	117.00	119.40	119.90	120.00	128.60	136.50	113.00	110.90	103.40
110	74.50	97.10	102.10	107.80	111.10	111.30	110.00	117.00	124.70	103.40	104.50	99.00
100	57.00	84.70	90.80	98.30	102.30	102.40	100.00	105.70	113.10	93.70	97.30	94.40
90	37.40	71.20	78.90	88.00	93.00	93.20	90.00	94.60	101.70	83.80	89.50	87.60
80	17.00	56.70	66.40	77.30	83.40	83.70	80.00	83.60	90.50	73.70	80.90	79.30
70	-5.80	41.20	53.10	66.10	73.20	74.00	70.00	72.60	79.50	63.50	71.70	69.40
60		24.70	39.20	54.40	62.60	63.90	60.00	62.30	68.70	53.00	61.70	58.00
50		7.10	24.60	47.10	51.50	53.50	50.00	52.00	58.50	42.40	51.70	45.00
40		-11.50	9.30	25.60	40.00	42.80	40.00	41.90	47.60	31.60	39.70	30.50
30			-66	16.00	28.00	31.80	30.00	31.90	37.40	20.70	27.70	14.40
20				2.20	15.50	20.50	20.00	22.20	27.40	9.50	14.90	-32
10				-12.10	2.60	8.90	10.00	12.40	17.50	-18	1.50	
0					-10.80	-30	0	3.30	7.90		-12.70	
-10								-5.90	-1.60			

从等响曲线可以看出，人耳对高频噪声敏感，而对低频噪声不敏感。如同样是响度级 80phon，对于 30Hz 的声音来说，声压级是 101dB，对于 100Hz 的声音，声压级是 85dB，而对于 4kHz 的声音，声压级为 71dB。从等响曲线还可以看出，当声压级较小和频率低时，声压级和响度级的差别很大。如声压级为 40dB 的 40Hz 的低频声是听不见的，没有进入听阈范围，而同样声压级为 40dB，频率为 800Hz 的声音，响度级为 42phon，而 1 000Hz 的频率声音的响度级为 40phon。

响度级是个相对量，有时需把它化为自然数，即用绝对值和百分比来表示。这就要引入响度单位为宋（sone）。40phon 为 1sone，50phon 为 2 sone，60phon 为 4 sone，70phon 为 8 sone ……，响度和响度级的关系可用下式表示

$$L_N = 33.3\lg N + 40 \tag{1-19}$$

式中 L_N——响度级（phon）；

N——响度（sone）。

式（1-19）的适用范围是 20～120phon，在 20phon 以下不适用。为了应用方便，由式（1-19）计算出了响度和响度级的关系，见表 1-6。

表 1-6 响度与响度级的对应关系

响度/sone	1	2	4	8	16	32	64	128	256	512	1 024	2 048	4 096
响度级/phon	40	50	60	70	80	90	100	110	120	130	140	150	160

用响度表示声音的大小，可以直接算出声响增加或降低的百分数。但是响度和响度级都不是直接能测量出来的。

由式（1-19）计算出的响度级，是指在纯音情况下的。对于厂、矿的复合噪声，美国史蒂文斯根据大量生理学实验，并考虑掩蔽等听觉效应，对连续谱的噪声，提出根据倍频带声压级计算响度级的方法。首先测得噪声的倍频程的声压级，由表 1-7 查出所对应的各倍频程的响度指数，然后再由下式计算出总响度

$$N_{总} = N_{max} + F(\sum N_i - N_{max}) \tag{1-20}$$

式中 $N_{总}$——总响度（sone）；

N_{max}——各频带响度指数中最大者；

$\sum N_i$——所有频带响度指数之和；

F——修正系数，对于倍频带 F 为 0.3，1/2 倍频带 F 为 0.2，1/3 倍频带 F 为 0.15。

由式（1-20）算出总响度转化为响度级，即：

$$L_N = 33.3 \lg N_{总} + 40 \tag{1-21}$$

表 1-7　声压级与响度指数、响度、响度级的换算

倍频带声压级 /dB	各频率/Hz 下的响度指数									响度 /sone	响度级 /phon
	31.5	63	125	250	500	1 000	2 000	4 000	8 000		
20						0.18	0.30	0.45	0.61	0.25	20
21						0.22	0.35	0.50	0.67	0.27	21
22					0.07	0.26	0.40	0.55	0.73	0.29	22
23					0.12	0.30	0.45	0.61	0.80	0.31	23
24					0.16	0.25	0.50	0.67	0.87	0.33	24
25					0.21	0.40	0.55	0.73	0.94	0.35	25
26					0.26	0.45	0.61	0.80	1.02	0.38	26
27					0.31	0.50	0.67	0.87	1.10	0.41	27
28				0.07	0.37	0.55	0.73	0.94	1.18	0.44	28
29				0.12	0.43	0.61	0.80	1.02	1.27	0.47	29
30				0.16	0.49	0.67	0.87	1.10	1.35	0.50	30
31				0.21	0.55	0.73	0.94	1.18	1.44	0.54	31
32				0.26	0.61	0.80	1.02	1.27	1.54	0.57	32
33				0.31	0.67	0.87	1.10	1.35	1.64	0.62	33
34			0.07	0.37	0.73	0.94	1.18	1.44	1.75	0.66	34
35			0.12	0.43	0.80	1.02	1.27	1.54	1.87	0.71	35
36			0.16	0.49	0.87	1.10	1.35	1.64	1.99	0.76	36
37			0.21	0.55	0.94	1.18	1.44	1.75	2.11	0.81	37
38			0.26	0.62	1.02	1.27	1.54	1.87	2.24	0.87	38
39			0.31	0.69	1.10	1.35	1.64	1.99	2.38	0.93	39
40		0.07	0.37	0.77	1.18	1.44	1.75	2.11	2.53	1.00	40
41		0.12	0.43	0.85	1.27	1.54	1.87	2.24	2.68	1.07	41
42		0.16	0.49	0.94	1.35	1.64	1.99	2.38	2.84	1.15	42
43		0.21	0.55	1.04	1.44	1.75	2.11	2.53	3.00	1.23	43
44		0.26	0.62	1.13	1.54	1.87	2.24	2.68	3.20	1.32	44

续表

倍频带声压级 /dB	各频率/Hz 下的响度指数									响度 /sone	响度级 /phon
	31.5	63	125	250	500	1 000	2 000	4 000	8 000		
45		0.31	0.69	1.23	1.64	1.99	2.38	2.84	3.40	1.41	45
46	0.07	0.37	0.77	1.33	1.75	2.11	2.53	3.00	3.60	1.52	46
47	0.12	0.43	0.85	1.44	1.87	2.24	2.68	3.20	3.80	1.62	47
48	0.16	0.49	0.94	1.56	1.99	2.38	2.84	3.40	4.10	1.74	48
49	0.21	0.55	1.04	1.69	2.11	2.53	3.00	3.60	4.30	1.87	49
50	0.26	0.62	1.13	1.82	2.24	2.68	3.20	3.80	4.60	2.00	50
51	0.31	0.69	1.23	1.96	2.38	2.84	3.40	4.10	4.90	2.14	51
52	0.37	0.77	1.33	2.11	2.53	3.00	3.60	4.30	5.20	2.30	52
53	0.43	0.85	1.44	2.24	2.68	3.20	3.80	4.60	5.50	2.46	53
54	0.49	0.94	1.56	2.38	2.84	3.40	4.10	4.90	5.80	2.64	54
55	0.55	1.04	1.69	2.53	3.00	3.60	4.30	5.20	6.20	2.83	55
56	0.62	1.13	1.82	2.68	3.20	3.80	4.60	5.50	6.60	3.03	56
57	0.69	1.23	1.96	2.84	3.40	4.10	4.90	5.80	7.00	3.25	57
58	0.77	1.33	2.11	3.00	3.60	4.30	5.20	6.20	7.40	3.48	58
59	0.85	1.44	2.27	3.20	3.80	4.60	5.50	6.60	7.80	3.73	59
60	0.94	1.56	2.44	3.40	4.10	4.90	5.80	7.00	8.30	4.00	60
61	1.04	1.69	2.62	3.60	4.30	5.20	6.20	7.40	8.80	4.29	61
62	1.13	1.82	2.81	3.80	4.60	5.50	6.60	7.80	9.30	4.56	62
63	1.23	1.96	3.00	4.10	4.90	5.80	7.00	8.30	9.90	4.92	63
64	1.33	2.11	3.20	4.30	5.20	6.20	7.40	8.80	10.50	5.28	64
65	1.44	2.27	3.50	4.60	5.50	6.60	7.80	9.30	11.10	5.66	65
66	1.56	2.44	3.70	4.90	5.80	7.00	8.30	9.90	11.80	6.06	66
67	1.69	2.62	4.00	5.20	6.20	7.40	8.80	10.50	12.60	6.50	67
68	1.82	2.81	4.30	5.50	6.60	7.80	9.30	11.10	13.50	6.016	68
69	1.96	3.00	4.70	5.80	7.00	8.30	9.90	11.80	14.40	7.46	69
70	2.11	3.20	5.00	6.20	7.40	8.80	10.50	12.60	15.30	8.00	70
71	2.27	3.50	5.40	6.60	7.80	9.30	11.10	13.50	16.40	8.60	71
72	2.44	3.70	5.80	7.00	8.30	9.90	11.80	14.40	17.50	9.20	72
73	2.62	4.00	6.20	7.40	8.80	10.50	12.60	15.30	18.70	9.80	73
74	2.81	4.30	6.60	7.80	9.30	11.10	13.50	16.40	20.00	10.60	74
75	3.00	4.70	7.00	8.30	9.90	11.80	14.40	17.50	21.40	11.30	75
76	3.20	5.00	7.40	8.80	10.50	12.60	15.30	18.70	23.00	12.10	76
77	3.50	5.40	7.80	9.30	11.10	13.50	16.40	20.00	24.70	13.00	77
78	3.70	5.80	8.30	9.90	11.80	14.40	17.50	21.40	26.50	13.90	78
79	4.00	6.20	8.80	10.50	12.60	15.30	18.70	23.00	28.50	14.90	79

续表

倍频带声压级 /dB	各频率/Hz 下的响度指数									响度 /sone	响度级 /phon
	31.5	63	125	250	500	1 000	2 000	4 000	8 000		
80	4.30	6.70	9.30	11.10	13.50	16.40	20.00	24.70	30.50	16.00	80
81	4.70	7.20	9.90	11.80	14.40	17.50	21.40	26.50	32.90	17.10	81
82	5.00	7.70	10.50	12.60	15.30	18.70	23.00	28.50	35.30	18.40	82
83	5.40	8.20	11.10	13.50	16.40	20.00	24.70	30.50	38	19.70	83
84	5.80	8.80	11.80	14.40	17.50	21.40	26.50	32.90	41	21.10	84
85	6.20	9.40	12.60	15.30	18.70	23.00	28.50	35.30	44	22.60	85
86	6.70	10.10	13.50	16.40	20.00	24.70	30.50	38	48	24.30	86
87	7.20	10.90	14.40	17.50	21.40	26.50	32.90	41	52	26.00	87
88	7.70	11.70	15.30	18.70	23.00	28.50	35.30	44	56	27.90	88
89	8.20	12.60	16.40	20.00	24.70	30.50	38	48	61	29.90	89
90	8.80	13.60	17.50	21.40	26.50	32.90	41	52	66	32.00	90
91	9.40	14.80	18.70	23.00	28.50	35.30	44	56	71	34.30	91
92	10.10	16.00	20.00	24.70	30.50	38	48	61	77	36.80	92
93	10.90	17.30	21.40	26.50	32.90	41	52	66	83	39.40	93
94	11.70	18.70	23.00	28.50	35.30	44	56	71	90	42.20	94
95	12.60	20.00	24.70	30.50	38	48	61	77	97	45.30	95
96	13.60	21.40	26.50	32.90	41	52	66	83	105	48.50	96
97	14.80	23.00	28.50	35.30	44	56	71	90	113	52.00	97
98	16.00	24.70	30.50	38	48	61	77	97	121	55.70	98
99	17.30	26.50	32.90	41	52	66	83	105	130	59.70	99
100	18.70	28.50	35.30	44	56	71	90	113	139	64.00	100
101	20.30	30.50	38	48	61	77	97	121	149	68.60	101
102	22.10	32.90	41	52	66	83	105	130	160	73.50	102
103	24.00	35.30	44	56	71	90	113	139	171	78.80	103
104	26.10	38	48	61	77	90	121	149	184	84.40	104
105	28.50	41	52	66	83	105	130	160	197	90.50	105
106	31.00	44	56	71	90	113	139	171	211	97	106
107	33.90	48	61	77	97	121	149	184	226	104	107
108	36.90	52	66	83	105	130	160	197	242	111	108
109	40.30	56	71	90	113	139	171	211	260	119	109
110	44.00	61	77	97	121	149	184	226	278	128	110
111	49	66	83	105	130	160	197	242	298	137	111
112	54	71	90	113	139	171	211	260	320	147	112
113	59	77	97	121	149	184	226	278	343	158	113
114	65	83	105	130	160	197	242	298	367	169	114

续表

倍频带声压级/dB	各频率/Hz 下的响度指数									响度/sone	响度级/phon
	31.5	63	125	250	500	1 000	2 000	4 000	8 000		
115	71	90	113	139	171	211	260	320		181	115
116	77	97	121	149	184	226	278	343		194	116
117	83	105	130	160	197	242	298	367		208	117
118	90	113	139	171	211	260	320			223	118
119	97	121	149	184	226	278	343			239	119
120	105	130	160	197	242	298	367			256	120
121	113	139	171	211	260	320				274	121
122	121	149	184	226	278	343				294	122
123	130	160	197	242	298	367				315	123
124	139	171	211	260	320					338	124
125	149	184	226	278	343					362	125

响度和响度级都是评价人耳对噪声的主观感受，响度级增加或减少 10phon，则主观感觉的响度增加或减少 1 倍。用响度表示噪声大小较直观，并且可以直接计算出响度增加或降低的百分数。

【例 1－12】 某计算机房采用内吊挂吸声体进行吸声降噪。治理前后的倍频程声压级的测试数据见表 1－8，试求治理前后机房内的总响度及总响应级是多少？治理前后机房内的总响度降低的百分数？

表 1－8　计算机房噪声治理前后的声压级与响度指数和频率的关系

倍频程频率/Hz		125	250	500	1 000	2 000	4 000	A 声级
治理前	声压级/dB	68	76	88	84	82	80	88
	响度指数	4.3	8.8	23.0	21.4	23.0	24.7	
治理后	声压级/dB	67	71	73	74	72	71	76
	响度指数	4.0	6.6	8.8	11.1	11.8	13.5	

【解】 首先根据噪声治理前后的倍频程声压级，利用表 1－7 查得各倍频程的响度指数 N，然后根据式（1－21）计算治理前后的总响度、总响度级，最后计算总响度降低的百分数。

治理前的总响度

$$N_{总} = N_{max} + F(\sum N_i - N_{max})$$
$$= 24.7 + 0.3(105.2 - 24.7) = 48.85(\text{sone})$$

治理前的总响度级

$$L_N = 33.3\ \lg N_{总} + 40 = 33.3\ \lg 48.85 + 40$$
$$= 48.85(\text{phon})$$

治理后的总响度

$$N_{总} = N_{max} + F(\sum N_i - N_{max})$$
$$= 13.5 + 0.3(55.8 - 13.5) = 26.19(\text{sone})$$

治理后的总响度级

$$L_N = 33.3\lg N_{总} + 40 = 33.3\lg 26.19 + 40$$
$$= 87.2(\text{phon})$$

治理前后的总响度降低的百分率为

$$\frac{48.85 - 26.19}{48.85} \times 100\% = 46.3\%$$

二、A 声级和等效连续 A 声级

用响度和响度级来反映人们对噪声的主观感受过于复杂，为了方便，又要使声音与人耳听觉感受近似一致，人们普遍使用 A 声级和连续 A 声级对噪声作主观评价。

（一）A 声级

在噪声测试仪器中，利用模拟人的听觉的某些特性，对不同频率的声压级予以增减，以便直接读出主观反映人耳对噪声的感觉的数值来，这种通过频率计权的网络读出的声级，称为计权声级。

计权网络有 A、B、C、D，最常用的是 A 计权和 C 计权。

A 计权网络是模拟响度级为 40phon 的等响曲线的倒置曲线，它对低频声（500Hz 以下）有较大的衰减。B 网络是模拟人耳对 70phon 纯音的响应，它近似于响度级为 70phon 的等响曲线的倒置曲线，它对低频段的声音有一定的衰减。C 网络是模拟人耳对响度级为 100phon 的等响曲线倒置相接近，它对可听声所有频率基本不衰减。D 计权网络是对高频声音做了补偿，它主要用于航空噪声的评价。上述经各种计权网络测得的声压级，即为相应的声级。经 A 计权网络测得的声压级为 A 计权声级，简称 A 声级，单位是 dB(A)。如果不对频率计权，即仪器对不同频率的响应都是相同的，测得的分贝数为线性声级。图 1-8 为 A、B、C、D 计权网络衰减特性。为方便起见，表 1-9 列出 A、B、C、D 计权网络频率的计权衰减值，表中各数值均为相对于 1 000Hz 的衰减量。

表 1-9　A、B、C、D 计权曲线频率响应特性的修正值

频率/Hz	响应/dB			
	A 计权	B 计权	C 计权	D 计权
12.50	-63.40	-33.20	-11.20	-24.60
16	-56.70	-28.50	-8.50	-22.60
20	50.50	24.20	6.20	20.60
25	-44.70	-20.40	-4.40	-18.70
31.50	-39.40	-17.10	-3.00	-16.70
40	-34.60	-14.20	2.00	-14.70
50	-30.20	-11.60	-1.30	-12.80
63	-26.20	-9.30	-0.80	-10.90
80	-22.50	-7.40	-0.50	-9.00
100	-19.90	-5.60	-0.30	-7.20
125	-16.10	-4.20	-0.20	-5.50
160	-13.40	-3.00	-0.10	-4.00

续表

频率/Hz	响应/dB			
	A计权	B计权	C计权	D计权
200	-10.90	-2.00	0	-2.60
250	-8.60	-1.30	0	-1.60
315	-6.60	-0.80	0	-0.80
400	-4.80	-0.50	0	-0.40
500	-3.20	-0.30	0	-0.30
630	-1.90	-0.10	0	-0.50
800	-0.80	0	0	-0.60
1 000	0	0	0	0
1 250	0.60	0	0	2.00
1 600	1.00	0	-0.10	4.90
2 000	1.20	-0.10	-0.20	7.90
2 500	1.30	-0.20	-0.30	10.40
3 150	1.20	-0.40	-0.50	11.60
4 000	1.00	-0.70	-0.80	11.10
5 000	0.50	-1.20	-1.30	9.60
6 300	-0.10	-1.90	-2.00	7.60
8 000	-1.10	-2.90	-3.00	5.50
10 000	-2.50	-4.30	-4.40	3.40

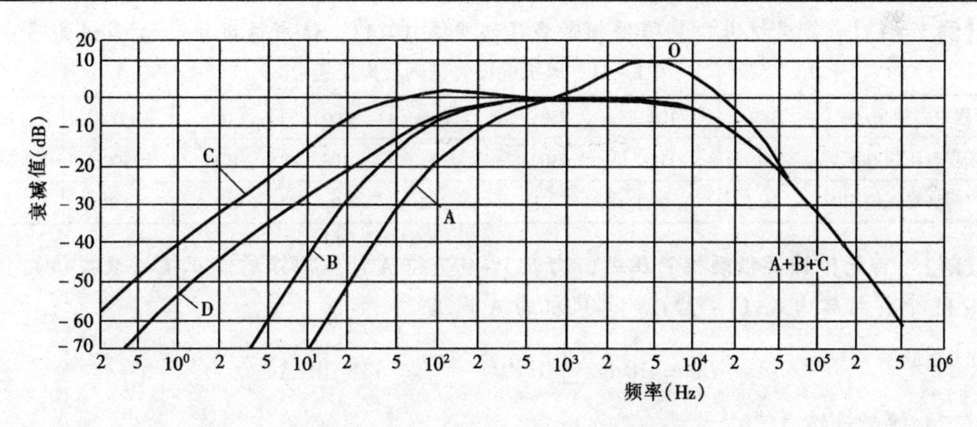

图 1-8　A、B、C、D计权网络曲线

A声级的测量结果与人耳对噪声的主观感受近似一致，即对高频敏感，对低频不敏感，A声级越高，人越觉得吵闹。A声级同人耳的损伤程度也对应得较合理，即A声级越高，损伤越严重。因此，A声级是目前评价噪声的主要指标，已被广泛应用。当然，A声级不能代替倍频程声压级，因为A声级不能全面反映噪声源的频谱特性，具有相同的A声级，其频谱可能有较大的差异。

常见声源的A声级见表1-10。

表 1-10 常见声源的 A 声级

声　　源	主观感受	A 声级/dB
轻声耳语	安静	20 ~ 30
静夜，图书馆	安静	30 ~ 40
普通房间，吹风机	较静	40 ~ 60
普通谈话声，小空调机	较静	60 ~ 70
大声说话，较吵街道，缝纫机	较吵	70 ~ 80
吵闹的街道，公共汽车，空压机站	较吵	80 ~ 90
很吵的马路，载重汽车，推土机，压路机	很吵	90 ~ 100
织布机，大型鼓风机，电锯	很吵	100 ~ 110
柴油发动机，球磨机，凿岩机	痛阈	110 ~ 120
风铆，螺旋桨飞机，高射机枪	痛阈	120 ~ 130
风洞，喷气式飞机，大炮	无法忍受	130 ~ 140
火箭，导弹	无法忍受	150 ~ 160

A 声级可以直接测量，也可以由倍频程或 1/3 倍频程声压级计算得到，A 声级可由下式计算

$$L_A = 10\lg\sum_{i=1}^{n}10^{0.1(L_{Pi}+\Delta A_i)} \qquad (1-22)$$

式中　L_A——A 声级dB(A)

L_{Pi}——第 i 个倍频带声级(dB)；

ΔA_i——第 i 个频率 A 计权网络衰减值(dB)，见表 1-9。

【例 1-13】 某风机进口测得倍频带声压级见表 1-11，试求该风机的 A 声级为多少？

表 1-11 风机进口各倍频程声压级

倍频程中心频率/Hz	63	125	250	500	1 000	2 000	4 000	8 000
倍频程声压级/dB	120	111	110	112	108	108	108	95
A 计权网络修正值/dB	-26.2	-16.1	-8.6	-3.2	0	1.2	1.0	-1.1

【解】 首先根据其倍频程声压级，由表 1-9 查得 A 计权网络的修正值（衰减值），列于表 1-11 中，然后由式（1-22）计算风机的 A 声级

$$L_A = 10\lg\sum_{i-1}^{8}10^{0.1(L_{Pi}+\Delta A_i)} = 118\ \text{dB(A)}$$

（二）等效连续 A 声级

对于稳态连续噪声的评价，用 A 声级就能较好地反映人耳对噪声强度与频率的主观感受。但对于随时间而变化的非稳态噪声就不合适了。比如说，一个人在 9dB (A)的噪声环境里工作 8h，而另一个人在 95dB (A)的噪声环境下工作 2h，他们所受的噪声影响肯定不一样。但是，如果一个人在 90dB (A)的噪声环境下连续工作 8h，而另一个人在 85dB (A) 噪声环境下工作 2h,在 90dB (A)下工作 3h，在 95dB (A)下工作 2h，在 1 000dB (A)下工作 1h，这就不易比较两者中谁受噪声影响大。为此，引入了等效连续 A 声级的概念。其定义为：在声场中的某定点位置，取一段时间内能量平均的方法，将间歇暴露的几个不同的 A 声级噪声，

用一个在相同时间内声能与之相等的连续稳定的A声级来表示该段时间内噪声的大小，这种声级称为等效连续A声级。可由下式表述

$$L_{eq} = 10\lg\frac{1}{T}\int_0^T 10^{0.1L_A}dt \tag{1-23}$$

式中 L_{eq}——等效连续A声级［dB（A）］；

T——噪声暴露时间；

L_A——在 T 时间内，A声级变化的瞬时值［dB（A）］。

当噪声的A声级测量值为非连续的离散值，则式（1－23）转变为

$$L_{eq} = 10\lg\frac{1}{\sum t_i}\cdot\sum 10^{0.1L_{Ai}}\cdot ti \tag{1-24}$$

式中 L_{Ai}——人接触的第 i 个A声级［dB（A）］；

t_i——接触第 i 个A声级的时间。

若在一天或一周时间内，只接触一个稳态不变的噪声，如始终在90dB（A）的噪声环境中工作，其等效连续A声级就是这个稳态噪声的A声级，即 $L_{eq}=90$dB（A）。如果在一段时间内，接触的噪声大小有不同，则将不同的噪声A声级由式（1－24）算出等效连续A声级。

【例1－14】 某空压机房噪声声压级为90dB（A），工人每班要进入机房内巡视2h，其余6h在操作间停留。试问工人在一班8h内接触到的等效连续A声级是多少？

【解】 由式（1－24）

$$L_{eq} = 10\lg\frac{2\times10^{0.1\times90}+6\times10^{0.1\times65}}{2+6} = 84\text{dB(A)}$$

【例1－15】 已知某操作工人每班在70dB（A）的操作室工作4h，在机房内工作4h，如果噪声允许标准为85dB（A）。试问机房内所允许的最高噪声级是多少？

【解】 因为 $L_{eq}=85$dB（A）

$L_{A1}=70$dB（A），$t_1=4$h

则

$$L_{A2} = 10\lg\frac{\sum t_i\times10^{0.1L_{eq}}-t_1\times10^{0.1L_{A1}}}{\sum t_i - t_i}$$

$$= 10\lg\frac{8\times10^{0.1\times85}-4\times10^{0.1\times70}}{8-4}$$

$$= 10\lg\frac{8\times10^{8.5}-4\times10^{7.0}}{4} = 98\text{ dB（A）}$$

在噪声实际测量中，往往在一段时间间隔内噪声可近似看成稳态噪声，即A声级变化不大。但是，在不同时间间隔内，A声级往往有较明显的变化。一般按测量数据A声级的大小及持续时间进行整理，并计算等效连续A声级。将A声级从小到大分成数段排列，每段相差5dB，每段以中心级表示，即为80dB（A）、85dB(A)、90dB(A)、95dB(A)、100dB(A)、105dB(A)、110dB(A)、115dB(A)。则80dB(A)表示78～82 dB(A)的声级范围，85dB(A)表示83～87dB(A)的声级范围。依次类推，把1天或1周各段声级的总暴露时间按表1－12统计出来。

表 1－12　各段中心声级和相应的暴露时间

分段 n	1	2	3	4	5	6	7	8
中心声级 L_n/dB(A)	80	85	90	95	100	105	110	115
暴露时间 T_n/min	T_1	T_2	T_3	T_4	T_5	T_6	T_7	T_8

若每天按 8h 工作，低于 78dB(A)的噪声不予考虑，则一天的等效连续 A 声级由下式近似计算

$$L_{eq} = 80 + 10\lg\frac{\sum\limits_{n} 10^{\frac{n-1}{2}} \cdot T_n}{480} \tag{1-25}$$

式中　n——段数；

T_n——第 n 段噪声级 1d 内的暴露时间（min）。

【例 1－16】 经测量某车间一天 8h 内的噪声为：100dB（A）的噪声暴露时间为 4h，90dB（A）噪声的暴露时间为 2h，80dB（A）的噪声暴露时间为 2h，试计算 1d 内的等效连续 A 声级为多少？

【解】 由表 1－12 查得 100dB（A），90dB（A），80dB（A）所对应段的 n 值分别为 5、3、1，将 n、T_n 值代入式（1－25），有

$$\begin{aligned}L_{eq} &= 80 + 10\lg\frac{10^{\frac{5-1}{2}}\times 240 + 10^{\frac{3-1}{2}}\times 120 + 10^{\frac{1-1}{2}}\times 120}{480}\\ &= 80 + 10\lg\frac{24\,000 + 1\,200 + 120}{480}\\ &= 80 + 10\lg 53\\ &= 97\text{dB(A)}\end{aligned}$$

【例 1－17】 某工人一天工作 8h，8h 内有 2h 接触噪声为 82dB(A)，3h 接触噪声为 86dB(A)，2h 接触噪声为 94dB(A)，1h 接触噪声为 102dB(A)。试计算一天 8h 内的等效连续 A 声级是多少？

【解】 因为 82dB(A)、86dB(A)、94dB(A)、102dB(A)的中心声级分别为 80dB(A)、85dB(A)、95dB(A)和 100dB(A)，所以它们的段数分别为 1、2、4、5。由式（1－25）计算为

$$\begin{aligned}L_{eq} &= 80 + 10\lg\frac{\sum 10^{\frac{n-1}{2}} \cdot T_n}{480}\\ &= 80 + 10\lg\frac{10^{\frac{1-1}{2}}\times 120 + 10^{\frac{2-1}{2}}\times 180 + 10^{\frac{4-1}{2}}\times 120 + 10^{\frac{5-1}{2}}\times 60}{480}\\ &= 80 + 10\lg\frac{120 + 569.2 + 3794.7 + 6\,000}{480}\\ &= 80 + 10\lg 21.84\\ &= 80 + 13.4\\ &= 93.4\text{dB(A)}\end{aligned}$$

对于每天工作 8h，一周工作 5d，即一周 40h，则该噪声的等效连续 A 声级可由下式计算

$$L_{eq} = 70 + 10\lg\sum E_i \tag{1-26}$$

式中　E_i——相应于声级［dB（A）］，等于 L_i 部分的噪声暴露指数

$$E_i = \frac{\Delta t_i}{40} \cdot 10^{0.1(L_i - 70)}$$

Δt_i——1 周 40h 内声压级 $L_i \pm 25$ 的时间。

【例 1－18】 某车间的工人，在一周 40h 内，15h 接触的噪声为 100dB（A），10h 接触的噪声为 85dB(A)，另 15h 接触的噪声为 110dB(A)，试计算该车间的噪声等效连续 A 声级为多少？

【解】 由式(1－26)有

$$L_{eq} = 70 + 10\lg\sum E_i$$
$$= 70 + 10\lg\left[\frac{15}{40} \cdot 10^{0.1(100-70)} + \frac{10}{40} \cdot 10^{0.1(85-70)} + \frac{15}{40} \cdot 10^{0.1(110-70)}\right]$$
$$= 70 + 10\lg[375 + 7.9 + 3750]$$
$$= 70 + 36.2$$
$$= 106.2\text{dB(A)}$$

三、噪声评价数 *NR* 及曲线

前面介绍了 A 声级、等效连续 A 声级作为噪声的评价标准，它是对噪声的所有频率的综合反映，也很容易测量，所以，国内外普遍将 A 声级作为噪声的评价标准。但是，A 声级是不能代替频带声压级来评价噪声的。对于评价办公室等建筑物内其他稳态噪声的场所，国际标准化组织（ISO）推荐使用一簇噪声评价曲线，即 *NR* 曲线亦称噪声评价数 *NR*，如图 1－9 所示。曲线 *NR*，数为噪声评价曲线的号数，它等于中心频率为 1 000Hz 的倍频程声压级的分贝数。它的噪声级范围为 0～130dB，适用于中心频率从 31.5Hz 到 8kHz 的 9 个倍频程。

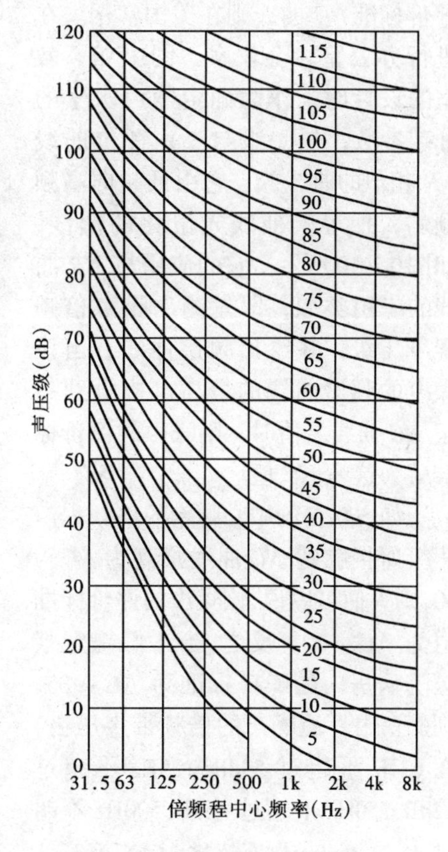

图 1－9　噪声评价 *NR* 曲线

各倍频程声压级 L_P 与 *NR* 数的关系为

$$L_P = a + bNR \qquad (1-27)$$

式中　L_P——噪声各倍频程声压级(dB)；

NR——噪声评价数的 *NR* 号数；

a、b——与倍频程声压级有关的常数，见表 1－13。

在制定 *NR* 噪声评价曲线过程中，考虑了对人耳的损伤、人的烦恼程度、妨碍语言交流等因素，综合认为高频噪声比低频噪声对人的影响更为严重。因此，在同一条 *NR* 曲线上各倍频程的噪声级对人们的影响是相同的。

表 1－13　倍频程的 *a*、*b* 常数

倍频程中心频率/Hz	63	125	250	500	1 000	2 000	4 000	8 000
a	35.5	22.0	12.0	4.8	0	－3.5	－6.1	－8.0
b	0.790	0.870	0.930	0.974	1.000	1.015	1.025	1.030

如果需求某噪声的噪声评价数，可将测得倍频程声级绘成频谱图与 NR 曲线放在一起。噪声各频带声压级的频谱折线最高点接触到的一条 NR 曲线，即是该噪声的评价数。

噪声评价数与 A 声级有很好的相关性，当 A 声级大于 55dB 时，A 声级与噪声评价数有下列关系

$$L_A = NR + 5 \tag{1-28}$$

式中 L_A——噪声声压级 dB(A)；

NR——噪声评价数。

式（1-28）表明，A 声级近似等于噪声评价数加上 5dB。但当 A 声级小于 50dB 时，NR 数要比 A 声级低 6～10dB。

四、噪声评价标准 *NC* 及曲线

噪声评价数 NR 及曲线是国际标准化组织推荐并广泛使用的，但与 NR 曲线类似的噪声评价标准 NC 曲线则在美国常用。在进行办公室、会议室、图书馆、教室的设计时，作为确定噪声水平的标准参数，是一组与噪声评价曲线 NR 相似的曲线族，它由低频向高频倾斜，把等响曲线光滑化的曲线，如图 1-10 所示。它的应用与 NR 曲线的应用类似，即先测出噪声倍频程声压级，并绘出频谱曲线。当该噪声的频谱曲线的最高点接触到一条 NC 曲线之值时，则噪声的评价标准就为这一 NC 值。

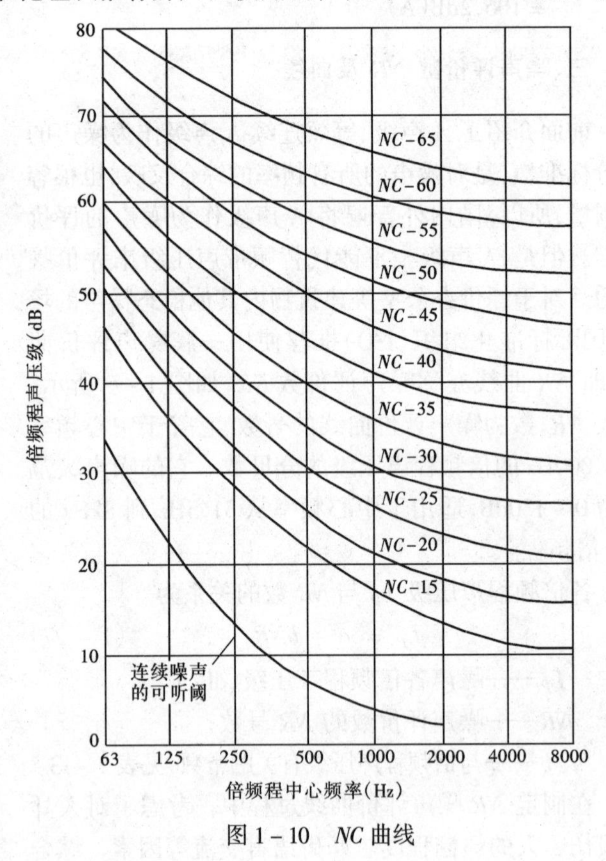

图 1-10 *NC* 曲线

如 500Hz 的中心频率的倍频程声压级所接触到 NC 曲线最高为 $NC-60$，则人们可以说，该噪声的评价标准值为 $NC-60$。反之，当人们规定某医院病房内的噪声标准为 $NC-35$，则病房内环境噪声的倍频带声压级，在 63Hz 不超过 59dB，125Hz 不超过 52dB，250Hz 不超过 46dB，500Hz 不超过 41dB，1 000Hz 不超过 36dB，等等。

第四节 噪声的传播特性

一、声学的概念

声波从声源发出，在媒介中向各方向传播，声波的传播方向称为声线（波线）。某一时

刻，相位相同的各点连成的轨迹曲面叫波前（或波阵面）。在各向同性的均匀介质中，波线与波阵面垂直。按照波前的形状，声波可分为球面波和平面波，即波前是球面的称为球面波，波前是平面的叫做平面波。图 1-11 为波前、波面、波线示意图。

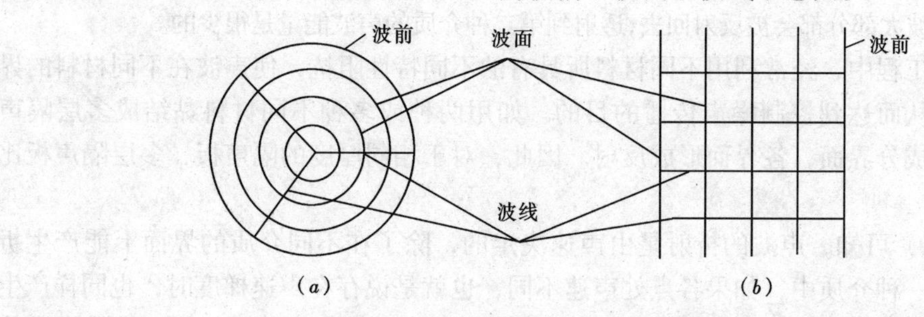

图 1-11 波前、波面、波线

(a) 球面波；(b) 平面波

声波的传播范围相当广泛，声波的影响和波及的范围称为声场。声场可分为自由声场、扩散声场和半自由声场（或叫半扩散声场）。

自由声场，理论上说是没有边界的、介质均匀而各向同性的声场。在自由声场中，声波在任何方向传播都没有反射，如室外开阔的旷野、消声室等均属自由声场。

扩散声场是与自由声场完全相反的声场，声波在扩散声场里接近全反射。在大多数场合下，传播声音的是半自由声场，即介于自由和扩散之间的声场，如工矿企业、住宅等。

在半自由声场中，吸声性能好的靠近自由声场。

二、声波的反射、折射、散射、绕射和干涉

声波在实际传播过程中，经常遇到障碍物、不均匀介质和不同介质，它们都会使声波反射、折射、散射、绕射和干涉等。

（一）反射和折射

当声波从介质 1 中入射到与另一种介质 2 的分界面时，在分界面上一部分声能反射回介质1中，其余部分穿过分界面，在介质 2 中继续向前传播，前者是反射现象，后者是折射现象，如图 1-12 所示。

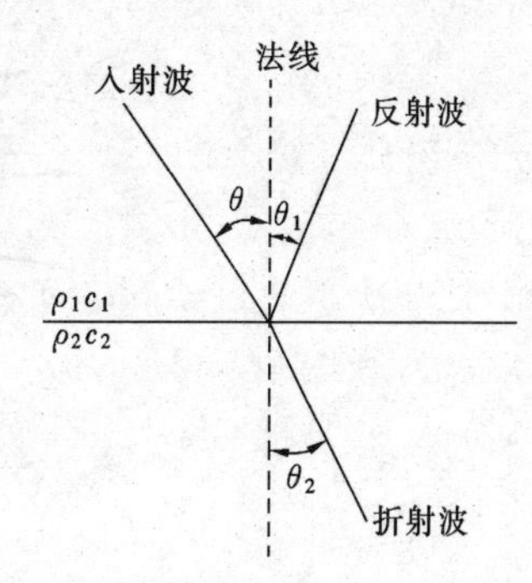

图 1-12 声波的入射、反射、折射

由图中看到，从介质 1 向分界面传播的入射波（线）与界面法线的夹角为 θ，称为入射角；从界面上反射回介质 1 中的反射波（线）与界面法线的夹角为 θ_1，称为反射角；透过介质 2 曲线折射波（线）与界面法线的夹角为 θ_2，称为折射角。声波从空气中射向水面时产生反射、折射现象，就是人们常见的例子。入射、反射与折射波的方向满足下列关系式

$$\frac{\sin\theta}{c_1} = \frac{\sin\theta_1}{c_1} = \frac{\sin\theta_2}{c_2} \qquad (1-29)$$

式中 c_1、c_2——分别表示声波在介质 1 和介质 2 中的声速。

由式（1-29）看出，入射角与反射角相等。

图 1-12 中，ρ_1、ρ_2 分别表示介质 1 和介质 2 的密度，ρ_c

为声阻抗率（特性阻抗）。

理论和实验研究证明，当两种介质的声阻抗率接近时，即 $\rho_1 c_1 = \rho_2 c_2$ 时，声波几乎全部由第一种介质进入第二种介质，全部透射过去；当第二种介质声阻抗率远远大于第一种介质声阻抗率时，即 $\rho_2 c_2 \gg \rho_1 c_1$，声波大部分都会被反射回去，透射到第二种介质的声波能量是很少的。

在噪声控制工程中，经常利用不同材料所具有的不同特性阻抗，使声波在不同材料的界面上产生反射，从而达到控制噪声传播的目的。如用两种或多种不同材料黏结成多层隔声板，在各层间形成分界面，各界面形成反射。因此，对于相同厚度的隔声板，多层隔声板比单层隔声效果好。

由式（1－29）可知，声波的折射是由声速决定的，除了在不同介质的界面上能产生折射现象外，在同一种介质中，如果各点处声速不同，也就是说存在声速梯度时，也同样产生折射现象。在大气中，使声波折射的主要因素是温度和风速。例如：白天地面吸收太阳的热能，使靠近地面的空气层温度升高，声速变大，自地面向上温度降低，声速也逐渐变小。根据折射概念，声线将折向法线，因此，声波的传播方向向上弯曲，如图 1－13a 所示。反之，傍晚时，地面温度下降得快，即地面温度比空气中的温度低，因而，靠近地面的声速小，声波传播的声线将背离法线，而向地面弯曲，如图 1－13b 所示。这就说明声音为什么在晚上比白天传得远的原因。此外，声波顺风传播时，声速随高度增加，所以声线向下弯曲。反之，逆风传播时，声线向上弯曲，并有声影区，如图 1－13c 所示。这就说明声音顺风比逆风传播得远。

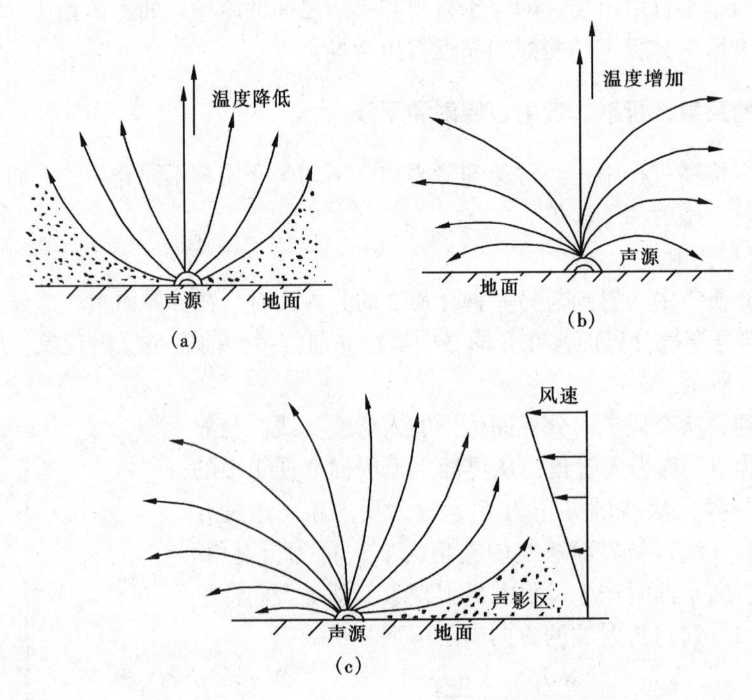

图 1－13　声在空气中传播的折射

(a) 白天声传播；(b) 晚上声传播；(c) 有风的声传播

上述温度和风速对声波传播的影响较大，在噪声控制的测试中要注意。

（二）声波的散射、绕射、干涉

声波传播过程中，遇到的障碍物表面较粗糙或者障碍物的大小与波长差不多，则当声波入射时，就产生各个方向的反射，这种现象称为散射。散射情况较复杂，而且频率稍有变化，散射波形图有较大的改变。

声波传播过程中，遇到障碍物或孔洞时，声波会产生绕射现象，即传播方向发生改变。绕射现象与声波的频率、波长及障碍物的尺寸有关。当声波频率低、波长较长、障碍物尺寸比波长小得多时，声波将绕过障碍物继续向前传播。如果障碍物上有小孔洞，声波仍能透过小孔扩散向前传播，图 1－14 为声波的绕射现象。

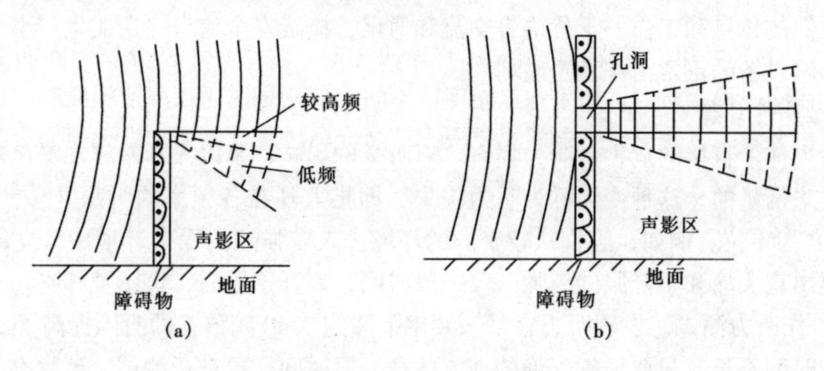

图 1－14　声波绕射

(a) 障碍物绕射；(b) 孔洞绕射

在噪声控制中，尤其要注意低频声的绕射。在设计隔声屏时，高度、宽度要合理，设计隔声间时，一定要做到密闭，门、窗的缝隙要用橡胶条密封，以免声音绕射及透声，降低隔声效果。

当几个声源发出的声波在同一种介质中传播时，它们可能会在空间某些点上相通，相遇处质点的振动是各波引起振动的合成。如果这些声波的振幅和频率以及相位均不相同，在某一点叠加时，情况相当复杂。这里，我们讨论两个传播方向相同、频率相同的简单波。当这两个声波在空间某一点处相位相同，那么，两声波便互相加强，其相遇的振幅为两波振幅之和，如图 1－15a 所示；当两声波相位相反，则两声波在传播过程中，相互抵消或减弱，其

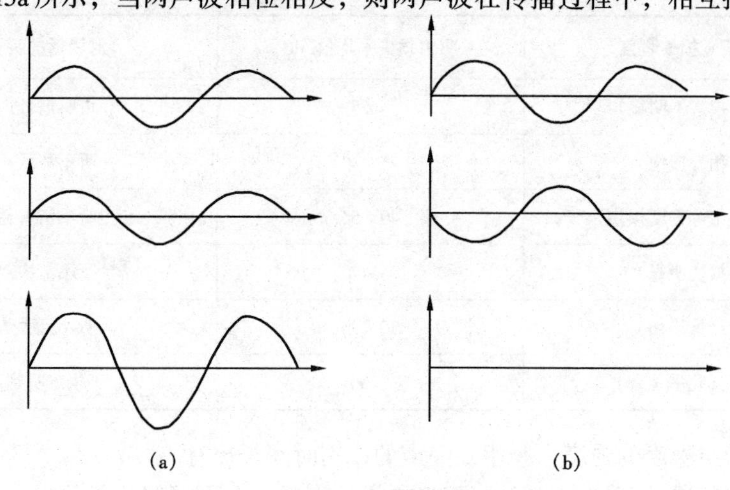

图 1－15　波的干涉

(a) 相位相同；(b) 相位相差 180°

相遇的振幅为两者之差，如图1-15b所示。这些现象称为波的干涉。

第五节　噪声的危害与噪声的允许标准

一、噪声的危害

噪声对人体的影响和危害是多方面的。概括起来，强烈的噪声可引起耳聋，诱发各种疾病，影响人们的休息和工作，干扰语言交流和通讯，掩蔽安全信号，造成生产事故、降低生产效率、影响设备的正常工作甚至破坏。

（一）噪声性耳聋

噪声对人体最直接的危害是听力损害。对听觉的影响，是以人耳暴露在噪声环境前后的听觉灵敏度来衡量的，这种变化称为听力损失，即指人耳在各频率的听阈升移，简称阈移。以声压级dB为单位。例如，当你从较安静的环境进入较强烈的噪声环境中，立即感到刺耳难受，甚至出现头痛和不舒服的感觉。停一段时间，离开这里后，仍感觉耳鸣，马上（一般在2min内）作听力测试，发现听力在某一频率下降约20dB阈移，即听阈提高了20dB。由于噪声作用的时间不长，只要你到安静的地方休息一段时间，再进行测试，该频率的听阈减小到零，这一噪声对听力只有20dB暂时性阈移的影响。这种现象叫做暂时听阈偏移，亦称听觉疲劳。听觉疲劳时，听觉器官并未受到器质性损害。如果人们长期在强烈的噪声环境中工作，日积月累，内耳器官不断受到噪声刺激，恢复不到暴露前的听阈，便可发生器质性病变，成为永久性听阈偏移，这就是噪声性耳聋。

一般听力损失在20dB以内，对生活和工作不会有什么影响。国际标准化组织（ISO）于1964年规定在500Hz、1 000Hz、2 000Hz三个倍频程内听阈提高的平均值在25dB以上时，即认为听力受到损伤，又叫轻度噪声性耳聋。按照听力损失的大小，对耳聋性程度进行分级，见表1-14。

表1-14　听力损失级别

级别	听觉损失程度	听力损失平均值/dB	对谈话的听觉能力
A	正常（损害不明显）	<25	可听清低声谈话
B	轻度（稍有损伤）	25~40	听不清低声谈话
C	中度（中等程度损伤）	40~55	听不清普通谈话
D	高度（损伤明显）	55~70	听不清大声谈话
E	重度（严重损伤）	70~90	听不到大声谈话
F	最重度（几乎耳聋）	>90	很难听到声音

噪声性耳聋与噪声的强度、频率及噪声的作用时间长短有关。

1971年国际标准化组织（ISO）根据调查统计资料，公布了噪声性耳聋发病率与噪声暴露年限、等效A声级的关系，见表1-15。

表 1-15　噪声性耳聋发病率

等效连续 A 声级/dB（A）	统计项目	各噪声暴露时间的发病率/%									
		0a	5a	10a	15a	20a	25a	30a	35a	40a	45a
≤80	发病率	0	0	0	0	0	0	0	0	0	0
	听力损伤者	1	2	3	5	7	10	14	21	33	50
85	发病率	0	1	3	5	6	7	8	9	10	7
	听力损伤者	1	3	6	10	13	17	22	30	43	57
90	发病率	0	4	10	14	16	16	18	20	21	15
	听力损伤者	1	6	13	19	23	26	32	41	54	65
95	发病率	0	7	17	24	28	29	31	32	29	23
	听力损伤者	1	9	20	29	35	39	45	53	62	73
100	发病率	0	12	29	37	42	43	44	44	41	23
	听力损伤者	1	14	32	42	49	53	58	65	74	83
105	发病率	0	18	42	53	58	60	62	61	54	41
	听力损伤者	1	20	45	58	65	70	76	82	87	91
110	发病率	0	26	55	71	78	78	77	72	62	45
	听力损伤者	1	28	58	76	85	88	91	93	95	95
115	发病率	0	36	71	83	87	84	81	75	64	47
	听力损伤者	1	38	74	88	94	94	95	96	97	97

由表 1-15 看出，在等效连续 A 声级 80dB(A)以下，不发生噪声性耳聋，即发病率为 0，当在 85dB(A)时，工作年限超过 10a 的工人，发病率为 3%，即 97%的工人在 85dB(A)的噪声环境中工作，一般不能患噪声性耳聋；但在工作年限超过 40a，发病率为 10%；当在 90dB（A）时，工作年限超过 10a 的工人，发病率为 10%；当在 95dB（A）时，工作年限超过 10a 的工人，发病率为 17%；当在 105dB（A）时，工作年限超过 10a 的工人，发病率为 42%。由此可见，随着等效连续 A 声级的增加和工作年限的增长，发病率急剧上升。

噪声性耳聋有两个特点：一是除了高强度噪声外，一般噪声性耳聋都需要一个持续的累积过程，发病率与持续作业时间有关，这也是人们对噪声污染忽视的原因之一；二是噪声性耳聋是不能治愈的。因此，有人把噪声污染比喻成慢性毒药。

（二）噪声对人体健康的影响

噪声作用于人的大脑中枢神经系统，可引起头痛、脑胀、耳鸣、多梦、失眠、记忆力减退，造成全身疲乏无力。噪声作用于内耳腔的前庭，使人眩晕、恶心、呕吐。噪声对心血管系统危害也很大。噪声使交感神经紧张，从而使心跳加快、心律不齐、血压升高等。长期在高噪声环境下工作的人们与在一般环境下工作的人们相比，高血压、动脉硬化和冠心病的患病率要高 2~3 倍。噪声还会引起消化系统方面的疾病，噪声能使人们消化机能减退，胃功能紊乱，消化系统分泌异常，胃酸度降低，以致造成消化不良，食欲不振，患胃炎及胃溃疡等疾病，致使身体虚弱。

（三）噪声影响人们的生活

睡眠是人们生存必不可少的条件。人们在安静的环境下睡眠，人的大脑得到休息，从而消除疲劳和恢复体力，而噪声会影响人的睡眠质量，强烈的噪声甚至使人无法入睡，心烦意乱。实验研究表明，人的睡眠一般分四个阶段：第一阶段是瞌睡阶段；第二阶段是入睡阶段；第三阶段是睡着阶段；第四阶段是熟睡阶段。一般由瞌睡到熟睡阶段，进行周期循环。睡眠质量好坏，取决于熟睡阶段的时间长短，时间越长，睡眠越好。一些研究结果表明，噪声促使人们由熟睡向瞌睡阶段转化，缩短熟睡时间。有时刚要进入熟睡便被噪声惊醒，使人不能进入熟睡阶段，从而造成人们多梦，睡眠质量不好，不能很好地休息。

噪声级在35dB(A)以下，是理想的睡眠环境。当噪声级超过50dB(A)，约有15%的人的正常睡眠受到影响。据有关资料证实，城市街道的交通噪声在70~90dB(A)，在靠近工厂、建筑工地的住宅区，噪声高达70~120dB(A)。这些场合的噪声严重干扰临街居民、住宅区居民的休息和睡眠。

噪声除了对人们的休息和睡眠有影响外，还干扰人们的谈话、开会、打电话、学习和工作。通常人们谈话声音是60dB(A)左右，当噪声在65dB(A)以上时，就干扰人们的正常谈话；如果噪声高达90dB(A)，就是大喊大叫也很难听清楚，就需贴近耳朵或借助手势来表达语意。

(四）噪声影响工作效率

在噪声较高的环境下工作，使人感觉到烦恼、疲劳和不安等，从而使人们分散注意力，容易出现差错，降低工作效率。

噪声对打字、排字、校对、通讯人员的差错率及工作效率影响尤为严重。

噪声还能掩蔽安全信号，比如报警信号和车辆行驶信号。在噪声的混杂干扰下，人们不易觉察安全信号，从而容易造成工伤事故。

噪声除了对人们的健康、工作、学习、生产有危害和影响外，对动物也有危害，对建筑物及机械设备都有不同程度的损害。

二、噪声的允许标准

噪声的标准涉及声学、心理学、生理学、卫生学等，它还与国家的科学技术水平和经济发展情况有关。国际标准化组织（ISO）1971年公布了噪声的允许标准，各国家又根据本国的实际情况制定出噪声的允许标准。

噪声的标准一般分为三类：一是人的听力和健康保护标准；二是环境噪声容许标准；三是机电设备及其他产品的噪声控制标准。

(一）ISO听力保护标准与我国《工业企业噪声卫生标准》

1971年国际标准化组织（ISO）公布的噪声容许标准规定：为了保护人们的听力和健康，规定每天工作8h，允许等效连续A声级为85~90dB，时间减半，允许噪声提高3dB（A）。例如，按噪声标准，每天工作8h，取允许噪声为90dB(A)，那么，每天累积时间减至4h，容许噪声可提高到93dB(A)，每天工作2h，容许噪声为96dB(A)……，但最高不得超过115dB（A)。ISO推荐的噪声标准见表1-16。

1979年8月31日卫生部和国家劳动总局颁发了我国《工业企业噪声卫生标准（试行草案)》并从1980年1月1日起实施。本标准规定：对于新建、扩建、改建的工业企业的生产车间和作业场所的工作地点，其噪声标准为85dB(A)；对于一些现有老企业经过努力，暂时达不到标准，其噪声容许值可取90dB(A)。对于每天接触噪声不到8h的工种，根据企业种类和条件，噪声标准可按表 1－17 和表 1－18 相应放宽。

表 1－16　ISO 推荐的噪声标准

累积噪声暴露时间/h	8	4	2	1	$\frac{1}{2}$	$\frac{1}{4}$	$\frac{1}{8}$	最高限
噪声级/dB（A）	85 90	88 93	91 96	94 99	97 102	100 105	103 108	115 115

表 1－17　新建、扩建、改建企业噪声标准

每个工作日接触噪声的时间/h	8	4	2	1	最高限
容许噪声值/dB（A）	85	88	91	94	115

表 1－18　现有企业噪声暂时达不到标准的参照表

每个工作日接触噪声的时间/h	8	4	2	1	最高限
容许噪声值/dB（A）	90	93	96	99	115

由上述两表可以看出，暴露时间减半，允许噪声可相应提高 3dB（A），此标准也是按"等能量"原理制定的。

执行这个标准，一般可以保护 95%以上的工人长期在噪声下工作不致耳聋，绝大多数工人不会因噪声而引起血管和神经系统等方面的疾病。因此可见，我国的噪声卫生标准不仅考虑了人的听力，还考虑了人们在健康方面的保护。

（二）JISO 的环境区域噪声标准和我国《城市区域环境噪声标准》

1971 年 ISO 组织提出的环境噪声标准：对于住宅区室外的噪声标准为 35～45dB（A），对于不同的时间，不同的区域分别按表 1－19 和表 1－20 加以修正。对于非住宅区室内噪声标准见表 1－21。

表 1－19　不同时间的环境噪声标准的修正值

时　间	修正值/dB（A）
白　天	0
晚　上	－5
午　夜	－10～－15

表 1－20　不同区域的环境噪声修正值

区　域	修正值/dB（A）
乡村住宅、医院疗养区	0
郊区住宅、小马路	+5
城市住宅区	+10
工商业和交通混合区	+15
城市中心	+20
工业地区	+25

我国 1982 年 8 月 1 日颁布了《城市区域环境噪声噪声标准》，它适用于城市区域环境，见表 1－22。

表 1－21　非住宅区室内噪声标准

场　所	标准/dB（A）
办公室、商店、会议室、教室、小餐厅	35
大餐厅、打字室、体育馆	45
大的打字室	55
车间	45～75

表 1－22　城市区域环境噪声标准

适用区域	等效声级 L_{eq}/dB（A）	
	昼(6:00～22:00)	夜(22:00～6:00)
特殊住宅区	45	35
居民、文教区	50	40
一类混合区	55	45
二类混合区、商业中心	60	50
工业集中区	65	55
交通干线道路两侧	70	55

表中的特殊住宅区，是指需要特别安静的住宅区；居民、文教区是指纯居民区和文教机关区；一类混合区是指居民区与一般商业区的混合；二类混合区是指工业、商业、少量交通与居民区混合；商业中心区是指商业集中的繁华地区；工业集中区是指一个城（镇）明确规化的工业区；交通干线两侧是指车流量为每小时100辆以上的道路两侧。

表中环境噪声标准是指室外允许噪声级，测点选在居室外或建筑物外1m（例如窗口外1m），传声器距地面1.2m。如果需在室内测量时，室内标准值低于所在区域10dB（A）。对于夜间突发出现的噪声（加风机、空压机、排气噪声），其峰值不准超过标准值10dB（A）；对于夜间偶然出现突发噪声，其峰值不准超过标准15dB（A）。

1989年12月1日实施的《中华人民共和国环境噪声污染防治条例》的主要内容有：环境噪声标准和环境噪声监测、工业噪声污染防治、建筑施工噪声污染防治、交通噪声污染防治、社会生活噪声污染防治和法律责任等。条例的颁布和实施，对于防治环境噪声污染、保障人们有良好的生活环境、保护人们身心健康提供了法律依据。

（三）机动车辆噪声的允许标准

为了保护环境噪声不超过一定限度，对机动车辆的噪声要加以限制。机动车辆噪声标准随车辆的种类、功率和用途而异。我国1979年已制定《机动车辆噪声允许标准》（GB1495—79）及其测量方法（GB1496—79），主要内容见表1-23。

表1-23　机动车辆噪声标准

车辆种类		加速最大声级/dB（A）7.5m处	
		1985年1月1日前生产的	1985年1月1日后生产的
载重车	8t≤载重量<15t	92	89
	3.5t≤载重量<8t	90	86
	载重量<3.5t	89	84
轻型越野车		89	84
公共汽车	4t<总重量<11t	89	86
	总重量≤4t	88	83
小客车		84	82
摩托车		90	84
轻型拖拉机（43kW以下）		91	86

（四）机床噪声的允许标准

随着现代工业的发展，机床趋于高速、大功率、高精度、高效率、更加自动化，我国于1978年颁布了《金属切削机床通用技术》（JB2278—78）标准，规定了机床噪声的允许标准，见表1-24。

表1-24　机床噪声允许标准

机床类型	允许标准	测量方法
高精度机床	<75dB（A）	按《金属切削机床噪声测量》（JB2281—78）的规定进行
精密机床和普通机床	<85dB（A）	

（五）建筑设计噪声标准

目前，我国尚未制定建筑设计标准。现将美国采用的建筑物的设计标准的主要内容作一介绍，见表 1－25。

表 1－25　房间设计的 *NC* 标准　　dB（A）

地区类型	低	平均	高
居宅区：			
私人住宅（乡村和郊区）	20	25	30
私人住宅（城市）	25	30	35
家庭住宅 2 和 3 间的家庭单元	30	35	40
旅馆：			
房间、套间、宴会厅和舞厅	30	35	40
会堂、走廊、会客室	35	40	45
厨房、洗衣店、汽车间	40	45	50
百货商店、零售商店：			
服装商店和百货商店	35	40	45
百货商店（主楼）			
自动售货店	40	45	50
运动场、体育馆：			
打球、体育馆	35	40	45
游泳池	40	45	55
大会堂和音乐厅：			
音乐歌舞会堂			
播音室	20	22	25
戏院、各种会堂、电影院、电视播音室			
半圆形露天剧场	25	27	30
教堂	30	32	35
前厅	35	40	45
医院和诊所：			
私人房间	25	30	35
手术室	30	35	40
实验室、会堂、会客室			
候诊室	35	40	45
盥洗室	40	45	50
办公室：			
小办公室	20	25	30
大办公室	25	30	35
私人办公室、会客室	30	35	40
普通办公室、制图室	35	40	45
教堂和学校：			
圣堂	20	25	30
图书馆、学校、教堂	30	35	40
试验室、休息室	35	40	45
走廊、会堂、厨房	35	45	50
公共的建筑物：			
公共的图书馆、博物馆			
法庭、宫廷	30	35	40
邮政办公室、银行、门廊	35	40	45
盥洗室	40	45	50
运动场	30	35	40
运输区（火车、汽车、飞机）：			
售票处	30	35	40
休息室、候车室	35	40	50

另外，在建筑上，美国常用前述的 *NC* 曲线规定房间噪声的允许标准。

（六）机械产品和家用电器噪声的容许标准

噪声控制的目的是保护人们的生存环境，使人们能在较安静的环境下工作、学习和生活。控制噪声最有效的方法是对噪声源的控制。机械设备及产品、家用电器等均是产生噪声的噪声源。我国已公布了常用机械产品、家用电器噪声的允许标准，见表 1－26。

表 1－26　常见机械产品和家用电器的噪声标准

种　　类		噪声标准 /dB（A）	测 量 条 件
罗茨鼓风机		≤90	《风机和罗茨风机噪声测量方法》（GB2888—82）
发动机	功率小于 147kW	≤78	在半自由声场下测量，测点高 1.2m，距机体中心线 7.5m
	功率大于 147kW	≤80	
家用电冰箱		≤45	根据 SG215—80 标准中规定，测点距电冰箱正面 1m，高 1m
家用洗衣机		≤65	根据 SG186—80 标准，洗衣机放在厚 5～10mm 弹性垫层上，测点距洗衣机前、后、左、右四面中心 1m 处
手提式电吹风	感应式单相交流电动机	≤50	根据 SG197—80 标准，测点距电吹风出口 200mm 处
	串激式交直流电动机	≤85	
	永磁式直流电动机	≤70	

第六节　噪声防治的基本原则

噪声防治一般需从三个方面考虑：即噪声声源的控制，传播途径的控制，接受者的防护。下面从三个方面做简略的叙述。

在噪声源处降低噪声是噪声控制的最有效方法。通过研制和选择低噪声设备，改进生产加工工艺，提高机械零、部件的加工精度和装配技术，合理选择材料等，都可以达到从噪声源处控制噪声的目的。

一、噪声声源的控制

（一）合理选择材料和改进机械设计来降低噪声

一般金属材料，如钢、铜、铝等，它们内阻尼较小，消耗振动能量较少，因此，凡用这些材料制成的零、部件，在激振力的作用下，在构件表面会辐射较强的噪声，而采用消耗能量大的高分子材料或高阻尼合金就不同了。如某棉纺厂将 1511 型织机的 36 牙传动齿轮改用尼龙代替铸铁使噪声降低 4～5dB。减振合金（阻尼合金），如锰－铜－锌合金，它的晶体内部存在一定的可动区，当它受到作用力时，合金内摩擦将引起振动滞后损耗效应，使振动能转化为热能而耗散掉。因而，在同样作用力的激发下，减振合金要比一般合金辐射的噪声小得多。因此，在制造机械零部件或一些工具时，若采用减振合金代替一般钢、铜等金属材料，就可以获得降低噪声的效果。

通过改进设备的结构减小噪声，其潜力是很大的。例如，对于某些电机的设计，冷却风扇选的较大，噪声也大。实验表明，当把冷却风扇从末端去掉 2～3m，可以收到 62～7dB（A)的降噪效果。

对风机来说，叶片形式不同，产生噪声大小有很大差别，所以选择最佳叶片形状，可以降低风机噪声。由实验证实，当把风机叶片由直片形改成后弯形时，可降低噪声约 10dB（A)。

改变传动装置也可以降低噪声。各种旋转的机械设备，采用不同的传动装置，其噪声大小是不同的。例如，一般正齿轮传动装置噪声较大，可达 90dB（A），而改用斜齿轮或螺旋齿轮，啮合时重合系数大，可降低噪声 3 ~ 10dB（A）。若改用皮带传动代替正齿轮传动，可降低噪声 10 ~ 15dB（A）。从噪声控制角度考虑，应尽量采用噪声小的传动方式。但实际问题中，传动方式的选择受诸多因素的制约。

（二）改进工艺和操作方法来降低噪声

改进工艺和操作方法，从噪声源上降低噪声。例如，用低噪声的焊接代替高噪声的铆接，用液压代替高噪声的锤打，用喷气织布机代替有梭织布机等，都会收到降低噪声的效果。在工厂里把铆接改为焊接，把锻打改为摩擦压力或液压加工，降噪量可达 20 ~ 40dB（A）。

（三）减小激振力来降低噪声

在机械设备工作过程中，尽量减小或避免运动的零、部件的冲击和碰撞。冲击时，系统之间动能转换时间很短，振幅峰值很高，伴随强烈的噪声，更易使人的听觉系统损伤。冲击除辐射到空气中的噪声外，还要激励被冲构件传递固体声，从而传递得很远，形成二次固体声。降低此类噪声，要用运动的零、部件连续运动来代替不连续运动，减少运动部件质量及碰撞速度，采取冲击隔离，降低激振力。

尽量提高机械和运动部件的平衡精度，减小不平衡离心惯性力及往复惯性力，从而减小激振力，使机械运转平稳，噪声降低。

（四）提高运动零部件间的接触性能

尽量提高零、部件加工精度及表面精度，选择合适的配合，控制运动零部件间的间隙大小。要有良好的润滑，减少摩擦，平时注意检修。例如，一台齿轮转速为 1 000r/min 的设备，当齿形误差由 17μm 减为 5μm 后，由于提高了齿轮的加工精度，减小了啮合时的摩擦和振动，噪声降低了 8dB（A）。若将轴承滚珠加工精度提高一级，轴承的噪声可降 10dB（A）左右。

（五）降低机械设备系统噪声辐射部件对激振力的响应

只要机械设备系统中的零、部件振动就有辐射噪声，为此可采取下列措施来减少声源的噪声：

1. 尽量避免共振发生

当激振频率与固有频率相等或接近时，结构的动刚度显著下降，响应振幅急剧变大，激起部件强烈振动，此时系统最有效的传递振动和发射噪声在共振区附近。振动响应的幅值主要由系统阻尼的大小决定，阻尼越小，共振表现得越强烈。在此种情况下，改变共振部件的固有频率，可有效地减少部件的振动及由此产生的噪声。比如，可以增加噪声辐射面的质量（降低固有频率）、增加刚度（提高固有频率）或者改变辐射面尺寸。

2. 适当提高机械结构的动刚度

在相同的激振力作用下，通过提高机械结构的动刚度，提高其抗振能力，则振动与噪声就会下降，其措施是改善机械结构的动刚度和固有频率。例如，风机外壳如用小于 3mm 的薄铁板焊接制成，工作时因振动会辐射强烈噪声，如改用大于 6mm 的厚铁板或用铸铁做外壳，由于增加了结构刚度，振动辐射噪声会大大减弱。

3. 机械设备的噪声大小，通常反映了机器零、部件的加工和装配精度的好坏。

噪声小，能使机械设备处于良好的工作状态，延长使用寿命，这也是评价机器优劣的一项重要指标。

二、噪声传播途径的控制

由于目前的技术水平、经济等方面的原因，无法把噪声源的噪声降到人们满意的程度，就可考虑在噪声传播途径上控制噪声。

在总体设计上采用"闹静分开"的原则是控制噪声较有效的措施。例如，在规划新城镇时，应将机关、学校、科研院所与闹市区分开；闹市区与居民区分开；工厂与居民区分开；工厂的高噪声车间与办公室、宿舍分开；高噪声的机器与低噪声的机器分开。这样利用噪声自然衰减特性，减少噪声污染面。还可因地制宜，利用地形、地物，如山丘、土坡或已有的建筑设施来降低噪声作用。另外，绿化不但能改善环境，而且具有降噪作用。种植不同种树木，使树的疏密及高低合理配置，可达到良好的降噪效果。

当利用上述方法仍达不到降噪要求时，就需要在噪声的传播途径上直接采取声学措施，包括吸声、隔声、减振、消声等常用噪声控制技术。各种噪声控制的技术措施，都有其特点和适用范围，采用何种措施，视噪声源的实际情况，参照有关标准，综合考虑经济因素等。表1－27列出了几种噪声控制措施的降噪原理、应用范围及减噪效果。

表1－27　常用噪声控制措施的原理与应用范围

措施种类	降噪原理	应用范围	减噪效果/dB（A）
吸声	利用吸声材料或结构，降低厂房、室内反射声，如悬挂吸声体等	车间内噪声设备多且分散	4～10
隔声	利用隔声结构，将噪声源和接受点隔开，常用的有隔声罩、隔声间和隔声屏	车间工人多，噪声设备少，用隔声罩；反之，用隔声间；二者均不行，用隔声屏	10～40
消声器	利用阻性、抗性、小孔喷注和多孔扩散等原理，消减气流噪声	气动设备的空气动力性噪声，各类放空排气噪体	15～40
隔振	把具有振动的设备，原与地板刚性接触改为弹性接触，隔绝固体声传播，如隔振基础，隔振器	设备振动厉害，固体传播远，干扰居民	5～25
减振（阻尼）	利用内摩擦、耗能大的阻尼材料，涂抹在振动构件表面，减小振动	机械设备外壳、管道振动噪声严重	5～15

三、噪声接受点采取防护措施

控制噪声的最后一环是接受点的防护，即个人防护。在其他技术措施不能有效地控制噪声时，或者只有少数人在吵闹的环境下工作，个人防护乃是一种既经济又实用的有效方法。特别是从事铆焊、板金工作，冲击、风动工具、爆炸、试炮以及机器设备较多，自动化程度较高的车间，就必须采取个人防护措施。

（一）对听觉和头部的防护

对听觉的防护措施主要有耳塞、耳晕、防声头盔和防声棉。

耳塞是插入外耳道的护耳器。主要有预模式耳塞、泡沫塑料耳塞和人耳膜耳塞三种。它们的隔声量多在15~27dB。良好的耳塞应具有隔声性能好，佩戴舒适方便、无毒性，不影响通话和经济耐用等特点。

耳罩是将整个耳廓封闭起来的护耳装置。它是根据隔声原理，阻挡外界噪声向人耳内传送而起到护耳作用。耳罩主要由硬塑料、硬橡胶、金属板等制成的左右两个壳体、泡沫塑料外包聚氯乙烯薄膜制成的密封垫圈、弓架以及吸声材料四部分组成。其平均隔声值在15~25dB，高频可达30dB。耳罩的缺点是体积大，在炎热夏季或高温环境中佩戴较闷热。

强噪声对人的头部神经系统有严重的危害，为了保护头部免受噪声危害，常采用戴防声帽，防声帽有软式和硬式两种。软式防声帽是人造革帽和耳罩组成，耳罩可以根据需要放下和翻到头上，这种帽子戴上较舒适。硬式防声帽是由玻璃钢制外壳，壳内紧贴一层柔软的泡沫塑料，两边装有耳罩。防声帽隔声量一般在30~50dB。其缺点是体积较大，夏天闷热。

防声棉是一种塞入耳道的护耳道专用材料。它是直径为1~3μm的超细玻璃棉，经化学处理制成的，外形不定。使用时，用手提成锥形塞入耳道即可。防声棉的隔声量随频率增高而增加，隔声量为15~20dB。

（二）人的胸、腹部防护

当噪声超过140dB以上，不但对听觉、头部有严重的危害，而且对胸部、腹部各器官也有极严重的危害，尤其是心脏。因此，在极强噪声的环境下，要考虑人们的胸部防护。

防护衣是由玻璃钢或铝板、内衬多孔吸声材料组成，可以防噪、防冲击声波，以期对胸、腹部的保护。

四、噪声控制的工作程序

在实际工作中，噪声控制一般可分为两类情况：一类是现有的企业噪声超过国家有关标准，需采取噪声控制措施。另一类是新建、扩建和改建的企业，在规划、设计时就应考虑噪声的污染情况，以便确定合理的噪声控制方案，减少噪声污染。

噪声控制的一般程序如下：

（一）调查、测试噪声污染情况

在确定噪声控制方案之前，应到噪声污染的现场，调查主要噪声源及其产生噪声的原因，了解噪声传播的途径，走访噪声的受害者，进行实际噪声测量，由测得的结果绘制噪声的分布图，在厂区及居民区的地图上用不同的等响曲线表示。

（二）确定减噪量

把现场测得噪声数据与噪声标准（包括国家标准、部门标准及地方和企业标准）进行比较，确定所需降低噪声的数值，即噪声级和各频带声压级应降低的分贝数。

（三）确定噪声控制方案

在确定噪声控制方案时，首先应对机械设备的运行工作情况进行详细地了解，确定所拟定的方案对机械设备的正常工作、生产工艺和技术操作是否有影响，坚决防止所确定的噪声控制措施妨碍、甚至破坏了正常的生产程序。确定方案时，要因地制宜，既经济合理，又切实可行。控制措施可以是综合噪声控制技术，也可以是单项的。要抓住主要的噪声源，否则，很难取得良好的噪声控制效果。噪声控制方案可能有几种可供选择，此时，除考虑降噪效果外，还应考虑投资多少，工人操作和设备正常工作等因素。

(四) 降噪效果的鉴定与评价

在实施噪声控制措施后，应及时进行降噪效果的技术鉴定或工程验收工作，如未达到预期效果，应及时查找原因，根据实际情况补加新的措施，直至达到预期的效果。噪声控制工作程序如图 1－16 所示。

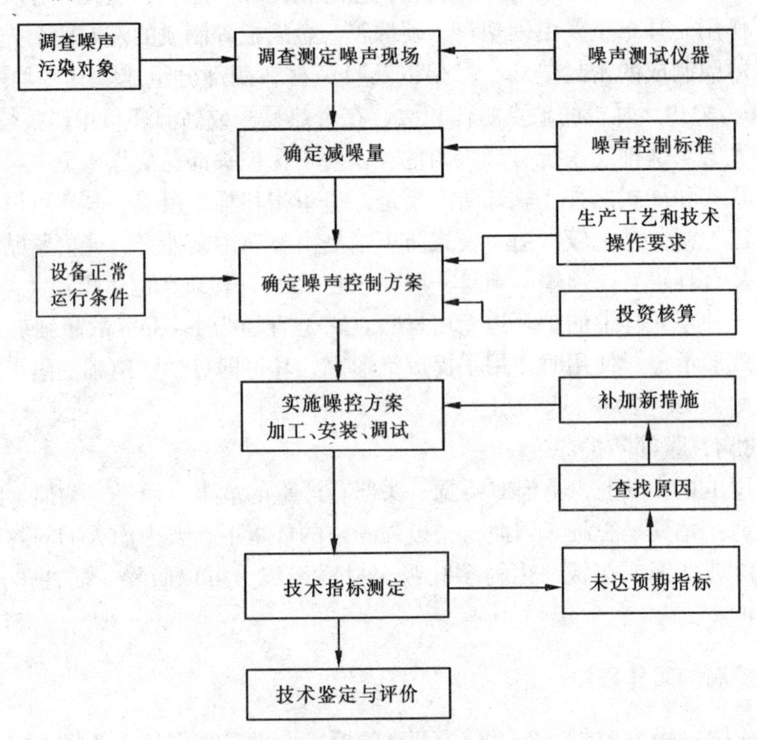

图 1－16　噪声控制工作程序框图

第二章 噪声测量

噪声测量是环境噪声监测、控制以及研究的重要手段。环境噪声的测量大部分是在现场进行的，条件很复杂，声级变化范围大。因此其所需的测量仪器和测量方法与一般的声学测量有所不同。本章仅介绍环境噪声测量中常用的一些仪器设备和测量方法。

第一节 测量仪器

随着大规模集成电路和信号处理技术的迅速发展，现代的声学仪器日新月异，品种繁多。本节仅介绍若干典型仪器的特性和使用方法，对仪器的具体型号不做详细罗列。

一、声级计

在噪声测量中，声级计是常用的基本声学仪器。它是一种可测量声压级的便携式仪器。国际电工委员会 IEC 651 和国标 GB 3785—83 将声级计分作 0、Ⅰ、Ⅱ、Ⅲ四种等级（表 2-1），在环境噪声测量中，主要使用Ⅰ型（精密级）和Ⅱ型（普通级）。

表 2-1 声级计分类

类型	精密型		普通型	
	0	Ⅰ	Ⅱ	Ⅲ
精度	±0.4dB	±0.7dB	±1.0dB	±0.7dB
用途	实验室标准仪器	声学研究	现场测量	监测、普查

国标 GB/T 14623—93 规定，用于城市区域环境噪声测量的仪器精度为Ⅱ型以上的积分声级计。声级计一般由传声器、放大器、衰减器、计权网络、检波器、滤波器和指示器等组成。图 2-1 是声级计的典型结构框图。

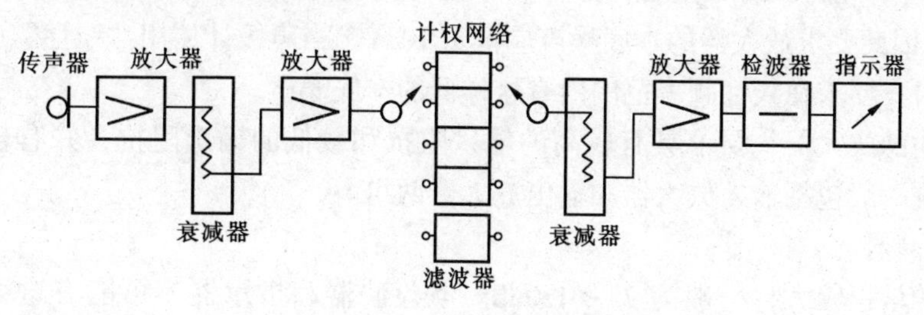

图 2-1 声级计结构框图

(一) 传声器

这是一种将声压转换成电压的声电换能器。传声器的类型很多，它们的转换原理及结构各不相同。要求测试用的传声器在测量频率范围内有平直的频率响应、动态范围大、无指向性、本底噪声低、稳定性好。在声级计中，大多选用空气电容传声器和驻极体电容传声器。

1. 电容传声器

由一个非常薄的金属膜（或涂金属的塑料膜片）和相距很近的极板组成。膜片和后极板相互绝缘，构成一个电容器。在两电极上加恒定直流极化电压 E_0，使静止状态的电容 C_0 充电，当声波入射到膜片表面时，膜片振动产生位移，使膜片与后极板之间的间隙发生变化，电容量也随之变化，导致负载电阻 R 上的电流产生变化。这样，就能在负载电阻上得到与入射声波相对应的交流电压输出。图 2－2 是电容传声器的结构原理和等效电路图。

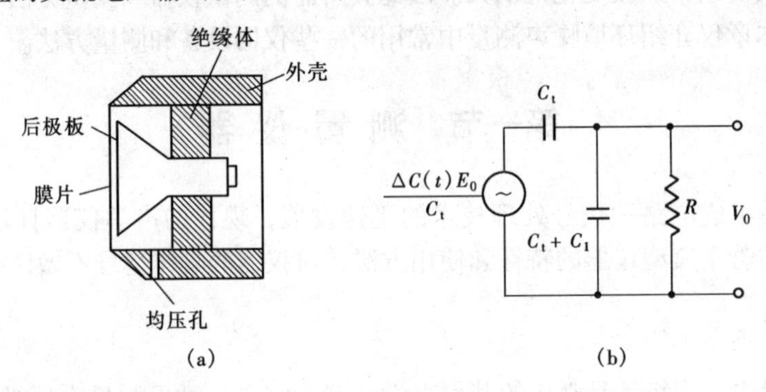

图 2－2　电容传声器

电容传声器的主要技术指标有灵敏度、频率响应范围和动态范围。

2. 驻极体电容传声器

在膜片与后极板之间填充驻极体，用驻极体的极化电压来代替外加的直流极化电压。

此外，由于传声器在声场中会引起声波的散射作用，特别会使高频段的频率响应受到明显影响。这种影响随声波入射方向的不同而变化。根据传声器在声场中的频率响应不同，一般分为声场型（自由场和扩散场）传声器和压强型传声器。测量正入射声波（声波传播方向垂直于传声器膜片）取自由场型传声器较好，对无规入射声波应采用扩散场型或压强型传声器，如采用自由场型传声器，应加一无规入射校正器，使传声器的扩散场响应接近平直。

（二）放大器

声级计的放大器部分，要求在音频范围内响应平直，有足够低的本底噪声，精密声级计的声级测量下限一般在 24dB 左右，如果传声器的灵敏度为 50mV/Pa，则放大器的输出电压约为 15 μV，因此要求放大器的本底噪声应低于 10μV。当声级计使用“线性”（L）档，即不加频率计权时，要求在线性频率范围内有这样低的本底噪声。

声级计内的放大器，要求具有较高的输入阻抗和较低的输出阻抗，并有较小的线性失真，放大系统一般包括输入放大器和输出放大器两组。

（三）衰减器

声级计的量程较大，一般为 25～130dB。但检波器和指示器不可能有这么宽的量程范围，这就需要设置衰减器，其功能是将接到的强信号给予衰减，以免放大器过载。衰减器分为输入衰减器和输出衰减器。声级计中，前者位于输入放大器之前，后者接在输入放大器和输出放大器之间。为了提高信噪比，一般测量时应尽量将输出衰减器调至最大衰减档，在输入放大器不过载的前提下，将输入衰减器调至最小衰减档，使输入信号与输入放大器的电噪声有尽可能大的差值。

（四）滤波器

声级计中的滤波器包括A、B、C、D计权网络和1/1倍频程或1/3倍频程滤波器。A计权声级应用最为普遍，而且只有A计权的普通的声级计，可以做成袖珍式的，价格低，使用方便。多数普通声级计还有“线性”档，可以测量声压级，用途更为广泛。在一般噪声测量中，1/1倍频程或1/3倍频程带宽的滤波器就足够了。

如将模拟电路检波输出的直流信号不输入指示器，而反馈给A/D转换器，或将传声器前置放大输出的交流信号直接进行模数转换，然后对数字信号进行分析处理以数字显示、打印或贮存各种结果，这类声级计又称为数字声级计。由于软件可以随要求方便编制，因此数字声级计具有多用性的优点。可以根据需要提供瞬时声级、最大声级、统计声级、等效连续声级、噪声暴露声级等数据。

（五）声级计的主要附件

1. 防风罩

在室外测量时，为避免风噪声对测量结果的影响，在传声器上罩一个防风罩，通常可降低风噪声10~12dB。但防风罩的作用是有限的，如果风速超过20km/h，即使采用防风罩，对不太高的声压级的测量结果仍有影响。显然，所测噪声声压级越高，风速的影响越小。

2. 鼻形锥

若要在稳定的高速气流中测量噪声，应在传声器上装配鼻形锥，使锥的尖端朝向来流，从而降低气流扰动产生的影响。

3. 延长电缆

当测量精度要求较高或在某些特殊情况下，测量仪器与测试人员相距较远，这时可用一种屏蔽电缆连接电容传声器和声级计。屏蔽电缆长度为几米至几十米，电缆的衰减很小，通常可以忽略，但是如果插头与插座接触不良，将会带来较大的衰减。因此，需要对连接电缆后的整个系统用校准器再次校准。

（六）声级计的校准

为保证测量的准确性，声级计使用前后要进行校准，通常使用活塞发声器、声级校准器或其他声压校准仪器对声级计进行校准。

1. 活塞发声器

这是一种较精确的校准器。它在传声器的膜片上产生一个恒定的声压级（如124dB）。活塞发声器的信号频率一般为250Hz，所以在校准声级计时，频率计权必须放在“线性”档或“C”档，不能在“A”档校准。应用活塞发生器校准时，要注意环境大气压对它的修正，特别在海拔较高地区进行校准时不能忘记这一点。使用时要注意校准器与传声器之间的紧密配合，否则读数不准。国产的NX6活塞发声器，它产生124dB+0.2 dB声压级，频率250Hz，非线性失真不大于3%。

2. 声级校准器

这是一种简易校准器，如国产ND9校准器。使用它进行校准时，因为它的信号频率是1 000Hz，声级计可置任意计权开关位置。因为在1 000 Hz处，任何计权或线性响应，灵敏度都相同。校准时，对于1inch或24mm外径的自由声场响应电容传声器，校准值为93.6dB；对于1/2inch或12mm外径的自由声场响应传声器，校准值为93.8dB。校准器应定期送计量部门作鉴定。

二、频谱分析仪和滤波器

在实际测量中很少遇到单频声，一般都是由许多频率组合而成的复合声。因此，常常需要对声音进行频谱分析。若以频率为横坐标，以反映相应频率处声信号强弱的量（例如，声压、声强、声压级）为纵坐标，即可绘出声音的频谱图。

图 2 – 3 给出几种典型的噪声频谱。图 2 – 3a 是线状谱，图 2 – 3b 是连续谱，图2 – 3c 是复合谱，它在连续谱中叠加了能量较高的线谱。这些频谱反映了声能量在各个频率处的分布特征。

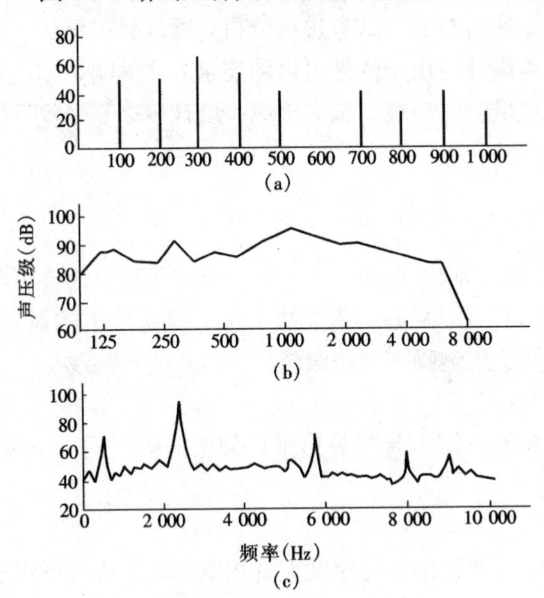

图 2 – 3　噪声频谱图

(a) 线状谱；(b) 连续谱；(c) 复合谱

由能量叠加原理可知，频率不同的声波是不会产生干涉的，即使这些不同频率成分的声波是由同一声源发出的，它们的总声能仍旧是各频率分量上的能量叠加。在进行频谱分析时，对线状谱声音可以测出单个频率的声压级或声强级。但是对于连续谱声音，则只能测出某个频率 Δf 附近带宽内的声压级或声强级。

为了方便起见，常将连续的频率范围划分成若干相连的频带（或称频程），并且经常假定每个小频带内声能量是均匀分布的。显然，频带宽度不同，所测得的声压级或声强级也不同。对于足够窄的带宽 Δf，定义 $W(f) = p^2/\Delta f$ 称为谱密度。

具有对声信号进行频谱分析功能的设备称为频谱分析仪或频率分析仪。

频谱分析仪的核心是滤波器。图 2 – 4 是一个典型的通带滤波器的频率响应，带宽 $\Delta f = f_1 - f_2$。滤波器的作用是让频率在 f_1 和 f_2 间的所有信号通过，且不影响信号的幅值和相位，同时，阻止频率在 f_1 以下和 f_2 以上的任何信号通过。

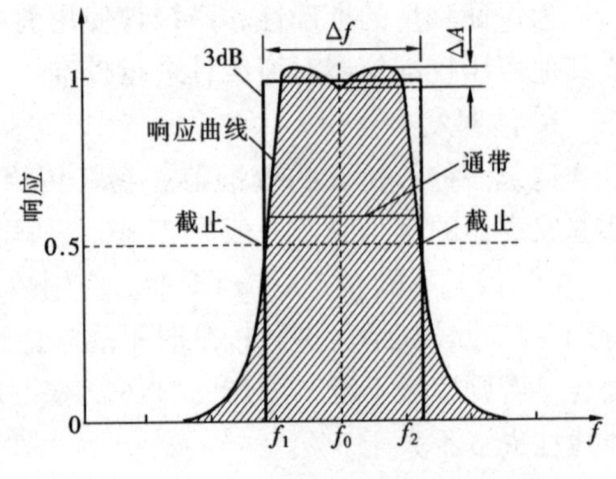

图 2 – 4　滤波器的频率响应

滤波器可以是模拟的，也可以是数字的，可以做成接近理想的滤波器，但既费钱又费时，故大多数滤波器做成具有如图 2 – 4 所示图线的形状。频率 f_1 和 f_2 处输出比中心频率 f_0 小 3dB，称之为下限和上限截止频率。中心频率 f_0 与截止频率 f_1、f_2 的关系为

$$f_0 = \sqrt{f_1 \cdot f_2}$$

频率分析仪通常分两类：一类是恒定带宽的分析仪，另一类是恒定百分比带宽的分析仪。

恒定带宽分析仪用一固定滤波器，信号用外差法将频率移到滤波器的中心频率，因此带宽与信号无关。

一般噪声测量多用恒定百分比带宽的分析仪，其滤波器的带宽是中心频率的一个恒定百分比值，故带宽随中心频率的增加而增大，即高频时的带宽比低频时宽，对于测量无规噪声或振动，这种分析仪特别有用。最常用的有倍频程和1/3倍频程频谱仪。倍频程分析仪中，每一带宽通过频程的上限截止频率等于下限截止频率的2倍，在1/3倍频程分析仪中上下限频率的比值是$\sqrt[3]{2}$，中心频率是上下限频率的几何中值。表2-2给出了常用的滤波器带宽。

表2-2 滤波器通带的准确频率

Hz

通带号数	中心频率	1/3倍频程滤波器带宽	1/1倍频程滤波器带宽
14	25	22.4~28.2	
15	31.5	28.2~35.5	22.4~44.7
16	40	35.5~44.7	
17	50	44.7~56.2	
18	63	56.2~70.8	44.7~89.1
19	80	70.8~89.1	
20	100	89.1~112	
21	125	112~141	89.1~178
22	160	141~178	
23	200	178~224	
24	250	224~282	178~355
25	315	282~355	
26	400	355~447	
27	500	447~562	355~708
28	630	562~708	
29	800	708~891	
30	1 000	891~1 120	708~1 410
31	1 250	1 120~1 410	
32	1 600	1 410~1 780	
33	2 000	1 780~2 240	1 410~2 820
34	2 500	2 240~2 820	
35	3 050	2 820~3 550	
36	4 000	3 550~4 470	2 820~5 620
37	5 000	4 470~5 620	
38	6 300	5 620~7 080	
39	8 000	7 080~8 910	5 620~11 200
40	10 000	8 910~11 200	
41	12 500	11 200~14 100	
42	16 000	14 100~17 800	11 200~22 400
43	20 000	17 800~22 400	

上述的分析仪都是扫频式的，即被分析的信号在某一时刻只通过一个滤波器，故这种分析是逐个频带递次分析的，只适用于分析稳定的连续噪声。对于瞬时的噪声要用这种仪器分析测量时，必须先用记录器将信号记录下来，然后连接重放，使形成一个连续的信号再进行分析。

三、磁带记录仪

在现场测量中有时受到测试场地或供电条件的限制，不可能携带复杂的测试分析系统。磁带记录仪具有携带简便，直流供电等优点，能将现场信号连续不断地记录在磁带上，带回实验室重放分析。

测量使用的磁带记录仪除要求畸变小，抖动少，动态范围大外，还要求在 20～20 000Hz 频率范围内（至少要求在所分析频带内），有平直的频率响应。

磁带记录仪的品种繁多，有的采用调频技术可以记录直流信号，有的本身带有声级计功能（传声器除外），有的具有两种以上的走带速度，近期开发的记录仪可达数十个通道，信号记录在专用的录像带上。

除了模拟磁带记录仪外，数字磁带记录仪在声和振动测量中也已广泛应用。它具有精度高、动态范围大、能直接与微机连接等优点。

为了能在回放时确定所录信号声压级的绝对值，必须在测量前后对测量系统进行校准。在磁带上录入一段校准信号作为基准值。在重放时所有的记录信号都与这个基准值比较，便可得到所录信号的绝对声压级。

对于多通道磁带记录仪，常常可以选定其中的一个通道来记录测试状态，以及测量者口述的每项测试记录的测量条件、仪器设置和其他相关信息。

四、读出设备

噪声或振动测量的读出设备是相同的。读出设备的作用是让观察者得到测量结果。读出设备的形式很多，最常用的有：将输出的数据以指针指示或数字显示的方式直接读出，目前，以数字显示居多，如声级计面板上的显示窗。另一种是将输出以几何图形的形式描画出来，如声级记录仪和 X－Y 记录仪。它可以在预印的声级及频率刻度纸上作迅速而准确的曲线图描绘，以便于观察和评定测量结果，并与频率分析仪作同步操作，为频率分析及响应等提供自动记录。需要注意的是，以上这些能读出幅值的设备，通常读出的是被测信号的有效值。但有些设备也能读出被测信号的脉冲值和幅值。还有一种是数字打印机，将输出信号通过模数转换（A/D）变成数字由打印机打出。此种读出设备常用于实时分析仪，用计算机操作进行自动测试和运算，最后结果由打印机打出。

五、实时分析仪

声级计等分析装置是通过开关切换逐次切入不同的滤波器来对信号进行频谱分析的。这种方法只适宜于分析稳态信号，需要较长的分析时间。对于瞬态信号则采用先由磁带记录，再多次反复重放来进行谱分析。显然，这种分析手段很不方便，迫切需要一种分析仪器能快速（实时）分析连续的或瞬时的信号。实时分析仪经历了一段发展过程。早期在 20 世纪 60 年代研制的 1/3 倍频程实时分析仪是采用多档模拟滤波器并联的方法来实现“实时”分析的。20 世纪 70 年代初出现的窄带实时分析仪兼有模拟和数字两种特征。随着大规模集成电路和信号处理技术的迅速发展，到 70 年代中期出现了全数字化的实时分析仪。

图 2－5 是一种双通道实时分析仪的原理框图，其核心是微处理器和数字信号处理器，传声器接收的信号经高、低通滤波器（或计权网络）后，由 A/D 采样转换成数字序列，然后，按照预先设置的分析模式运行相应的程序进行信号分析。一般可设置声级计模式、倍频程和分倍频程分析、FFT 分析、双通道相关分析和声强分析模式。

根据需要，可将分析结果进行实时显示、机内贮存、软盘贮存、打印输出或与外部微机联机处理。某些实时分析仪具有电容传声器输入的多芯插口，可以直接与电容传声器的前置

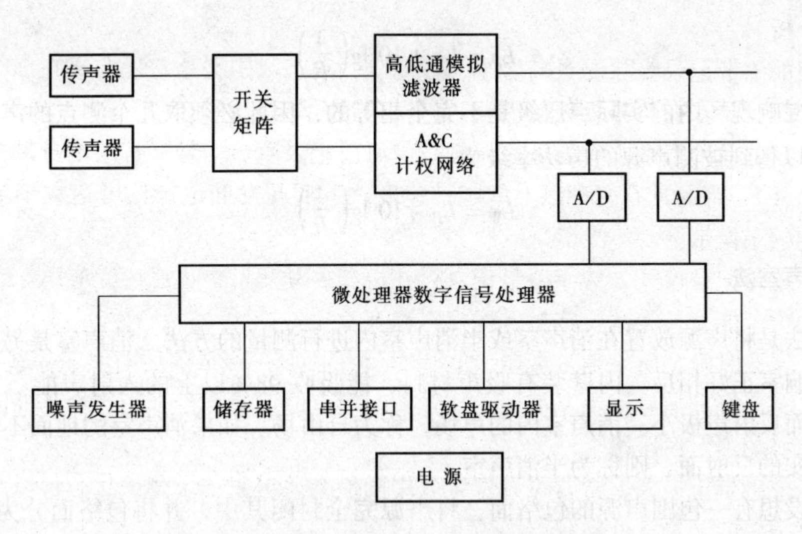

图 2-5 双通道实时分析仪原理框图

放大器连接。

第二节 声功率的测量

声源的声功率是声源在单位时间内发出的总能量。它与测点离声源的距离以及外界条件无关，是噪声源的重要声学量。测量声功率有三种方法：混响室法、消声室法或半消声室法、现场测量法。

国际标准化组织（ISO）提出 ISO 3740 系列的测量标准。相应的国家标准有 GB 6882—86、GB/T 3767—1996 和 GB/T 3768—1996。

一、混响室法

混响室法是将声源放置混响室内进行测量的方法。混响室是一间体积较大（一般大于 $200m^3$），墙的隔声和地面隔振效果都很好的特殊实验室，它的壁面坚实光滑，在测量的声音频率范围内，壁面的反射系数大于 0.98。根据式 $L_{Pr} = L_W + 10\lg\left(\frac{4}{R}\right)$，室内离声源 r 点的声压级为

$$L_P = L_W + 10\lg\left(\frac{R_\theta}{4\pi r^2} + \frac{4}{R}\right)$$

式中 L_W——声源的声功率；

R_θ——声源的指向性因素；

R——房间常数，$R = S\bar{\alpha}/(1-\bar{\alpha})$；

S——混响室内各面的总面积；

$\bar{\alpha}$——平均吸声系数。

在混响室内只要离开声源一定的距离，即在混响现场内，表征混响声的 $4/R$ 将远大于表征直达声的 $R_\theta/4\pi r^2$。于是近似有：

$$L_P = L_W + 10\ \lg\left(\frac{4}{R}\right)$$

考虑到混响现场内的实际声压级是不完全相等的，因此必须取几个测点的声压级平均值$\overline{L_P}$。由此可以得到被测声源的声功率级为

$$L_W = \overline{L}_P - 10\ \lg\left(\frac{4}{R}\right)$$

二、消声室法

消声室法是将声源放置在消声室或半消声室内进行测量的方法。消声室是另一种特殊实验室，与混响室正好相反。内壁装有吸声材料，能吸收98%以上的入射声能。室内声音主要是直达声而反射声极小。消声室内的声场，称为自由场。如果消声室的地面不铺设吸声材料，而是坚实的反射面，则称为半消声室。

测量时设想有一包围声源的包络面，将声源完全封闭其中，并将包络面分为 n 个面元，每个面元的面积为测定每个面元上的声压级，并依据式 $\overline{I} = P_e^2/\rho_0 C$ 和式 $\overline{\omega} = \overline{IS}$ 导得

$$L_W = \overline{L}_P - 10\ \lg S_0$$

其中，包络面总面积

$$S_0 = \sum_{i=1}^{n} \Delta S$$

平均声压级

$$\overline{L}_P = 10\ \lg\left[\frac{1}{n}\sum_{i=1}^{n} 10^{0.1L_P}\right]$$

三、现场测量法

现场测量法是在一般房间内进行的，分为直接测量和比较测量两种。这两种方法测量结果的精度虽然不及实验室测得的结果准确，但可以不必搬运声源。

（1）直接测量法

与消声室法一样，设想一个包围声源的包络面，然后测量包络面各面元上的声压级。不过在现场测量时，声场内存在混响声，因此要对测量结果进行必要的修正，修正值 K 由声源的房间常数 R 确定

$$L_W = \overline{L}_P + 10\ \lg S_0 - K$$

式中 $\overline{L}_P$——平均声压级；

S_0——包络面总面积。

修正值

$$K = 10\ \lg\left(1 + \frac{4S_0}{R}\right)$$

由房间的混响时间 $T_{60} = \frac{0.161V}{A} = \frac{0.161V}{\overline{S\alpha}}$，也可得到修正值

$$K = 10\ \lg\left(1 + \frac{S_0 T_{60}}{0.04V}\right)$$

式中 V——房间的体积。

可见房间的吸声量越小，修正值越大。

当测点处的直达声与混响声相等时，$K=3$。K 越大，测量结果的精度越差。为了减小 K 值，可适当缩小包络面，即将各测点移近声源，或者临时在房间四周放置一些吸声材料，增加房间的吸声量。

(2) 比较法

在实验室内按规定的测点位置预先测定标准声源（一般可用宽频带的高声压级风机，国内外均有产品）的声功率级。在现场测量时，首先仍按上述规定的测点布置测量待测声源的声压级，然后将标准声源放在待测声源位置附近，停止待测声源，在相同测点再次测量标准声源的声压级。于是，可得待测声源的声压级

$$L_P = L_W + (\overline{L}_P - \overline{L}_{PS})$$

式中 L_W——标准声源的声功率；

$\overline{L}_P$——待测声源现场测量的平均声压级；

$\overline{L}_{PS}$——标准声源现场替代测量的平均声压级。

第三节　工业企业噪声测量

工业企业噪声问题分为两类：一类是工业企业内部的噪声，另一类是工业企业对外界环境的影响。内部噪声又分为生产环境噪声和机器设备噪声。

一、生产环境噪声测量

国家标准《工业企业噪声控制设计规范》GBJ 87—85 规定，生产车间及作业场所的工人每天连续接触噪声 8h 的噪声限制值为 90dB，这个数值是指工作人员在操作岗位上的噪声级。

测量时传声器应置于工作人员的耳朵附近，测量时工作人员应从岗位上暂时离开，以避免声波在工作人员头部引起的散射声使测量产生误差。对于流动的工种，应在流动的范围内选择测点，高度与工作人员耳朵的高度相同，求出测量值的平均值。

对于稳定噪声只测量 A 声级，如果是不稳定的连续噪声，则在足够长的时间内（能够代表 8h 内起伏状况的部分时间）取样，计算等效连续 A 声级 L_{eq}。如果用积分声级计，就可以直接测定规定时间内的噪声暴露量。对于间断性的噪声，可测量不同 A 声级下的暴露时间，计算 L_{eq}。将 L_{eq} 从小到大顺序排列，并分成数段，每段相差 5 dB，以其算术中心表示为 70dB，75dB，80dB，…，115 dB，如 70 dB 表示 68 ~ 72 dB，75 dB 表示 73 ~ 77 dB，以此类推，然后将一个工作日内的各段声级暴露时间进行统计。

车间内部各点声级分布变化小于 3 dB 时，只需要在车间选择 1 ~ 3 个测点；若声级分布差异大于 3 dB，则应按声级大小将车间分成若干区域，使每个区域内的声级差异小于 3 dB，相邻两个区域的声级差异应大于或等于 3 dB，并在每个区域选取 1 ~ 3 个测点。这些区域必须包括所有工人观察和管理生产过程且经常工作活动的地点和范围。

二、机器噪声的现场测量

机器噪声的现场测量应遵照各有关测试规范进行（包括国家标准、部颁标准、行业规范），必须设法避免或减小环境的背景噪声和反射声的影响。如使测点尽可能接近机器声源；除待测机器外尽可能关闭其他运转设备，减少测量环境的反射面，增加吸声面积等。对于室

外或高大车间内的机器噪声，在没有其他声源影响的条件下，测点可选得远一点，一般情况可按如下原则选择测点：

小型机器（外形尺寸小于0.3m），测点距表面0.3m；

中型机器（外形尺寸在0.3~1m），测点距表面0.5m；

大型机器（外形尺寸大于1m），测点距表面1m。

特大型机器或有危险性的设备，可根据具体情况选择较远位置为测点。测点数目可视机器的大小和发声部位的多少选取4、6、8个不等。测点高度以机器半高度为准或选择在机器轴水平线的水平面上，传声器对准机器表面，测量A、C声级和倍频带声压级，并在相应测点上测量背景噪声。

对空气动力性的进气噪声测点应取在吸气口轴线上，距管口平面0.5m或1m（或等于一个管口直径）处。排气噪声测点应取在排气口轴线45°方向上或管口平面上，距管口中心0.5m、1m或2m处，如图2-6所示。进、排气噪声应测量A、C声级和倍频程声压级，必要时测量1/3倍频程声压级。

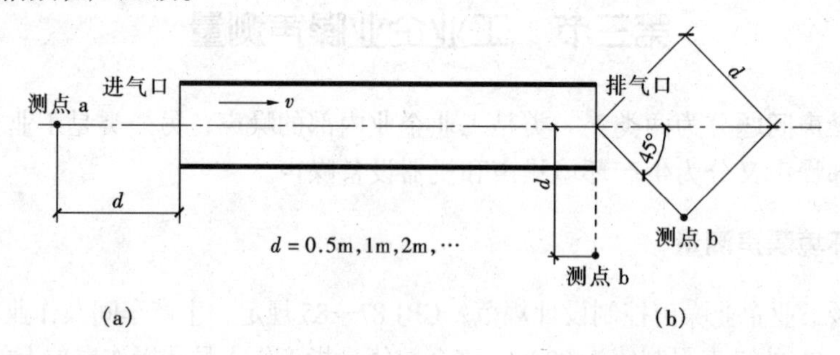

图2-6　进、排气噪声测量点位置示意图

（a）进气口噪声测点；（b）排气口噪声测点

机器设备噪声的测量，由于测点位置的不同，所得结果也不同，为了便于对比，各国的测量规范对测点的位置都有专门的规定，有时由于具体情况不能按照规范要求布置测点时，则应注明测点的位置，必要时还应将测量场地的声学环境表示出来。

三、厂界噪声测量

国标《工业企业厂界噪声测量方法》GB 12349—90规定，测量应在被测企业事业单位的正常工作时间内进行，分为昼、夜两部分。测量应在无雨无雪的气候下进行，传声器应加风罩，当风力大于5.5m/s时应停止测量。

（一）要求

测量仪器的精度为Ⅱ级以上的声级计或环境噪声自动监测仪。用声级计测量时，仪器动态特性为“慢”响应，采样时间间隔为5s；用环境噪声自动监测仪测量时，仪器动态特性为“快”响应，采样时间间隔不大于1s。

（二）测量的声级类型

测量值为等效声级。按测量方法中对测量时间的规定，稳态噪声为测量1min的等效声级；周期性噪声为声级变化一个周期的等效声级；非周期性噪声为测量整个正常工作时间的等效声级。

（三）测点

即传声器位置，应选在法定厂界外 1m，高度 1.2m 以上的噪声敏感处。如厂界有围墙，测点应高于围墙。若厂界与居民住宅相连，厂界噪声无法测量时，测点应选在居室中央，室内限值应比相应标准低 10 dB。

（四）数据处理中背景值的修正

背景噪声的声级值应比待测噪声的声级值低 10 dB 以上，若测量值与背景值差值小于 10 dB，应按表 2－3 进行修正。

表 2－3　背景值修正

差值/ dB	3	4～6	7～9
修正值/ dB	－3	－2	－1

第四节　振动及其测量方法

在振动研究中有三个重要的物理量，即振动位移、振动速度和振动加速度。三者之间存在如下关系：

振动位移　　$$\xi = A\cos(\omega t + \varphi)$$

振动速度　　$$v = \frac{d\xi}{dt} = -A\omega\sin(\omega t + \varphi)$$

振动加速度　　$$\alpha = \frac{dv}{dt} = -A\omega^2\cos(\omega t + \varphi)$$

对一般的时间平均测量而言，若忽略这三个物理量之间的相位关系，则对于确定的频率，三个物理量之间存在着以下的简单关系：可将振动加速度同正比于频率的系数相除而得到振动位移。在测量仪器中可通过积分过程来实现这种运算。

测量振动用的传感器可以是位移传感器、速度传感器或加速度传感器。使用最普遍的是压电加速度传感器。它具有体积小、重量轻、频响宽、稳定性好、耐高温、耐冲击、无需参考位置等优点。

振动测量系统与声学测量系统的主要区别是将加速度计及其前置放大器来代替电容传声器和传声器前置放大器。所以一般测量声信号的声级计和实时分析仪都可以非常方便的用来测量振动量。

一、加速度计

加速度计是一种机电传感器，其核心是压电元件，通常是由压电陶瓷经人工极化制成。这些压电元件能产生与作用力成正比的电荷。图 2－7 是加速度计的内部结构。压电元件以质量块为负载。当加速度计受到振动时，质量块把正比于加速度的力作用在压电元件上，则在输出端产生正比于加速度的电荷或电压。

加速度计的主要技术参数有频率特性、灵敏度、重量和动态范围等。在使用加速度计进行测量时应注意以下几点：

1. 加速度计须妥贴、牢固地安装在被测物体表面。

2. 加速度计的引出电缆应贴在振动面上，不宜任意悬空。电缆离开振动面的位置最好选在振动最弱的部位。

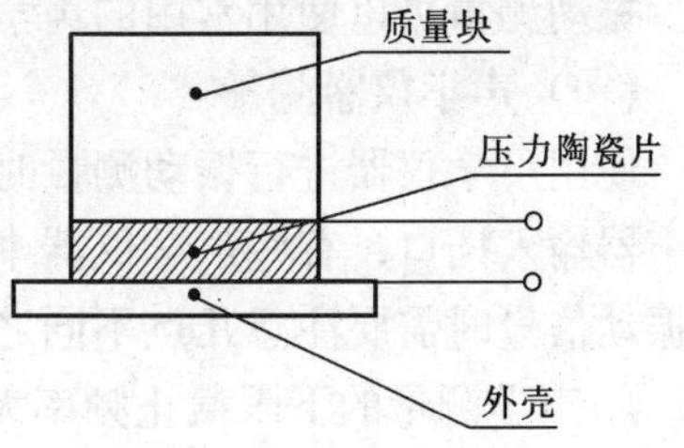

质量块
压力陶瓷片
外壳

图 2－7　加速度计内部结构图

3. 应选用质量较轻的加速度计，以免影响被测物体的振动特性。但要保证所选加速度计的动态范围应高于被测物体的最大加速度。常用加速度计允许的使用温度上限为250℃，高温条件会使压电陶瓷退极化。

二、前置放大器

加速度计的输出阻抗较高，如将输出信号直接馈送负载，即使是高阻抗的负载，也会大大降低加速度计的灵敏度，并使它的频率特性受到限制。为了消除这种影响，加速度计的输出信号要先通过一个具有高输入阻抗和低输出阻抗的前置放大器，再同具有较高输入阻抗的测量分析仪相连，除了阻抗变换功能外，大多数前置放大器还具有可变放大倍数，以及信号适调（微调）的功能。

由于集成电路技术的迅速发展，自20世纪70年代开始，研制生产将压电传感器与电子线路安装在一起的集成式压电－电子传感器。加速度计内部装有微型电荷变换器，由测量仪器提供恒定电流。典型的供电电流（直流）为22V，4mA。这种加速度计可直接输出高电平低阻抗的信号，供电和信号输出共用一根电缆，但信号输出端需加隔直电容，使信号电压与供电直流偏压隔离。集成式压电－电子传感器的优点是不需要外部前置放大器，可使用百多米长的连接电缆。缺点是测量范围和试用温度范围较窄，难以承受加速度大于5 000g的大冲击。

三、灵敏度校准

加速度计的制造厂家均提供每只加速度计的校准卡，给出产品的灵敏度、电容量和频率特性等数据。如果在正常环境条件下保存加速度计，并在使用时不遭受过量的冲击、过高的使用温度和放射剂量，加速度计的特性在长时期内变化极小。实验表明，数年之中的变化值小于2%。但是如果保存或使用不当，例如受到跌落或强冲击，就会使加速度计的特性发生显著变化，甚至会造成永久性的损坏。因此，应定期进行灵敏度校准检验。

最方便的校准方法是使用校准激励器（加速度校准器）。它能提供频率确定的正弦振动，振动加速度的峰值精确地保持在10m/s^2（1.02g）。它也可以用来校准测量系统所测振动信号的速度和位移的均方值。校准精度可在＋2%之内。另一种校准方法是选用一只灵敏度已知的参考加速度计，与待校准的加速度计一起安装在振动台上。当振动台激励时，两只加速度计的输出值正比于各自的灵敏度，从而可以确定待测加速度计的灵敏度。

四、振动测量仪器

振动测量可以使用常用的声学测量仪器或专用的振动计。

（一）声学仪器测量

使用声学仪器进行振动测量时，需通过各种适配器将加速度计的输出信号连接到仪器的传声器输入插口，有些声学仪器本身带有BNC插孔，就可省去转接适配器。用声学仪器测量振动信号时需要注意几点不同之处：

1. 声学测量的下限截止频率大多置于10Hz，而振动测量的下限截止频率需要置于2Hz。

2. 振动量的单位通常采用绝对值而不是分贝，两者之间需要进行换算。

3. 声学测量中所使用的A、B、C、D主观评价计权网络是根据人耳的特性而确定的。

在振动测量中需要另外的专用计权网络。

（二）振动计测量

振动计是专门设计来测量振动信号的。加速度计连接到输入阻抗为数千兆欧的电荷放大器输入端。电荷放大器的输出信号可直接馈送给高、低通滤波器，也可先馈送给积分器（测量速度或位移），再送给高低通滤波器。仪器的典型频响范围为 2 ~ 200kHz。振动计还配有振动测量专用的计权网络，具有“外接滤波器”、“交流输出”、“直流输出”等功能。

第三章　吸声降噪

声波入射到材料表面，像光一样，一部分被材料反射，一部分被材料吸收，还有一部分透过材料。在室内所接收到的噪声除了有通过空气直接传来的直达声外，还包括室内各壁面多次反射回来的反射声。工人在车间里操作时听到的机器噪声，除了直接通过空气介质传来的直达声外，还包括大量从车间内壁面（如路面、平顶和地面等）以及其他设备表面多次反射而来的连续反射声，即混响声。如果车间的内表面是未加吸声处理过的坚硬材料，如混凝土、砖墙、玻璃、瓷砖等，由于混响声的叠加作用，使同一噪声源在车间内离声源较远处的噪声级比在室外提高10~20dB，所以必须采取吸声处理措施。

第一节　吸声原理

若用可以吸收声能的材料或结构装饰在房间内表面，便可吸收掉反射到上面的部分声能，使反射声减弱。一部分声能被反射，另一部分声能则被场面吸声材料吸收转化为热能而消耗掉，转化为热能的部分称为吸收能量。接收者这时听到的只是直达声和已经减弱的混响声，使总噪声级降低，这便是吸声降噪。

一、吸声系数

能够吸收较高声能的材料或结构称作吸声材料或吸声结构。利用吸声材料或吸声结构吸收声能以降低室内噪声的办法称作吸声降噪，通常简称吸声。吸声处理一般可使室内噪声降低约3~5dB（A），使混响声很严重的车间降噪约6~10dB（A）。吸声是一种最基本的减弱声传播的技术措施。

当声波入射到吸声材料或结构表面上时，部分声能被反射，部分声能被吸收，还有一部分声能透过它继续向前传播。设单位时间内入射的声能为 E_0，反射的声能为 E_γ，吸收的声能为 E_α，透射的声能为 E_τ，那么

反射系数

$$\gamma = E_\gamma / E_0 \tag{3-1}$$

透射系数

$$\tau = E_\tau / E_0 \tag{3-2}$$

由于在研究吸声时，考虑的是声源所在空间，对这个空间而言，不论是被材料本身所吸收的能量，还是透过材料的能量，都是从界面上消失的能量，那么

吸声系数

$$\alpha = (E_\alpha + E_\tau) / E_0 \tag{3-3}$$

α 值的变化一般在0~1之间。$\alpha=0$，表示声能全反射，材料不吸声；$\alpha=1$，表示声能全部被吸收，无声能反射。α 值愈大，材料的吸声性能愈好。通常，$\alpha \geqslant 2$ 的材料方可称为

吸声材料。实用中当然主要是希望材料本身吸收的声能 E 足够大，以增大 α 值。

吸声系数的大小与吸声材料本身的结构、性质、使用条件、声波入射的角度和频率有关。

二、正入射吸声系数和无规入射吸声系数

材料吸声系数的大小受到很多因素影响，声波入射角是其中之一。入射角不同，吸声系数不同。当声波垂直入射到材料表面时，叫正入射。当声波从所有方向，而不是特定方向，以不规则的方式入射，叫无规入射。如在一个较大空间放一块材料，从噪声源发出的直达声，是以一定角度入射到材料表面的，但从各个壁面经过多次反射到达的声波，却是各个方向都可能有的，这就是无规入射。入射时吸声系数叫正入射吸声系数，一般用 α_0 表示，它是在一种叫做驻波管的装置中测出的。有些资料在列出吸声系数后注明是"驻波管法"，这表示所列吸声系数是正入射吸声系数。正入射吸声系数用于消声器的设计。

当声波从所有方向，而不是特定方向，以不规则的方式入射，叫无规入射。用 α_T 表示。无规入射吸声系数是在专门的声学房间——混响室中测出的。混响室是一个很特殊的房间，房子的三对表面都不平行，有的混响室在墙上做圆柱面，有的则干脆将墙面做成斜形，房子的墙面全部用又光滑又硬的材料饰面（如瓷砖、水磨石等）。当我们在混响室中喊一声，声音能拖长十几秒，甚至二十几秒不消失。一些资料在列出吸声系数后注明是"混响室法"，这表示所列吸声系数是无规入射吸声系数。采用吸声方法降低噪声时，应该使用无规入射吸声系数来进行有关设计计算。

三、吸声量和平均吸声系数

材料吸收声音能量多少除与材料吸声系数有关外，还与面积有关，吸声量亦称等效吸声面积。在一个大厅里放上一块装饰吸声板与放上成百上千块装饰吸声板吸声效果肯定不一样。吸声量被规定为吸声系数与吸声面积的乘积。即

$$A = S\alpha \tag{3-4}$$

式中 A——吸声量（m^2）；

α——某频率声波的吸声系数；

S——吸声面积（m^2）。

在定义了吸声量后，吸声系数可理解为材料单位面积的吸声量。对于整个房间而言，将房间的吸声量 A 与总表面积 S 之比定义为房间的平均吸声系数，即 $\overline{\alpha} = \frac{A}{S}$。平均吸声系数是表示整个表面吸声强弱的特征物理量。

第二节　多孔性吸声材料

吸声材料多为多孔性吸声材料，有时也可选用柔软性材料及膜状材料等。不同材料的吸声性能差异很大，如光面混凝土，普通抹灰的黏土砖砖墙水泥地面，它们的吸声系数在 0.01～0.04 之间；而超细玻璃棉、岩棉、膨胀珍珠岩等的吸声系数可以高达 0.9 左右，我们将吸声系数大的这些材料称之为吸声材料。吸声材料一定是多孔的，为什么多孔材料的吸声性能好呢？当在材料表面和内部有无数的微细孔隙，这些孔隙互相贯通并且与外界相通，其

固体部分在空间组成骨架，称作筋络。当声波入射到多孔吸声材料的表面时，可沿着对外敞开的微孔射入，并衍射到内部的微孔内，激发孔内空气与筋络发生振动，由于空气分子之间的黏滞阻力，空气与筋络之间的摩擦阻力，使声能不断转化为热能而消耗。此外，空气与筋络之间的热交换也消耗部分声能，结果使反射出去的声能大大减少。

一、多孔吸声材料的种类

多孔吸声材料一般可分为纤维型、泡沫型、颗粒型三类。

纤维型材料由无数细小纤维状材料组成，分为无机纤维和有机纤维两类。无机纤维如玻璃棉、玻璃丝、矿渣棉等。有机纤维如毛、甘蔗纤维、稻草、棉絮、麻丝。其中，玻璃棉又称矿渣棉，分别是用熔融态的玻璃、矿渣和岩石吹成细小纤维状而得。

泡沫型材料是由表面与内部皆有无数微孔的高分子材料制成。如聚氨酯泡沫塑料、微孔橡胶、海绵乳胶等。这类材料容积密度小、热导率小、质地软，但耐火性差、易老化。

颗粒型材料有膨胀珍珠岩、矿渣水泥、蛭石混凝土和多孔陶土等。其中如膨胀珍珠岩是将珍珠岩粉碎、再急剧升温焙烧所得的多孔细小粒状材料。一般具有保温、防潮、不燃、耐热、耐腐蚀、抗冻等优点。

多孔吸声材料微孔的孔径多在数微米到数十微米之间，孔的总体积多数占材料总体积的90%左右，如超细玻璃棉层的孔隙率可大于99%。为使用方便，一般将松散的各种多孔吸声材料加工为板、毡或砖等形状，如工业毛毡、木丝板、玻璃棉毡、膨胀珍珠岩吸声板、陶土吸声砖等。使用时，可以整块直接吊装在天花板下或附贴在四周墙壁上，各种吸声砖可以直接砌在需要控制噪声的场合。此外，还可制成有护面层的多孔吸声结构，即用玻璃丝布、金属丝网、纤维板等透声材料作护面层，内填以松散的厚度为5~10cm的多孔吸声材料。为防止松散的多孔材料下沉，常先用透声织物缝制成袋，再内填吸声材料。为保持固定几何形状并防止机械损伤，在材料间要加木筋条（木龙骨）加固，材料外表面加穿孔罩面板保护。常用的护面板材为木质纤维板或薄塑料板，特殊情况下用石棉水泥板或薄金属板等。板上开孔有圆形、狭缝形，以圆形居多。穿孔率在不影响板材强度的条件下尽可能加大，一般要求穿孔率不小于20%。

二、多孔吸声材料的特性及影响因素

（一）多孔吸声材料的特性

作为一种良好的多孔吸声材料，必须具备如下三个条件：

1. 表面多孔；

2. 内部孔隙率（多孔性吸声材料中空气体积与材料总体积之比）高；

3. 孔与孔相互连通。在这里空气体积指的是通气的孔穴，闭合的孔穴不算数，一般的多孔性材料的孔隙率为70%，多数达90%以上。如矿渣棉为80%，超细玻璃为90%以上。

（二）影响因素

多孔材料的吸声特性主要受入射声波和所用材料的性质的影响。其中声波性质除和入射角度有关外，主要是和频率有关。一般多孔吸声材料吸收高频声效果好，吸收低频声效果差。这是因为声波为低频时，激发微孔内空气与筋络的相对运动少，摩擦损失小，因而声能损失少，而高频声容易使之快速振动，从而消耗较多的声能。所以多孔吸收材料多用于中、高频噪声的吸收。多孔吸声材料的特性除与本身物件有关外，还与材料的使用条件有关，如表观密度、厚度。使用时的结构形式与温度、湿度、气流、背后空气层等有关。

1. 表观密度

改变材料的表观密度，等于改变了材料的空隙率（包括微孔数目与尺寸）和流阻。流阻表示气流通过多孔材料时，材料两面的压力差与空气流过材料的线速度之比。密度大、表观密度大的材料孔隙率小、流阻大；松软、表观密度小的材料孔隙率大、流阻偏小。一般情况下，过大或过小的流阻对吸声性能都不利。如果吸声材料的流阻接近空气的声特性阻抗(415Pa·s/m)，则吸声系数就较高。一般具有较高吸声系数的吸声材料，其流阻在 102 ~ 103Pa·s/m 之间。所以，对多孔吸声材料，存在一个吸声性能最佳的表观密度范围。如常用超细玻璃棉的最佳表观密度范围是 147 ~ 245N/m^3。通常，材料厚度一定时，随着表观密度的增加，较大吸声系数值将向低频方向移动。但当表观密度过大时，中、高频吸声性能会显著下降。

2. 厚度

当多孔材料的厚度增加时，对低频声的吸收增加，对高频声影响不大。对一定的多孔材料，厚度增加一倍，吸声频率特性曲线的峰值向低频方向近似移动一个倍频程。若吸声材料层背后为刚性壁面，当材料层厚为入射声波的某一波长时，可得该声波的最大吸声系数。实用中，考虑经济及制作的方便，对于中、高频噪声，一般可采用 2 ~ 5cm 厚的常规成形吸声板，对低频吸声要求较高时，则采用 5 ~ 10cm 厚的常规成形吸声板。

3. 温、湿度的影响

使用过程中温度升高会使材料的吸声性能向高频方向移动，温度降低则向低频方向移动。所以使用时，应注意该材料的温度适用范围。湿度增大，会使孔隙内吸水量增加，堵塞材料上的细孔，使吸声系数下降，而且是先从高频开始。因此，对于湿度较大的车间或地下建筑的吸声处理，应选用吸水量较小的耐潮多孔材料，如防潮超细玻璃棉毡和矿棉吸声板等。

4. 气流影响

当将多孔吸声材料用于通风管道和消声器内时，气流易吹散多孔材料，影响吸声效果，甚至飞散的材料会堵塞管道，损坏风机叶片，造成事故。应根据气流速度大小选择一层或多层不同的护面层。为了不影响多孔吸声材料中、高频吸声性能，护面用的板的穿孔率应不小于 20%。在作喷浆、刷漆等表面处理时，注意勿堵塞洞孔。

5. 背后空气层

若在材料层与刚性壁之间留有一定距离的空腔，可以改善对低频声的吸声性能，作用相当于增加了多孔材料的厚度，且更为经济。通常空腔增厚，对吸收低频声有利。当腔深近似于入射声波的 1/4 波长时，吸声系数最大，当腔深为 1/2 波长或其整数倍时，吸声系数最小。实用时，过厚不切实际，过薄对低频声不起作用。故常取腔深为 5 ~ 10cm。天花板上的腔深可跟据实际需要及空间大小选取更大的距离。

6. 饰面处理

多孔吸声材料就其成型状况，可分为两类。一类是板材，如木丝板、软质纤维板、膨胀珍珠岩板等；另一类是散料或毡状，如岩棉、超细玻璃棉、麻丝等。对于前者，表面不好看，常要进行粉刷或贴面纸处理；对于后者，本身纤维容易散落，又不能保持一定形状，要靠护面材料压住，护面材料如果不漂亮，也要进行饰面处理。软质纤维板、矿棉板、膨胀珍珠岩板等吸声板常常还要进行半穿孔处理。所谓半穿孔，指不穿透，一般是钻 2/3 板厚深度。这种处理不仅有良好的装饰作用（利用孔构成一定图案），而且孔壁增加了与声波接触面，所以吸声系数也有所提高。从这个角度看，孔应有一定数量，有的商品装饰吸声板只是在板上象征性地钻了十几个孔眼，效果是微小的。

三、空间吸声体

所有护面的多孔吸声结构做成各种形状的单块，称作吸声体。彼此按一定间距排列，悬吊在天花板下，这样，吸声体除正对声源的一面可以吸收入射声能外，通过吸声体间空隙衍射或反射到背面、侧面的声能也都能被吸收，这种悬吊的立体多面吸声结构称作空间吸声体。空间吸声体可以做成各种各样的形状：板状、球状、圆柱状、腰鼓状、圆锥状、十字状等，如图 3-1 所示。

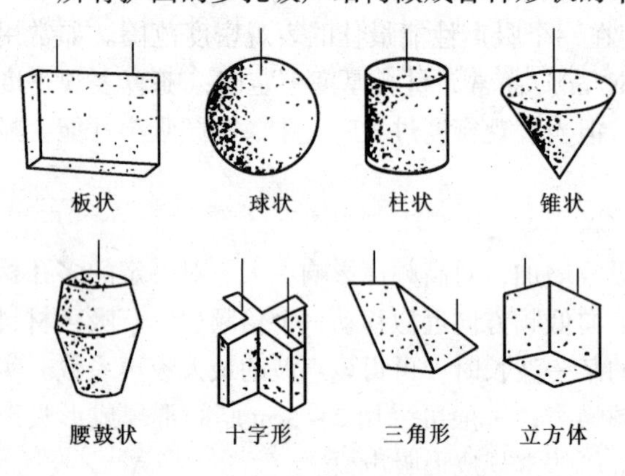

图 3-1　几种空间吸声体的形状

空间吸声体还可以任意组挂。如板状空间吸声体，即可平挂，像一片片浮云；又可垂直挂，像一条条堤垅。空间吸声体按照一定的规律排列，给枯燥的空间带来了生机。

空间吸声体由于有效的吸声面积比投影面积大得多，按投影面积计算其吸声系数可大于 1。因此，只要吸声体投影面积为悬挂平面面积的 40% 左右，就能达到满铺吸声材料的效果，使造价降低。

（一）使用空间吸声体时应注意以下几个方面

1. 空间吸声体的面积比值

即空间吸声体投影面积与天花板面积之比。该比值对吸声效果影响最大，通常取房间屋顶面积的 40% 或室内总表面积的 20% 左右。

2. 吊装高度与排列方式

对于大型厂房，离顶高度一般宜为房间净高的 1/7～1/5；对于小型厂房，一般挂在离顶 0.5～0.8m 处。排列方式常用集中式、棋盘格式、长条式三种，其中以长条式效果最好。

3. 空间吸声体面积与悬挂间距

此点应视房间面积、跨度、屋架、屋高等具体情况而定。单元尺寸大，单块面积可选 5～11m^2；单元尺寸小，可选 2～4m^2。悬挂间距对大、中型厂房可取 0.8～1.6m，小型厂房可取 0.4～0.8m。

（二）空间吸声体的优点

空间吸声体在噪声控制工程中日益受到重视，不仅是由于它有良好的装饰效果，更主要的是由于它有以下优点：

1. 吸声效率高

与表观密度相同的超细玻璃棉相比，空间吸声体吸声系数要高得多。在相同的投影面积条件下，板状空间吸声体的吸声效率比贴实的吸声材料的普通方法提高2倍，比圆柱和三棱柱形空间吸声体提高3.14倍，而球形体、立方体形空间吸声体比普通方法可提高4倍。

2. 安装方便

对于一个已建成的高噪声车间，要做普通满铺吸声吊顶，一般要先搭满堂脚手架，在墙上埋木砖，在原顶棚下预埋吊筋，再钉大龙骨、中龙骨、小龙骨，铺吸声材料及加罩面材料。工作量很大，且影响正常生产。而对于空间吸声体则简单得多。可在原顶棚下适当位置埋膨胀螺丝，将空间吸声体吊挂；可在侧墙上安装钢架，将空间吸声体平铺其上；可在侧墙上安装花篮螺丝，利用拉紧的钢丝绳悬挂空间吸声体；还可直接将空间吸声体挂上。在侧墙上挂空间吸声体可利用射钉枪，同样十分方便。挂空间吸声体速度快，且不妨碍生产或对生产影响较小，这对于不能停产的车间很有益。空间吸声体维修也方便，哪个吸声体有了问题，取下它即可。

3. 节省经费

吸声效率高，安装方便都意味着投资的节省，空间吸声体比满铺吸声吊顶要节省1/3以上的费用。

第三节　吸声结构

根据对多孔吸声材料的吸声特性的研究，多孔材料对中、高频声吸收较好，而对低频声吸收性能较差，若采用共振吸声结构则可以改善低频吸声性能。利用共振原理做成的吸声结构称作共振吸声结构，它基本可分为三种类型：薄板共振吸声结构、穿孔板共振吸声结构和微穿孔板共振吸声结构。

一、薄板共振吸声结构

将薄的塑料、金属或胶合板等材料的周边固定在框架上，并将框架牢牢地与刚性板壁相结合，这种由薄板与板后的封闭空气层构成的系统就称作薄板共振吸声结构。用于薄板共振吸声结构的材料有胶合板、硬质纤维板、石膏板、石棉水泥板、金属板等。

薄板共振吸声结构实际近似于一个弹簧和质量块振动系统。薄板相当于质量块，板后的空气层相当于弹簧。当声波入射到薄板上，使其受激振后，由于板后空气层的弹性、板本身具有的劲度与质量，薄板就产生振动，发生弯曲变形，因为板的内阻尼及板与龙骨间的摩擦，便将振动的能量转化为热能，从而消耗声能。当入射声波的频率与板系统的固有频率相同时，便发生共振。板的弯曲变形最大，振动最剧烈，声能也就消耗最多。

弹簧振子的固有频率由下式计算

$$f_r = \frac{1}{2\pi}\sqrt{\frac{K}{M}} \qquad (3-5)$$

式中　f_r——固有频率（Hz）；

K——弹簧刚度（劲度）（kg/s^2）；

M——振动物体的质量（kg）。

也可用下式估算

$$f_r = \frac{600}{\sqrt{md}} \qquad (3-6)$$

式中　m——薄板的面密度（kg/m^2），m = 板厚 × 板密度；

d——空气层厚度（cm）。

使用中，薄板厚度通常取 3 ~ 6mm，空气层厚度一般取 3 ~ 10cm，共振频率多在 80 ~ 300Hz 之间，故通常用于低频吸声。但吸声频率范围窄，吸声系数不高，约在 0.2 ~ 0.5 之间。常用薄板共振吸声结构的吸声系数见表 3 – 1。

表 3 – 1　常用薄板共振吸声结构的吸声系数

材　料	构造/cm	各频率下吸声系数					
		125	250	500	1 000	2 000	4 000
三夹板	空气层厚 5，框架间距 45 × 45	0.21	0.73	0.21	0.19	0.08	0.12
三夹板	空气层厚 10，框架间距 45 × 45	0.59	0.38	0.18	0.05	0.04	0.08
五夹板	空气层厚 5，框架间距 45 × 45	0.08	0.52	0.17	0.06	0.10	0.12
五夹板	空气层厚 10，框架间距 45 × 45	0.41	0.30	0.14	0.05	0.10	0.16
刨花压轧板	板厚 1.5mm，空气层厚 5，框架间距 45 × 45	0.35	0.27	0.20	0.15	0.25	0.39
木丝板	板厚 3mm，空气层厚 5，框架间距 45 × 45	0.05	0.30	0.81	0.63	0.70	0.91
木丝板	板厚 3mm，空气层厚 10，框架间距 45 × 45	0.09	0.36	0.62	0.53	0.71	0.89
草纸板	板厚 2mm，空气层厚 5，框架间距 45 × 45	0.15	0.49	0.41	0.38	0.51	0.64
草纸板	板厚 2mm，空气层厚 10，框架间距 45 × 45	0.50	0.48	0.34	0.32	0.49	0.60
胶合板	空气层厚 5	0.28	0.22	0.17	0.09	0.10	0.11
胶合板	空气层厚 10	0.34	0.19	0.10	0.09	0.12	0.11

若在薄板与龙骨的交接处放置增加结构阻尼的软材料，如海棉条、毛毡等，或在空腔中适当悬挂矿棉、玻璃棉毡等吸声材料，可使薄板共振结构的吸声性能得到明显改善。采用组合不同单元大小或不同腔深的薄板结构，或直接采用木丝板、草纸板等可吸收中、高频声的板材，可以提高吸声频带。

二、穿孔板共振吸声结构

在薄板上穿以小孔，在其后与刚性壁之间留一定深度的空腔所组成的吸声结构为穿孔板共振吸声结构。按照薄板上穿孔的数目分为单孔共振吸声结构与多孔穿孔板共振吸声结构。

（一）单孔共振吸声结构

单孔共振吸声结构又称作“亥姆霍兹”共振吸声器或单腔共振吸声器。它是一个封闭的空腔，在腔壁上开一个小孔与外部空气相通，结构如图 3 – 2 所示。可用陶土、煤渣等烧制，或水泥、石膏浇注而成。

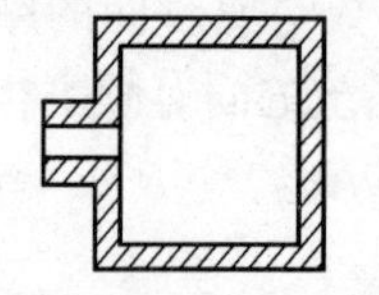

图 3 – 2　单孔共振吸声结构

这种结构腔体中的空气具有弹性，相当于弹簧。开孔孔颈中的空气柱很短，可视为不可压缩的流体，比拟为振动系统的质量 M，声学上称为声质量；有空气的空腔比作弹簧 K，能抗拒外来声波的压力，称为声顺；当声波入射时，孔颈中的气柱体在声波的作用下便像活塞一样做往复运动，与颈壁发生摩擦，使声能转变为热能而损耗，这相当于机械振动的摩擦阻尼，声学上称为声阻。声波传到共振器时，在声波的作用下激发颈中的空气柱往复运动，在共振器的固有频率与外界声波频率一致时发生共振，这时颈中空气柱的振幅最大并且振速达到最大值，因而阻尼最大，消耗声能也就最多，从而得到有效的声吸收。

“亥姆雷兹”共振器的使用条件必须是空腔小孔的尺寸比空腔尺寸小得多，并且外来声波波长大于空腔尺寸。这种吸声结构的特点是，吸收低频噪声且吸收频带较窄（频率选择性强），因此多用在有明显音调的低频噪声场合。若在颈口处放置一些诸如玻璃棉之类的多孔材料，或加贴一薄层尼龙布等透声织物，可以增加颈口部分的摩擦阻力，增宽吸声频带。

其共振频率为：

$$f_r = \frac{c}{2\pi}\sqrt{\frac{S_0}{Vl_k}} \tag{3-7}$$

式中 c——声速（m/s），一般取 340m/s；

S_0——颈口面积，（m^2）；

V——空腔体积，（m^3）；

l_k——孔颈有效长度（m），$l_k = l_0 + 0.85d$；

d——颈口直径，（m）；

l_0——颈的实际长度（板厚）（m）。

当空腔内壁贴多孔材料时：

$$l_k = l_0 + 1.2\mathrm{d} \tag{3-8}$$

（二）多孔穿孔板共振吸声结构

多孔穿孔板共振吸声结构通常简称为穿孔板共振吸声结构，实际是单孔共振器的并联组合，故其吸声机理同单孔共振结构。但吸声状况大为改善，应用较广泛。当小孔均匀分布且孔径一致时，这种结构的共振频率 f_r 为

$$f_r = \frac{c}{2\pi}\sqrt{\frac{P}{Dl_k}} \tag{3-9}$$

式中 c——声速（m/s）；

P——穿孔率；

D——空腔厚度（m）；

l_k——孔颈有效长度（m）。

工程上一般取板厚为 1～10mm，孔径为 2～15mm，穿孔率为 0.5%～15%，空气层厚度以 50～250mm 为宜。尺寸超过以上范围，多有不良影响。例如穿孔率在 20%以上时，几乎没有共振吸声作用，而仅仅成为护面板了。

这种结构吸声频率选择性也很强，吸声频带很窄。主要用于吸收低、中频噪声的峰值，吸声系数为 0.4～0.7。

三、微穿孔板共振吸声结构

为克服穿孔板共振吸声结构吸声频带较窄的缺点，我国著名声学专家马大猷教授于1964 年提出金属微穿孔板吸声结构的观点，即在厚度小于 1mm 的金属薄板上，钻出许多孔径小于 1mm 的小孔（穿孔率为 1%～4%），将这种孔小而密的薄板固定在刚性壁面上，并在板后留以适当深度的空腔，便组成了微穿孔板吸声结构。薄板常用铝板或钢板制做，因其他板特别薄且孔特别小，为与一股穿孔板共振吸声结构相区别，故称作微穿孔板吸声结构。

微穿孔板吸声结构实质上仍属于共振吸声结构，因此吸声机理也相同。利用空气柱在小孔中的来回摩擦消耗声能，用腔深来控制吸声峰值的共振频率，腔愈深，共振频率愈低。但因为其板薄孔细，与普通穿孔板比较，声阻显著增加，声质量显著减小，因此明显地提高了

吸声系数，增宽了吸声频带宽度。微穿孔板吸声结构的吸声系数很高，有的可达0.9以上，吸声频带宽，可达4~5个倍频程以上，因此属于性能优良的宽频带吸声结构。减小微穿孔板的孔径，提高穿孔率，或使用双层与多层微孔板，可增大吸声系数，扩展吸声带宽。但孔径太小，易堵塞，故多选0.5~1.0mm，穿孔率多以1%~3%为好。微孔板结构吸声峰值的共振频率与多孔板共振结构类似，主要由腔深决定，若以吸收低频声为主，空腔宜深；若以吸收中、高频声为主，空腔宜浅，腔深一般可取5~20cm。

第四节　吸声降噪的设计

选择和设计吸声结构，应尽量先对声源进行隔声、消声等处理，当噪声源不宜采用隔声措施，或采用隔声措施后仍达不到噪声标准时，可用吸声处理作为辅助手段。对于湿度较高的环境，或有清洁要求的吸声设计，可采用薄膜覆面的多孔材料或单、双层微穿孔板共振吸声结构。穿孔板的板厚及孔径均不大于1mm，穿孔率可取0.5%~3%，空腔深度可取50~200mm。进行吸声处理时，应满足防火、防潮、防腐、防尘等工艺与安全卫生要求，还应兼顾通风、采光、照明及装修要求，也要注意埋设件的布置。

吸声降噪宜用于混响声为主的情况。如在车间体积不太大，内壁吸声系数很小，混响声较强，接收者距声源又有一定距离时，采用吸声处理可以获得较理想的降噪效果。而在车间体积很大的情况下，类似声源在开阔的空间辐射噪声，或接收者距声源较近，直达声占优势时，吸声处理效果不会明显。对于一般的半混响房间，在接收点与声源距离大于临界半径时，进行吸声处理可以获得较好的效果。

一、吸声设计程序

1. 详细了解待处理房间的噪声级和频谱。首先了解车间内各种机电设备的噪声源特性，选定噪声标准；

2. 根据有关噪声标准，确定隔频程所需的降噪量；

3. 估算或进行实际测量要采取吸声处理车间的吸声系数（或吸声量），求出吸声处理需增加的吸声量或平均吸声系数；

4. 选取吸声材料的种类及吸声结构类型，确定吸声材料的厚度、表观密度、吸声系数，计算吸声材料的面积和确定安装方式等。

二、设计计算

（一）房间平均吸声系数和计算

如果一个房间的墙面上布置几种不同的材料时，它们对应的吸声系数为α_1、α_2、α_3，吸声面积为S_1、S_2、S_3，房间的平均吸声系数为

$$\bar{\alpha} = \frac{\sum_{i=1}^{n} S_i \alpha_i}{\sum_{i=1}^{n} S_i} \tag{3-10}$$

（二）吸声量的计算

吸声量又称等效吸声面积，为吸声面积与吸声系数的乘积

$$A = \alpha S \tag{3-11}$$

式中 A——吸声量（m^2）；

α——吸声系数；

S——使用材料的面积（m^2）。

如果一个房间的墙面上布置有几种不同的材料时，则房间的吸声量为

$$A_i = \sum_{i=1}^{n} \alpha_i S_i \tag{3-12}$$

式中 A_i——第 i 种材料组成壁面的吸声量（m^2）；

α_i——第 i 种材料的吸声系数；

S_i——第 i 种材料的面积（m^2）。

（三）室内声级的计算

房间内噪声的大小和分布取决于房间形状、墙壁、天花板、地面等室内器具的吸声特性，以及噪声源的位置和性质。室内声压级的计算公式

$$L_P = L_W + 10\lg\left(\frac{Q}{4\pi r^2} + \frac{4}{R_r}\right) \tag{3-13}$$

式中 L_P——室内声压级（dB）；

L_W——声功率级；

Q——声源的指向性因素，声源位于室内中心，$Q=1$；声源位于室内地面或墙面中心，$Q=2$；声源位于室内某一边线中心，$Q=4$；声源位于室内某一角，$Q=8$；

r——声源至受声点的距离（m）；

R_r——房间常数，定义式为

$$R_r = \frac{S\bar{\alpha}}{1-\bar{\alpha}} \tag{3-14}$$

（四）混响时间计算

在总体积为 V（m^3）的扩散声场中，当声源停止发声后，声能密度下降为原有数值的百万分之一所需的时间，或房间内声压级下降 60dB 所需的时间，叫做混响时间，用 T 表示。其定义为赛宾公式。

$$T = \frac{0.161V}{S\bar{\alpha}} \tag{3-15}$$

（五）吸声降噪量的计算

设处理前房间平均系数为 $\bar{\alpha}_1$，声压级为 I_{P1}，吸声处理后为 $\bar{\alpha}_2$，I_{P2}。吸声处理前后的声压级差 I_P 即为降噪量，可由下式计算

$$\Delta I_P = I_{P1} - I_{P2} = 10\lg\frac{\dfrac{Q}{4\pi r^2} + \dfrac{4}{R_{r1}}}{\dfrac{Q}{4\pi r^2} + \dfrac{4}{R_{r2}}} \tag{3-16}$$

在噪声源附近，直达声占主要地位，即

$$\frac{Q}{4\pi r^2} \gg \frac{4}{R_r}$$

略去$\frac{4}{R_r}$项，得

$$\Delta I_P = 10\ \lg 1 = 0 \tag{3-17}$$

在离噪声源足够远处，混响声占主要地为，即

$$\frac{Q}{4\pi r^2} \ll \frac{4}{R_r}$$

略去$\frac{Q}{4\pi r^2}$项，得

$$\Delta I_P = 10\ \lg\frac{R_{r2}}{R_{r1}} = 10\ \lg\left(\frac{\overline{\alpha_2}}{\overline{\alpha_1}} \times \frac{1-\overline{\alpha_1}}{1-\overline{\alpha_2}}\right) \tag{3-18}$$

因此，上式简化可得整个房间吸声处理前后噪声降低量为：

$$\Delta I_P = 10\ \lg\left(\frac{\overline{\alpha_2}}{\overline{\alpha_1}}\right) \tag{3-19}$$

由 $A=\alpha S$ 和赛宾公式，因此

$$\Delta I_P = 10\ \lg\left(\frac{A_2}{A_1}\right) \tag{3-20}$$

$$\Delta I_P = 10\ \lg\left(\frac{T_1}{T_2}\right) \tag{3-21}$$

式中 A_1，A_2——吸声处理前、后的室内总吸声量（m^2）；

T_1，T_2——吸声处理前、后的室内混响时间（s）。

第四章　隔声技术

把发声的物体或把需要安静的场所封闭起来，使其与周围隔绝的方法称为隔声。隔声是噪声控制中最有效的措施之一。在日常生活中我们知道，若外界噪声很高，干扰了室内的活动，把门、窗关上便可有效地降低这种干扰。利用门、窗、墙、钢板等构件将噪声源和接收者相隔离，从而达到保护接收者的目的。常用的隔声结构有隔声室、隔声罩、隔声门等。

第一节　隔声结构的特性

声波在通过空气的传播途径中，碰到一匀质屏蔽物时，由于两分界面特性阻抗的改变，使部分声能被屏蔽物反射回去，一部分被屏蔽物吸收，只有一部分声能可以透过屏蔽物传到另一个空间去。显然，透射声能仅是入射声能的一部分，因此，设置适当的屏敝物便可以使大部分声能反射回去，从而降低噪声的传播。具有隔声能力的屏蔽物就称作隔声构件或者隔声结构。如砖砌的隔墙、水泥砌块路、隔声罩体等。隔声效果有以下几个评价量：

（一）隔声量（传声损失）

一种结构或一种材料的隔声能力，是透过隔声结构的声能与入射声能之比，这个比值叫传声系数，用 τ 来表示，即

$$\tau = \frac{E_{透}}{E_{入}} \tag{4-1}$$

τ 值始终小于 1，τ 值愈小，则表示穿透过去的声能愈少。如果用对数的方法来表示，则称为隔声量或传声损失，即

$$R = 10 \lg \frac{1}{\tau} \tag{4-2}$$

由上式可知，被结构衰减的声能愈多，R 值也愈大，表示结构的隔声量愈大。

（二）平均声压级差

发声室与受声室以隔声构件相隔，隔声构件的隔声能力可以用两室平均声压级 L_1 和 L_2 之差来评价，即

$$D = L_1 - L_2 \tag{4-3}$$

考虑到受声室的影响，可进行修正，这时构件的隔声量可表示为

$$R = D + 10 \lg \frac{S}{A} \tag{4-4}$$

式中　S——隔声构件的面积；

A——受声室的吸声量，$A = \sum_i S_i\alpha_i$；

α_i——吸声系数。

（三）插入损失

离声源一定距离处测得无隔声构件时的声压级 L_0 和有隔声构件时的声压级 L 之差称为插入损失 IL，即

$$IL = L_0 - L \tag{4-5}$$

（四）平均隔声量

工程上常用平均隔声量表示材料的隔声能力。它是 125Hz、250Hz、500Hz、1 000Hz、2 000Hz和4 000Hz 等 6 个频率的隔声量的算术平均值。

在实际应用中，为了简便起见，常用单一数值来表示某一构件的隔声量，通常取 50Hz 和 5 000Hz 两频率的几何平均值 500Hz 的隔声量来代表平均隔声量，记为 R_{500}。

（五）隔声指数

国际标准化组织 ISO/R 717 推荐用隔声指数 I_a 来评价隔声性能。它是用标准折线来确定的，这条折线的走向规定为：100 ~ 400Hz，每倍频程增加 9dB；400 ~ 1 250Hz，每倍频程增加 3dB；1 250 ~ 3 150Hz 折线平直。在确定隔声指数时，首先将隔声构件的隔声频率特性曲线绘在坐标纸上，然后将绘有隔声指数的标准折线透明纸与其重合，使频率坐标位置对准，并沿垂直方向上下移动，至满足如下两个条件时为止：

1. 隔声频率特性曲线的任一频带的隔声量在标准折线下方均不超过 8dB。

2. 各频带处于标准折线下的分贝数总和不大于 32dB。

上述两条件仅运用于 1/3 倍频程坐标。倘为倍频程坐标，上述两项条件相应改为不得超过 5dB 以及各频率的总和不得大于 10dB。满足上述两个条件后，从横坐标 500Hz 处向上引垂线与标准折线相交，通过交点作水平线与纵坐标相交，则该点的分贝数即为要求的隔声指数 I_a。

第二节　隔声墙板的原理

隔声中，通常将板状或墙状的隔声构件称作隔墙、墙板或简称为墙。仅有一层板的墙称作单层墙，有两层板或多层板、层间有空气等其他材料，则称作双层或多层墙。

一、单层匀质密实墙隔声板

单层匀质密实墙板是指一层质量分布均匀、内部没有孔洞的墙板。这是一种理想化的板，但是钢板、玻璃板、石膏板、胶合板、纤维板均可看作单层匀质密实墙板，普通实砌砖墙、钢筋混凝土墙可近似看作单层匀质密实墙板。

单层密实匀质板材的隔声结构受到声波作用后，其隔声性能主要由板的面密度（板单位面积的质量）、板的劲度和材料的内阻尼决定。

单层匀质墙的隔声量与入射声波的频率关系很大。当频率由低频向高频变化时，隔声量变化规律不同，可以分为四个区域：劲度控制区、阻尼控制区、质量控制区、吻合效应区。

（一）劲度控制区

这个区的频率范围从 0 直到墙体的第 1 共振频率为止。在该区域内，随着入射声波频率的增加，墙板的隔声量逐渐下降。声波频率每增加一个倍频程，隔声量下降 6dB。在这个区域中，墙板对声压的反应类似于弹簧，板材的振动速度反比于墙板劲度和声波频率的比值，

因而墙板的隔声量与劲度成正比。对一定频率的声波，墙板的劲度愈大，隔声量愈高，所以称为劲度控制区。

(二) 阻尼控制区

第2个区称作阻尼控制区，又称板共振区。当入射声波的频率与墙板固有频率相同时，引起共振，墙板振幅最大，振速最高，因而透射声能急剧增大，隔声量曲线呈显著低谷；当声波频率是共振频率的谐频时，墙板发生的谐振也会使隔声量下降。所以在共振频率之后，隔声量曲线连续又出现几个低谷，第1个低谷是共振频率处，又称第1共振频率。但本区内随着声波频率的增加，共振现象愈来愈弱，直至消失，所以总的隔声量仍呈上升趋势。对于一般砖、石等厚重的墙，共振频率与其谐频很低，不出现在主要声频区，通常可不考虑，对于薄板，共振频率则较高。阻尼控制区可分布在很宽的声频区，须予以防止，一般采用增加墙板的阻尼来抑制共振现象。

第1、2区又常合并称为劲度与阻尼控制区，若第1、2区合并，那么隔声频率曲线共分为3个区。

(三) 质量控制区

第3个区是质量控制区。在该区域内，隔声量随入射声波的频率直线上升，其斜率为6dB倍频程。而且墙板的面密度愈大，即质量愈大，隔声量愈高，故称质量控制区。其原因是，此时声波对墙板的作用如同一个力作用于质量块，质量愈大，惯性愈大，墙板受声波激发产生的振动速度就愈小，因而隔声量愈大。

(四) 吻合效应区

第4个区是吻合效应区。在该区域内，随着入射声波频率的继续升高，隔声量反而下降，曲线上出现一个深深的低谷，这是由于出现了吻合效应的缘故。增加板的厚度和阻尼，可使隔声量下降趋势得到减缓。越过低谷后，隔声量以每倍频程10dB趋势上升，然后逐渐接近质量控制的隔声量。

什么是吻合效应？由于固体的墙板本身具有一定的弹性，当声波以某一角度入射到墙板上时，会激起构件的弯曲振动，如风吹动幕布时，在幕布上产生的波动现象一样。当一定频率的声波以某一角度投射到墙板上，正好与其激发的墙板的弯曲波发生吻合时，墙板弯曲波振动的振幅便达到最大，因而向墙板的另一面辐射较强的声波。可以粗略地认为，墙板此时已失去了传声阻力，所以相应的隔声量很小，这一现象称为“吻合效应”。相应的入射声波频率称为“吻合频率”。

二、双层匀质密实墙板

实践与理论表明，中间夹一定厚度空气层的墙要比没有空气层的墙隔声量提高许多，这是由于声波依次穿透介质截然不同的表面时，声波多次反射而使声强逐级衰减的缘故。两层匀质墙与中间所夹一定厚度的空气层所组成的结构，称作双层墙。

这里讲的双层墙板不是指两层墙板叠合在一起的双层墙板，而是指两层墙板中间有一定厚度空气层的双层墙板。双层墙比单层墙隔声量大5~10dB，如果隔声量相同，双层墙的总量比单层墙减少2/3~3/4。这是由于空气层的作用提高了隔声效果。其机理是当声波透过第1层墙时，由于墙外及夹层中空气与墙板特性阻抗的差异，造成声波的两次反射，形成衰减，并且由于空气层的弹性和附加吸收作用，使振动的能量衰减较大，然后再传给第2层墙，又发生声波的两次反射，使透射声能再次减少，因而总的透射损失增多，即隔声量提高了。

提高双层墙隔声量的方法：

1. 两板间距离尽量大

距离愈大，隔声量提高愈多，但是隔声量提高值不与距离成正比，当两板间距离超过10cm后，隔声量增加缓慢，在工程上，两板间距离往往选择在10cm左右。

2. 两板间充填多孔吸声材料

两板间充填吸声材料比空气层的隔声量有更大提高，特别是中、高频隔声量增加更多。填多孔吸声材料比两板间只有空气好是由于吸声材料阻碍了两板间空气的振动，因而进一步削弱了对第二层板的影响；吸声材料吸收了一部分声能，特别是中、高频声能，因而传到第二层板声能减少；当吸声材料放在贴板内侧时，有阻尼作用，阻碍了墙板的振动，因而板振动更弱，辐射声能更少。

3. 减少两板间的刚性连接

刚性物体传声严重。在工厂里，我们常见工人师傅手持一根钢棒（测听棒），棒一头贴在机器上，另一头贴在自己耳边，机器运行声音就可听得比较清楚，这就是刚性物体传声好的例证。两板间的刚性连接，称为“声桥”。声桥多了，板隔声能力下降。因此，两板间接触点要尽量减少，如双层砖墙，它的基础也应分开。对于较薄的板，两板间需要一定数量的骨架支撑，这时可使用柔性材料隔离板与骨架。

第三节　隔声门和隔声窗

门、窗的隔声能力取决于本身的面密度、构造和密封程度。因为通常需要门、窗为轻型结构，故一般采用轻质双层或多层复合隔声板制成，称作隔声门、隔声窗。

隔声窗常采用双层或多层玻璃制做，玻璃板要紧紧地嵌在弹性垫衬中，以防止阻尼板面的振动。层间四周边框宜做吸声处理，相邻两层玻璃不宜平行布置，朝声源一侧的玻璃有一定倾角，以便减弱共振效应，并需选用不同厚度的玻璃，以便错开吻合效应的频率，削弱吻合效应的影响。

一、带有门或窗的组合体的隔声能力

带有门或窗的墙板总隔声量 R 可按下式计算：

$$R = R_1 + 10\lg\frac{1 + \dfrac{S_1}{S_2}}{\dfrac{S_1}{S_2} + 10^{0.1(R_1 - R_2)}} \tag{4-6}$$

式中　R_1——墙板本身（除门、窗之外的墙面）的隔声量；

R_2——门或窗的隔声量；

S_1——墙板面积（应扣除门、窗面积）；

S_2——门、窗面积。

二、同时带有门、窗的组合体的隔声能力

若在一个隔声组合体中，同时有门和窗时，R_2 应该用门和窗本身组合后的等效隔声量 R_3 来代替，S_2 应该用 S_3 来代替，R_3 和 S_3 用下式表示

$$R_3 = R_M + 10\lg\frac{1+\frac{S_M}{S_C}}{\frac{S_M}{S_C}+10^{0.1(R_M-R_C)}} \tag{4-7}$$

$$S_3 = S_M + S_C \tag{4-8}$$

式中 R_M——门的隔声量；

R_C——窗的隔声量；

S_M——门的面积；

S_C——窗的面积。

三、隔声门和隔声窗设计的注意事项

在组合墙板设门和窗提高隔声量的关键在于提高门和窗的隔声量。当隔声量要求较高时，墙上尽量不要设门、窗，如果必须要设，也要控制面积。如果门和窗的隔声量不能提高，首先要处理好门和窗的缝隙。为了减小缝隙影响，对于窗，最简单的方法是设计成固定窗。对于需要开启的窗户，要提高加工精度，用变形小的材料制窗扇、窗框，以此来减小缝隙面积。在隔声要求较高的场合，各缝隙应采用柔性材料封边。对于门，门总是要开、关的，在保证开、关灵便的条件下，着重处理好门框与门扇间的缝隙，没有下门槛时，还要处理好门扇与地面间缝隙，如果是双扇门，碰头缝也要处理好。常用的密封材料有橡胶条、海棉橡胶条、乳胶条、工业毛毡、橡皮、橡胶管等，还可以用面密度大的材料代替木板。

第四节 隔 声 罩

将噪声源封闭在一个相对小的空间内，以减少向周围辐射噪声的罩状结构，通常称为隔声罩。有时为了操作、维修的方便或通风散热的需要，罩体上需开观察窗、活动门及散热消声通道等。例如，如果机器噪声很高，特别是当机器机体辐射噪声很强时，给机器加个罩子，往往可以收到明显的降噪效果。这是因为在加罩前噪声是可以向四面八方传播的，加罩后噪声受到罩壁阻挡，在罩内来回反射，使得罩内噪声比没有罩时高。隔声罩有密封型与局部开敞型，固定型与活动型之分。常用于车间内独立的强声源，如风机、空压机、柴油机、电动机、变压器等动力设备，以及制钉机、抛光机、球磨机等机械加工设备。当难以从声源本身降噪，而生产操作又允许将声源全部或局部封闭起来时，使用隔声罩会获得很好的效果，其降噪量一般在 10~40dB 之间。

一、隔声罩隔声原理

（一）隔声罩的插入损失

隔声罩的降噪效果通常用插入损失来表示，即隔声罩在设置前后，同一接受点的声压级

之差，记作 IL。即

$$IL = L_{P1} - L_{P2} \tag{4-9}$$

式中 L_{P1}——无隔声罩时接收点的声压级（dB）；

L_{P2}——有隔声罩时同一接收点的声压级（dB）。

假设安装隔声罩的房间与声源机器相比是大的（多数场合满足此条件），在未安装罩子时，任一待保护的接收点处声压级 L_{P1} 可表示为

$$L_{P1} = L_{W1} + 10\lg\left(\frac{Q_1}{4\pi r^2} + \frac{4}{R_r}\right) \tag{4-10}$$

式中 L_{W1}——声源的声功率级（dB）；

Q_1——声源的指向性因数；

R_r——房间常数。

在安装隔声罩后，同一接收点的声压级 L_{P2} 可确定为

$$L_{P2} = L_{W2} + 10\lg\left(\frac{Q_2}{4\pi r^2} + \frac{4}{R_r}\right) \tag{4-11}$$

式中 L_{W2}——机器与隔声罩作为一个整体时的声功率级（dB）；

Q_2——机器与隔声罩组合体的指向性因数。

（二）隔声罩的总隔声量

只要知道构成隔声罩的各构件的隔声量 R_i，就可以换算出各构件的传声系数 τ_i，对于各构件表面的吸声系数 α_i，可根据所选吸声材料的品种和规格决定。

$$R_{实} = 10\lg\frac{\sum_{i=1}^{n} S_i\alpha_i}{\sum_{i=1}^{n} S_i\tau_i} \tag{4-12}$$

式中 S_i——隔声罩内各构件的面积；

α_i——隔声罩内各构件的吸声系数；

τ_i——隔声罩内各构件的传声系数；

n——构成隔声罩的构件个数。

二、设计隔声罩注意的问题

1. 罩壳的壁材必须有足够的隔声量，并且为了便于制造、安装及维修，宜采用0.5~2mm厚的钢或铝板等轻薄、密实的材料制作，有些大而固定的场合也可用砖或混凝土等厚重材料制作。在罩壁的构造中，必须包括吸声材料层，否则罩不会有好的隔声效果。罩壁吸声材料多使用超细玻璃棉、岩棉等具有良好吸声作用的多孔吸声材料。多孔吸声材料应有一定厚度，一般取5cm左右。为避免散落，多孔吸声材料外应罩以玻璃丝布或麻袋布，并用钢板网或穿孔金属板护面。在有油污的情况下，还可采用塑料薄膜覆盖，薄膜不可拉紧，以免影响吸声。

2. 罩壁应有足够高的隔声量。砖墙、钢板都是良好的隔声材料。用钢、铝板之类的轻型材料作罩壁时，需在壁面上加筋，涂贴阻尼层，以抑制与减弱共振和吻合效应的影响。砖墙造价低廉，适合于做那些长期连续工作且不检修机器的罩壁，如某些风机的隔声罩。使用

砖墙做罩壁时，罩顶盖及其他需要开启部位可使用钢板。砖墙笨重，不能吊运，也不能做成复杂形体，所以在噪声控制工程中，一般都是用钢板来做罩壁。

3. 罩体与声源设备及其机座之间不能有刚性接触，以避免声桥出现，使隔声量降低。同时隔声罩与地面之间应采取隔振措施，以杜绝固体声。

4. 罩壁上开有隔声门窗、通风与电缆等管线时，缝隙处必须密封，并且管线周围应有减振、密封措施。

5. 罩内必须进行吸声处理。使用多孔材料等松散材料时，应有较牢靠的护面层。

6. 罩壳形状恰当，尽量少用方形平行罩壁，以防止罩内空气声的驻波效应。同时在罩内壁面与设备之间应留有较大的空间，一般为设备所占空间的1/3以上，各内壁面与设备的空间距离，不得小于100mm，以避免耦合共振，使隔声量曲线出现低谷。

7. 隔声罩的设计必须与生产工艺相配合，便于操作、安装与检修，需要时可做成能够拆卸的拼装结构。此外隔声罩必须考虑声源设备的通风、散热要求，通风口应安装有消声器，其消声量要与隔声罩的插入损失相匹配。

第五节　隔　声　屏

用来阻挡声源和接收者之间直达声的障板或帘幕状屏蔽物，称为隔声屏。隔声屏一般用来阻挡直达声。

一、隔声屏的降噪原理

声波在空气中传播遇到障碍物时，若障碍物本身的隔声量足够大，其尺寸也远大于峰值频率的波长，则大部分声能被反射，障碍物后面的一定范围内，仅接收到很少的透射声与小部分衍射声，形成声影区，接收点便应设计在此范围内，这就是隔声屏的降噪原理。

(一) 隔声屏的插入损失

假设隔声屏本身的隔声量远高于其插入损失，则穿过屏的透射声的影响可以忽略不计(这种情况一般都可以满足)。这样，在室内设置隔声屏时，接收点处的声压级便是围绕隔声屏的衍射声场形成的声压级与房间混响声场形成的声压级之和。

隔声屏的插入损失为

$$IL = 10\lg\left(\frac{\dfrac{Q}{4\pi r^2}+\dfrac{4}{R_r}}{\dfrac{Q_B}{4\pi r^2}+\dfrac{4}{R_r}}\right) \tag{4-13}$$

式中　Q_B——声源的合成指向特性。

此式表明，插入损失大小与房间的吸声状况、接收点与声源的距离、声源的合成指向特性（路程差与声波波长）密切相关。

(二) 菲涅耳数

在声影区域有一定衰减，噪声的频率愈高，减噪效果愈好。同时屏障越高，或愈接近声源或人（接收点)，效果愈好。若声源为点声源，屏障无限长时，d 为声源 S 与接收点 P 之间直线距离，即无屏障时的声程。$(a+b)$ 为设置屏障后 S 与 P 之间声程。$\delta=(a+b)-$

d 为设置屏障前后声程差。

非涅耳数

$$N = \frac{\delta}{\frac{\lambda}{2}} = \frac{2\delta}{\lambda} = \frac{\delta f}{170} \tag{4-14}$$

式中 f——声波频率；

λ——声波波长。

取空气中声速 $c = 340\text{m/s}$，由 N 值求出声音的衰减值（dB）。声源和接受点都在自由空间内，作声屏障设计时，屏障材料的传声损失要比上述计算值大 16dB 以上。另外，靠近声源一面希望作吸声处理。屏障的长度若为高度 5 倍以上，则可近似认为无限长。屏障是有限长时，声音可能从横向绕过去，效果会差些。但无论如何效果最好也不会超过 25dB。

二、设计隔声屏的注意事项

1. 为了便于人或设备等通行，在隔声要求不是太高时，可用人造革等密实的软材料护面，中间夹以多孔吸声材料制成隔声帘悬挂起来。

2. 隔声屏宜采用轻便结构。隔声屏本身需有足够的隔声量。其隔声量最少应比插入损失高出约 10dB，故一般使用砖、混凝土或钢板、铝板、塑料板、木板等轻质多层复合结构。前两者多用于室外，后面的多用于室内，以便拆卸与移动。

3. 为了形成有效的“声影区”，隔声屏本身的隔声量比所需声影区的声级衰减量至少大 10dB，才足以排除透射声的影响。例如要争取 20dB 的声级衰减量，隔声屏本身应具备 30dB 以上的隔声量。

4. 使用隔声屏，必须配合吸声处理，尤其是在混响声明显的场合。在室内设置隔声屏，必须同时结合相应的室内吸声处理，否则由于壁面和平顶的反射，形成混响声场，隔声屏的作用就会明显削弱。从理论上讲，若室内壁面、平顶以及隔声屏表面吸声系数趋近于 0 时，隔声屏的降噪量等于 0。因此，隔声屏一侧或两侧宜做高效吸声处理。

5. 隔声屏主要用于控制直达声。为了有效地防止噪声的发散，其形式有二边形、三边形、遮檐式等，如图 4-1 所示。其中带遮檐的多边形隔声屏效果尤为明显。

6. 在隔声屏上开设观察窗，以便于观察机器设备的运转情况。隔声屏可做成固定式与移动式两类，后者可装上扫地橡皮，以减少声音的漏出。

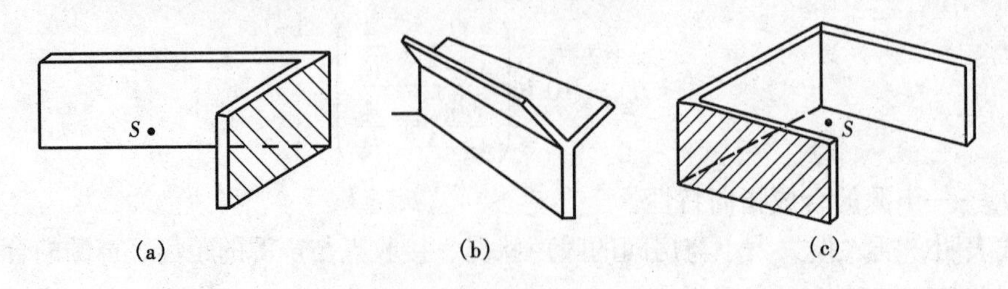

图 4-1 隔声屏

(a) 二边形；(b) 遮檐式；(c) 三边形

第五章　隔振技术

第一节　振动的危害与评价

一、振动的危害

振动是一种周期性往复运动，任何一种机械都会产生振动，而机械振动产生的主要原因是旋转或往复运动部件的不平衡、磁力不平衡和部件的相互碰撞。

振动和噪声有着十分密切的联系，声波就是由发声物体的振动而产生的。当振动的频率在20~2000Hz的声频范围内时，振动源同时也是噪声源。振动能量常以两种方式向外传播而产生噪声：一部分由振动的机器直接向空中辐射，称之为空气声；另一部分振动能量则通过承载机器的基础，向地层或建筑物结构传递。在固体表面，振动以弯曲波的形式传播，因而能激发建筑物的地板、墙面、门窗等结构振动，再向空中辐射噪声，这种通过固体传导的声叫做固体声。

振动不仅能激发噪声，而且还会直接作用于设备、建筑物和人体，产生很多不良后果。

（一）对建筑物及其他的损害

振动使机械设备本身疲劳和磨损，从而缩短机械设备的使用寿命，甚至使机械设备中的构件发生刚度和强度破坏。对于机械加工机床，如振动过大，就会使加工精度降低；大楼会由于振动而坍塌；飞机机翼的颤振、机轮的摆振和发动机的异常振动，曾多次造成飞行事故。这些机械设备的振动，不但自身危害甚大，而且振动辐射的强烈噪声还会严重污染环境。

（二）对人体健康的危害

振动作用于人体，会伤害到人的身心健康。振动对人体的影响可分为全身振动和局部振动。全身振动多由环境振动引起，是指人直接位于振动物体上时所受到的振动。全身振动对人体健康的影响是多方面的，如呼吸加快、血压改变、心率加快、胃液分泌和消化能力下降、肝脏的解毒功能代谢发生障碍等。局部振动是指手持振动物体时引起的人体局部振动，它只施加在人体的某个部位。长期局部振动引起的振动病，主要表现为肢端血管痉挛、周围神经末梢感觉障碍和上肢骨与关节改变，称之为职业性雷诺氏症、血管神经症和振动性白脂病。

1．振动的频率对人体的影响

人能感觉到的振动按频率范围分为低频振动（30Hz以下）、中频振动（30~100Hz）和高频振动（100Hz以上）。对于人体最有害的振动频率是与人体某些器官固有频率相吻合（共振）的频率。这些固有频率是：人体在6Hz附近；内脏器官在8Hz附近；头部在25Hz附近；神经中枢则在250Hz左右；低于2Hz的次声振动甚至有可能引起人的死亡。

2．振动的振幅及加速度对人体的影响

振动对人体的影响，常因振幅或加速度的不同而表现出不同效应。当振动频率较高时，振幅起主要作用，比如作用于全身的振动频率为40~102Hz时，一旦振幅达0.05~1.3mm，就会对全身都有害。高频振动主要对人体各组织的神经末梢发生作用，引起末梢血管痉挛的最低频率是 35Hz。

当振动频率较低时，则振动加速度起主要作用。试验表明，人体处于匀速运动状态下是无感觉的，而且匀速运动的速度大小对人体也不产生任何影响。当人处在变速运动状态时，就会受到影响，也就是加速度对人体会有影响。加速度以 m/s^2 为单位，考虑其对人体振动的影响则以重力加速度 g 来表示，$g=9.8m/s^2$。

频率为 15~20Hz 范围的振动，加速度在 $4.9m/s^2$ 以下，对人体不致造成有害影响。随着振动加速度的增大，会引起前庭装置反应以致造成内脏、血液位移。变速或撞击，如果时间极短，人体所能忍受的加速度比上述值大得多。如果持续时间不超过 0.1s，人体直立向上运动时能忍受（不受伤害）的加速度为 $156.8m/s^2$，而向下运动时为 $98m/s^2$，横向运动时则为 $392m/s^2$。如果加速度超过这一数值，便会造成皮肉青肿、骨折、器官破裂、脑振荡等损伤。

3. 振动对人体的影响与作用时间有关

在振动作用下的时间越长，对人体的影响就越大。因比，评价振动对人体是否有危害，必须考虑人体暴露在振动下的时间长短。

4. 振动对人体的影响与人的体位、姿势有关

立位时对垂直振动比较敏感，而卧位时对水平振动比较敏感。人的神经组织和骨骼都是振动的良好传导体。

二、振动的评价

根据振动强弱对人体的影响，大致分为四种情况：

1. 振动的“感觉阈”。人体刚能感觉到的振动信息，就是通常所说的“感觉阈”。人们对刚超过感觉阈的振动，一般不会觉得不舒适，大多数人对这种振动是能忍受的。

2. 振动的“不舒适阈”。振动的强度增加到一定程度，人就会感觉到不舒服，或者有“讨厌”的反应，这就是“不舒适阈”。“不舒适”是一种心理反应，是大脑对振动信息的一种判断，并没有产生生理的影响。

3. 振动的“疲劳阈”。振动的强度进一步增加到某种程度，人对振动的感觉就由“不舒适阈”进入“疲劳阈”。对超过“疲劳阈”的振动，人们不仅会产生心理反应，相应的生理反应也随之产生。也就是说，人的感觉器官和神经系统受到振动的刺激，并通过神经系统对其他器官产生影响，如注意力转移、工作效率降低等。当振动停止以后，这些生理影响是能够消除的。

4. 振动的“危险阈”。当振动的强度继续增加并超过一定限度，不仅对人有心理、生理的影响，还会产生病理性的损伤，这就是“危险阈”，也称“极限阈”。超过“危险阈”的振动将使感觉器官和神经系统产生永久性病变，即使振动停止也不能复原。

第二节 隔振设计

一、隔振原理

（一）隔振的分类

隔振，是在振动源与地基、地基与机械设备之间安装的具有一定弹性的装置，使得振动

源与地基之间或地基与设备之间的近刚性连接转变为弹性连接，以隔离或减少振动能量的传递，达到减振降噪的目的。

隔振技术有积极隔振和消极隔振之分。降低振动设备（振源）馈入支撑结构的振动能量称为积极隔振；防止周围振源传递给设备的隔振称为消极隔振。积极隔振和消极隔振的原理是基本相同的。

（二）隔振原理

假设机器的质量为 m，隔振器可以看成是一个劲度为 k 的弹簧与一个阻尼系数（摩擦系数）为 R_m 的阻尼器组成的有阻尼振动系统，把它并联在机器与刚性地基之间，组成一个隔振系统，如图 5－1 所示。这个隔振系统的共振频率 F_r 用式（5－1）表示。

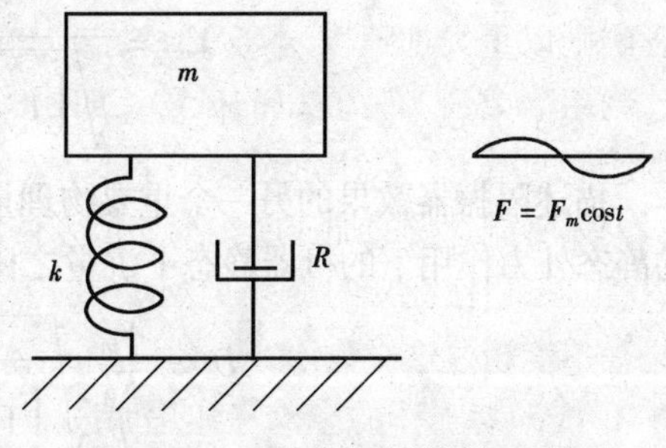

图 5－1　一个自由度的隔振系统

$$F_r = \frac{1}{2\pi}\sqrt{\frac{k}{m}\left(1 - \frac{R_m}{R_c}\right)} \tag{5-1}$$

式中　R_m/R_c——阻尼比；

R_m——隔振器的阻尼系数，N/（m·s）；

R_c——隔振器的临界阻尼，$R_c = 2\sqrt{km}$表示外力停止作用后，使系统不能产生振动的最小阻尼系数；

k——弹簧的劲度（N/m）；

m——机器的质量（kg）。

由式（5－1）可以看出，当阻尼比 $R_m/R_c = 1$ 时，振动被抑制，此时共振频率 $F_r = 0$；当 $R_m/R_c = 0$，即系统无阻尼或阻尼很小可以忽略，则式（5－1）可以简化为

$$F_r = \frac{1}{2\pi}\sqrt{\frac{k}{m}} \tag{5-2}$$

物体在周期性外力 $Ft = F_0\cos\omega t$ 作用下，设这个交变外力在垂直的 y 方向上运动，F_0 是交变外力的最大值，与这个外力相平衡的是系统的惯性力、摩擦力和弹性力。根据牛顿第二定律，机器的运动方程可写为

$$ma + R_m v + ky = F_0\cos\omega t \tag{5-3}$$

式中　y——位移；

v——振动速度；

a——运动的加速度。

k，R_m，m 都是系统本身特性，经过数学整理，这个运动方程的一个解为

$$y(t) = \frac{\frac{F_0}{k}}{\sqrt{\left[1 - \left(\frac{f}{f_0}\right)^2\right]^2 + 4\left(\frac{f}{f_0}\right)^2\left(\frac{R_m}{R_c}\right)^2}}\cos(\omega t - \theta) \tag{5-4}$$

式中　F_0/k——系统在承受最大干扰力 F_0 下的静态弹性变形（cm）；

f——激发外力的频率（Hz）；

f_0——系统的共振频率（Hz）；

θ——相位角；

y（t）——瞬时系统的位移（振幅）（cm）。

机器在减振器上的最大振幅 Y_m 为：

$$Y_m = \frac{\frac{F_0}{k}}{\sqrt{\left[1-\left(\frac{f}{f_0}\right)^2\right]^2 + 4\left(\frac{f}{f_0}\right)^2\left(\frac{R_m}{R_c}\right)^2}} \tag{5-5}$$

描述隔振器效果的另一个重要物理量是在一个交变外力作用下的机器振幅，与在同样大小的静态外力作用下的机器静态下沉量之比值，该比值称为动态放大系数，其数学表达式为

$$D = \frac{Y_m}{\frac{F_0}{k}}\sqrt{\frac{1}{\left[1-\left(\frac{f}{f_0}\right)^2\right]^2 + 4\left(\frac{f}{f_0}\right)^2\left(\frac{R_m}{R_c}\right)^2}} \tag{5-6}$$

显然，隔振系统的动态放大系数 D 与 f/f_0 和 R_m/R_c 的值有关，这种关系如图 5－2 所示。

式（5－5）和图 5－2 告诉我们，在外干扰力频率 f 趋近于共振频率 f_0 时，机器的振幅增加；当 $f=f_0$ 时，振幅最大为$\frac{F/k}{2R_m/R_c}$。

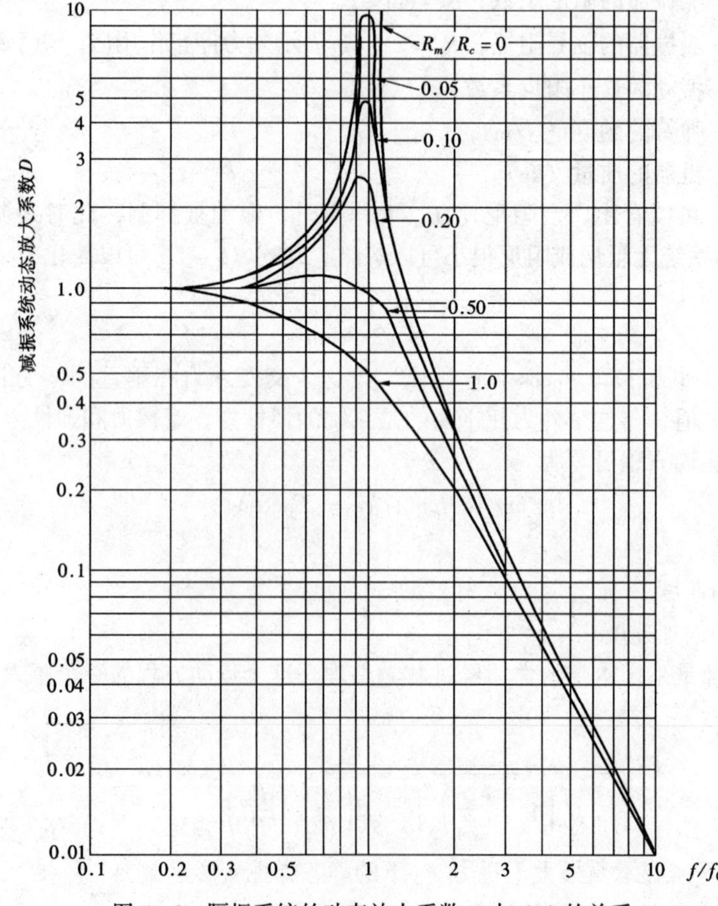

图 5－2　隔振系统的动态放大系数 D 与 f/f_0 的关系

已知一个机器隔振系统的特征参量由式（5－5）或图 5－2 可以估算机器的振幅，并根据技术要求来断定这个振幅是否满足需要。但是，实际工程中人们往往不注意振动物体的振幅大小，而是关心干扰力通过隔振器后剩余多少力被传到基础上去。因此，隔振系统的隔振效率常常用力的传递率 T（或称减振系数）来表示。传递率 T 是一个重要的物理量，它表示实际作用于机组的总力中，有多少力是由柔韧性的隔振器传递给基础的，T 值越小则隔振效果越好。T 值是个比值，没有量纲单位。它可以用百分数来表征，如

$$T=\frac{\text{传递力}}{\text{激发力}}\times 100\% \tag{5-7}$$

数学表达式为

$$T=\sqrt{\frac{1+\left[2\left(\frac{f}{f_0}\right)\left(\frac{R_m}{R_c}\right)\right]^2}{\left[1-\left(\frac{f}{f_0}\right)^2\right]^2+2\left[2\left(\frac{f}{f_0}\right)\left(\frac{R_m}{R_c}\right)\right]^2}} \tag{5-8}$$

传递率 T 和动态放大系数 D 是受迫振动物体的两个方面，只是表现形式不同而已。由式（5－8）可以看出，它表示了隔振器的力的传递状态，它不仅与外干扰频率和隔振系统共振频率有关，也与隔振器的阻尼系数 R 和系统临界阻尼系数 R_c 有关，关系如图 5－3 所示。图中几条不同的曲线是代表不同的阻尼情况。在知道阻尼比和频率比的条件下可以利用式

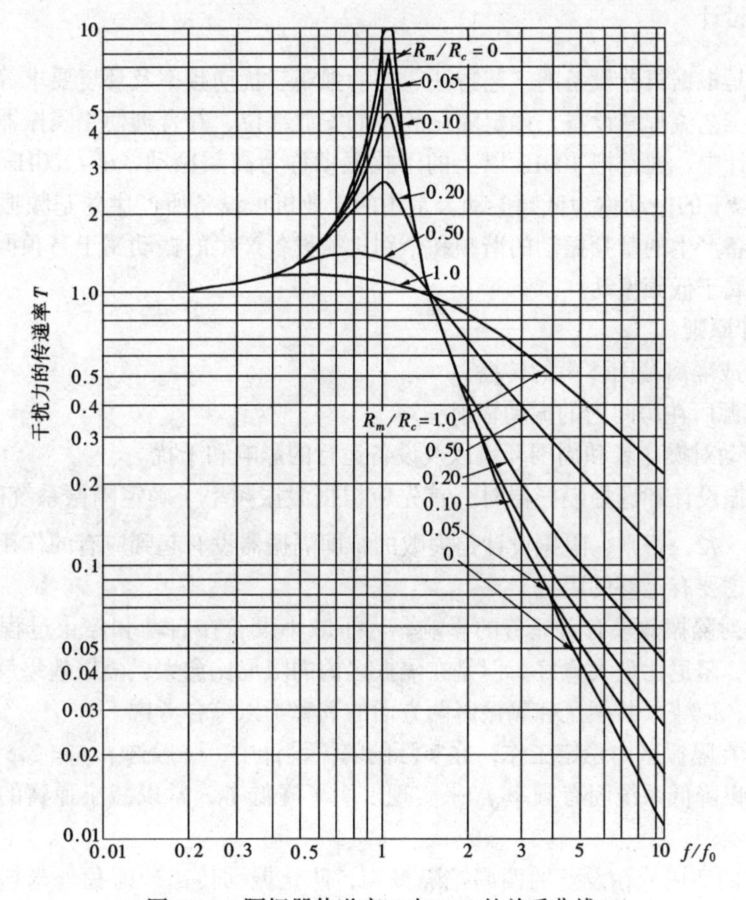

图 5－3　隔振器传递率 T 与 f/f_0 的关系曲线

(5-8) 求出不同的传递率 T 值。从图 5-3 可以看出传递率 T 最大是在共振时，随频率增加而减少，传递率 T 最大值仅与阻尼有关。

当 $f/f_0 \ll 1$ 时，动态放大系数 D 和力传递率 T 均稍稍大于 1。即外干扰动力频率小于系统的固有振动频率时，外干扰力主要受弹簧弹性力的抵抗，干扰力通过弹簧毫不减少地传给基础，此时隔振器不起减振作用。由式（5-4）可以看到，机器振幅 $Y \approx F_0/k$ 即与减振器的劲度 k 成反比。所以，$f \ll f_0$ 的频率范围被称为劲度控制区。

当 $f/f_0 = 1$ 时，或者说 f 接近于 f_0 时，动态放大系数 D 和力的传递率 T 最大，$T=1$。但在这个区域内发生共振现象，隔振系统不但没有起到隔振作用反而放大了振动的干扰，受隔振器阻尼系数 R_m 与系统临界阻尼系数 R_c 之比的影响显著，如果在这个区域内增加阻尼系数，可以大幅度降低隔振器的动态放大系数和力的传递率。因此，共振频率 r_0 附近的范围被称为阻尼控制区。

当 $f/f_0 > \sqrt{2}$ 时，动态放大系数和力传递率小于 1，隔振器起了作用，而且 f/f_0 的比值越高，振动传递愈小，一般说隔振效果愈好。但当 $f/f_0 > 5$ 以后，比值在继续增加，T 的降幅不再明显。此时机器的振幅 $Y \approx F_0/m$，即与机器的质量成反比，故称 $f \gg f_0$ 范围为质量控制区，在这一区域内隔振器才能发挥它的减振效果，所以也称这个区为减振区。设计隔振器或选择隔振器，主要是应用减振区内的减振效果。

二、隔振设计

隔振设计是根据机器设备的工艺特征、振动强弱、扰动频率及环境要求等因素，尽量选用振动较小的工艺流程和设备，确定隔振装置的安放部位，并合理使用隔振器等。

在隔振设计中，通常把 100Hz 以上的干扰振动称为高频振动，6～100Hz 的振动称为中频振动，6Hz 以下的振动称为低频振动。常用的工业机械设备所产生的基频振动都属于中频振动，部分设备产生的基频振动的谐频和个别机械设备产生的振动属于高频振动，而地壳的振动和地震等属于低频振动。

（一）设计原则

1. 防止（或隔离）固体声的传播。

2. 减少声源所在房间内的振动辐射噪声。

3. 减少振动对操作者和周围环境以及设备运行的影响和干扰。

在进行隔振设计和选择隔振器时，首先应根据激振频率 f 确定隔振系统的固有频率 f_0，必须满足 $f/f_0 > \sqrt{2}$，否则，隔振设计是失败的，即隔振器没有起到应有的作用。另外，隔振设计还必须考虑要有足够的阻尼。

4. 阻尼比对隔振效果有着显著的影响。为了减小设备在启动和停止过程中经过共振区时的最大振幅，阻尼比愈大愈好。但是在隔振区内的阻尼比愈大，隔振效果反而愈小。因此阻尼值的选择，应兼顾共振区和隔振区两方面的利弊予以综合考虑。

5. 为保证在隔振区内稳定工作，在实际的隔振设计中，一般选 $f/f_0 = 2.5 \sim 5$。为满足这一要求，必须以降低系统固有频率 f_0 来实现。为了降低 f_0，常以减小弹簧的弹性系数和增大隔振基础来实现。

6. 在振源的四周或在设备的四周挖隔振沟，防止振动传出或避免外来振动干扰，对以地面传播表面波为主的振动，效果比较明显。通常隔振沟愈深，隔振效果愈好，沟的宽度对隔振效果影响不大。

（二）设计方法

1. 隔振设计

隔振设计可以按下列程序进行：

(1) 根据设计原则及有关资料（设备技术参数、使用工况、环境条件等），选定所需的振动传递率，确定隔振系统。

(2) 根据设备（包括机组和机座）的重量、动态力的影响等情况，确定隔振元件承受的负载。

(3) 确定隔振元件的型号、大小和重量，隔振元件一般选用4~6个。

(4) 确定设备最低扰动频率 f 和隔振系统固有频率 f_0 之比 f/f_0，$f/f_0>\sqrt{2}$，一般取2~5。为防止发生共振，绝对不能采用 $f/f_0\approx 1$。

2. 隔振器的选择

根据计算结果和工作环境的要求，选择隔振器的尺寸和类型。

3. 隔振器的布置

隔振器的布置主要考虑以下几点：

(1) 隔振器的布置应对称于系统的主惯性轴（或对称于系统重心），将复杂的振动简化为单自由度的振动系统。对于倾斜式振动系统，应使隔振器的中心尽可能与设备中心重合。

(2) 机组（如风机、泵、柴油发动机等）不组成整体时，必须安装在具有足够刚度的公用机座上，再由隔振器来支撑机座。

(3) 隔振系统应尽量降低重心，以保证系统有足够的稳定性。

第三节　隔振器和隔振垫

一、隔振器

它是一种弹性支撑元件，是经专门设计制造的具有单个形状的、使用时可作为机械零件来装配安装的器件。

最常用的隔振器可分为：弹簧隔振器（见图5-4），包括金属螺旋弹簧隔振器、金属碟形弹簧隔振器、不锈钢钢丝绳弹簧隔振器，金属丝网隔振器，橡胶隔振器，橡胶复合隔振器以及空气弹簧隔振器等。

（一）钢弹簧隔振器

钢弹簧隔振器是最常用的一种隔振器，从结构上可分为螺旋弹簧隔振器和板条式隔振器，从安装方式上分为压缩式和悬挂式两种。

1. 钢弹簧隔振器的优点

(1) 力学性能稳定，设计计算方法比较成熟，误差一般小于5%；

(2) 有较低的固有频率，一般在5Hz以下；

(3) 有较大的静态压缩量，可在2cm以上，对低频振动具有良好的隔振效果，因此，能够适应较广泛的频率范围；

(4) 可承受较大的负载；

(5) 使用年限长，体积小，易更换，耐高温，不怕潮湿和油污，性能稳定。

2. 钢弹簧的隔振器的缺点

(1) 对高频振动的隔绝性能差，容易传递高频振动，在发生自振时也能传递中频振动；

(2) 阻尼太小，一般 $C/C_0=0.005$。

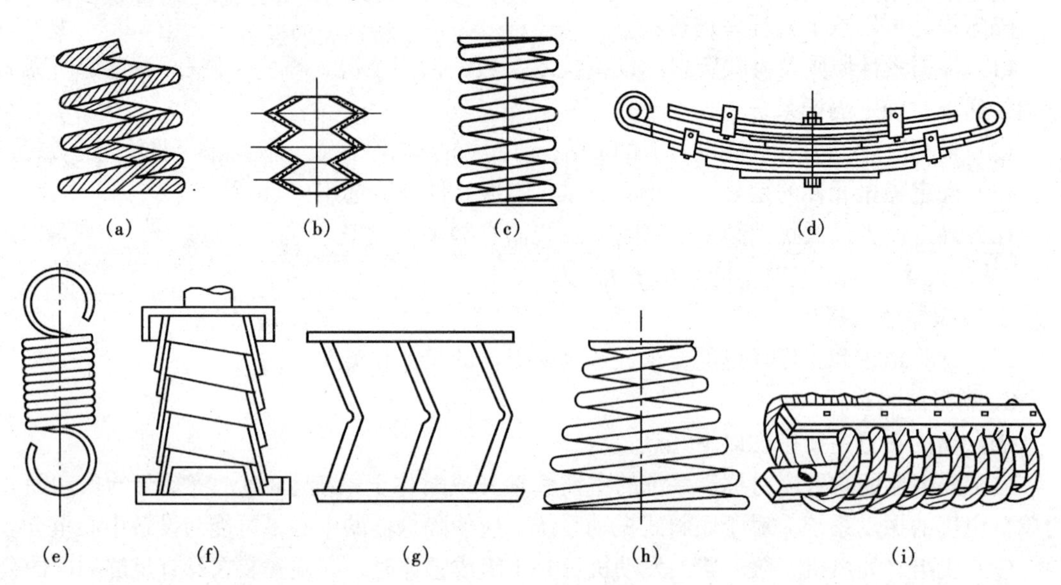

图 5-4　各种金属隔振器

(a) 金属螺旋弹簧；(b) 金属碟形弹簧；(c) 螺旋柱簧；(d) 板簧；(e) 拉簧；(f) 螺旋板簧；(g) 折板簧；(h) 螺旋锥簧；(i) 不锈钢钢丝绳弹簧

在实际应用时，需另加黏滞阻尼器，或采用钢丝外包橡胶的方法来增加阻尼，也可采用在弹簧下面铺设橡胶垫或软木等阻尼大的材料来解决。螺旋弹簧隔振器在实际应用中最为广泛。金属弹簧隔振器主要由钢板、钢条等制造而成，通常用在静态压缩量大于 5cm 的情况下，或在温度和其他条件不允许采用橡胶等材料的地方。

(二) 橡胶隔振器

橡胶隔振器也是工程上常用的一种隔振装置。它的最大优点是具有一定的阻尼，在共振点附近有较好的减振效果。这类隔振器是由硬度合适的橡胶材料制成的，其形状、面积和高度应设计得合理。根据受力情况，这类隔振器可分为压缩型、剪切型、压缩-剪切复合型等。图 5-5 为各种橡胶隔振器的结构形状示意图。

橡胶隔振器一般由约束面与自由面构成。约束面通常和金属相接（在受压缩负荷时，通常指受压面积），自由面则指垂直加载于约束面时产生变形的那一面。在受压缩负荷时，橡胶横向胀大，与金属接触的面则受约束，因此，只有自由面在变化。这样，即便同样弹性系数的橡胶，约束面越大，自由面越小，则硬度也越大。就是说，橡胶隔振材料的参数，既与其配料成分有关，也与构成形状、方式有关。

橡胶隔振器实质上是利用橡胶弹性的一种“弹簧”，与金属弹簧相比，有以下特点：

1. 形状可自由选定。因此，可有效地利用有限空间，也可方便地选定同方位上的弹性条数。

2. 橡胶有内摩擦，即阻尼比 C/C_0 较大。因此，不会产生像钢弹簧那样的共振振幅，也不致于形成螺旋弹簧所特有的共振激增现象。另外，橡胶隔振器都是由橡胶和金属接合而成的，由于金属与橡胶的声阻抗差别较大，因此，可以有效地隔声。

3. 橡胶隔振器的弹性系数可借助变化橡胶成分和结构而在相当大的范围内变动。

4. 橡胶隔振器对太低的固有频率 f_0（如低于 5Hz）不适用，其静态压缩量也不能过大（一般不应大于 1cm）。对具有较低的干扰频率机组和重量特别大的设备不适用。

5. 橡胶隔振器的性能易受温度影响。在高温下使用，性能不好；在低温下使用，弹性系数也会改变。为了增强橡胶隔振器适应气候变化的性能，防止臭氧造成的龟裂，可在天然橡胶的外侧涂上氯丁橡胶。橡胶减振器使用一段时间后，应检查它是否因老化而丧失弹性，如果已损坏应及时更换。

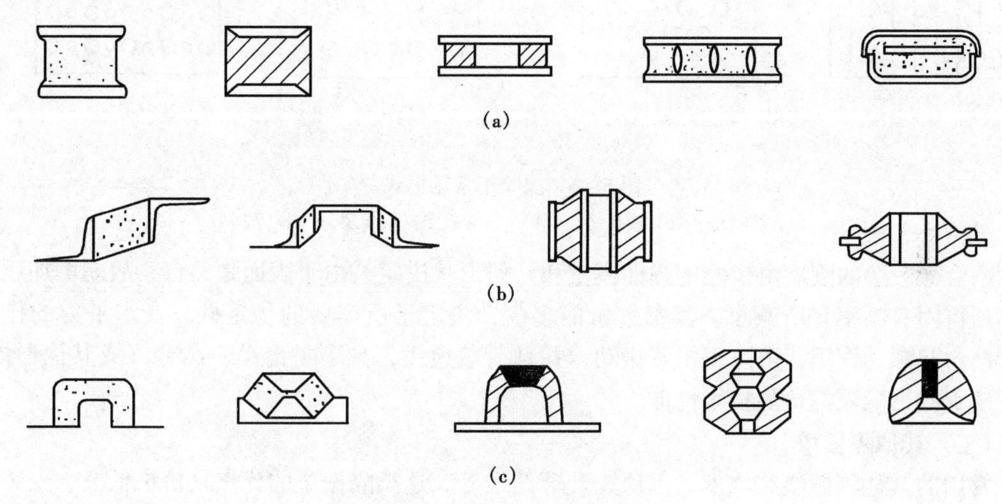

图 5－5　各种橡胶隔振器

(a) 压缩型；(b) 剪切型；(c) 压缩－剪切复合型

(三) 空气弹簧

空气弹簧也称“气垫”。这类隔振器的隔振效率高，固有频率低（在 1Hz 以下），而且具有黏滞性阻尼，因此，也能隔绝高频振动。

这种减振器是在橡胶的空腔内压进一定压力的空气，使其具有一定的弹性，从而达到隔振的目的。空气弹簧一般附设有自动调节机构。每当负荷改变时，可调节橡胶腔内的气体压力，使之保持恒定的静态压缩量。空气弹簧多用于火车、汽车和一些消极隔振的场合。空气弹簧的缺点，是需要有压缩气源及一套繁杂的辅助系统，造价昂贵，并且荷重只限于一个方向，一般工程上采用较少。

二、隔振垫

(一) 橡胶隔振垫

橡胶隔振垫是近几年发展起来的隔振材料。常见的有肋状垫、开孔的镂孔垫、凸台橡胶垫（钉子垫）及 WJ 型橡胶垫等，如图 5－6 所示。

WJ 型橡胶垫是一种新型橡胶垫，它是在橡胶垫的一面或两面有纵横交错排列的圆形凸台，圆形凸台有四种不同的直径和高度。这种隔振垫靠四种交叉的凸台来承受负荷，使承压面积随着荷载的增加而加大。当凸台受压时，隔振垫中层部分因受荷载而变成弯曲波形。振动通过交叉凸台和中间弯曲波形来传递，它与平板橡胶垫相比，通过的距离增大，能较好地分散并吸收任意方向的振动，更有效地发挥橡胶的弹性。

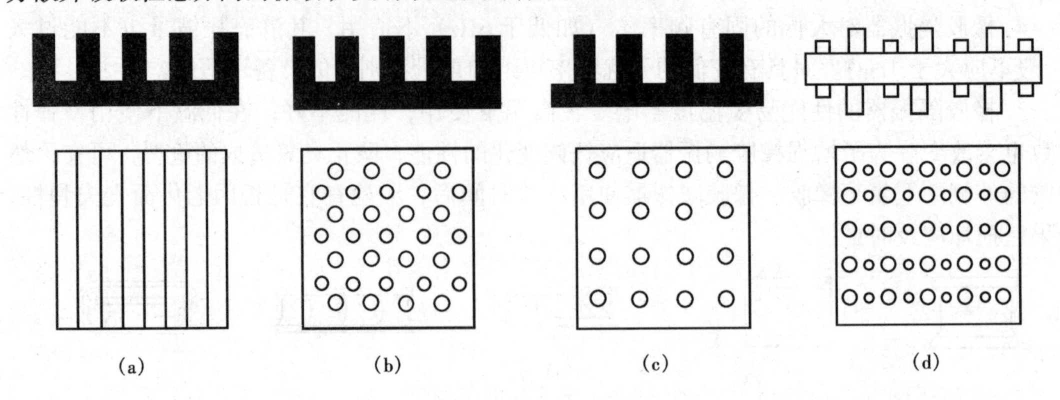

图 5-6　橡胶垫常见形式

(a) 肋状垫；(b) 镂孔垫；(c) 凸台橡胶垫（钉子垫）；(d) WJ 型

凸台橡胶垫的刚度由橡胶的弹性模量和几何形状决定，由于表面是凸台，故能增加压缩量，使得固有频率有所减小。其参数量的多少，决定于所需要的稳定性。在水平力的作用下，凸台起制动作用，可防止机器振动，并且荷载愈大，愈不易滑动，凸台（或其他形体）的松疏直接影响隔振垫的技术性能。

（二）其他隔振垫

常用的其他隔振垫有软木、毛毡、玻璃纤维等。这类隔振垫的优点是价格低廉、安装方便，可根据需要切成任何形状和大小，并可重叠放置，可获得良好的隔振效果。

1. 软木

隔振用的软木与天然软木不同，它是用天然软木经高温、高压、蒸汽烘干和压缩成的板状和块状物。软木具有一定的弹性，但动态弹性模量与静态弹性模量不同，一般软木静态弹性模量约为 1.3×10^6Pa，动态弹性模量约为静态弹性模量的 2~3 倍。软木的静态压缩量中有一部分属于永久变形，即不是弹性变形。计算固有频率时，应扣除这一部分不可恢复的压缩量。软木隔振系统的固有频率一般可控制在 20~30Hz 范围内。软木承受的最佳载荷为（5~20）$\times10^4$Pa，阻尼比一般取 0.04~0.18，常用的厚度为 5~15cm。

软木的优点是质轻、耐腐蚀、保温性能好、加工方便等。但作为隔振基础的软木，由于厚度不宜太厚，固有频率较高，不宜于低频隔振。一般软木的隔振效果是随着晶粒粗细、软木层的厚度、荷载大小，以及结构形式的不同而变化。

2. 毛毡

毡类隔振材料，如玻璃纤维毡、矿渣棉毡和各类毡等。这类隔振材料在极广泛的负载范围内能保持自然频率。预制的毡类隔振材料，除可用在机械设备的基础上，也可做为管子穿墙套管来隔振。用时最好是预先计算好，再压制成毡状，为了便于切成小块，也可制成板条形。

目前应用较多的是用树脂胶结的玻璃纤维毡，因为这种材料有良好的阻尼性质，即使附加的负荷超出最大的常用负荷，它的永久变形也很小，在移去负荷后，几乎可以立即恢复原状。在变化范围内性能稳定，被广泛用在噪声控制工程中。如用作风机基础垫座、电子计算机隔振层、重型机器垫座及精密设备的保护包装等。

三、软连接管

在工程建筑和生产设备中，管道是普遍存在的，它担负着气体、液体、粒状固体的输送任务。由于气体、液体、粒状固体对管道的冲击和摩擦使管道振动并辐射出噪声。由于管道常与机械设备相连接，因而在机械设备运转时，管道便伴随着振动。由于管道的长度往往很可观，振动的危害很严重，因此隔振处理是不容忽视的。此外，当机械设备的基础采取了隔振措施后，与机械设备相连接的管道便会在原来振动的基础上增加颤动，这时管道的隔振问题更急切需要解决。

管道隔振通常是将机械设备与管道的刚性连接改为软连接而实现的。如果需降低振动管道的辐射噪声，需对管道实行包扎处理。就其软连接的材料，根据设备和要求的不同，大体常用的有如下两种：

1. 帆布软接管

帆布软接管常用在风机与风管的连接处，长度一般取 200～300mm。实践证明，这种软连接对降低风机沿管道传递的振动是有利的。

2. 橡胶软接管

对于流速大、压力高的输送管道，特别是具有酸性或有毒污染气体时，可使用橡胶软接管。橡胶软接管常用在泵的输入和输出、冷凝器循环管道、冷冻管道、化学品防腐管道、循环水管道和通风管道等。实践证明，橡胶软接管能有效地减弱刚性管道的振动传递，不但如此，由于橡胶软接管的减振，对改善机械设备的运行工况，保证设备安全生产、减弱噪声污染，以及减弱建筑结构共振等都有很大的好处。

3. 耐高温、耐高压的不锈钢金属纹软管

四、防振沟

在振动波传播的路径上挖沟，以隔绝振动的传播。这种措施早就有人实验研究过，我们把这种以防振为目的而设计的沟叫做“防振沟”。如果振动主要是传播地面的表面波的话，这种防振沟的方法是很有效的。一般来说，防振沟越深隔振效果越好，沟的宽度对隔振效果的影响不大。防振沟中间以不填材料为佳，若为了防止其他物体落入沟内，填充些松散的锯末、膨胀珍珠岩等材料也是可以的。值得指出的是，振动在地面传播速度与噪声在空气中传播的速度是不同的。

防振沟可用在积极防振上，即在振动的机械设备周围挖掘防振沟，防止振动由振源向四周传播扩散；也可以用在消极防振上，即在怕受振动的精密仪器附近，在垂直干扰振动传来的方向上，挖掘防振沟。

五、隔振器和隔振垫的选择要点

1. 隔振器和隔振材料的选择，应首先考虑其静荷载和动态特性，使激振频率（或驱动频率）f 与整个隔振系统的固有振动频率 f_0 的比值 $f/f_0>\sqrt{2}$，保证传递比 $T<1$，工作在隔振区域内。机器实际振动常含有许多不同的频率。选择隔振器时，应考虑将其低频振动充分地予以减弱，更高频率的振动会被隔振器在更大的程度上予以减弱。

2. 隔振器一般应具有低于 5～7Hz 的共振频率。对于隔绝能听到撞击声（30～50Hz）的机器振动，隔振器的共振频率应低于 15 ~ 20Hz。低频振动隔绝困难比较大，一般只能采用钢弹簧隔振器，频率越高隔振器的效能越好。对于高频振动，一般选用橡皮、软木、毛毡、酚醛树脂玻璃纤维板比较好。为了在较宽的频率范围内减弱振动，可采用弹簧隔振器与弹性垫组合隔振器。

3. 隔振材料的使用寿命差别很大。钢弹簧寿命最长，橡胶一般为 4 ~ 6 年，软木为 10 ~ 30 年。超过年限，一般应考虑予以更换。

4. 安装隔振器不会明显降低车间内部的噪声，但能使噪声限制在局部范围内，使机组传到邻近房内的噪声大为减弱，即起到隔声作用。

第四节　阻 尼 材 料

空气动力机械的管道壁、机械的外罩、车体、船体、飞机的机壳等，一般都是由金属薄板制成的。当机械运转或行驶时，金属薄板便弯曲振动，辐射出强烈的噪声。这些金属薄板结构受微振所产生的噪声称之为结构噪声。防治结构噪声不宜采用隔声罩，因为隔声罩的壁受激振也会辐射噪声，有时不但不起隔声作用，反而因为增大噪声的辐射面积而使噪声更强。金属结构振动往往存在一系列共振峰，相应的噪声也具有与结构振动一样的频率谱，即噪声也有一系列峰值，每个峰值频率对应一个结构共振频率。治理结构噪声应尽量减小其噪声辐射面积，去掉不必要的金属板面，同时，在金属结构上涂敷一层阻尼材料，也是抑制结构振动、减少噪声的有效措施，这种方法称之为阻尼减振。

一、阻尼减振降噪的原理

阻尼的大小采用损耗因数 η 来表示，定义为薄板振动时每周期时间内损耗的能量 D 与系统的最大弹性势能 E_P 之比除以 2，即

$$\eta = \frac{1}{2\pi}\frac{D}{E_P} \tag{5-9}$$

板受迫振动的位移和振速分别为

$$y = y_0\cos(\omega t + \varphi) \tag{5-10}$$

$$u = \frac{\mathrm{d}y}{\mathrm{d}t} = -\omega y_0\sin(\omega t + \varphi) \tag{5-11}$$

阻尼力在位移 $\mathrm{d}y$ 上所消耗的能量为

$$\delta u\mathrm{d}y = \delta u\frac{\mathrm{d}y}{\mathrm{d}t} = \delta u^2\mathrm{d}t \tag{5-12}$$

因此，阻尼力在一个周期内耗损的能量为

$$D = \delta\omega y_0^2\int_0^{2\pi}\sin(\omega t + \varphi)\mathrm{d}\omega t = \pi\delta\omega y_0^2 \tag{5-13}$$

系统的最大势能为

$$E_P = \frac{1}{2}ky_0^2 \tag{5-14}$$

所以

$$\eta = \frac{\omega\delta}{k} = \frac{2\delta}{\delta_0}\times\frac{\omega}{\omega} = 2\xi\frac{f}{f_0} \tag{5-15}$$

可以看出损耗因数 η 除与材料的临界阻尼系数 R_c 有关外，还与系统的固有频率 f_0 及激振力频率 f 有关。对同一系统激振力频率越高，η 则越大，即阻尼效果越好。材料的损耗因数 η 是通过实际测定求得的。根据共振原理，将涂有阻尼材料的试件（通常做成狭长板条）用一个外加振源强迫它做弯曲振动，调节振源频率使之产生共振，然后测得有关参量即可计算求得损耗因数，常用的测量方法有频率响应法和混响法两种。

大多数材料的损耗因数在 $10^{-2} \sim 10^{-5}$之间，其中金属为 $10^{-5} \sim 10^{-4}$，木材为 10^{-2}，软橡胶为 $10^{-2} \sim 10^{-1}$。

二、阻尼材料

（一）阻尼材料的种类

1. 黏弹性阻尼材料

黏弹性阻尼材料是兼有黏性液体可以耗损能量但不能贮存能量，和弹性固体能贮存而不能耗损能量的特性的材料。最常用的黏弹性阻尼材料是高分子聚合物。在受到外力时，聚合物的分子可以变形，另一方面会产生分子间链段的滑移。当外力除去后，变形的分子链恢复原位，释放外力所做的功，这是黏弹体的弹性。链段间的滑移不能完全恢复原位，使外力做功的一部分转变为热能，这是黏弹体的黏性。黏弹性材料主要包括橡胶类和塑料类，如氯丁橡胶、有机硅橡胶、聚氯乙烯、环氧树脂类胶、聚氨酯泡沫塑料、压敏阻尼胶以及由塑料、压敏胶和泡沫塑料构成的复合阻尼材料，另外还有玻璃状陶瓷、细粒玻璃等阻性材料。各种黏弹性阻尼材料的主要缺点是模量过低，不能作为结构材料，只能作为附加材料，或者用作各种隔振器弹簧上的阻尼材料。具有阻尼特性的陶瓷、玻璃虽然模量比黏弹性材料约高三个数量级，但强度差，也只能作附加材料，当它附着在金属材料上时，需采用特殊的工艺方法。

金属薄板如果涂敷上黏弹性阻尼材料就减弱了金属板弯曲振动的强度。当金属发生弯曲振动时，其振动能量迅速传给紧密涂贴在薄板上的阻尼材料，引起阻尼材料内部的摩擦和互相错动。由于阻尼材料的内损耗、内摩擦大，使相当部分的金属板振动能量被损耗而变成热能散掉，减弱了薄板的弯曲振动，并且能缩短薄板被激振后的振动时间，在金属薄板受撞击而辐射噪声时（如敲锣）更为明显。原来不涂敷阻尼材料时，金属薄板撞击后，比如说要振动 2s 才停止，而涂上阻尼材料后再受到同样大小的撞击力，振动的时间要缩短很多，比如说只有 0.1s 就停止了。许多心理声学专家指出，50ms 是听觉的综合时间，如果发声的时间小于 50ms，人耳要感觉这声音是困难的。金属薄板上涂贴阻尼材料而缩短了激振后的振动时间，从而也就降低金属板辐射噪声的能量，达到了控制噪声的目的。

2. 阻尼金属

阻尼金属又常称为减振合金。具有足够强度和刚度的高阻尼合金，能作为结构材料使用。按阻尼机理可分为复合型（如片状石墨铸铁、A1 – Zn 合金）、铁磁性型（如 Fe – Cr – Al 合金、Fe – Mo 合金）、位错型（Mg – Zr 合金）和双晶型（Mn – Cu 合金、Mn – Cu – Al 合金、Ni – Ti 合金）等四类。它们的机械性能、使用温度范围不尽相同，甚至同一类型而组成不同的每一种合金都具有各自独特的性质。应用时要全面考虑其综合特点，以期优选材料，达到最佳应用效果。阻尼金属还可作为结构材料，直接代替机械中振动和发声强烈的部件，也可制成阻尼层粘贴在振动机件上。在印刷机、制订机、织布机等机器上均可取得明显的减振降噪效果。

3. 附加阻尼结构

附加阻尼结构是通过外加阻尼材料抑制结构振动达到提高抗振性、稳定性和降低噪声目的的结构。就阻尼耗能的结构来区分，附加阻尼结构可分为自由阻尼结构、约束阻尼结构和阻尼插入结构三类。

(1) 自由阻尼结构

① 自由阻尼结构是将黏弹性阻尼材料，牢固地粘贴或涂抹在作为振动构件的金属薄板的一面或两面。金属薄板为基层板，阻尼材料形成阻尼层，如图 5－7 所示。从图 5－7 看出，当基层板作弯曲振动时，板和阻尼层自由压缩和拉伸，阻尼层将损耗较大的振动能量，从而使振动减弱。研究发现，对于薄金属板，厚度在 3mm 以下，可收到明显的减振降噪效果；对于厚度在 5mm 以上的金属板，减振降噪效果则不够明显，还造成阻尼材料的浪费。因此，阻尼减振降噪措施一般仅适用降低薄板的振动与发声结构。这种阻尼结构措施，涂层工艺简单，取材方便，但阻尼层较厚，外观不够理想。一般用于管道包扎、消声器及隔声设备易振动的结构上。

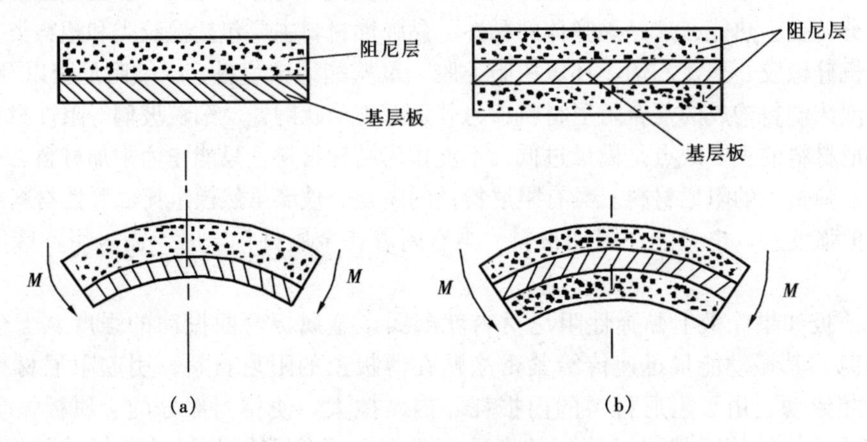

图 5－7　自由阻尼层结构
(a) 一面涂层自由阻尼弯曲；(b) 两面涂层自由阻尼弯曲

② 具有间隔层的自由阻尼结构

为了进一步增加阻尼层的拉伸与压缩，可在基层板与阻尼层之间再增加一层能承受较大剪切力的间隔层。增加层通常设计成蜂窝结构，它可以是黏弹性材料，也可以是类似玻璃纤维那样依靠库仑摩擦产生阻尼的纤维材料。增加层的底部与基层板牢固黏合，而顶部与阻尼层牢固黏合。其结构如图 5－8 所示。

(2) 约束阻尼结构

① 若将阻尼层牢固地粘贴在基层金属板后，再在阻尼层上部牢固地黏合刚度较大的约束层（通常是金属板），这种结构称为约束阻尼层结构，如图 5－9 所示。当结构基层板发生弯曲变形时，约束层相应弯曲与基层板保持平行，它的长度几乎保持不变。此时阻尼层下部将受压缩，而上部受到拉伸，即相当于基层板相对于约束层产生滑移运动，阻尼层产生剪应力不断往复变化，从而消耗机械振动能量。

约束阻尼结构与自由阻尼结构不同，它们的运动形式不同，约束阻尼结构可以提高机械振动的能量消耗。

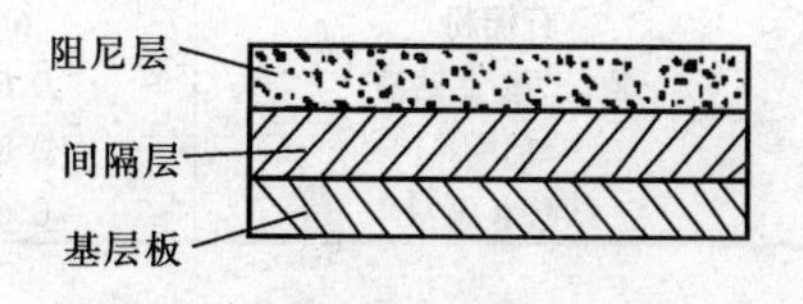

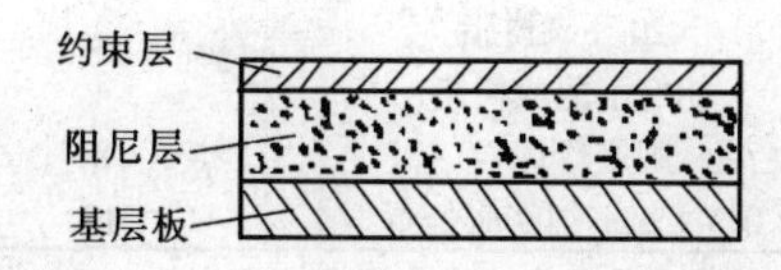

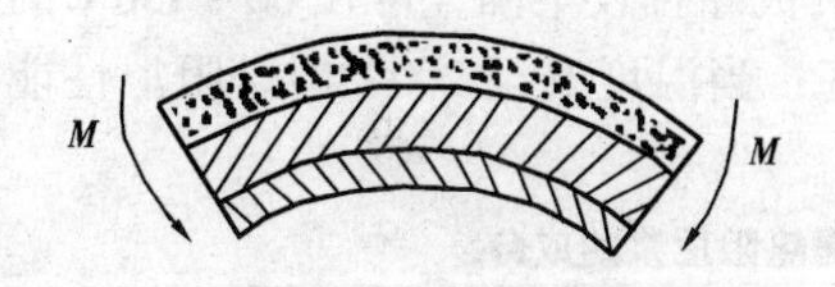

图 5－8　具有间隔层的自由阻尼结构

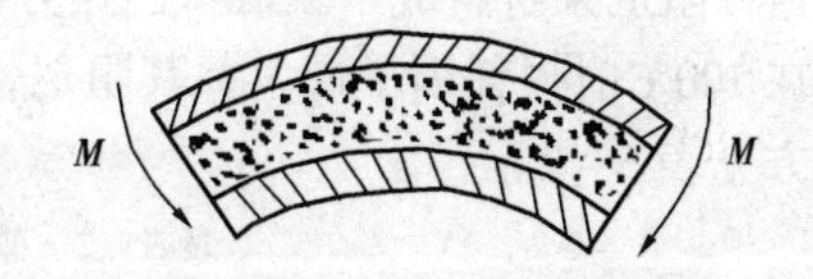

图 5－9　约束阻尼层结构

一般选用的约束层是与基层板的材料相同、厚度相等的对称型结构，也可选择约束层厚度仅为基层板的 1/2～1/4 的结构。

② 复合阻尼结构

除了上述介绍的几种阻尼结构外，复合阻尼结构也在减振降噪工程结构中开始应用，它是用薄黏弹性材料将几层金属板黏结在一起的具有高阻尼特性，并保持金属板强度的约束阻尼结构。阻尼层厚度约为 0.1mm，在常温和高温（80～100℃）下具有良好的阻尼特性。它对振动能量的耗散，从一般普通弹性形变作功的损耗，提高为高弹性形变的作功损耗，使形变滞后应力的程度增加。另外，这种约束阻尼结构，在受激振时，其层间形成剪应力和剪应变远远大于自由阻尼结构拉压变形所耗散的能量，损耗因子一般在 0.3 以上，最大峰值可达 0.85，并且具有宽频带控制特性，在很大的频率范围内起到抑制峰值的作用。

复合阻尼结构常见为 2～5 层，基层板常常选用不锈钢、耐摩擦钢。复合阻尼结构早期应用于宇航、军工，现已应用于普通工程机械中，如电动机机壳、空压机机壳、凿岩机内衬及隔声罩结构等。实践证明，减振降噪效果良好。

(3) 阻尼插入结构

在厚度不同的基本结构层与另行设置的弹性层之间插入一层阻尼材料组合成的结构。阻尼材料不和弹性层粘贴在一边。阻尼材料可以是黏弹性材料，也可以是类似玻璃纤维那样依靠库仑摩擦产生阻尼的纤维材料。当结构振动时，上下两层金属板产生不同模态的振动，使阻尼材料层产生横向拉压应变，从而耗损能量。

上述几种阻尼结构的实施，要充分保证阻尼层与基层板的牢固黏结，防止开裂、脱皮等。如形成“两层皮”，再好的阻尼材料，也不会收到好的减振降噪效果。同时，还应考虑阻尼结构的使用条件，如防燃、防油、防腐蚀、隔热等方面的要求。

(二) 常用的几种阻尼材料的配方及使用条件

1. 防振隔热阻尼浆

该阻尼浆适用于高温、潮湿等环境，配方见表 5－1。

表 5-1　防振隔热阻尼浆的成分

序号	材料成分及规格	重量百分比/%	序号	材料成分及规格	重量百分比/%
1	30%氯丁橡胶液	60	6	1~5mm 膨胀蛭石	8
2	420 环氧树脂	2	7	石棉粉	6
3	胡麻油醇酸树脂	4	8	2%萘酸、钴液	0.6
4	膨胀珍珠岩	8	9	15%	0.8
5	0.3~2mm 细膨胀蛭石	10	10	萘酸、锰液	0.6

2. 软木防振隔热阻尼浆

这种阻尼浆材料成本较低，制作方便，与钢板黏合较牢固，可在 80~150℃的温度内使用。在 100℃时损耗因子最大，其阻尼性能最好；当温度升至 200℃时，阻尼性能下降。它的配方见表 5-2。

表 5-2　软木防振隔热阻尼浆的成分

序号	材料成分及规格	重量百分比/%	序号	材料成分及规格	重量百分比/%
1	厚白漆	20	4	软木粉（粒度：4mm）	13
2	光油	13	5	松香水	4
3	生石膏	23	6	水	27

3. 沥青阻尼浆

沥青阻尼浆应用最广泛，是一种经济、实用的阻尼材料，与金属板黏合牢固，有防锈、防水能力。缺点是涂黏工艺上有困难。

沥青阻尼浆制作程序为：将沥青与桐油同时加热成稀粥状，至 250~300℃，保温 3~4h，再降温至 200℃以下，然后加入蓖麻油，继续降温至 60~80℃时加入胺焦油。边搅拌边逐量加入混合，使温度降至 20~30℃，此时，加入汽油稀释，再加石棉绒，搅拌均匀便制成沥青阻尼浆。沥青阻尼浆的成分，见表 5-3。

表 5-3　沥青阻尼浆的成分

序　号	材料成分及规格	重量百分比/%	序　号	材料成分及规格	重量百分比/%
1	沥青	57	4	蓖麻油	4
2	胺焦油	23.5	5	石棉绒	14
3	熟桐油	4	6	汽油	适量

4. 丁腈胶与丁基胶阻尼配方

丁腈胶、丁基胶体系阻尼材料质量轻，性能良好，适用于精密仪器及设备。丁腈胶、丁基胶配方分别见表 5-4 和表 5-5。

表 5-4　丁腈胶体系的配方

原材料名称	1	2	3	4	5	6
丁腈 40	100	100	—	100	100	100
丁腈 26	—	—	100	—	—	—
氧化锌	5	5	5	5	5	5
硬脂酸	0.50	0.50	0.50	0.50	0.50	0.50
促进剂 TMTD	3	3	3	3	3	3
硫磺	0.50	0.50	0.50	0.50	0.50	0.50
2123 酚醛树脂	15	35	35	35	35	35
黏合剂 A	0.30	0.70	0.70	0.70	0.70	0.70
邻苯二甲酸二丁酯	10	15	15	15	25	—
混气炭黑	5	5	5	5	5	5
4010	1.50	1.50	1.50	1.50	1.50	1.50

表 5-5　丁基胶体系的配方

原材料名称	1	2	3	4	5
丁基胶 301（国产）	100	100	100	—	—
氯化丁基胶 1063	—	—	—	100	100
硬脂酸	0.50	0.20	50	0.50	0.50
氧化锌	5	2	5	2	2
促进剂 TMTD	3	—	—	3	—
硫磺	0.50	—	—	0.50	—
4010	1.50	1	1	1	0.50
SP1055 树脂	—	40	240	—	20

第六章 消 声 器

第一节 概 述

消声器是一种控制气流沿管道传播的消声设备，这种装置可以在减少噪声的同时不影响或很少影响气流的通过，是降低空气动力学噪声的主要技术措施。消声器主要应用在风机进出口和排气管口，以及通风换气的地方。消声器对降低噪声污染，改善劳动条件和生活环境具有重要的应用价值。环境噪声与工业噪声中有相当部分是气流产生的，而消声器能有效地减少这些噪声。因此，消声器在噪声控制中得到了广泛的应用。

一、消声器的分类

消声器的种类很多，按其消声机理大体分为四大类：阻性消声器、抗性消声器、宽频带型消声器和排气喷流消声器。

1. 阻性消声器是一种吸收型消声器。它是把吸声材料固定在气流通过的通道内，利用声波在多孔吸声材料中传播时，因摩擦阻力和黏滞阻力将声能转化为热能，达到消声的目的。它的作用类似于电路中的电阻，其特点是对中、高频的噪声有良好的消声性能，对低频的噪声消声性能较差，主要用于控制风机的进、排气噪声和燃气轮机进气噪声等。

2. 抗性消声器并不直接吸收声能。其中扩张室消声器的消声原理是借助管道截面的突然扩张或收缩；而共振腔消声器则是借助共振腔，利用声阻抗失配，使沿管道传播的噪声在突变处发生反射、干涉等现象从而达到消声的目的，它的作用类似于电路中的滤波器，主要适用于消除低、中频的窄带噪声，应用于空压机的进气噪声、内燃机的排气噪声等脉动性气流噪声的消除。

3. 宽频带型消声器主要包括阻抗复合式消声器和微穿孔板消声器两种，具有较好的宽频带消声特性，主要用于超净化空调系统及高温、潮湿、油雾、粉尘和其他要求特别清洁卫生的场合。

4. 排气喷流消声器也具有宽频带的消声特性，主要用于消除高压气体的排放噪声。如锅炉排气、高炉放风等。

在实际应用中，往往利用两种或两种以上的原理制成复合型的消声器。另外，还有一些特殊形式的消声器，例如喷雾消声器、引射掺冷消声器、电子消声器（又称有源消声器）等。

二、消声器的性能评价

消声器的性能主要从以下三个方面来评价：

(一) 消声性能

消声器的消声性能，即消声器的消声量和频谱特性。消声器的消声量通常用传声损失和插入损失来表示。现场测试时，也可以用排气口（或进气口）处两端声级来表示。消声器的频谱特性一般以倍频 1/3 频带的消声量来表示。

（二）空气动力性能

消声器的空气动力性能是评价消声性能好坏的另一项重要指标，是指消声器对气流阻力的大小。也就是指安装消声器后输气是否通畅，对风量有无影响，风压有无变化。消声器的空气动力性能通常用阻力系数或阻力损失来表示。阻力系数是指消声器安装前后的全压差与全压之比，它能全面地反映消声器的空气动力学性能，一个确定的消声器的阻力系数是一个定值。消声器的阻力损失是指气流通过消声器时，在消声器出口端的流体静压比进口端降低的数值。在气流通道上安装消声器，必然会影响空气动力设备的空气动力性能。如果只考虑消声器的消声性能而忽略了空气的动力性能，则在某种情况下，消声器可能会使设备的效能大大降低，甚至无法正常使用。

（三）结构性能

消声器的结构性能是指它的外形尺寸、坚固程度、维护要求、使用寿命等，它也是评价消声器性能的一项指标。好的消声器除应有良好的声学性能和空气动力性能之外，还应该具有体积小、重量轻、结构简单、造型美观、加工方便、坚固耐用、使用寿命长、维护简单、造价便宜等特点。结构性能对于具有同样的消声性能和空气动力性能的消声器的使用具有十分重要的现实意义。

总之，不论是哪一类消声器，也不管形式和结构如何，消声器应具备以下三个方面的基本要求：

1. 要求具有较高的消声量和较宽的消声频率范围，即在所需要的消声频率范围内有足够大的消声量。

2. 要求具有良好的空气动力性能，安装消声器增加的阻力损失要控制在实际允许的范围内。

3. 要求具有体积小、质量轻、结构简单、加工方便、造型美观、便于维修、造价便宜、经久耐用等特点。

根据上述三个方面的要求，在具体设计与实际应用消声器时，应特别注意如下几个方面的问题：

（1）应根据噪声源的特性来设计或选定消声器。首先应该对噪声源进行测量，根据噪声的强度和频谱特性，找出需要削减的频率范围，便可设计或选定消声器。

（2）保证气体的流通量。可以根据需要的消声量来确定消声器的通道结构和截面形状。

（3）消声器空气动力性能的好坏，除了与消声器的结构、形状以及气体流通表面的截面材料的光洁度有关系外，在很大程度上依赖于消声器内的气体流动速度。因为流速选择得不合适，比如流速很高，不仅增加消声器的阻力损失，使空气动力性能变坏，而且反过来还会影响消声器的声学性能。因为气流速度很高会产生气流再生噪声，以致于使得消声器达不到应有的消声效果，甚至根本不能使用。

阻力损失，可分为摩擦阻力损失和局部阻力损失两类，在消声器设计时，应根据有关资料予以计算。消声器内流速大小的确定主要依赖于对消声器空气动力性能的要求、使用上的要求以及消声器结构上的可能性诸方面。精确地规定普遍适用的速度是困难的。一般按设备的种类和使用的场合，可以粗略地确定为：对于空调设备上安装的消声器，流速应取 5m/s，最高不应超过 10m/s；对于空压机和鼓风机上使用的消声器，流速可选定为 15 ~ 30m/s；对于内燃机、凿岩机上的消声器，流速可选定为 30 ~ 50m/s；对于大流量的排气放空消声器，流速可选定为 50 ~ 80m/s。

(4) 应从结构性能方面考虑消声器的选材和强度要求。应根据给定的环境和条件来选择合适的材料。消声器的外形最好制成圆形，因为圆形比其他形状刚度好而且焊缝少，加工简单，不易变形，同时在使用时也不易因造成结构振动而产生噪声和侧向传声。如果因某种原因需要做成方形或其他形状，外壳的钢板的厚度应大于 3mm。

(5) 消声器安装的位置和方向对消声效果有很大影响。一般情况下，消声器应尽量靠近声源，如果噪声源到消声器距离较长，管道会大量辐射噪声，这对提高消声效率很不利。消声器排气口的方向也是很重要的。消声器的出口应尽量背向怕噪声干扰的地方，一般以直立朝天安置较为合理。

第二节　阻性消声器

阻性消声器是利用吸声材料的吸声作用，使沿通道传播的噪声不断被吸收而逐渐衰减的装置。把吸声材料固定在气流通过的管道内壁，或按一定方式在通道中排列起来，就构成了阻性消声器。当声波进入消声器中，引起阻性消声器内多孔材料中的空气和纤维振动，由于摩擦阻力和黏滞阻力，使一部分声能转化为热能而散失掉，从而起到消声的作用。

阻性消声器应用十分广泛，它对中、高频范围的噪声具有较好的消声效果。

阻性消声器一般可分为直管式、片式、折板式、蜂窝式、声流式、迷宫式和弯头式等几种。

一、阻性消声器原理

（一）阻性消声器消声量的计算

阻性消声器的消声量与消声器的结构形式、长度、通道横截面积、吸声材料性能、密度、厚度以及穿孔板的穿孔率等因素有关。消声量可用下式近似计算：

$$\Delta L = \varphi(a_0)\frac{P}{S}l \tag{6-1}$$

式中　ΔL——消声量（dB）；

$\varphi(a_0)$——与材料吸声系数 a_0 有关的消声系数（dB），见表 6-1；

P——通道截面的周长（m）；

S——通道横截面面积（m^2）；

l——消声器的有效长度（m）。

由式（6-1）看出，阻性消声器的消声量与消声系数有关，即材料的吸声性能越好，消声量越高；其次，消声量与长度、周长成正比，与横截面面积成反比。因此，设计消声器时，选择吸声材料要挑选有较高吸声系数的材料，准确计算通道各部分的尺寸。

表 6-1　$\varphi(a_0)$ 与 a_0 的关系

a_0	0.10	0.20	0.30	0.40	0.50	0.6 ~ 1.0
$\varphi(a_0)$	0.11	0.24	0.39	0.55	0.75	1.0 ~ 1.5

（二）高频失效频率

阻性消声器的实际消声量大小与噪声的频率有关。声波的频率越高，传播的方向性越强。对于一定截面积的气流通道，当入射声波的频率高到一定的程度时，由于方向性很强而形成“声束”状传播，很少接触贴附在管壁的吸声材料，消声量明显下降。产生这一现象对应声波频率称为上限失效频率 f_n，f_n 可用下列经验公式计算：

$$f_n \approx 1.85c/D \tag{6-2}$$

式中　c——声速（m/s）；

　　D——消声器通道的当量直径（m）。

其中圆形管道取直径，矩形管道取边长的平均值，其他可取面积的开方值。

当频率高于失效频率时，每增高一个倍频带，其消声量约下降1/3，可用下式估算：

$$\Delta L' = \frac{3-n}{3}\Delta L \tag{6-3}$$

式中　$\Delta L'$——高于失效频率的某倍频程的消声量；

　　ΔL——失效频率处的消声量；

　　n——高于失效频率的倍频程频带数。

二、阻性消声器的种类

（一）直管式阻性消声器

单通道直管式阻性消声器是最基本、最常用的消声器，它结构简单、气流直接通过，阻力损失小，适用流量小的管道及设备的进、排气口的消声。图6-1为直管式阻性消声器示意图，该阻性消声器的消声量由式（6-1）计算。

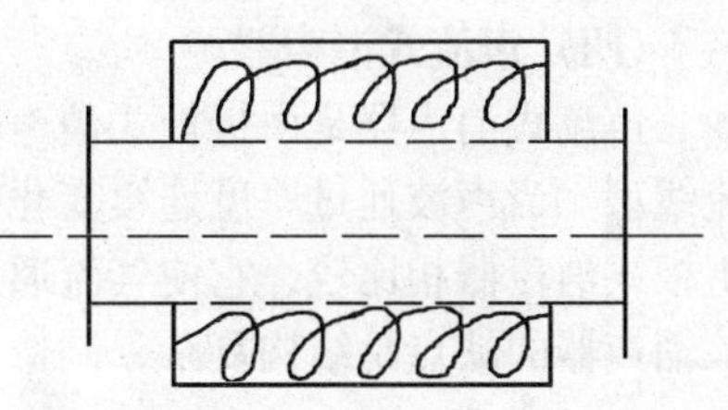

图6-1　直管式阻性消声器

（二）片式消声器

气流流量较大的管或设备的进、排气口上，需要通道截面积大的消声器。为防止高频失效，通常将直管式阻性消声器的通道分成若干个小通道，设计成片式消声器，如图6-2所示。它的消声量仍用式（6-1）计算，则有：

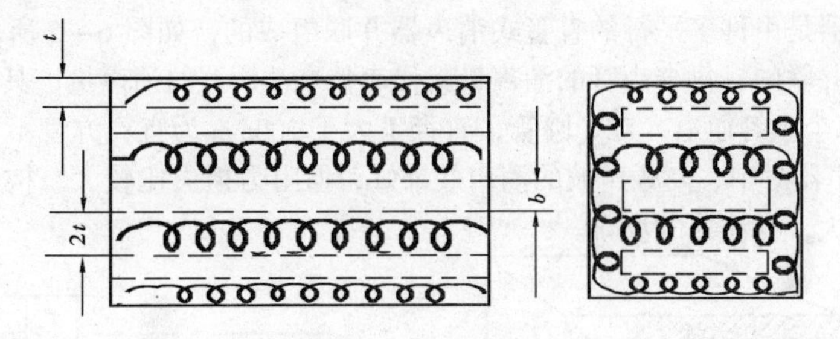

图6-2　片式消声器

$$\Delta L = L\frac{P}{S}\varphi(a_0) \approx \varphi(a_0)\frac{n \cdot 2hL}{nhb} = \varphi(a_0)\frac{2L}{b} \tag{6-4}$$

式中　h——气流通道高度（m）；

　　n——气流通道的个数；

L——消声器的有效长度（m）；

φ（a_0）——消声系数（dB）；

b——气流通道的宽度（m）。

一般设计片式消声器，每个小通道的尺寸应该相同，使得每个通道的消声频率特性一样。这样，其中一个通道的消声频率特性（即消声量）就是整个消声器的消声频率特性。

片式消声器的消声量与每个通道宽度 b 有关，通道宽度 b 越窄，消声量 ΔL 越大。当气流通道宽度一定时，通道的个数和其高度将影响消声器的空气动力性能。当气流流量增大时，可适当增加通道的个数。中间消声片的厚度是边缘消声片厚度的 2 倍。一般片式消声器，通道宽度为 100～200mm，片的厚度取 60～150mm。

（三）折板式消声器

折板式消声器由片式消声器演变而来，如图 6－3 所示。为了改善对中、高频噪声的消声性能，将直板做成折弯状，这样可以增加声波在消声器通道内的反射次数，即增加声波与吸声材料的接触机会，因此能提高吸声效果。折板式消声器的弯折一般做成以不透光为原则。它的改善程度取决于折板角 θ 的大小，θ 以不大于 20°为宜，如果折板角 θ 过大，则流体阻力增大，破坏消声器的空气动力性能。

（四）声流式消声器

声流式消声器是由折板式消声器改进的，如图 6－4 所示。它是把吸声片制成正弦波或流线型。当声波通过厚度连续变化的吸声片（层）时，改善对低、中频噪声的消声性能。与折板式消声器相比较，它使气流通过流畅、阻力较小，消声量比相同尺寸的片式要高一些。该消声器的缺点是结构复杂，制造工艺难度大，造价较高。

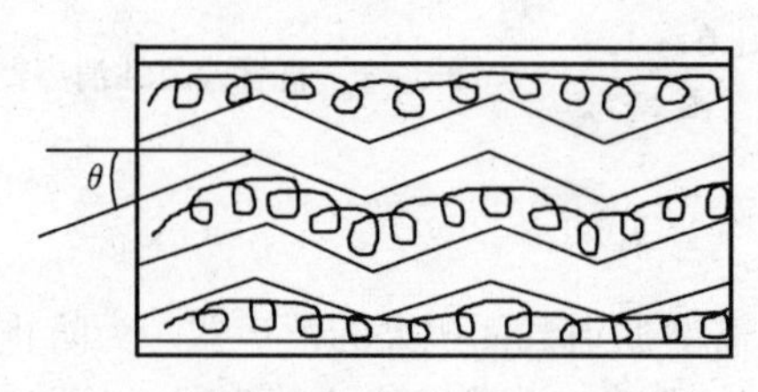

图 6－3　折板式消声器

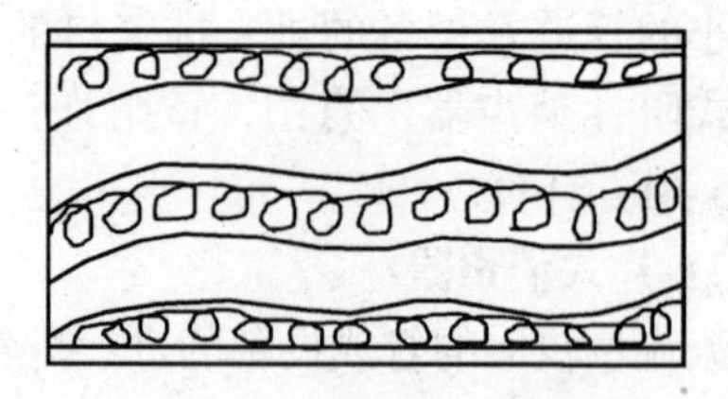

图 6－4　声流式消声器

（五）蜂窝式消声器

蜂窝式消声器是由许多平行的直管式消声器并联组成的，如图 6－5 所示。因为每个小管消声器是互相并联的，每个小管的消声量就代表整个消声器的消声量，其消声量仍可用式（6－1）计算。每个小管通道，对于圆管，直径不大于 200mm 为宜；方管不要超过 200mm × 200mm。这种消声器对中、高频声波的消声效果好，但阻力损失比较大，构造相对复杂。一般适用于风量较大，低流速的场合。

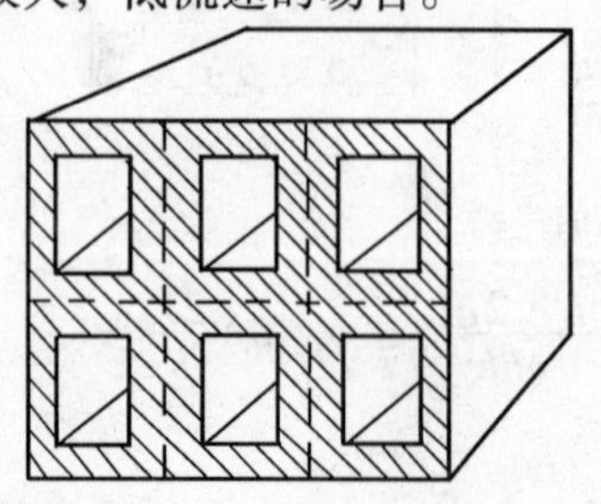

图 6－5　蜂窝式消声器

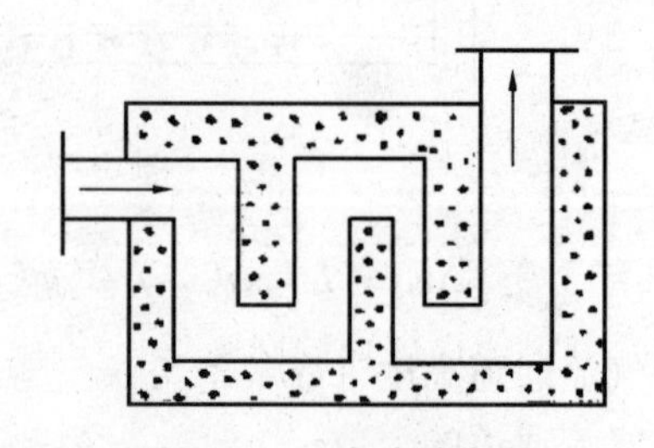

图 6－6　迷宫式消声器

（六）迷宫式消声器

迷宫式消声器也称室式消声器或箱式消声器，如图 6－6 所示。这种消声器由吸声砖砌成，在空调通风的管道中常见。其消声量可由下式估算：

$$\Delta L = 10\lg\frac{aS}{S_e(1-a)} \quad (\mathrm{dB}) \tag{6-5}$$

式中　a——内衬吸声材料的吸声系数；

S——内衬吸声材料的表面积（m^2）；

S_e——消声器进（出）门的截面积（m^2）。

这种消声器使声波被多次来回反射，消声量较大，但是它体积大，占空间大，阻力损失大，且气流速度不宜过大（应控制在 5m/s 以内），故只适于在流速很低的风道上使用。

（七）弯头消声器

生活中的输气管道常有弯头。如果在弯头上挂贴吸声衬里，即构成弯头消声器，会收到显著的消声效果。图 6－7 可定性说明弯头消声原理。图 6－7a 为没有挂贴吸声衬里的弯头，管壁基本是近似刚性的，声波在管道中虽有多次反射，但最后仍可通过弯头传播出去。因此，无衬里弯头的消声作用是有限的。图 6－7b 为有吸声衬里的弯头。在弯头前的平面 B 处，主要存在着轴向波，对于斜向波在由平面 A 至平面 B 的途中都会被衬里吸收掉。轴向波到达垂直管道时，由于弯头壁面的吸收和反射作用，使得轴向波的一部分被吸收，一部分被反射回声源，一部分转换为垂直方向继续向前传播。

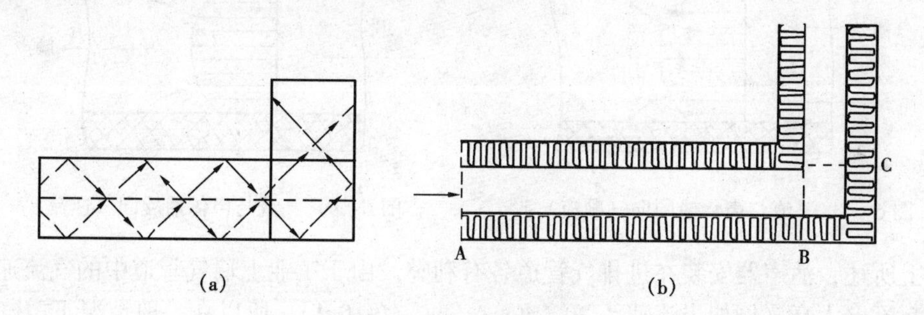

图 6－7　弯头消声器

（a）无吸声衬里弯头；（b）有吸声衬里弯头

如果有两个以上的直角弯头串联，若各个弯头之间的间隔比管道截面尺寸大得多时，可以认为几个弯头的总消声量等于一个弯头的消声量乘以弯头的个数。

弯头消声器，在低频段的消声效果较差，在高频段消声效果好。

三、气流对阻性消声器的影响

气流对阻性消声器的影响主要表现在两个方面：

1. 气流的存在会引起声传播规律的变化；

2. 气流在消声器内产生一种附加噪声即再生噪声。

这两方面的影响是同时产生的，但本质不同。下面对这两方面的影响分别进行说明。

（一）气流对声传播规律的影响

声波在阻性管道内传播，如伴随气流与声波方向一致时，则使声波衰减系数变小，反之；声波衰减系数变大。影响衰减系数的最主要原因是马赫数 $M=v/c$，即气流速度 v 与声速 c 的比值。理论分析得出，有气流的消声系数的近似公式为：

$$\varphi'(a_0)=\varphi(a_0)\frac{1}{(1\pm M)^2} \tag{6-6}$$

式中　$\varphi'(a_0)$——有气流时的消声系数；

M——马赫数，即消声器内流速与声速之比，顺流传播时为正，逆流传播时为负。

可以看出，气流的影响不但与气流速度的大小有关，而且与气流的方向有关。当流速高时，M 值大，对消声性能的影响也就大。当气流方向与声传播方向一致（顺流）时（如安装在风机排气管道上的消声器），M 取正值，$\varphi'(a_0)$ 将变小；当气流方向与声传播方向相反（逆流）时（如风机进气管上的消声器），M 取负值，$\varphi'(a_0)$ 变大。可见顺流与逆流相比，逆流对于消声更有利。但是，从气流速度引起声传播中的折射现象来看，情况又恰好相反。由于气流速度在管道中是不均匀的，在层流流动时同一截面上管道中央流速最高；离开中心位置越远流速越低；在靠近管壁处流速近似为零。顺流时，如图 6-8 所示，导致在管道中央声速高，靠管壁声速低，根据声折射原理，声波要弯向管壁。对于阻性消声器，管壁衬贴有吸声材料，所以能更有效地吸收声能量。逆流时，如图 6-9 所示，声波要向管道中心弯曲，这对阻性消声器的消声是不利的。

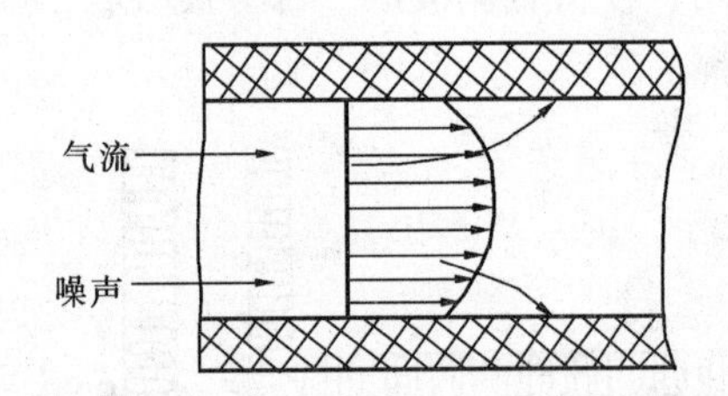

图 6-8　气流与声传播同向（顺流）

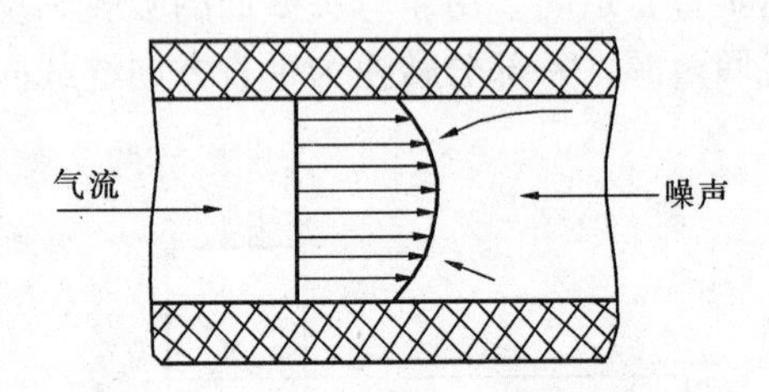

图 6-9　气流与声传播反向（逆流）

综上所述，消声器安装在进排气管道各有利弊。由于工业上输气管道中的气流速度与声速相比都不会太高（例如当流速为 30～40m/s 时，$M\approx0.1$），所以在一般情况下，气流对声传播与衰减规律的影响可以忽略。

（二）气流产生再生噪声的影响

气流在管道中传播时会产生“再生噪声”，原因有两个：一方面是消声器结构在气流冲击下产生振动而辐射噪声，其克服的方法主要是增加消声器的结构强度，特别要避免管道结构或消声元件有较低频率的振动模式，以防止产生低频共振；另一方面，当气流速度较大时，管壁的粗糙、消声器结构的边缘、截面积的变化等，都会引起“湍流噪声”。因为湍流噪声与流速的 6 次方成正比，并且以中高频率为主，所以小流速时，再生噪声以低频为主，流速逐渐增大时，中、高频噪声增加得很快。如果以 A 声级评价，A 计权后更以中、高频为主，所以气流再生噪声的 A 声级大致可用下式表示：

$$L_A=A+60\lg v \tag{6-7}$$

式中　$60\lg v$——反应了气流再生噪声与速度的 6 次方成正比的关系；

A——常数，与管衬结构，特别是表面结构有关。

控制气流噪声的主要措施：一是按声源特性和消声器的消声量确定合适的气流速度；二

是选择合适的消声器结构，改善气流状态，减少湍流发生。

四、阻性消声器的设计

阻性消声器的设计步骤一般可按如下程序和要求进行：

（一）确定消声量

应根据有关的环境保护和劳动保护标准，适当考虑设备的具体条件，合理确定实际所需的消声量。对于各频带所需的消声量，可参照相应的曲线来确定。

（二）选定消声器的结构形式

首先，要根据气流流量和消声器所控制的流速（平均流速），计算所需要的通流截面，并根据截面的尺寸大小来选定消声器的形式。如果在消声器中的流速保持与原输气管道中的流速一样，也可以简单地按输气管道截面尺寸确定。一般认为，当气流通道截面的当量直径小于300mm时，可选用单通道直管式；当直径在300～500mm时，可在通道中加设一片吸声片或吸声芯；当通道直径大于500mm时，则应考虑把消声器设计成片式、蜂窝式或其他形式。

（三）正确选用吸声材料

这是决定阻性消声器消声性能的重要因素。可用做消声器吸声材料的种类很多，如超细玻璃棉、泡沫塑料、多孔吸声砖、工业毛毡等。在选用吸声材料时除应该首先考虑材料的声学性能外，同时还要考虑消声器的实际使用条件，在高温、潮湿、有腐蚀性气体等特殊环境中，应考虑吸声材料的耐热、防潮、抗腐蚀性能。

吸声材料的种类确定以后，材料的厚度和密度也应注意选定。一般吸声材料厚度是由所要求消声的频率范围决定的。如果只为了消除高频噪声，吸声材料可薄些，如果为了加强对低频声的消声效果，则应选择厚一些的，但超过某一限度，对消声效果的改善就不明显了。每种材料填充密度也要适宜。

（四）确定消声器的长度

在消声器形式、通流截面和吸声层等都确定的情况下，增加消声器长度能提高消声值。消声器的长度应根据噪声源的强度和降噪现场要求来决定。增加长度可以提高消声量，但还应注意现场有限的空间所允许的安装尺寸，消声器的长度一般为1～3m。

（五）选择吸声材料的护面结构

阻性消声器中的吸声材料是在气流中工作的，必须用护面结构固定起来。常用的护面结构有玻璃布、穿孔板或钢丝网等。如果选取护面不合理，吸声材料会被气流吹跑或使护面结构激起振动，导致消声性能下降。护面结构形式主要由消声器通道内的流速来决定。

（六）验算消声效果

根据“高频失效”和气流再生噪声的影响验算消声效果。

第三节　抗性消声器

抗性消声器主要是利用声抗的大小来消声，它不使用吸声材料，而是利用管道截面的突变或旁接共振腔使管道系统的阻抗失配，产生声波的反射、干涉现象，从而降低由消声器向外辐射的声能，达到消声的目的。抗性消声器的选择性较强，适用于窄带噪声和低、中频噪声的控制。常见的抗性消声器有扩张室式、共振式和干涉式。此外，还有弯头、屏障、穿孔片等组合而成的消声器等，如图 6－10 所示。下面，我们首先介绍最常用的扩张室消声器。

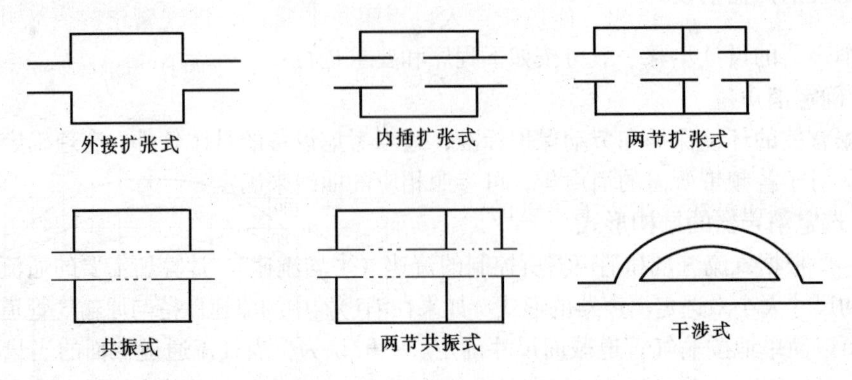

图 6－10　常见抗性消声器

一、扩张室式消声器

扩张室消声器也称为膨胀室消声器，它是由管和室组成的。

（一）扩张室式消声器的消声原理

利用声传播中的不连续结构产生声阻抗的改变，引起声反射而达到消声的目的。典型的扩张室式消声器的结构如图 6－11 所示。

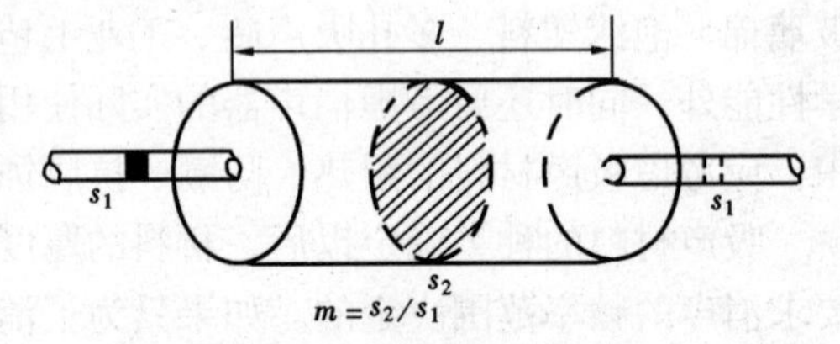

图 6－11　扩张室式消声器

假设进气管中的入射波为 p_i，反射波为 p_r，扩张室内向右传播的声波为 p_1，向左传播的声波为 p_2，在出口传出的声波为 p_t。在入口处声压和体积速度（忽略共同因数 $\rho_0 c$）连续的关系为

$$
\begin{aligned}
p_i + p_r &= p_1 + p_2 \\
p_i - p_r &= m(p_1 - p_2)
\end{aligned}
\tag{6-8}
$$

在出口处两者则为

$$
\begin{aligned}
p_1 e^{-jkl} + p_2 e^{-jkl} &= p \\
m(p_1 e^{-jkl} - p_2 e^{jkl}) &= p_t
\end{aligned}
\tag{6-9}
$$

在以上各式中消去 p_1、p_2、p_r，可得扩张室式消声器的消声量

$$
R = 20\lg\left(\frac{p_i}{p_t}\right) = 10\lg\left[1 + \frac{1}{4}\left(m - \frac{1}{m}\right)^2 \sin^2 kl\right] \tag{6-10}
$$

式中　　m——扩张比，$m = s_2/s_1$；

s_2——扩张室的横截面面积（m^2）；

s_1—气流通道的横截面面积（m^2）；

$k = 2\pi/\lambda$；λ——管中声波的波长；

l——扩张室的长度。

由式（6-10）可以看出，在扩张室长 l 为1/4波长的奇数倍时，消声量为极大，而 l 为半波长的倍数时，消声量 R 为零。这一点是容易理解的，因为 $l=\lambda/4$ 或其奇数倍时，扩张室中的反射波 p_2 与 p_1 反相，使扩张室入口声阻抗非常小，进气管中的声波几乎全被反射。当 $l=\frac{\lambda}{2}$ 或为 $\frac{\lambda}{2}$ 的倍数时，p_2 与 p_1 同相，使扩张室入口声阻抗与进气管匹配，声能全能通过，故消声量为零。

扩张室式消声器的消声曲线如图6-12所示。为了消除通过频率附近消声量的低谷，可在扩张室两端各插入 $\frac{l}{2}$ 及 $\frac{l}{4}$ 的管，以分别消除 n 为奇数及偶数通过频率低谷，以使消声器的频率特性曲线平直，但实际设计的消声器两段插入管连在一起，其间的 $\frac{l}{4}$ 长度上有穿孔率大于20%的孔，以减少气流通过的阻力。

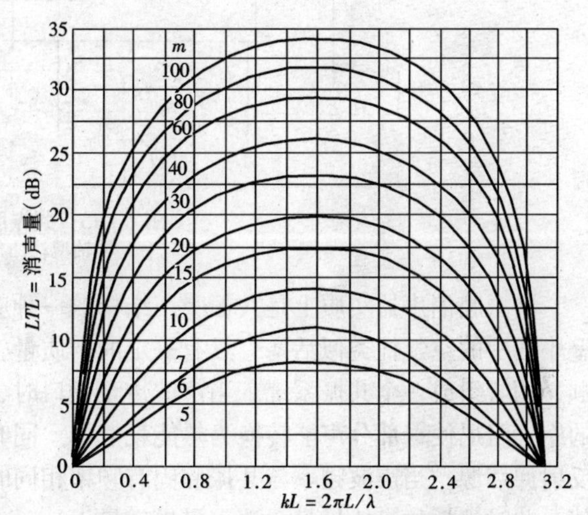

图6-12　扩张室式消声器的消声特性

（二）改善扩张室式消声器性能的方法

扩张室式消声器的消声特性是周期性变化的，即某些频率的声波能够无衰减地通过消声器。由于噪声的频率范围一般较宽，如果消声器只能消除某些频率成分而让另一些频率成分顺利通过，这显然是不利的。为了克服扩张室消声器这一缺点，必须对扩张室消声性能进行改善处理，主要方法如下：

1. 在扩张室式消声器内插入内接管，以改善它的消声性能。

2. 采用多节不同长度的扩张室串联的方法，可解决扩张室对某些频率不消声的问题。

在实际工程上，为了获得较高的消声效果，通常将这两个方法结合起来运用。即将几节扩张室式消声器串联起来，每节扩张室的长度各不相等，同时在每节扩张室内分别插入适当的内接管。这样，便可在较宽的频率范围内获得较高的消声效果。

（三）扩张室式消声器的设计

扩张室式消声器具有结构简单、消声量大等优点，缺点是局部阻力损失较大。它主要用于消除中、低频噪声，控制内燃机、柴油机、空压机等进、出口噪声。

设计扩张室式消声器要注意下列几点：

1. 首先根据所需要的消声频率持性，确定最大的消声频率，合理确定各节扩张室的长度及插入管长度。

2. 根据所需的消声量，尽可能选取较小的扩张比 m，设计扩张室各部分尺寸。

3. 检验所设计的扩张室消声器，上、下截止频率内是否存在所需要的消声频率区域，如果不在上、下截止频率范围内，需进行修改。

二、共振腔消声器

共振腔消声器是由管道壁开孔与外侧密闭空腔相通而构成。

（一）共振腔消声器的消声原理

共振腔消声器从本质上看，也是一种抗性消声器。它是在气流通道的管壁上开有若干个小孔，与管外一个密闭的空腔组成，有旁支型和同轴型，如图 6-13 所示。

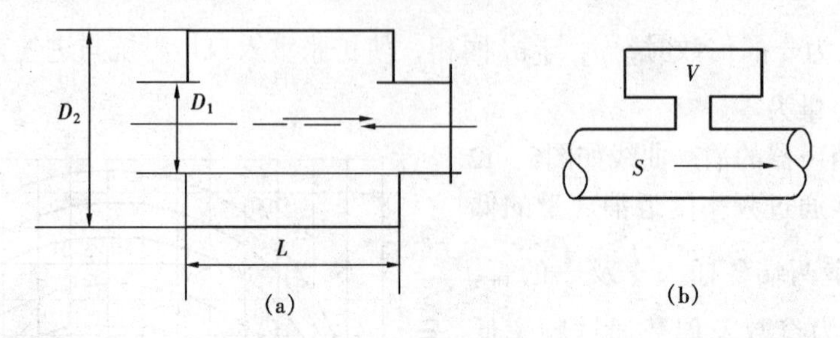

图 6-13　共振腔消声器
(a) 同轴型；(b) 旁支型

共振腔消声器实质上是共振吸声结构的一种应用，其基本原理基于亥姆霍兹共振器。管壁小孔中的空气柱类似活塞，具有一定的声质量，密闭空腔类似于空气弹簧，具有一定的声顺，两者组成一个共振系统。当声波传至颈口时，在声压作用下空气柱便产生振动，振动时的摩擦阻尼使一部分声能转换为热能耗散掉。同时，由于声阻抗的突然变化，一部分声能将反射回声源。当声波频率与共振腔固有频率相同时，便产生共振，空气柱振动速度达到最大值，此时消耗的声能最多，消声量也就最大。

当声波波长大于共振腔消声器的最大尺寸的 3 倍时，其共振吸收频率为

$$f_r = \frac{c}{2\pi}\sqrt{\frac{G}{V}} \tag{6-11}$$

式中　c——声速（m/s）；

V——空腔体积（m^3）；

G——传导率，有长度的量纲。其值为

$$G = \frac{S_0}{t+0.8d} = \frac{\pi d^2}{4(t+0.8d)} \tag{6-12}$$

式中　S_0——孔颈截面积（m^2）；

d——小孔直径（m）；

t——穿孔板厚度（m）。

工程上应用的共振腔消声器由多个孔组成。此时要注意各孔间要有足够的距离，当孔心距为小孔径的 5 倍以上时，各孔间的声辐射可互不干涉，此时总的传导率等于各个孔的传导率之和，即 $G_{总} = nG$（n 为孔数）。

如果忽略共振腔声阻的影响，单腔共振消声器对频率为 f 的声波的消声量为

$$L_R = 10\lg\left[1 + \frac{k^2}{(f/f_r - f_r/f)^2}\right]$$

$$k = \frac{\sqrt{GV}}{2S} \tag{6-13}$$

式中　S——气流通道的截面积（m^2）；

V——空腔体积（m^3）；

G——传导率。

由式（6－13）看出，这种消声器具有明确的选择性。即当外来声波频率与共振器的固有频率相一致时，共振器就产生共振。共振器组成的声振系统的作用最显著，使沿通道继续传播的声波衰减最厉害。因此，共振腔消声器在共振频率及其附近有最大的消声量。当偏离共振频率时，消声量将迅速下降。这就是说，共振腔消声器只在一个狭窄的频率范围内才有较佳的消声性能。图6－14给出的是在不同情况下共振腔消声器的消声特性曲线。从曲线看出，共振腔消声器的选择性很强。当 $f=f_r$ 时，系统发生共振，总的消声量将变得很大，在偏离时，迅速下降。k 值越小，曲线越曲折。因此 k 值是共振腔消声器设计中的重要参量。

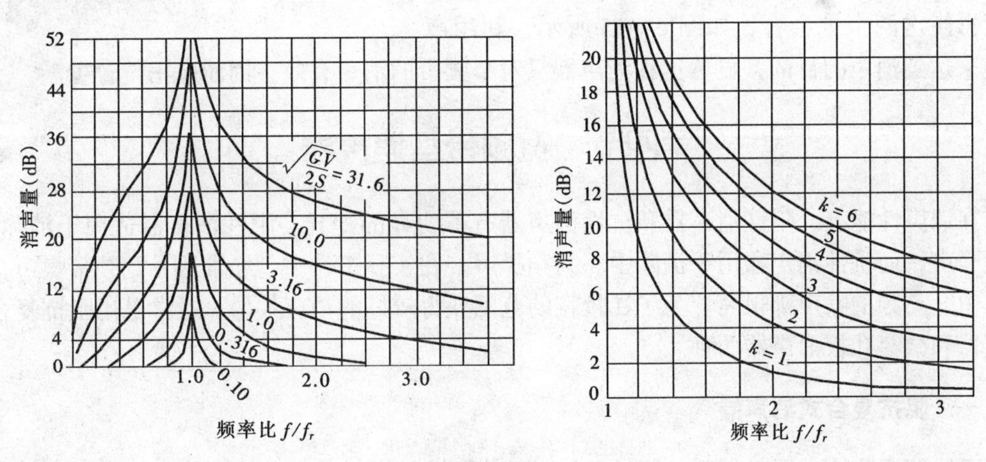

图6－14　共振腔消声器的消声特性

（二）改善共振腔消声器性能的方法

共振腔消声器的优点是特别适宜于低、中频成分突出的噪声，且消声量比较大。缺点是消声频带范围窄，对此可采用以下方法改进：

1. 选定较大的 k 值

由图6－14可以看出，在偏离共振频率时，消声量的大小与 k 值有关，k 值大，消声量也大。因此，欲使消声器在较宽的频率范围内获得明显的消声效果，必须使 k 值设计得足够大。

2. 增加声阻

在共振腔中填充一些吸声材料，或在孔颈处衬贴薄而透声的材料，都可以增加声阻，使有效消声的频率范围展宽。这样处理尽管会使共振频率处的消声量有所下降，但由于偏离共振频率后的消声量变得下降缓慢，从整体看还是有利的。

3. 多节共振腔串联

把具有不同共振频率的几节共振腔消声器串联，互相错开，可以有效地展宽消声频率范围。

（三）共振腔消声器的设计

在设计时应注意以下几点：

1. 共振腔的最大几何尺寸应小于共振频率相应波长的1/3，以保证共振腔可以视为集中参数元件。在共振频率较高时，此条件不易满足。共振腔应视为分布参数元件，消声器内会出现选择性很高且消声量较大的“尖峰”。以上计算公式不适用于共振腔消声器。

2. 穿孔位置应集中在共振腔中部，穿孔范围应小于共振频率相应波长的1/12。穿孔过密则使各孔之间相互干扰，使传导率计算值不准。一般情况下，孔心距应大于孔径的 5 倍。当两个要求相互矛盾时，可将空腔分割成几个小的空腔来布置穿孔位置，总的消声量可近似视为各腔消声量的总和。

3. 共振腔消声器也存在高频失效问题。

三、干涉式消声器

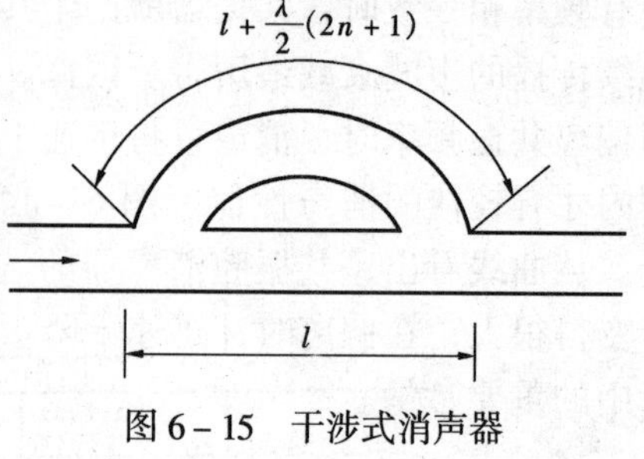

图 6－15　干涉式消声器

干涉式消声器是利用在传播的管路上开一个旁路管再使这两个管会合，如图 6－15 所示，利用声程差来达到消声的目的，显然这种消声器只对窄频带的消声有效，因而应用得较少。

第四节　宽频带型消声器

在消声性能上，阻性消声器和抗性消声器有着明显的差异。阻性消声器适用于消除中、低频噪声，而抗性消声器用于消除中、高频噪声。在实际工作中，经常遇见宽频带噪声，即低、中、高频的噪声都很高。为了在较宽的范围获得较好的消声效果，通常采用阻抗复合式消声器和微穿孔板消声器两种。

一、阻抗复合式消声器

阻抗复合式消声器是把阻性与抗性两种消声原理通过适当结构复合起来而构成。常用的阻抗复合式消声器有阻性-扩张室复合式消声器、阻性-共振腔复合式消声器以及阻-扩-共复合式消声器等。根据阻性与抗性两种不同的消声原理，结合噪声源的具体特点和现场的实际情况，通过不同的组合方式，就可以设计出不同结构形式的复合消声器来。在噪声控制工程中，对一些高强度的宽频带噪声，几乎都采用这种复合式消声器来消除。图 6－16 是常用的一些阻抗复合式消声器的示意图。

阻抗复合式消声器，可以认为是阻性与抗性在同一频带的消声值相叠加，但由于声波在传播过程中具有反射、绕射、折射、干涉等特性，所以，其消声值并不是简单的叠加关系。对于波长较长的声波来说，当消声器以阻与抗的形式复合在一起时有声的耦合作用，因此，互相有影响。下面以图 6－17 所示的阻抗复合式消声器为例，对这种复合式消声器的消声特性进行简单介绍。设 S_1 与 S_2 分别为粗管与细管的截面积，而它的消声量 ΔL（传声损失）为

$$\Delta L = 10\lg\left\{\begin{array}{l}\left[\cosh\dfrac{\sigma le}{8.7}+\dfrac{1}{2}\left(m+\dfrac{1}{m}\right)\cdot\sinh\dfrac{\sigma le}{8.7}\right]^2+\cos^2 kle \\ +\left[\sinh\dfrac{\sigma le}{8.7}+\dfrac{1}{2}\left(m+\dfrac{1}{m}\right)\cosh\dfrac{\sigma le}{8.7}\right]^2+\sin^2 kle\end{array}\right\} \qquad (6-14)$$

式中　σ——粗管中吸声材料单位长度引起的声衰减（dB/m），这里忽略了端点的反射；

m——扩张比，$m=S_2/S_1$，这里忽略了吸声材料所占的面积，而且吸声材料的厚度远小于通过它的声波之波长；

k——波数，$k=\dfrac{\omega}{c}=\dfrac{2\pi f}{c}$

f——频率；

c——声速；

le——粗管长度（m）；

cosh$x$、sinh$x$——代表 x 的双曲余弦与双曲正弦函数（$x=\frac{\sigma}{8.7}le$）。

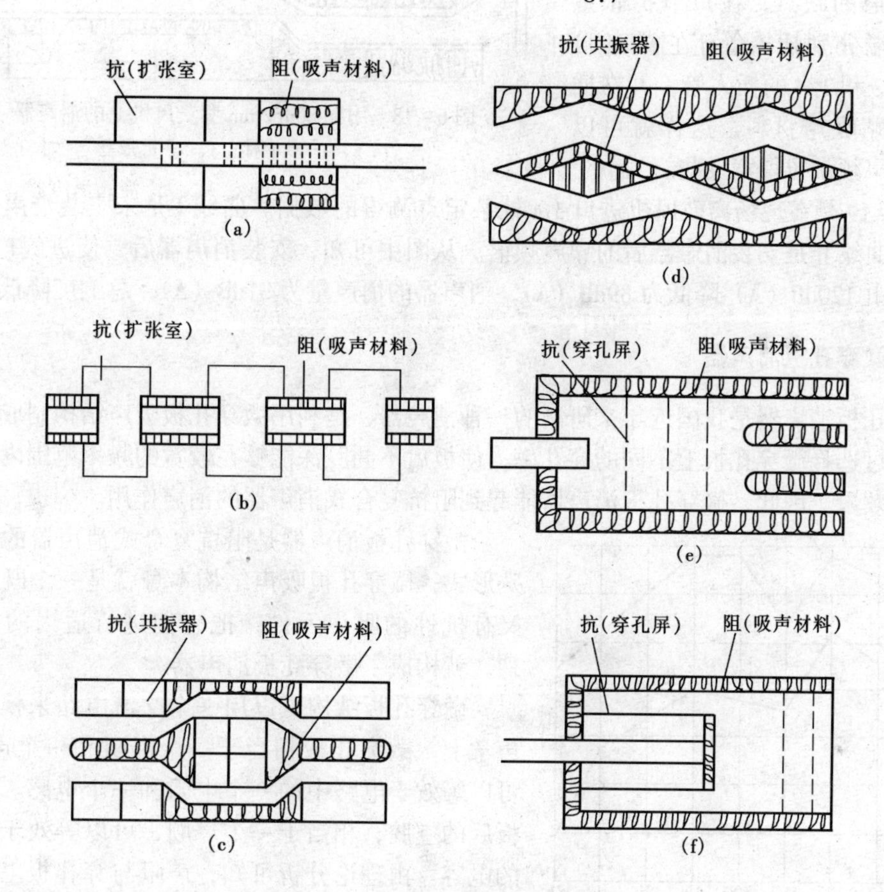

图 6－16 阻抗复合式消声器

(a)、(b) 扩张室－阻性复合消声器；(c)、(d) 共振腔－阻性复合消声器；(e)、(f) 穿孔屏－阻性复合消声器

在实际应用中，阻抗复合消声器的传递损失是通过实验或现场实测的。

下面介绍的是一个阻抗复合式消声器，如图 6－18 所示。该消声器是由两段串连而成的。第一段阻性部分，主要用于消除中、高频噪声。在这段消声器通道周围，衬贴吸声材料。由于通道截面尺寸较大，故波长较短的高频噪声将窄束状通过消声器，不与或很少与吸声材料发生接触，因而使消声性能下降。为此，我们在消声器通道中间，设置了一片阻性吸声层，并将这个吸声层的两端制成反尖劈状，这样既可以减少阻力损失，又可以增加高频吸收。第二段抗性部分，由两节不同长度的扩张室构成。主要用于消除 500Hz

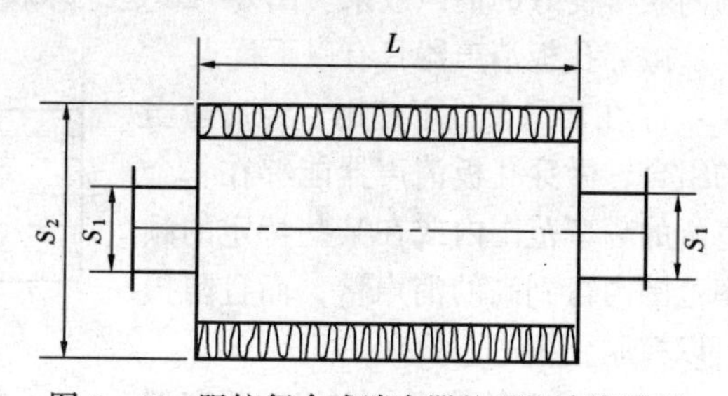

图 6－17 阻抗复合式消声器的理论计算模型

以下的低频噪声，特别是用以消除罗茨风机特有的125Hz和500Hz两个峰值噪声。同时针对扩张室对某些频率不消声的缺点，在每节扩张室内，从两端分别插入等于它的各自长度的1/2和1/4的插入管，并在插入管上衬贴吸声材料，这样就可以使它的消声频带拉得宽一些。

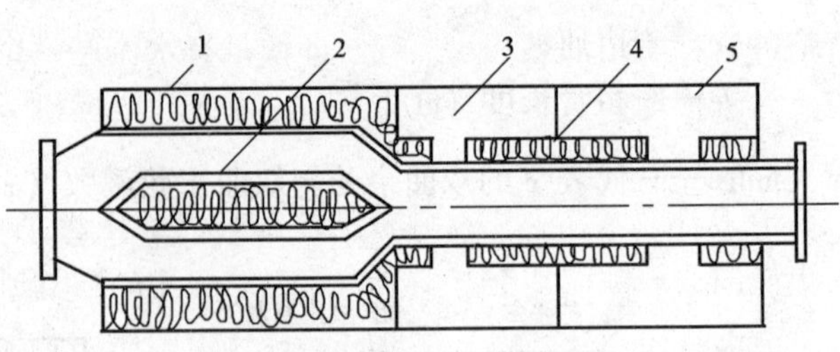

图6-18　用在80m³/min罗茨风机上的消声器

1、2、4—玻璃棉；3、5—扩张室

图6-19是在现场离鼓风机进口1m处某定点测得的数据。曲线Ⅰ是未安装消声器的噪声频谱；曲线Ⅱ是安装消声器后的噪声频谱。从图中可知，安装消声器后，使进气口1m处的噪声级由120dB（A）降低为89dB（A），消声器的消声量为31dB（A），总响度降低86%。

二、微穿孔板消声器

微穿孔板消声器是我国近年来研制的一种消声器，是利用微穿孔板吸声结构制成的消声器。声通过选择微穿孔板上不同的穿孔率，使板后不同腔深能够在较宽的频率范围内获得较好的消声效果。因此，微穿孔板消声器能起到阻抗复合式消声器的消声作用。

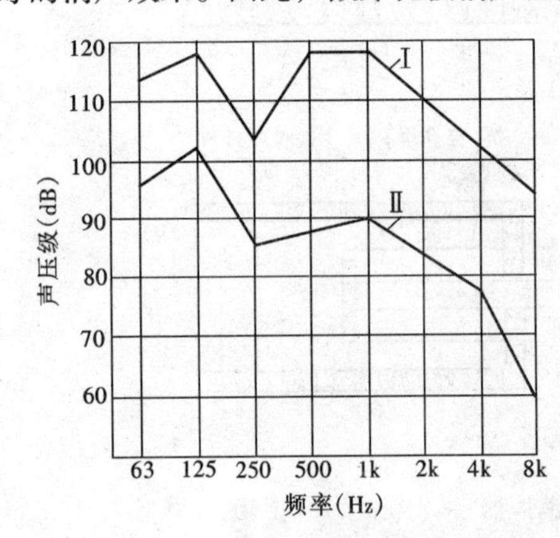

图6-19　80m³/min罗茨风机消声器效果

Ⅰ—未装消声器；Ⅱ—安装消声器

微穿孔板消声器是阻抗复合式消声器的一种特殊形式，微穿孔板吸声结构本身就是一个既有阻性又有抗性的吸声元件，把它们进行适当的组合排列，就构成了微穿孔板消声器。

微穿孔板结构可以用一个交流电路来模拟。在声学上，微穿孔板相当于一个声阻和一个声质量，可以等效于电路中的一个电阻和一个电感。微穿孔板后的空腔，相当于一个声顺，可以等效于电路中的电容。由理论分析可知，声阻与穿孔板上的孔径成反比，由于微穿孔板上的孔径很小，所以它的声阻很大。当声波射入时，可以有效地消耗一部分声能。与由电阻、电感和电容组成的交流电路相似，由声阻、声质量和声顺组成的系统，也有固有频率。微穿孔板吸声结构的固有频率正是由声阻、声质量和声顺决定的。选择微孔板上的不同穿孔板率和板后不同的腔深，就可以控制消声器的频谱性能，使其在较宽的或需要的频率范围内获得良好的消声效果。图6-20是一种双微孔板消声器。

微穿孔板消声器具有以下优点：

1. 在普通条件下使用，经过适当的组合，微穿孔板消声器能够在一个宽阔的频率范围内或在某些特定的频率范围内得到高的消声量，而且阻损可以控制到很小。

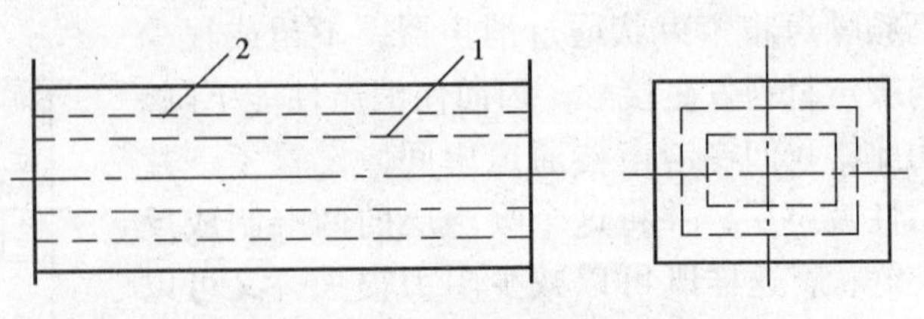

图6-20　双微孔板消声器

1—第一层微穿孔板；2—第二层微穿孔板

2. 在特殊条件下，它能够耐高温

和气流冲击，不怕油雾和水蒸气。即便是有水流过，也有好的消声性能。受到短期的火焰喷射也不致于损坏，这对于蒸汽排气放空系统、内燃机、燃气轮机以及发动机试验站的排气系统的消声是很有意义的。

3. 在高速气流下，微穿孔板消声器具有比阻性消声器、扩张室式消声器、阻抗复合消声器更好的消声性能和空气动力性能。这对于高速送风系统，消声器内流速高的空气动力设备是有益的。由于在高速气流下，微穿孔板消声器还有一定的消声性能，这对大型空气动力设备的消声器可以较大幅度地减小尺寸，降低造价。

4. 对于要求洁净的场所，由于微穿孔板消声器中没有玻璃棉之类的纤维材料，使用后可以不必担心粉屑吹入房间，同时，施工、维修都方便得多。

5. 以微穿孔板吸声结构作为元件组成的复合消声器，也有好的消声效果。

第五节　排气喷流消声器

排气喷流噪声在工业生产中普遍存在，如工厂中各种空气动力设备的排气、高压锅炉排气放风以及喷气发动机试车、火箭发射等都辐射出强烈的排气喷流噪声。这种噪声的特点是声级高，频带宽，传播远，严重危害人的身心健康，并污染环境。

排气喷流消声器是从声源上降低噪声的，在这一点上与阻性消声器不同。它是利用扩散降速、变频或改变喷注气流参数等达到消声效果的。

现按照消声的原理简要介绍不同种类的排气喷流消声器。

一、小孔喷注消声器

小孔喷注消声器的消声原理是从发声机理上使它的干扰噪声减小。小孔喷注消声器用于消除小口径高速喷流噪声，喷注噪声的峰值频率与喷口直径成反比。如果喷口直径变小，喷口辐射的噪声能量将从低频移向高频，结果低频噪声被降低，高频噪声反而增高。如果孔径小到一定值，喷注噪声将移到人耳不敏感的频率范围去，根据这个原理，将一个大的喷口改用许多小喷口来代替，从发生机理上使它的干扰噪声减少，如图6－21所示。

从实用的角度考虑，孔径不宜选得过小，因为过小的孔径不仅难于加工，同时易于堵塞，影响排气量。一般选择直径1～3mm的孔径较合适。如果小孔直径大于5mm，这种构造就逐渐成为大孔消声扩散器。小孔喷注消声器由于各孔排出喷注的互相干扰而降低噪声（一般在高频降低10dB左右）。

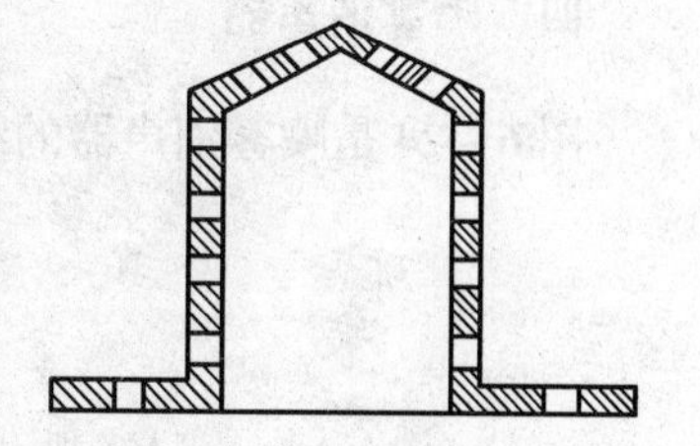
图6－21　小孔喷注消声器

设计小孔消声器时，应注意各小孔之间的距离。如果小孔之间距离较近，气流经过小孔后形成多个小喷注，再汇合形成较大的喷注，使消声效果降低。为此，小孔喷注消声器必须有足够的孔心距。

二、节流降压消声器

节流降压消声器（图6－22）是利用节流降压原理制成的。根据排气量的大小，设计通流面积，使高压气体通过节流孔板时，压力得到降低。如果多级节流孔板串联，就可以把原来高压气体直接排空的一次性压力降，分散成若干小的压降。由于排气噪声功率与压力降的高次方成正比，所以这种把压力突变排空改为压力渐变排空，便可以取得较好的治声效果，这种消声器通常有 15～30dB（A）的消声量。

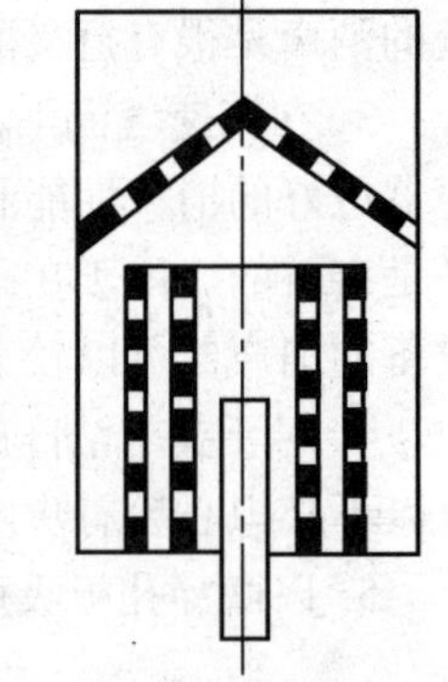

图 6－22　节流降压消声器

三、多孔扩散消声器

多孔扩散消声器是根据气流通过多孔装置扩散后，速度及驻点压力都会降低的原理设计制作的一种消声器。它利用粉末冶金，烧结塑料、多层金属网、多孔陶瓷等材料替代小孔喷注，其消声原理与小孔喷注消声器的消声原理基本相同。小孔喷注消声器的孔心距与孔径之比较大，从理论上说，它把每个喷射束流看成是独立的，可以忽略混合后的噪声。而多孔扩散消声器孔心距与孔径之比较小，使排放的气流被滤成无数小气流，不能忽略混合后产生的噪声，这是上述两种消声器的不同点。另外，多孔扩散消声器因由多孔材料制成，还有阻性材料起吸声作用，本身吸收一部分声能。图6－23给出几种多孔扩散消声器的示意图。

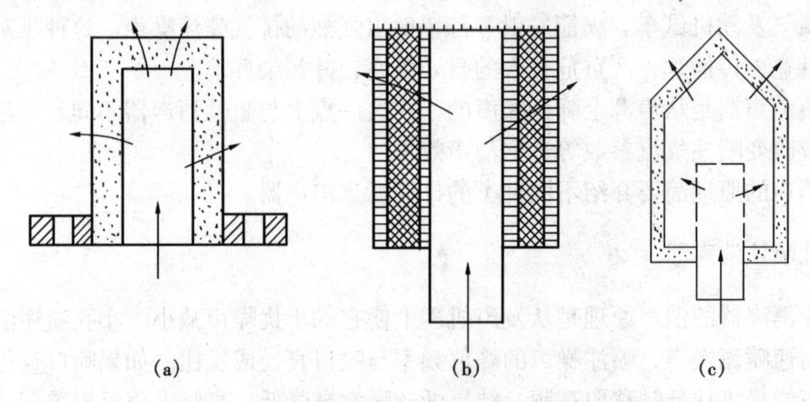

图 6－23　多孔扩散消声器

(a) 粉末冶金型；(b) 小孔丝网组合型；(c) 陶瓷型

四、喷雾消声器

图 6－24 是喷雾消声器的结构示意图。对于锅炉等排放的高温气体噪声，利用向蒸汽喷

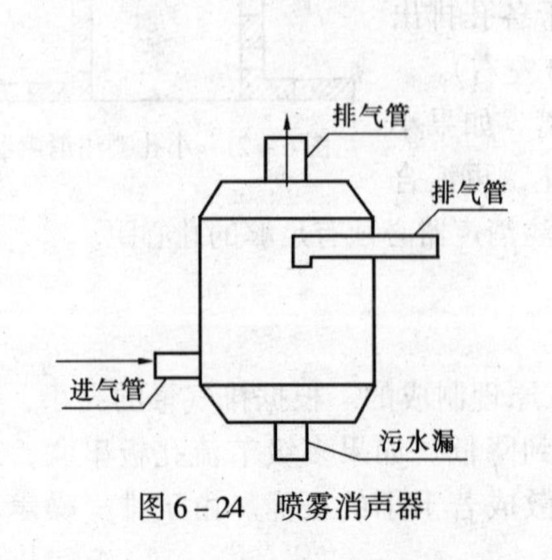

图 6－24　喷雾消声器

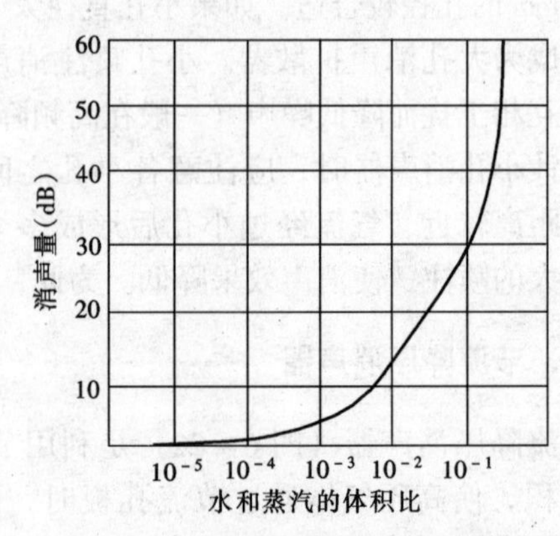

图 6－25　不同喷水量下的消声量

气口均匀地喷淋水雾来达到目的。其消声原理：喷淋水雾后，介质密度 ρ 和声速 c 都发生了变化，即引起声阻抗的变化，而使声波发生反射，两相介质混合，产生摩擦，使能量损失，消除了一部分噪声。实验研究表明：喷水增加，声速降低；当混合物中水和蒸汽的比例接近时，速度也降至极值，反射系数随喷水体积的增大而增大。图 6-25 为常压下对过热蒸汽淋洒不同喷水量的消声曲线。

五、引射掺冷消声器

对于燃气轮机排气、锅炉排气等高温气流的噪声源，可用引射掺入冷空气的方法来提高吸声结构的消声性能，达到降噪目的，这种消声器称为引射掺冷消声器，如图 6-26 所示。该消声器周围没有微穿孔板吸声结构，底部接排气管，消声器外壳开有掺冷孔洞与大气相通。这种消声器的消声原理是：当热气流由排气管排出时，在其周围形成负压区，从而使外界冷空气由上半部外壁的掺冷孔引入，途经微穿孔板吸声结构的内腔，从排气管口周围掺入到排放出的高温气流中去。该消声器的中间通道是热气流，而四周是冷气流，便形成温度梯度，导致了声速不同，造成声波在传播过程中向内壁弯曲。由于内壁设置吸声结构，因而恰好可以把声能吸收。

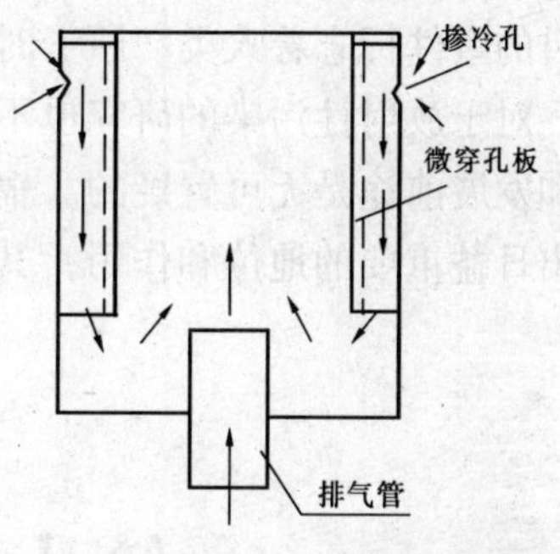

图 6-26　引射掺冷消声器

第二篇　辐 射 污 染

辐射污染又称放射性污染。人类对于辐射污染的研究，可以追溯到 19 世纪末。早在 1896 年 X 射线发现后不久，前苏联科学家就开始研究 X 射线的辐射对于七鳃鳗繁殖的影响，并取得了一定的成果。1942 年 12 月，美国科学家首次实现了铀的链式核裂变反应，这一举世瞩目的事件标志着人类“原子时代”的开始。此后，人们在不断发展核工业进行核试验的同时，对于放射性污染的研究也不断深入。辐射污染的研究是新兴的学科，但是，它的实际意义和发展前途是无可置疑的。辐射污染防护在国民经济、科学技术和环境保护方面，正在展现出日益重要的地位和作用，其经济效益与社会效益是不可估量的。

第七章　放射性概论

第一节　原子和原子核

一、原子

世界是物质的。不同物质是由不同元素的原子组成的，目前已知自然界中有 90 种元素，自然界中所有物质都由这 90 种元素的原子组成。通过长期的科学实验，人们总结了近代物质结构的原子学说，主要内容是：

1. 物质由分子组成，分子是物质能独立存在的最小单元，它保持着该物质的组成和一切化学性质。

2. 分子是由原子组成的，原子是元素的最小单元，是用化学方法不能再分割的粒子。同种元素的原子具有相同的性质，不同元素原子的性质是不同的。

3. 分子和原子都处于不停的运动之中。

4. 原子是非常微小的。

原子是很小的粒子，它的直径只有 10^{-19}m 左右。原子的质量也十分小，一个氢原子的质量只有 1.67×10^{-24}g，就是最重的原子其质量也不过是 3.951×10^{-22}g。原子虽然微小，但它仍然具有很复杂的结构。原子虽然用化学方法不可分割，但并不意味着它绝对不可分割。1911 年，卢瑟福做了著名的“α 粒子散射实验”，在实验的基础上提出了原子的核式模型：在原子的中心有一个相对体积很小但质量很大的带正电荷的原子核，周围有负电荷的电子在不同的轨道上围绕原子核做高速运动，称为电子云。

二、原子核

1886 年戈尔斯坦首先在放电管中发现了失去电子的氢原子核，其质量为 1.007 276 原子质量单位，并带有一个单位的正电荷，后来人们将其命名为质子，记为 p。1930 年德国物理学家波特和贝克尔用 α 粒子轰击铝箔时，发现有一种穿透力很强的不带电的射线，1932 年查德维克经过深入的研究和分析，认为这种射线是一种新型的中性粒子，取名为中子，记为 n，质量为 1.008 66 原子质量单位，与质子质量差不多。自由中子是不稳定的，而自由质子是稳定的。

中子的发现，使人们对原子核的组成问题有了正确的认识。1932 年前苏联物理学家伊凡宁科提出了原子核组成的假设，即原子核的中子－质子模型，其表述如下：

原子序数为 Z 质量数为 A 的原子核，是由 Z 个质子和 $N = A - Z$ 个中子所组成。Z 和 N 分别称为原子核的质子数和中子数，构成原子核的质子和中子统称为核子。在这里，原子核的质量数约等于核内的核子数，而原子序数 Z 等于核内质子数即核电荷数，因此原子核所带正电荷就是核内质子所带的总电荷。几十年来，大量的实验证明，原子核的中子－质子结构假设是正确的，这个假设已成为原子核物理的重要基础。

第二节　放射性和同位素

一、放射性

在一些元素中，它们的原子核是不稳定的，能够自发地改变核结构而转变成另一种核，这种现象称为核衰变。由于在发生核衰变的同时，总是伴随不稳定的核放出带电的或不带电的粒子，所以将这种核衰变称为放射性衰变，将不稳定的核称为放射性原子核。这种由原子核放射出来的各种粒子称为核辐射。

放射性的研究经历了相当漫长而曲折的过程。1789 年德国科学家克拉普罗特从沥青矿中分离出一种黑色粉末状物质，化学性质与已知的任何元素都明显不同，他认定是一种新元素，他将这种物质定名为“铀”。1896 年法国学者贝克勒耳在研究 X 射线与荧光物质时，对几十种荧光物质进行试验，在实验中意外的发现，铀盐放出的是另一种不同于 X 射线的新型射线，而且凡是含铀的物质都放出这种射线，因此称它为铀射线或贝克勒耳射线。这一重大发现是科学史上的重要事件。1898 年，玛丽·居里和她的丈夫皮埃尔·居里发现了另外一种放射性更强的新元素“钋”，他们在发现“钋”的文章中第一次使用了放射性一词。同年居里夫妇和贝蒙特，发现还有一种比铀和钋的放射性强很多倍的物质，它可以与钡共同沉淀出来，但原子量比钡大得多，他们断定这种类似钡的物质是一种新元素，取名“镭”。居里夫妇的工作具有划时代的意义。1903 年皮埃尔和玛丽·居里同贝克勒耳一起由于发现放射性而获得了诺贝尔物理学奖。玛丽·居里由于在镭的研究中有卓越的功勋，特别是由于分离出了纯金属镭，1911 年又荣获了诺贝尔化学奖。到这时候，已经发现铀、钋和镭都能自发地放出射线，居里夫人把某些原子能够放出射线的性质叫放射性，把能够放出射线的元素称为放射性元素。

二、同位素

原子序数相同，而中子数不同的原子，它们在化学元素周期表中占有同一位置，为此称它们为同位素。组成同位素的原子称为核素，如氢的同位素由氢、氘和氚三种核素组成。

氢和氘的核是稳定的，称为稳定性核素，氚是不稳定的核素，称为放射性核素，应用核反应的方法制造出来的放射性核素称为人工放射性核素，以区别于自然界中存在的天然放射性核素。

天然核素可以分成两组：稳定核素和不稳定核素。经验上，我们把现代技术尚不能确定其存在自发转变成其他核素的原子核称为稳定核素。核衰变的几率用半衰期来表示，半衰期是指不稳定的核素衰变一半所用的时间。可以想象，测量半衰期非常长的核衰变是相当复杂的，目前可测量的半衰期的上限在 $10^{14} \sim 10^{19}$年之间。如果一个同位素的半衰期超过这个界限，它是否衰变就不能测定，也就被认为是稳定的。目前大约有 265 种稳定同位素，它们的核电荷范围从 $Z=1$ 到 $Z=82$（除 $Z=43$ 和 $Z=61$ 之外），即从氢到铅的每个元素除了 $Z=43$ 的锝和 $Z=61$ 的钷之外，至少有一种稳定的同位素。所以说，原子序数小于 83 的每一种元素都有一个或几个稳定同位素。在自然界中，大于或等于 83 的元素则为天然放射性同位素，铅以上的元素都是不稳定的，它们被分成三个放射系。放射系的第一个成员具有很长的半衰期，可与一般原子的年龄相比，所以至今还没有衰变完。一般认为原子是在（4～5）× 10^9 年以前形成的，天然放射系的第一个成员的半衰期为 $7.2 \times 10^{9\sim10}$年。

人工放射性同位素的发现，应归功于皮埃尔·居里夫妇。1934 年，这两位科学家在研究钍的辐射时发现了新的放射性同位素，它是以人工方法用 α 粒子轰击铝或硼制得的。

我们以钴为例说明人工放射性同位素。钴只有一个稳定的同位素——^{59}Co，它的原子核由 27 个质子和 32 个中子组成。如果一个中子进入^{59}Co 的核，它就被^{59}Co 的原子核结合，因此，核能增加 7.5MeV，这就是新核^{60}Co 的激发能，这个激发核将很快地放出一些 γ 光子，释放出多余的能量而衰变到它的基态。这样，就创造出了一种自然界中没有的核，它是不稳定的。由此可见，人工方法不能制造出自然界中没有的稳定的原子核，这一点已被实验所证实。目前，用不同的方法已经制得 1500 多种同位素，它们被称为放射性同位素，都是不稳定的，或快或慢，都要衰变，直接或经过一系列衰变，最后变成一个已知的稳定的核。

第三节　放射性衰变的类型

放射性同位素的核衰变是多种多样的，有 α 衰变，β 衰变，γ 衰变等。下面我们分别加以介绍。

一、α 衰变

放射性核素的原子核放射 α 粒子而变为另一种核素的原子核的过程称为 α 衰变。α 粒子就是高速运动的氦原子核，α 粒子由两个质子和两个中子组成，所带正电荷为 2e，其质量为氦核的质量。

通常把衰变前的核称为母核或母体，衰变后的核称为子核或子体，放射性核素的原子核发生 α 衰变后形成的子核较母核的原子序数减少 2，而质量数较母核减少 4，如果用^A_ZX 代表母体核素，用$_{Z-2}^{A-4}Y$代表子体核素，则α衰变可用下式表示：

$$_{Z}^{A}X \longrightarrow _{Z-2}^{A-4}Y + \alpha + Q_{\alpha}$$

Q_{α}称为衰变能，即母核衰变成子核时所放出的能量，它被子核和α粒子共同分得。

放射性同位素产生α衰变的必要条件是母体的质量大于子体和α粒子的总质量。

发生α衰变的天然放射性同位素除了半衰期很长的$_{62}^{147}Sm$、$_{60}^{144}Nd$、$_{74}^{180}W$、$_{78}^{190}Pt$外，绝大多数都是原子序数大于82的放射性同位素。

人造放射性同位素大部分都不是作α衰变的，而那些具有α衰变的人造放射性同位素也大多数是原子序数大于82的同位素。

由一种同位素放射出来的α粒子的能量是单一的。但是伴有γ射线的α衰变同位素常常放射出不只一种能量的α粒子。例如：$_{88}^{226}Ra$发生衰变时伴有γ射线（$E_{\gamma}=0.188$MeV），它的α粒子的能量就有两种，一种的能量是4.777MeV（占放射总强度的94.3%），另一种的能量是4.589MeV（占总强度的5.7%），我们应做如下的理解：$_{88}^{226}Ra$具有两种衰变方式，一种方式是镭放射出能量为4.777MeV的α粒子，而变成基态的^{222}Rn，另一种方式是$_{88}^{226}Ra$放射出能量为4.589MeV的α粒子而变成处于激发态的^{222}Rn，然后很快地跃迁到^{222}Rn的基态而放射出能量为0.188MeV的γ射线，如图7-1所示。

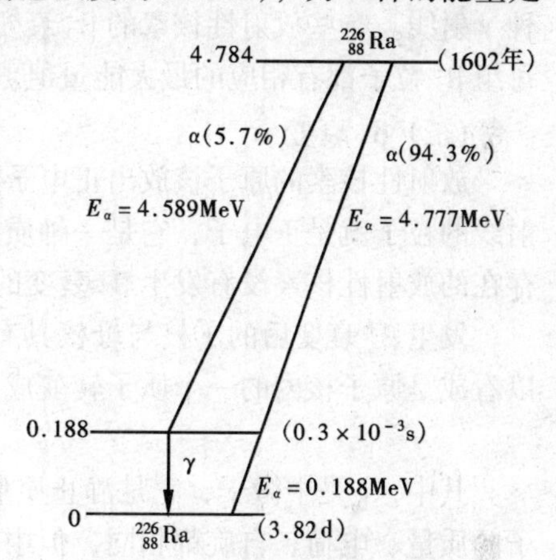

图7-1 $_{88}^{226}Ra$的α衰变纲图

第一种衰变方式占94.3%，第二种衰变方式占5.7%。有的放射性衰变图比图7-1复杂得多，但也可以用同样方法加以分析。

α射线的能量E_{α}和半衰期T之间有某种关系，一般是半衰期T长的E_{α}小，T短的E_{α}大。在同一个天然放射性系内，各个α衰变同位素的E_{α}和T可以用如下公式表述：

$$\ln E_{\alpha} = a - b\ln T$$

这个关系通常称为盖革-努塔耳定律（a和b是两个常数）。作α衰变的人造放射性同位素没有类似的关系。

二、β衰变

β^-衰变、β^+衰变及电子俘获这三种类型的衰变过程，通常总称为β衰变。

（一）β^-衰变

放射性核素的原子核放射出β^-粒子变为原子序数加1而质量数相同的核素，叫做β^-衰变。实际上可以断定β^-粒子就是高速运动的电子流。它的速度通常比α粒子的大，最大可接近光速。从核衰变中所放出的β^-粒子，被物质阻止后，就成为自由电子。它和一般的电子没有什么差别。最早发现β^-粒子时，科学家们测得β^-粒子的能谱是连续的而α粒子的能谱是分级的。泡利于1927年提出了中微子假说，正确地解释了β^-的能谱的连续性，并于1936年和1956年由实验证实。按照泡利的观点，可以将β^-衰变看成是母核中有一个中子转变为质子，同时放出β^-粒子和反中微子的结果，即

$$n \longrightarrow \beta^- + p + \bar{\nu}$$

其中 $\bar{\nu}$ 代表反中微子，即中微子 ν 的反粒子，它是一种静止的质量几乎为零、自旋为1/2的中性粒子，共自旋方向与运动方向相同。

β^- 衰变的必要条件是发生 β^- 衰变的母核的原子质量大于子核的原子质量。

β^- 衰变在衰变过程中有三个生成物：子核、β^-、反中微子，因此在衰变过程中所释放出来的衰变能将被这三个粒子分配。因为这三个粒子的发射方向所成的角度可以是任意的，所以每个粒子带走的能量是不固定的。由于 β^- 粒子的质量比子核的质量小几千倍乃至几十万倍，因此衰变能绝大部分被 β^- 粒子和反中微子带走。

有些发生 β^- 衰变的放射性核素只放射 β^-，而不伴随 γ 射线，如：${}^{12}_{6}C$、${}^{32}_{15}P$ 等。但大多数发生 β^- 衰变的放射性核素放射 β^- 粒子时往往伴随着 γ 射线。这样的放射性核素，有的只有一组 β 粒子，即只有一个最大能量值，例如，Co 衰变时，除了放射出 β 粒子外，还放射两种 γ 射线。有些放射性核素的 β^- 衰变不只有一种方式，因而就有两组或两组以上的 β 粒子，每组 β^- 粒子都有相应的最大能量值。

（二）β^+ 衰变

放射性核素的原子核放出正电子而变成原子序数减 1 的原子核，叫做 β^+ 衰变。组成 β^+ 射线的粒子就是正电子，它是一种质量和电子质量相等但带有一个单位正电荷的粒子。天然存在的放射性核素没有发生 β^+ 衰变的，这种衰变类型的核素都是人工放射性核素。

发生 β^+ 衰变后的子核与母核具有相同的核质量，仅原子序数减少 1。因此，β^+ 衰变可以看成是原子核内的一个质子转变成中子同时放出 β^+ 粒子（正电子）和中微子的结果，即：

$$p \longrightarrow n + \beta^+ + \nu$$

其中，ν 是中微子，它是静止质量几乎为零、自旋为 1/2 的中性粒子。中微子和反中微子的质量、电荷、自旋都相同，但中微子自旋方向与运动方向相反。

发生 β^+ 衰变的必要条件是母核与子核的原子质量之差大于两个电子的质量。

β^+ 衰变在衰变过程中也有三个生成物：中子、β^+ 粒子、中微子。因此衰变产生的能量也被这三种粒子所分配，每种粒子带走的能量不固定。

正电子只能存在极短的时间，当它被物质阻止而失去动能时，将和物质中的电子结合而转化成电磁辐射，这个过程称为正负电子对的淹没。理论和实验上的研究发现，正电子和电子结合后经过一个短暂的过程将转变为光子，正负电子淹没可以转化为一个、两个或三个光子，但转化为两个光子的几率最大，两个光子的能量均相当于电子的静止质量。探测这两个能量的光子存在与否，通常可以判断是否有 β^+ 衰变发生。

（三）电子俘获

电子俘获可以认为母核俘获了它的一个核外电子，而使核中的一个质子转变成中子，同时放出中微子的过程，即

$$p + e^- \longrightarrow n + \nu$$

如果母核俘获一个 K 层电子而变为原子序数减 1 的子核，这个过程就叫做 K 俘获。如果母核俘获 L 层电子，就叫做 L 俘获。但由于 K 层电子最靠近原子核，因此发生 K 俘获的几率比其他壳层电子的俘获几率大得多。

电子俘获发生的必要条件是衰变能大于电子的结合能。

在电子俘获的衰变过程中，只放出一个中微子，除了有些核素因子核处于激发态而放出

γ射线达到稳定状态外，核内并没有放出其他易于探测的射线。

综上所述，β^-衰变、β^+衰变和电子俘获的衰变过程都是发生在同量异位素之间的衰变。由于在衰变过程中有电子或正电子从核内释放，或有电子从核外被俘获，母核与子核在质量数上都没有变化，只是核电荷数（质子数）改变了。这就表明凡是原子序数相邻的同量异位素不都是稳定的，它们会通过β^-衰变或β^+衰变和电子俘获而衰变到最稳定的原子核，而原子序数相差为两个单位的同量异位素则可以同时是稳定的。

三、γ衰变

各种类型的核衰变往往形成处于不稳定的激发态的子核，同时由于受快速粒子的轰击或吸收光子也可以使原子核处于激发态。处于激发态的原子核是不稳定的，原子核从激发态向较低能态或基态跃迁时发射光子的过程，称为γ跃迁，或称为γ衰变。在大多数核衰变情况下，子核处于激发态的时间十分短暂，几乎立即就跃迁到较低能态或基态并放出γ射线。在这样的过程中，放射β射线和γ射线虽然是两个阶段的衰变，但实际上很难把它们分开而测量它们各自的半衰期。在γ跃迁过程中，从核衰变所得到的γ射线通常是伴随着α射线、β射线或其他射线一起产生，作电子俘获的核衰变有的也伴有γ射线。γ射线是核从它的激发能极跃迁至基极时的产物，这种跃迁对于核的原子序数和原子质量数都没有影响，只是原子核的能量状态发生了变化，所以γ跃迁又叫做同质异能跃迁。有些同质异能素本身并不是β衰变或其他衰变的产物，同时它的基态同位素又是稳定的，这样就构成了纯粹γ衰变的放射性。这一类的同质异能素都是用非弹性激发的方法得到的。

γ射线的能量是单色的，它的大小差不多等于两个核能级之差。多种核素在衰变时可能发射不止一种能量的γ射线，而且原子核的演变数不一定等于射线数。

γ射线也是一种电磁辐射，只不过是从原子核内放射出来的，而且波长也比较短（波长从$10^{-8}\sim10^{-11}$cm）。它的性质和X射线十分相似。

放射γ射线的核衰变还可以以发射内转换电子的方式从激发态回到较低的激发态或基态，而不必放射出γ射线。所谓内转换电子是指向外发射核外的绕行电子，主要是K电子，也有L电子或其他轨道上的电子。内转换电子的能量是单色的，因此和β射线的连续能谱有着极大的区别。

第四节　放射性衰变的一般规律

不稳定核素的核将自发地发生变化而放射出α、β^-、β^+等粒子或γ射线，这种现象称为核衰变（或放射性衰变）。核衰变的进行速度完全不受外界因素（如温度、压力等）的影响，有的核素衰变得很快，有的则衰变得很慢。衰变后的核素有的是稳定的，有的则是不稳定的，不稳定的核素将继续进行衰变。通常，第一代衰变后的子体如继续衰变，则有第二代以至更多代的子体。

一、衰变定律

放射性核素每一个核的衰变并不是同时发生的，而是有先后顺序的，所以这是一个统计学的过程。精确的实验证明，在时间间隔为t到Δt内，衰变的数目ΔN是和Δt及在此时刻

尚未衰变的总核数 N 成正比，即

$$\Delta N \propto N\Delta t \tag{7-1}$$

或

$$\Delta N/\Delta t = -\lambda N \tag{7-2}$$

λ 是一个比例常数，称为衰变常数。将分式先微分再积分，并令当 $t=0$ 时未衰变核的总数为 N_0，则有

$$N = N_0 e^{-\lambda t} \tag{7-3}$$

上式就是衰变定律的数学表达式。它说明 N 的值按着时间的指数函数而衰变。在应用时，往往需要知道的是在单位时间内有多少核发生衰变，即放射性核素的衰变率（或放射性强度）$-dN/dt$。此衰变率可以用测量核衰变时放射出来的射线多少求得。由式（7-3）也可以看出放射性强度也同样以指数规律衰减。

二、衰变常数、半衰期和平均寿命

衰变常数 λ 还可以写成

$$\lambda = \frac{-\dfrac{dN}{dt}}{N}$$

它的物理意义就是，在单位时间内每一个核的衰变几率。每一种放射同位素都有它固定的衰变常数。λ 数值大的放射性同位素衰变得快，λ 数值小的衰变得慢。除了衰变常数以外，通常用来表示放射性特征的还有半衰期，用符号 $T_{1/2}$ 来表示。半衰期的定义是，放射性原子数因衰变而减少到原来的一半时所需要的时间，即

当 $t = T_{1/2}$ 时

$$N = N_0/2 = N_0 e^{-\lambda T_{1/2}}$$

得

$$T_{1/2} = \ln 2/\lambda = 0.693/\lambda \tag{7-4}$$

由于半衰期是可以直接测量的，所以上式可以用来求衰变常数。对于不同的放射性同位素，半衰期的差别是相当大的，具有极短半衰期的放射性同位素是同质异能素。例如，$^{135}_{55}Cs$ 的半衰期为 2.8×10^{-10}s。长的半衰期是以亿年为单位的。例如，^{238}U 的半衰期是 45 亿年，Th 的半衰期是 139 亿年。

在理论上，还常常用平均寿命这个术语，用符号 τ 来表示，它的物理意义是，母体原子核在衰变前的平均存在时间。由式（7-4）可求得 τ 和 λ 之间的关系。

$$\tau = 1/\lambda$$

我们还可以求得平均寿命与半衰期的关系

$$\tau = T_{1/2}/0.693$$

三、放射性的生长与衰变的相互关系

如果一种放射性核素 B，它是另一种放射性核素 A 的衰变产物，且没有和 A 分离开，则式（7-3）将不适合计算 B 的原子数。因为 B 除了本身的衰变而减少外，还会因它的母体 A 的衰变而增多。

令 N_1 和 N_2 分别代表 A 和 B 在时间为 t 时的原子数，λ_1 和 λ_2 分别代表它们的衰变常

数，则 B 原子数的改变率应为

$$dN_2/dt = \lambda_1 N_1 - \lambda_2 N_2$$

用莱布尼兹微分方程解，得

$$\frac{dN_2}{dt} = \lambda_1 (N_1)_0 e^{-\lambda_1 t} - \lambda_2 N_2$$

如果在 $t = 0$ 时，$N_2 = (N_2)_0$，则上式

$$N_2 = \frac{\lambda_1 (N_1)_0}{\lambda_2 - \lambda_1} \times (e^{-\lambda_1 t} - e^{-\lambda_2 t}) + (N_2)_0 e^{-\lambda_2 t} \quad (7-5)$$

从上式可见，B 原子数 N_2 不仅和它自己的衰变常数有关，而且还和它的母体衰变常数有关。为了方便起见，在以下的讨论中都假定 $(N_2)_0 = 0$，即在开始时，只有单纯的母体 A。在这种情况下，就可以直接应用下式。

$$N_2 = \frac{\lambda_1}{\lambda_2 - X_1} (N_1)_0 (e^{-\lambda_1 t} - e^{-\lambda_2 t})$$

（一）长期平衡

当母体的半衰期十分长，而子体的半衰期相当短时，则子体的生长到了一定时期后将达到一个值。此时子体的原子数 N_2 和母体的原子数 N_1 成一个固定的比。子体的衰变率等于母体的衰变率。如果子体的子体也是放射性的，而且半衰期也不太长，则到了相当时期之后，第三代子体的原子数 N_3 和第二代原子的原子数 N_2 也会达到平衡。总而言之，只要母体是长寿命的，不管它有多少代子体，它们彼此在经过相当久的时间之后，都可以达到平衡。它们各代的原子数 N_i 和衰变常数 λ_i 有下列的关系

$$\lambda_1 N_1 = \lambda_2 N_2 = \lambda_3 N_3 = \cdots\cdots$$

（二）暂时的平衡

当母体的半衰期并不是很长，但仍比子体的半衰期长时，子体的原子数 N_2 在经历相当久的时间之后，将和母体的原子数 N_1 成一固定之比，建立了暂时的平衡。但放射性的总强度将依母体的半衰期而递减。子体的原子数 N_2 和衰变率 D_2 分别为

$$N_2 = \frac{\lambda_1 (N_1)_0}{\lambda_2 - \lambda_1} e^{-\lambda_1 t}$$

$$D_2 = \lambda_2 N_2 = \frac{\lambda_1 \lambda_2 (N_1)_0}{\lambda_2 - \lambda_1} e^{-\lambda_1 t}$$

（三）子体半衰期比母体半衰期长的放射性（不平衡）

若子体半衰期比母体的长，则子体的原子数 N_2 不会和母体的原子数 N_1 达到平衡，在时间比较长久之后，总的放射性强度将依照子体的半衰期而减弱。子体的衰变过程中有一极大值，达到此极大值所需时间为

$$t_m = \frac{1}{\lambda_2 - \lambda_1} \ln \frac{\lambda_2}{\lambda_1}$$

（四）人造放射性的生长情况

用加速粒子轰击或中子照射的方法来产生人造放射性同位素时，放射性强度的生长情况和长期平衡的长半衰期母体产生子体的情况十分相似。这里放射性同位素的生长是依靠加速的离子流或中子束和靶子所起的核反应而来的，在单位时间内所产生的放射性原子数是固定

的，假定这个定数是 P，同时，放射性原子自己也在衰变，应用前面所用的方法，令 Nt 代表在开始轰击后（或照射后）时间为 t 时尚未衰变的放射性原子的总数。则 N 的变化率为

$$\frac{dN}{dt} = P - \lambda N \tag{7-6}$$

λ 为放射性同位素的衰变常数。

而放射性强度则为

$$D = \lambda N = P(1 - e^{-\lambda t}) \tag{7-7}$$

（五）多代子体的放射性系

放射性同位素的子体如果不只一代，则母体和各子体各构成一个放射性系。任何一代子体的原子数 N_i 的改变率都可用微分方程式来表示，即

$$dN_i/dt = \lambda_{i-1}N_{i-1} - \lambda_i N_i \tag{7-8}$$

多代子体的放射性系在人造放射性和天然放射性里都可以找到很多实例。在人造放射性方面，从裂变产物里可以得到好多个放射 β 粒子的放射性系。

到目前为止，人们已发现了三个天然放射系，即镭系、钍系和锕系，一个人工放射系镎系，它们的最终产物都是稳定核素。这四个系有一个共同的特点：它们在衰变历程中，除了 β 衰变之外，还有 α 衰变。作 β 衰变的同位素放射出一个带负电荷的电子，因此衰变后核的质量并没有显著减少，只是原子序数升高了一位。可是作 α 衰变时，从核里放射出来的是氦核，因此衰变后核的原子质量数要减小 4 个单位，原子序数要减小 2 个单位。由此可以看出，在同一个放射性系里，母体和各子体间的原子质量数的相差恰好是 4 的倍数。应用这个特点来区别这 4 个放射性系，则有

		天然的	人造的
铀镭系	$A = 4n + 2$	（$n = 51$、52、…、58、59）	（$n = 60$、61、…）
钍系	$A = 4n$	（$n = 52$、…、57、58）	（$n = 59$、60、61、62）
锕系	$A = 4n + 3$	（$n = 51$、…、57、58）	（$n = 59$、60）
镎系	$A = 4n + 1$	（$n = 52$）	（$n = 52$、…、62）

第五节　原子核反应、核裂变与核聚变

一、原子核反应

所谓原子核反应是指原子核因受外来的原因而引起核结构的变化，如果不是由于外来的原因而自发地发生核结构的改变则称为核衰变。关于核衰变我们已经在前面的章节中详细介绍过。核反应主要的有：(1) 带电粒子轰击的核反应；(2 俘获中子的核反应；(3) 快速中子的核反应；(4) 高能光子的照射的核反应。

（一）带电粒子轰击的核反应

早在 1919 年，卢瑟福用 RaC 的 α 射线做实验时就已发现，如果在放射源的周围放进氮时，粒子的射程要增长好多，后来发现，这是因为氮核被 α 射线轰击时核内起了变化而放出质子，长的射程是质子产生的。这就是一种核反应，可用下面方程式来表示

$$^{14}_{7}N + ^{4}_{2}He \longrightarrow ^{17}_{8}O + ^{1}_{1}H - 1.198MeV$$

这里$_{2}^{4}He$和$_{1}^{1}H$用来代表α粒子和质子，-1.198MeV是反应能量，负号表明这个反应是吸收能量而非释放能量的。上面的方程式也可简写作$_{7}^{14}N$（α，p）$_{8}^{17}O$，称为α-p反应。其他天然放射性物质的α射线也可以产生同样的核反应。利用天然放射性物质的α射线轰击而产生的核反应还有好多种。

天然放射性物质的α射线能量并不高，一般只有4~8MeV，用它来轰击原子序数较高的核，并不能产生核反应，因为核带正电荷，而α粒子也带正电荷，它们彼此间互相排斥的库仑作用力会随着靶核Z值的增大而增大，只有在α粒子的能量足够大时，才能使α粒子接近靶核而引起核反应。直到加速器的技术发展以后，人们才有可能把质子或氦核加速到比天然放射性α粒子大好多倍的能量，因而可以得到各种各样的核反应。

用加速氦核作为轰击粒子的核反应主要有下列几种

α-n反应

$$_{3}^{7}Li + _{2}^{4}He \longrightarrow _{5}^{10}B + _{0}^{1}n - 2.792MeV$$

α-p反应

$$_{12}^{25}Mg + _{2}^{4}He \longrightarrow _{13}^{28}Al + _{1}^{1}H - 1.196MeV$$

α-d反应

$$_{16}^{32}S + _{2}^{4}He \longrightarrow _{17}^{34}Cl + _{1}^{2}H - 12.4MeV$$

用加速质子作为轰击粒子的有下列几种主要的核反应

p-α反应

$$_{5}^{10}B + _{1}^{1}H \longrightarrow _{4}^{7}Be + _{2}^{4}He + 1.147MeV$$

p-γ反应

$$_{6}^{12}C + _{1}^{1}H \longrightarrow _{7}^{13}N + h\gamma + 1.945MeV$$

p-d反应

$$_{4}^{9}Be + _{1}^{1}H \longrightarrow _{4}^{8}Be + _{1}^{2}H + 0.56MeV$$

p-n反应

$$_{6}^{14}C + _{1}^{1}H \longrightarrow _{7}^{13}N + _{0}^{1}n - 0.62MeV$$

当轰击粒子能量较高时，反应后所放出的轻粒子可以不只一个，加速高能电子的技术发展以后，用高能电子（能量在数十至数百兆电子伏）作为轰击粒子，也可以得到核反应。

（二）俘获中子的核反应

通常我们把能量在100keV以上的中子称为快中子，在100keV以下而在100eV以上的称为中能中子，100eV以下而在$\frac{1}{40}$eV以上的称为慢中子，在$\frac{1}{40}$eV以下的称为热中子，一般在中子的能量不大时，俘获中子核反应的几率较大（慢中子和热中子）。靶核俘获中子后，一般放射出γ射线，这样的核反应即是最常见的n-γ反应，例如

$$_{1}^{1}H + _{0}^{1}n \longrightarrow _{1}^{2}H + h\gamma + Q$$

（三）快中子的核反应

利用快速中子作为轰击粒子，也可以产生核反应。主要的快中子核反应有下列几种

n-2n反应

$$_{6}^{12}C + _{0}^{1}n \longrightarrow _{6}^{11}C + 2_{0}^{1}n + Q$$

n－p 反应

$$^{27}_{13}Al + ^{1}_{0}n \longrightarrow ^{27}_{12}Mg + ^{1}_{1}H + Q$$

n－α 反应

$$^{34}_{16}S + ^{1}_{0}n \longrightarrow ^{31}_{14}Si + ^{4}_{2}He + Q$$

产生这种反应所用的快速中子源，是由 d－n 或 α－n 反应的方法来供给的，慢中子或热中子的中子源可以用慢化快速中子的办法来得到，更方便的方法是利用反应堆里所产生的中子（快中子及慢、热中子）。

（四）高能光子照射的核反应

利用同步加速器或电子回旋加速器的高能电子所产生的韧致辐射（性质和 X 射线相同，但能量甚高），可以得到许多种光致核反应。

上面所介绍的所有核反应式在被完整地写出时，都应含有 Q 项。Q 的值可以是正的，也可以是负的。Q 是正值时，表示这个核反应将释放能量，反之，则吸收能量。

二、核裂变

原子核的转换方式除了以前讨论的核衰变和核反应外还有核裂变。原子核裂变是人类科学史上重大的发现之一，核裂变是目前获得核能的一个重要途径。重核分裂成两个或几个中等质量原子核的过程称为原子核裂变。在裂变过程中同时还可能放出中子，并释放出一定的能量。核裂变分为自发裂变和诱发裂变。前者是重核的一种特殊类型的放射性衰变，后者是重核的一种诱发核反应过程。

（一）自发裂变

自发裂变是原子核在没有粒子轰击的情况下自行发生的核裂变。1940 年弗列洛夫和彼特雅克发现了天然铀产生的自发裂变现象。重核的自发裂变可用下式表示

$$A \xrightarrow{(SF)} X + Y + (1 \sim 3)\ n + Q \qquad (7-9)$$

式中，A 为裂变核，X、Y 为裂变碎片，n 为裂变中放出的中子，Q 为裂变能，裂变的会有能量放出。实验发现，只有很重的核才能发生自发裂变。

很重的原子核大多具有 α 放射性。因此，重核往往以自发裂变和发射 α 粒子两种互相竞争的方式进行衰变。在 1kg 铀中，每秒钟只有 4 次自发裂变发生，与此同时，却有八百万个核发生 α 衰变。一般来说，自发裂变的几率小于 α 衰变的几率。实验发现大约有 50 种重核能够产生自发裂变。

（二）诱发裂变

在入射粒子轰击下重核所发生的裂变，称为诱发裂变。通常用下式表示

$$A + a \longrightarrow C^{*} \longrightarrow X + Y + (1 \sim 3)\ n + Q$$

式中，A 表示靶核，a 为入射粒子，C^{*} 为入射粒子与靶核组成的激发态复合核，X、Y 为裂变碎片，n 为裂变时放出的中子，Q 为裂变能。

诱发裂变是一种重要的核反应，在诱发裂变中，中子诱发的裂变最重要，研究得也最多。由于中子和靶核的作用没有库仑壁垒，能量很低的中子就可以进入靶核内，使核激发而发生裂变。热中子引起的核裂变称为热裂变，能够发生热裂变的核素称为易裂变核或核燃料，如$^{233}_{92}U$、$^{235}_{92}U$ 等。快中子引起的核裂变称为快裂变，能够发生快裂变的核素称为可裂变

核，如$^{234}_{92}U$、$^{236}_{92}U$等。

原子核的裂变基本上都是二分裂，但也有三分裂甚至四分裂。原子核裂变时最初形成的两块碎片，称为初级碎片。初级碎片的质子－中子比值很高，一般具有大于核子平均结合能的激发能，因此能在裂变发生后约10^{-13}s内直接发射1～3个中子，发射中子后的碎片，称为次级碎片，又称为裂变的初级产物。次级碎片的激发能小于核子的平均结合能，不足以发射中子，大约在10^{-11}s内以发射γ光子的形式退激。以上这些中子和γ光子是在裂变后瞬间发射的，称为瞬发中子和瞬发γ光子。发射γ光子以后的碎片将继续进行β衰变，最后生成稳定核。这样就形成一个衰变系列，叫做衰变链。从中也可以看出，重核裂变的产物具有放射性。

一个^{235}U核俘获一个热中子发生裂变时，同时平均释放247个中子。这些中子开始能量一般很高，它们经过慢化成为热中子以后，又可以引起其他的核发生裂变，产生第二代中子，第二代中子再引起核裂变产生第三代中子，如此类推裂变会继续不断地进行下去。只要开始有一个核发生裂变，短时间内会有很多核相继发生裂变，这一系列的反应过程称为链式裂变反应。只有裂变反应形成链式反应时，核裂变能才能得到实际应用。一种核燃料的一次裂变，均能提供2～3个中子，从表面上看要使核裂变持续下去是不成问题的，但事实上，在中子的慢化过程中除了与物质发生弹性和非弹性散射外，还可能发生其他核反应而被吸收，还有一些中子有可能逸出核裂变系统，所以只有一部分中子能使铀核发生裂变。

维持链式反应的必要条件是，必须使裂变区域内任何一代中子的总数N_K大于或等于前一代的中子总数N_{K-1}。这两个数值之比称为中子的增殖系数，用K表示，即

$$K = N_K / N_{K-1}$$

如果$K<1$，称为收敛。如果$K=1$，称为自持。如果$K>1$，称为发散。

三、核聚变

中等质量核的核子平均结合能比重核和轻核的核子平均结合能要大些，因此不仅重核裂变时要放出大量的能量，相反，如果能使轻核聚变成较重的原子核同样会释放出大量的能量。这种使轻核聚变成较重的原子核的核反应称为轻原子核的聚变反应，简称为核聚变。由于库仑势垒的限制，人们通常选择低原子序数的核作为反应物，例如氢、氘、氚、锂等。在氢的同位素中氘和氚的混合物发生完全聚变时放出的能量是铀完全裂变时放出能量的4.5倍。可见轻核的聚变将为人类提供极为丰富的能源。同时由于轻核的聚变产物基本上是^4He，因此，聚变反应本身不致引发环境污染问题。

轻原子核的聚变反应很多，但其中最重要的几个聚变反应为

$$^2H + d \longrightarrow {}^3He + n + 3.26MeV$$

$$^2H + d \longrightarrow {}^3H + p + 1.04MeV$$

$$^3H + d \longrightarrow {}^4He + n + 17.58MeV$$

$$^3He + d \longrightarrow {}^4He + p + 18.3MeV$$

理论和实践都表明，当两个原子核互相碰撞时，一个原子核穿透另一个原子核的库仑势垒的几率随着动能的增加而迅速增大。温度愈高，原子核之间的碰撞次数也愈多，一些具有较大动能的原子核，一旦突破另一些核的库仑势垒，它们将放出结合能而融合在一起，形成

新的原子核，发生强烈的聚变反应。以 2 个^{2}H 核相碰撞为例，其库仑势垒的高度约为 0.4MeV，由于位垒穿透效应，^{2}H 核的动能比 0.4MeV 低一些就可发生聚变反应。理论计算表明，如果有 10^8K 左右的高温，^{2}H 核的聚变反应就可能发生。但此温度极高，迄今在实验上还难以达到。这种在极高温度下进行的核聚变反应，又称为热核反应。当把反应物质加热到几百万度甚至几亿度时，所有物质将处于炽热的气化状态，被用于核聚变的所有原子将具有极大的动能，通过多次碰撞，将产生强烈的电离，它们将失去所有轨道电子而变成裸体核。电离后形成密度极大的正离子和电子同时并存的气体，称为等离子体，又叫做物质的第四态。

氢弹、中子弹都是利用核聚变的原理制造的，太阳的能量也来自于太阳内部的聚变反应，可见，核聚变可以产生大量的能源，但遗憾的是，目前人类还没有能力对聚变反应加以控制。

第六节　核辐射与物质的相互作用

一、带电粒子与物质的相互作用

放射性物质放射出来的带电粒子（α、β、β^+和置换电子）和物质的相互作用可以分为三个方面：电离、散射和吸收。此外，带电粒子还会产生次级放射，如韧致辐射、光化辐射等。电场和磁场也会影响带电粒子的走向。

当带电粒子在物质中通过时，由于它具有足够的能量，可以从物质的原子里打出电子而产生自由电子和正离子组成的离子对。这种电离过程称为初级电离。另外，从原子里打出的具有足够能量的自由电子，也可按照前面所说的过程再与物质作用产生离子对，使物质电离，这种电离叫做次级电离。由于物质的内部结构不同，使物质电离所需的电离能量也不同。例如，在空气中，每产生一个离子对，平均需要 32.5eV 的能量，而使锗电离只需要 2.94eV 的能量。

在带电粒子通过物质时，由于电离作用，在其径迹周围留下许多离子对。单位长度径迹上的离子对数称为电离比值或电离比度。α粒子的质量大，速度小，所带电荷大，因此它的电离比值远大于同能量的β粒子。

带电粒子与物质相互作用的过程中，随着能量的不断损失而速度逐渐变小，相互作用的几率增大，所以到了接近径迹的末段时，电离比值增加得很快，达到了峰值后，就急剧下降而趋于零。

带电粒子在物质中通过时，还会因受到原子核库仑电场的相互作用而改变运动方向，这种现象称为散射。入射粒子经过散射后，其散射角（即和入射方向所成的角）大部分是比较小的，但放射角大于 90°的散射也是完全有可能的，这种散射称为反散射。较轻粒子（如β粒子）的反散射作用要比较重的粒子（如α粒子）的反散射作用显著得多。由于反散射会影响测量结果的准确性，所以在进行放射性测量时，尤其是在进行β测量时，必须考虑到散射所带来的测量误差。

物质对于入射的带电粒子的吸收作用，可以看作是电离、激发和散射作用的结果。通常将粒子在物质中穿过的距离称为射程。β粒子的射程要比α粒子的射程大得多。

测量 α 射线的射程 R_α 通常是以 α 粒子通过温度为 15℃，压力为一个大气压的干燥空气时所走的平均距离来决定。射程（cm）和 α 粒子的能量 E_α（MeV）之间有如下的半经验近似公式

$$R_\alpha = 530E_\alpha - 106$$

β 粒子的射程远大于同能量的 α 粒子。通常，用 β 粒子在纯铅中的射程来表示。

二、光子与物质的相互作用

从核里放射出来的 γ 射线是一种光子。它的性质在某些方面和其他光子（如 X 射线）有着共同之处。现在的电子加速器已经能够产生能量高到 10 亿电子伏的 X 射线，而放射性的 γ 射线的能量则是从几万电子伏到几兆电子伏。这样能量范围的光子对于物质的主要作用是：(1) 光电效应；(2) 康普敦 - 吴有训效应；(3) 电子对的生成。前两种效应只有在光子的能量较小时才是重要的，后一种效应则必须在光子的能量大于 1MeV 后才开始显著。

(一) 光电效应

当一个光子和原子相碰撞时，它可能将其所有的能量 $h\nu$ 交给一个电子，使它脱离原子而运动，光子本身则整个被吸收。由于这种作用而释放出来的电子主要是 K 壳层电子，也可以是 L 壳层电子或其他壳层的电子。它们统称为光电子，这样的效应则称为光电效应。

光电效应和原子序数的关系十分密切，同时与自身的能量也有密切关系。例如能量为 0.5MeV 的 γ 射线通过铅片层（$Z = 82$）时，因光电效应而被吸收十分显著，当射线能量增高到 2MeV 以上时，光电效应就不十分明显了。

(二) 康普敦 - 吴有训效应

康普敦 - 吴有训效应是光子和原子中的一个电子的弹性相互作用。在这种作用的过程中，光子很像一个粒子，和电子发生弹性的碰撞。碰撞之后，光子即将一部分能量传给电子，电子即从原子空间中以与光子的初始运动方向成一定夹角的方向射出，光子则以与自己初始运动方向成一定夹角的方向放射。

(三) 电子对的生成

当光子的能量大于两个电子的静止质量能量时（即大于 1.022MeV），它和别的物质的相互作用有另一种新的现象发生，即产生一对电子和正电子，而光子整个本身却不见。电子和正电子的动能，一般是不相同的，可以有各种不同的组合。

正电子和核衰变的 β^+ 粒子是一样的，当它损失能量之后，将和电子相结合而转化为光化辐射。这个次极辐射的特征能量是 0.511MeV。通常当能量大于 1.022MeV 的 γ 射线穿过原子序数较高的吸收体时，都很容易测到这个能量的次级射线。

第七节　放射性强度与辐射量

一、活度

"放射性"现象或特性用单位时间内发生的核跃迁数定量描述。大约在 60 年以前，镭是当时最重要的放射性物质，那时放射性是用质量的多少，通常是用毫克镭来定量描述的。后来，人们又定义了一个新的量——"居里"，它是与 1g ^{226}Ra 达到平衡的 ^{222}Rn 的放射性量。

进一步的实验证明，这一数量的^{222}Rn发射α粒子的速率略大于每秒3.6×10^{10}个。其后，随着放射性材料的应用日益增多，人们重新把居里定义为以$3.700\times10^{10}s^{-1}$的速率衰变的任何一种放射性物质的活度。在SI单位制中，活度这个量已经又一次用一个SI的导出单位——“每秒1次”（s^{-1}）重新定义，这个单位的专用名称（和符号）是贝克勒尔（Bq）。由于在核医学的实践中广泛使用各种放射性药物，并且几乎全世界都采用“居里”或“毫居里”对放射性药物进行计量，第十一届国际计量大会（CGPM）已暂时将“居里”这个单位（符号为Ci）保留下来，作为“超出SI范围”的活度单位。单位换算如下

$$1Bq = 1s^{-1}$$

$$1Ci = 3.7\times10^{10}Bq$$

活度作为度量放射性的一个量，其定义如下：处在某一特定能态的一定量的某种核素在一定时刻得到的放射性活度，是该时刻单位时间内从该能态发生自发核跃迁数的平均值。根据这一定义，活度为零与核素稳定是等同的。这个定义也考虑到了放射性是一个涉及整个核素（或原子）的过程，而不仅仅与原子核有关。关于这一点，在^{187}Re衰变到^{187}Os的例子中得到集中的体现，这一衰变的发生仅仅是由于核外原子中的电子的束缚能的作用。有些放射性核素的衰变几率也可能由于受化学组成的变化和核外电子受压力的影响而稍有改变。

根据式（7－2）提到的放射性衰变规律，可以把放射性强度换算为放射性物质的质量单位，它们之间的换算关系如下

$$\begin{aligned} Q &= 2.8\times10^{-5}AT_{1/2}X \text{（}T_{1/2}\text{以年为单位）} \\ &= 7.7\times10^{-9}AT_{1/2}X \text{（}T_{1/2}\text{以天为单位）} \\ &= 3.2\times10^{-10}AT_{1/2}X \text{（}T_{1/2}\text{以小时为单位）} \\ &= 5.3\times10^{-12}AT_{1/2}X \text{（}T_{1/2}\text{以分为单位）} \\ &= 8.9\times10^{-14}AT_{1/2}X \text{（}T_{1/2}\text{以秒为单位）} \end{aligned} \tag{7-10}$$

式中　Q——放射性核素的重量（g）；
A——放射性核素的原子量；
$T_{1/2}$——放射性核素的半衰期；
X——放射性核素的放射性强度（Ci）。

二、吸收剂量

吸收剂量的定义为电离辐射授予某一体积元中物质的平均能量（$d\bar{e}$）除以该体积元中物质的质量（dm）的商，即

$$D = \frac{d\bar{e}}{dm} \tag{7-11}$$

吸收剂量单位用拉德（rad）表示，$1rad = 10^{-2}J\cdot kg^{-1}$。国际单位是戈瑞（Gy），$1Gy = 1J\cdot kg^{-1} = 100rad$。吸收剂量有时用吸收剂量率$P$表示，定义是某时间间隔（$dt$）内吸收剂量的增量（$dD$）除以该时间间隔的商，即

$$P = \frac{dD}{dt} \tag{7-12}$$

吸收剂量率的单位用 $rad \cdot h^{-1}$ 或 $Gy \cdot h^{-1}$ 表示。

三、照射量

照射量为 γ 光子在质量为 dm 的某体积元的空气中释放出来的全部电子（正电子和负电子）被完全阻止于空气中形成的离子总电荷的绝对值。它的专用单位是伦琴（R)。国际单位是 $q \cdot kg^{-1}$。$1R = 2.58 \times 10^{-4} C \cdot kg^{-1}$。照射量率的单位是 $C \cdot kg^{-1} \cdot h^{-1}$。

四、剂量当量

尽管单位质量的生物组织吸收射线的能量相同，但不同类型射线，以及不同照射条件对生物组织的作用效果是不一致的。为了便于将人体所受的各种电离辐射剂量统一衡量，而采用以雷姆（rem）表示的剂量当量单位。$1rem = 10^{-2} J \cdot kg^{-1}$。国际单位是希［沃特］(Sv)，$1Sv = 1J \cdot kg^{-1} = 100rem$。

剂量当量的计算公式为

$$H = DQN \tag{7-13}$$

式中 H——剂量当量（rem)；

D——吸收剂量（rad)；

Q——线质系数；

N——其他修正系数（对于外照射 $N=1$)。

为了便于应用，将不同射线的线质系数 Q 简化并列入表 7－1 内。表内线质系数只限于容许剂量当量范围内使用而不适用于大剂量及大剂量率的急性照射。

表 7－1　不同射线的线质系数

照射类型	射线种类	线质系数
外照射	x、γ 电子	1
	热中子及能量小于 0.005MeV 的中能中子	3
	中能中子（0.02MeV)	5
	中能中子（0.1MeV)	8
	快中子（0.5～10MeV)	10
	重反冲核	20
内照射	β^-、β^+、e^-、x	1
	α	10
	裂变过程中的碎片、α 发射过程中的反冲核	10

第八章 环境中的放射性

第一节 概 述

在人类生存的地球上，自古以来就存在着各种辐射源。随着科学技术的发展，人们对各种辐射源的认识逐渐深入。从1895年伦琴发现X射线和1898年居里发现镭元素以后，原子能科学得到了飞速发展。特别是近几十年来随着核科学技术的不断深入，核能的大量开发和利用以及不断进行核武器爆炸试验，都给人类带来了巨大的物质利益和社会效益，但同时也给人类环境增添了人工放射性物质，对环境造成了新的污染。近30年来，全世界各国的科学家在世界范围内对环境放射性的水平进行了大量的调查研究和系统的监测，对放射性物质的分布、转移规律，以及对人体健康的影响有了进一步的认识。顾名思义，“环境放射性”的研究对象是环境中的放射性物质，它是环境科学的一门分支学科。这是一门旨在研究环境中放射性物质的来源、迁移、行为及其对环境质量和人类健康影响的基础科学。“环境放射性”的内容比较丰富，知识面广，主要涉及的领域包括核化学、原子核物理、核辐射剂量学、放射生物学、环境生态学、环境地学以及气象学等。目前，“环境放射性”这一概念已包括不了日益深入和广泛的研究内容了。因此，从广义来说多采用“环境辐射”这一概念。它除了包括原子反应过程中产生的辐射源——天然和人工放射性物质对环境的污染外，还包括机械的和电磁波的辐射等在工业、农业、医疗和生活中给人们带来的新的辐射因素。例如，激光、微波、发光涂料、电视和计算机等的应用对人体可能造成的危害，也都引起了人们的重视。

上述各种辐射源在环境中的分布和对人体的影响，涉及内容非常广泛，且已有大量专著和文献资料，此书仅就放射性环境及其物理监测方法作简要介绍。

第二节 天然辐射源

从地球形成时就存在着天然辐射源。它可分为来自地球以外的宇宙射线和来自地球本身的地表辐射。人们通常称天然辐射水平为天然本底辐射。由于地质构成和海拔高度等因素的影响，不同地区的天然本底也有所差异。

为了对天然辐射的作用做出合理的评价，有必要强调一下天然辐射在生物进化过程中的积极作用。

众所周知，在贯穿地球生命体的整个历史中，生物体每时每刻都在受到宇宙辐射、宇宙射线与大气作用产生的放射性核素以及大陆上原始存在的天然放射性核素的照射。不难理解，经过漫长历史演替和进化的现存生物种群，已经或者正在适应环境生态系统中天然本底辐射的照射。值得一提的是，地球中的巨大热量主要是由原生放射性核素及其子代核素的蜕变热来提供和维持的。可以想象，如果没有天然放射性物质，地球将完全是另一种样子。因此，当我们评价环境放射性的有害影响时，应该认识到天然本底辐射在地球进化中的有益作用。评价的重点应该是由于人类核活动而引入环境的人工放射性物质的危害。

一、宇宙射线

宇宙射线大约发现于1910年。当时，有位科学家在探测天然放射性本底时，发现环境中有一种贯穿力非常强的本底辐射，即使用很厚的铅屏蔽层也难以消除它对核辐射测量的干扰。后来发现，这种贯穿力极强的天然辐射，能透入深水和地下，实质上是宇宙射线中的一种“硬”成分。

宇宙射线主要来源于地球的外层空间。为了探明宇宙射线的由来，有人曾经做过一个有趣的实验，即把一个装有核辐射探测装置的大气球，从海平面一直上升至9 144m高空，观察电离辐射粒子注量率与海拔高度的依赖关系。结果发现，当海拔高度低于700m时，粒子注量率随高度上升而急剧下降。当气球高度超过700m时，粒子注量率随高度的上升而迅速增加。对于低空部分电离辐射强度随高度而下降的原因，可以用陆地天然γ射线辐射不断减弱来解释。对于700m以上的空间辐射强度随高度而增强的事实说明，这种辐射来源于地球的外层空间。另一方面，人们还发现，当太阳发生耀斑活动时，地球上测得的宇宙射线强度明显增强，这一现象同样证明宇宙射线是一种从宇宙太空中辐射到地球上的射线。

(一) 初级和次级宇宙射线

宇宙射线有“初级”和“次级”之分。初级宇宙射线是指从外层空间射到地球大气层的高能辐射，它是一种带正电荷的高能粒子流。初级宇宙射线按其来源不同，又可以分为“初级银河系宇宙射线”和“初级太阳宇宙射线”。不过，前者是初级宇宙射线的主要来源。

初级银河宇宙射线主要由高能质子组成（约87%），并伴有10%左右的氦核，其余为少量的重粒子、电子、光子和中微子。初级宇宙射线具有极大的动能，其平均能量为10^{10}eV，最大能量可高达10^{19}eV。因此，它们的贯穿能力极强。初级太阳宇宙射线主要是指太阳发生耀斑时释放出来的带电粒子，大部分是质子和α粒子。不过，这些粒子的能量较低，通常对地球表面的辐射剂量不会产生明显的影响。

次级宇宙射线是高能初级宇宙射线与大气的作用产物。初级宇宙射线进入大气时，具有极大能量的粒子与大气中的原子核发生剧烈的碰撞，致使原子核四分五裂，这类核反应一般称之“散裂反应”或“碎裂反应”。散裂反应的产物有中子、质子、π介子、K介子以及一些放射性核素，诸如，^{8}H、^{7}Be、^{22}Na和^{24}Na等。次级宇宙射线中的高能质子、中子和π介子还能继续与大气中的原子核进行核反应，由此形成更多的次级粒子，这一反应过程被称为“级联”反应。一些重要的级联反应可描述如下：

$$p+\text{空气}\longrightarrow p+n+\pi^{\pm}+\pi^{0} \qquad (8-1)$$

$$n+\text{空气}\longrightarrow p+n+\pi^{\pm}+\nu^{0} \qquad (8-2)$$

$$\pi^{\pm}\longrightarrow \mu^{\pm}+\gamma \qquad (8-3)$$

$$\pi^{0}\longrightarrow 2\gamma+4e^{\pm}\longrightarrow\cdots\cdots \qquad (8-4)$$

$$\mu^{\pm}\longrightarrow e^{\pm}+2\nu\longrightarrow\gamma\longrightarrow\cdots\cdots \qquad (8-5)$$

式中，π为π介子，它可分为荷电的$\pi^{\pm}$和不荷电的π^{0}。π介子的寿命非常短，大约只有10^{-7}s，它很快衰变为光子和$\mu^{\pm}$介子。ν和e分别为中微子和电子。

$\mu^{\pm}$介子总是荷电的，但是，它的寿命也很短，约为10^{-5}s以下。它的衰变产物是正电子和负电子（$e^{\pm}$）。$\mu^{\pm}$的质量极小，仅为质子质量的1/9左右。可是，它的能量很高，贯穿能力极强，能够穿透15cm厚的铅板。

在海平面上观察到的宇宙射线基本上是次级宇宙射线，其中 $\mu^{\pm}$ 介子约占总强度的70%，注量率约为 1.8×10^{-2}粒子/（$cm^2\cdot s$），$e^{\pm}$的强度约占总值的29%左右，注量率为 7×10^{-8}粒子/（$cm^2\cdot s$），其余1%左右是重粒子，主要是质子和中子。中子的注量率约为 8×10^{-8}粒子/（$cm^2\cdot s$）。初级宇宙射线与大气原子核的反应过程如图8-1所示。

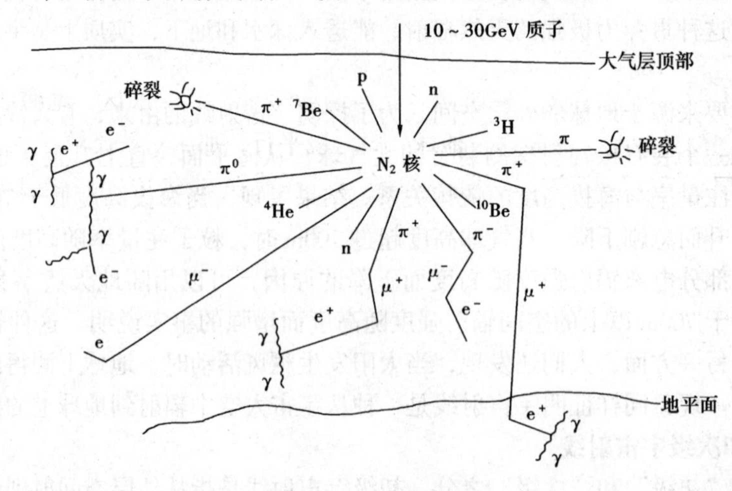

图8-1　初级宇宙射线与大气原子核的反应及其产物

顺便提一下，在讨论宇宙射线性质时，按其能量大小的差异，习惯上把它们分为“硬”和“软”两部分。“硬”部分宇宙射线主要是贯穿能力很强的高能粒子，主要是介子和高能质子；而“软”部分宇宙射线是较易被物质吸收的低能粒子，主要指电子和光子。

（二）影响宇宙射线强度的一些因素

总的来说，宇宙射线是一种高能量、低强度的辐射。据测定，在纬度高于45°的海平面上，宇宙射线的平均注量率为1粒子/（$cm^2\cdot min$）。高能粒子的注量率要更低些。海拔高度、纬度和太阳活动是影响宇宙射线强度的三个重要因素。

1. 高度的影响

海拔高度对宇宙射线强度的影响如图8-2所示。由图可见，从海平面开始，宇宙射线的强度随高度上升而迅速增强，大约到20km高度处达到极大值。在这一层空间里，由于大气的密度较大，大气对宇宙射线的吸收效应而导致的宇宙射线强度减弱随高度的上升而下降，换言之，越接近海平面，空气的密度越大，对宇宙射线的吸收效应越显著，因此宇宙射线的强度亦最弱，反之亦然。与此相反，20～50km的这一层空间，宇宙射线的强度随海拔高度的上升而减弱。产生这种变化的原因在于这层空间中的大气密度随高度上升继续下降，此时，初级宇宙射线与大气原子核作用的几率大大增加，与此效应相比，空气的吸收影响居于次要

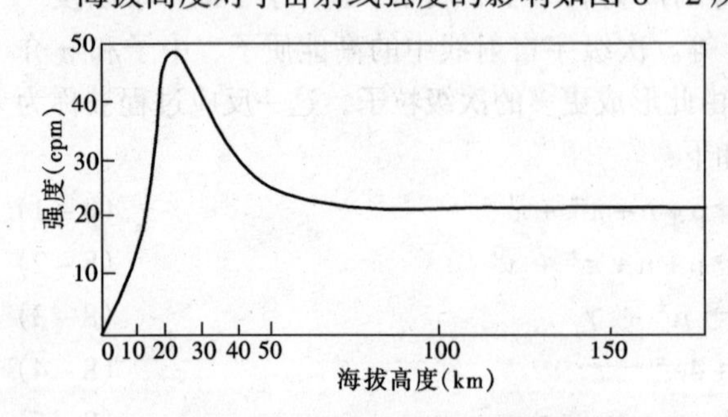

图8-2　海拔高度对宇宙射线强度的影响

地位。从大气层顶部（约 50km）开始，宇宙射线的强度基本保持恒定，不再随高度的上升而发生变化。这一事实表明，海拔 50km 以上的空间几乎全部是初级宇宙射线。

2. 纬度的影响

人们在考察纬度与宇宙射线强度的关系时发现，在赤道附近测得的宇宙射线强度最低，随着纬度的增高，宇宙射线的强度亦不断增强，当纬度超过 45°时，强度的增加趋于缓慢，纬度大于 60°以后，宇宙射线强度与纬度变化无关，基本保持不变。实际测量显示，在 57°纬度处测得的宇宙射线强度要比同等高度、赤道附近 15°处测得的宇宙射线强度高 14%左右。这种现象称为宇宙射线的“纬度效应”。对于这种效应，通常可以用宇宙射线的能量分布与地磁场的形状来解释。在赤道区，地磁线一般与地面平行，而在极区，地磁线则与地面垂直。当带电粒子射向地球时，如果它与地球的磁力线平行，那么它就比较容易穿透地磁场而进入地球的大气层，反之，当宇宙射线入射方向与地磁线垂直时，粒子穿过地磁场的可能性大大降低，只有能量极大的粒子才有希望穿过地磁线而到达地表面。实际上，从极地到 60°纬度地区之间的上空，几乎所有的初级宇宙射线都能入射到地球的大气层。然而，在赤道区的情况就大不相同，只有能量超过 15GeV 的粒子才能穿越地磁场。业已发现，穿越地磁场宇宙射线所需的最低能量可用下列经验式来估计

$$E_{最小} = 15\cos^2\lambda \tag{8-6}$$

式中　λ——地球的纬度数。

3. 太阳活动的影响

宇宙射线强度变化与太阳的活动情况有关。实际测量表明，当太阳发生耀斑时，宇宙射线强度会出现强烈的变化。例如，1956 年 2 月 23 日，太阳曾发生过一次较强烈的耀斑活动，当时测得的宇宙射线强度比正常的注量率高一个多量级。通常，当用光学法观察到太阳出现耀斑活动后约 1h，地面上的宇宙射线可增大到极大值，然后逐渐下降，持续几小时后恢复到正常的水平。由于太阳活动从最大到最小大致按 11a 的周期时间发生变化，宇宙射线注量率也有类似的周期性变化规律，这种现象称为“调制”。当太阳活动最大时，银河系低能质子的注量率最小，而太阳活动最小时，该注量率达到最大。

二、地表辐射

地表辐射来自地球表面的各种介质（土壤、岩石、大气以及水）中的放射性元素，它可以分为中等质量和重的天然放射性同位素两种。

(一) 中等质量的天然放射性同位素

原子序数小于 83 的天然放射性同位素不多，主要有^{40}K、^{87}Rb、^{115}In、^{138}La、^{147}Sm、^{176}Lu 等。它们在岩石圈中的含量很低，半衰期较长。其中^{40}K 在生物学中具有重要意义。这些天然放射性同位素的某些参数见表 8－1。

表 8－1　原子序数小于 83 的天然放射性同位素

放射性同位素	在岩石圈中的丰度/10^{-6}	半衰期/a	α 或 $β^*$ 射线能量/MeV	光子能量/MeV
40K	3	1.3×10^9	β 1.38（89）	1.46（11）
50V	0.2	5×10^{14}	EC	0.78（30） 1.550（70）
^{87}Rb	75	4.7×10^{10}	β 0.27（100）	

续表

放射性同位素	在岩石圈中的丰度/10^{-6}	半衰期/a	α或β* 射线能量/MeV	光子能量/MeV
^{115}In	0.1	6×10^{14}	β 0.480（100）	
^{138}La	0.01	1.1×10^{11}	β 0.210（30）	0.810（30） 1.426（70）
^{147}Sm	1	1.2×10^{11}	α 2.230（100）	
^{176}Lu	0.01	2.2×10^{10}	β 0.430（100）	0.088 0.202 0.309

*β指β粒子最大能量，括号内为每次衰变产额的百分比。

（二）重的天然放射性核素

在重的天然放射性核素中以铀、钍、镭最为重要。此外，还有^{222}Rn、^{220}Rn、^{210}Po等也有一定意义。锕系核素对人体的照射可以忽略不计。

主要天然放射性核素的物理性质见表8－2。

表8－2　主要天然放射性核素的物理性质

核素名称	占该核素的百分比/%	衰变形式	半衰期/a	比放射性/$Ci\cdot g^{-1}$
^{235}U	0.715	α	7.13×10^{8}	—
^{238}U	99.28	α	4.51×10^{9}	3.33×10^{-7}
^{232}Th	100	α	1.4×10^{10}	1.09×10^{-7}
^{226}Ra	—	α	1620	0.988
^{228}Ra	—	β	5.8	—
^{40}K	0.0119	β	1.3×10^{9}	8.3×10^{10}
^{87}Rb	27.83	β	4.7×10^{10}	2.5×10^{-8}

三、环境中天然放射性核素的分布

天然放射性核素种类很多，性质与状态也各不相同，它们在环境中的分布十分广泛。在岩石、土壤、空气、水、动植物、建筑材料、食品甚至人体内都有天然放射性核素的踪迹，如图8－3所示的是一些重要天然放射性核素在陆地生态系统的分布与迁移过程示意图。

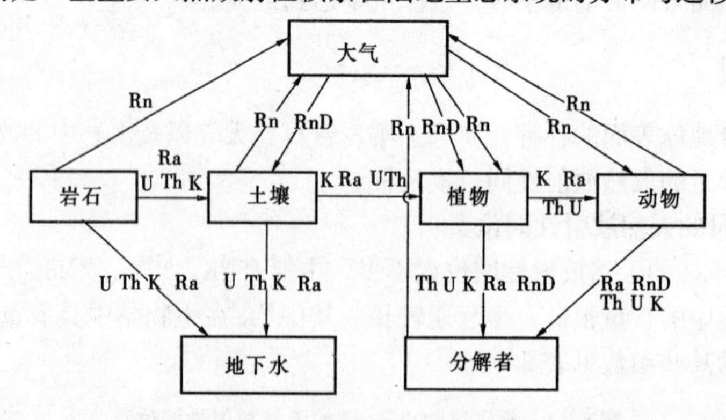

图8－3　一些重要天然放射性核素在陆地生态系统中的分布和迁移

U—铀同位素；Th—钍同位素；K—^{40}K；Ra—镭同位素；Rn—氡同位素；RnD—氡的子代产物

（一）地壳中的天然放射性核素

地壳是天然放射性核素的最重要贮存库，尤其是原生放射性核素。地壳中天然放射性核素的浓度列于表 8-3 中。由表可见，绝大部分岩石中都含有铀和钍，其中花岗岩和页岩中铀、钍的含量较高。值得指出的是磷酸盐岩中含铀量居众岩石之首，据测定，美国佛罗里达州产的磷酸盐矿中含铀量高达 120ppm，它已经成为铀的一种工业原料。基于目前农用磷肥主要由磷酸盐矿为原料，因此，磷肥中不可避免地含有铀的成分。随着农业的发展，磷肥施用量亦不断上升，磷肥制造和施用过程引起的铀对环境和农作物的污染问题，已经受到人们的关注。

表 8-3　地壳中天然放射性核素的浓度（ppm）

核素	火成岩			沉积岩			深海沉积物	
	超基性岩	基性岩	花岗岩	正长岩	页岩	砂石	碳酸盐	碳酸盐
^{40}K	0.0017	0.98	2.97	5.66	3.14	1.26	0.32	0.34
^{50}V	0.096	0.60	0.21	0.0072	0.31	0.048	0.048	0.048
^{87}Rb	0.056	8.4	31	31	39	17	0.8	2.8
^{115}In	0.01	0.21	0.0*x*	0.0*x*	0.*x*	0.*x*	0.*x*	0.*x*
^{138}La	0.000*x*	0.013	0.040	0.060	0.082	0.03	0.00*x*	0.009
^{142}Ce	0.0*x*	5.3	9.0	17.8	6.5	10	1.27	3.9
^{144}Nd	0.0*x*	4.8	7.9	15.5	5.7	8.8	1.1	3.3
^{147}Sm	0.0*x*	0.79	1.3	2.7	0.96	1.5	0.19	0.57
^{148}Sm	0.0*x*	0.60	0.99	1.0	0.72	1.1	0.15	0.43
^{149}Sm	0.0*x*	0.73	1.2	2.5	0.89	1.4	0.13	0.53
Th	0.004	4	8.5	13	12	1.7	1.7	*x*
U	0.001	1	3	3	3.7	0.45	2.2	0.*x*

注：“*x*”表示数量级。

（二）土壤中的天然放射性核素

土壤主要由岩石的侵蚀和风化作用而产生，可见，其中的放射性是从岩石转移而来的。由于岩石的种类很多，受到自然条件的作用程度也不尽相同，可以预计土壤中天然放射性核素的浓度变化范围是很大的。土壤的地理位置、地质来源、水文条件、气候以及农业历史等都是影响土壤中天然放射性核素含量的重要因素。农肥施用情况的影响尤为明显，例如，钾肥中含有一定量^{40}K，磷酸中含铀和镭的水平较高，施用这些肥料显然会增加农田土壤中放射性核素的浓度；另一方面，肥料对于土壤中天然放射性核素的化学形态也有一定作用，因此，核素的物理迁移行为以及被生物体吸收的性质也要受到影响。据报道，土壤中^{288}U、^{282}Th 和^{40}K 三个主要天然放射性核素的平均浓度分别为 25Bq/kg、25Bq/kg 和 370Bq/kg。

存在于岩石和土壤中的放射性物质，由于地下水的浸滤作用而受到损失，正如图 8-3 所指出的那样，地下水中的天然放射性核素主要来源于此途径。此外，黏附于地表颗粒土壤上的放射性核素，在风力的作用下，可转变成尘埃或气溶胶进而转入到大气圈，并进一步迁移到植物或动物体内。土壤中的某些可溶性放射性核素被植物根系吸收后，继而输送到可食部分，接着再被食草动物采食，然后转移到食肉动物，最终成为食品中和人体中放射性核素的重要来源之一。

（三）水中的天然放射性核素

天然水一般有地表水与地下水之分，地表水又有江河、湖泊和海洋的区别。水圈在地球表面分布很广，约占地表面积的3/4以上，其中最重要的是海水体系。环境水体中的天然放射性核素主要来源于地下水对岩石和土壤的浸滤作用、降水对土壤的洗涤和浸取作用以及大气中放射性核素向地表水的沉降作用。

水体中天然放射性核素的浓度与多种因素有关，诸如水源的地质和水文条件、当地的环境条件、大气交换、水处理过程等。实际上，不同水体中天然放射性核素的浓度见表8-4和表8-5。仔细观察表中所列的数据，不难看出：

1. 各种水体由于条件不同，水中天然放射性核素的浓度变化范围很大，跨度可达2个数量级以上。

2. 地下水，包括深井水和泉水，其天然放射性水平明显高于地表水。

3. 经过净化流程处理过的自来水，天然放射性核素含量要低于天然水源，尤其是重金属核素的含量。

表8-4　不同国家各种淡水体系中主要天然放射性核素的平均浓度　Bq/L

国　别	水　体	^{235}U	^{226}Ra	^{222}Rn
中国	自来水	$(1.38 \sim 1.88) \times 10^{-2}$	$(1.59 \sim 2.07) \times 10^{-2}$	
	河水	$(1.22 \sim 2.44) \times 10^{-2}$	$(1.11 \sim 2.59) \times 10^{-2}$	
	湖水	$< 5.55 \times 10^{-2}$	$(1.33 \sim 12) \times 10^{-2}$	
	地下水	$(3.7 \sim 8.69) \times 10^{-2}$	$(2.52 \sim 15.2) \times 10^{-3}$	
	温泉水	0.814		33.3
美国	自来水	$(0 \sim 7.4) \times 10^{-3}$		
	河水	$< 7.4 \times 10^{-3}$	1.11×10^{-3}	
	湖水	0.062 9		
	深井水		0.814	
	泉水	< 1.48		1.11×10^{4}
英国	河水		3.7×10^{-4}	$(7.4 \sim 11.1) \times 10^{-3}$
	泉水		< 0.444	< 25.8
俄罗斯	淡水		0.111	
	深井水		< 37	
德国	河水		(2.6 ~ 3.1) × 10 − 3	< 3.14
	泉水		< 0.68	< 37
日本	泉水	0.011 1		2.59×10^{4}
法国	泉水		5.143	
瑞典	淡水		$(7.4 \sim 37) \times 10^{-3}$	
奥地利	淡水		0.022	
黎巴嫩	泉水			2.22×10^{2}

表 8－5　海水与海底沉积物中天然放射性核素的浓度

核　素	半衰期 $T_{1/2}$	海水中浓度		沉积中浓度/$g \cdot g^{-1}$
		g/L	dpm/L	
^{238}U	$4.5 \times 10^{9}a$	3.0×10^{-6}	2.00～2.50	1.0×10^{-6}
^{235}U	$7.13 \times 10^{2}a$	2.1×10^{-8}	0.09～0.17	7.1×10^{-9}
^{234}U	$2.48 \times 10^{5}a$	1.9×10^{-10}	2.30～2.90	8.1×10^{-11}
^{234}Pa	1.14min	1.4×10^{-19}	220	4.7×10^{-10}
^{231}Pa	$3.43 \times 10^{4}a$	$< 2.0 \times 10^{-12}$	< 0.20	1.0×10^{-11}
^{234}Th	24.1d	4.3×10^{-17}	2.20	1.4×10^{-17}
^{232}Th	$1.42 \times 10^{10}a$	1.0×10^{-10}	2.4×10^{-15}	5.0×10^{-6}
^{231}Th	25.6h	8.6×10^{-20}	0.10	2.9×10^{-20}
^{235}Th	$7.52 \times 10^{4}a$	$< 3.0 \times 10^{-12}$	< 0.014	2.0×10^{-10}
^{223}Th	1.91a	$< 4.0 \times 10^{-17}$	< 0.07	7.0×10^{-16}
^{227}Th	18.17d	$< 7.0 \times 10^{-20}$	< 0.005	1.3×10^{-17}
^{228}Ac	6.13h	1.5×10^{-20}	0.075	2.4×10^{-19}
^{227}Ac	21.6a	$< 1.0 \times 10^{-15}$	< 0.20	5.9×10^{-1}
^{220}Ra	6.7a	1.4×10^{-16}	0.05	2.3×10^{-15}
^{226}Ra	1622a	1.0×10^{-13}	0.20	4.0×10^{-12}
^{224}Ra	3.64d	2.1×10^{-20}	0.007	3.4×10^{-10}
^{223}Ra	31.68d	$< 4.4 \times 10^{-20}$	< 0.005	8.5×10^{-10}
^{223}Fr	22min	$< 7.0 \times 10^{-24}$	$< 6.0 \times 10^{-4}$	1.4×10^{-21}
^{222}Rn	3.8d	6.3×10^{-19}	0.20	2.5×10^{-17}
^{220}Rn	51.5s	3.3×10^{-24}	0.007	5.4×10^{-22}
^{219}Rn	3.92s	$< 1.7 \times 10^{-25}$	< 0.005	3.1×10^{-23}
^{218}Po	3.05min	3.4×10^{-23}	0.20	1.4×10^{-20}
^{216}Po	0.158s	1.0×10^{-26}	0.007	1.7×10^{-24}
^{215}Po	$1.83 \times 10^{-3}s$	$< 8.1 \times 10^{-29}$	< 0.006	1.4×10^{-26}
^{214}Po	$1.64 \times 10^{-4}s$	3.0×10^{-28}	0.20	1.1×10^{-27}
^{212}Po	$3.04 \times 10^{-7}s$	1.2×10^{-28}	0.005	2.4×10^{-29}
^{211}Po	0.52s	$< 6.8 \times 10^{-29}$	$< 1.5 \times 10^{-6}$	1.2×10^{-26}
^{210}Po	138.4d	2.2×10^{-17}	0.20	8.8×10^{-26}
^{214}Bi	19.7min	2.1×10^{-22}	0.20	8.8×10^{-20}
^{212}Bi	60.5min	2.2×10^{-22}	0.007	3.7×10^{-34}
^{211}Bi	2.16min	$< 5.6 \times 10^{-24}$	< 0.005	1.0×10^{-21}
^{210}Bi	5.01d	7.8×10^{-19}	0.20	3.1×10^{-19}
^{214}Pb	26.8min	2.9×10^{-22}	0.20	1.2×10^{-19}
^{212}Pb	10.6h	2.4×10^{-21}	0.007	3.9×10^{-19}
^{211}Pb	36.1min	$< 9.0 \times 10^{-23}$	< 0.005	1.6×10^{-20}
^{210}Pb	19.4a	1.1×10^{-15}	0.20	4.5×10^{-24}
^{208}Ti	3.10min	4.1×10^{-24}	0.003	6.7×10^{-22}
^{207}Ti	4.79min	$< 1.2 \times 10^{-23}$	< 0.005	2.1×10^{-21}

4. 氡的含量要显著高于镭和铀的含量。

如前所述，在地球天然水系中，海水几乎占总水量的97%以上，因此，人们对于海水中天然放射性的成分与含量的研究比淡水体系更详细些。我国海洋科学工作者曾经对东海、黄海和南海海域进行过天然放射性核素水平调查，结果表明，海水中^{238}U、^{232}Th和^{226}Ra三个主要核素的浓度分别为3×10^{-6} g/L，（1～15.2）$\times 10^{-9}$ g/L和（0.4～15）$\times 10^{-13}$g/L。

(四) 空气中的天然放射性核素

我们在图 8－3 中见到，陆地生态系统中的岩石、土壤、动植物和分解者中都可能含有天然放射性衰变系物质，这些物质在衰变过程中有气体子代产物产生，诸如^{222}Rn和^{220}Rn。这些气体放射性核素不断地从其储存库中向大气释放，成了大气环境中天然放射性的基本来源。此外，存在于地表的某些放射性核素，在特殊气象条件下，以其他形式进入大气。例如狂风可把一些放射性核素从表土或表层水中掀起，以气溶胶的形式进入大气。天然气和矿物燃料中也存在一定数量的天然放射性核，燃烧过程中，其中的一些放射性核素伴随烟气一起排入大气环境。

^{222}Rn和^{220}Rn是空气中放射性的主要贡献者，它们分别是^{226}Ra和^{224}Ra的衰变产物，而且本身还有一系列放射性子代产物。空气中放射性氡的浓度因时、因地而异，变化范围很大，相关的因素很多。

首先，氡的浓度与含镭材料的性质有关。岩石、土壤或建筑材料等含镭物质、含镭的水平越高，发射的氡越多，不仅如此，材料的表面积对氡发射率的影响也很大。含镭量相同的材料，表面积越大，释入空气的氡也越多。不同材料氡的发射率相差可高达 1 000 倍。

其次，气象条件对空气中氡的浓度影响是很明显的，在晴天无风的清晨或傍晚，近地面处很有可能出现逆温现象，从地表检出的氡气难以通过气流垂直的扩散作用而释放，只能在近地面空气中逐步积聚，浓度随之上升。大多数的实测结果表明，在凌晨 1:00～6:00 和傍晚时间，近地面空气中氡的浓度达到极大值。白天，由于地表气温上升，逆温气象条件不复存在，大气的对流作用加强，空气中的氡气易于稀释，浓度明显下降，从上午 10:00～下午 2:00 左右，空气中氡的浓度可达最低值。据美国阿贡实验所报道，在近地 1m 处空气中测得氡的浓度，上午 10:00～12:00 时为（1.11～1.85）$\times 10^{-8}$Bq/L，而最高值的浓度范围为（1.64～3.55）$\times 10^{-2}$Bq/L。同一地点，最高氡浓度可相差一个数量级以上。此外，降雨时空气中氡的浓度也有一定的关系。测量表明，雨后空气中氡的含量明显下降，这一事实说明，雨水对氡有洗涤作用。通常情况下，海洋上空大气中^{222}Rn的浓度约为 3.7×10^{-5}Bq/L，近海地区为 3.7×10^{-4}Bq/L，内陆地区为 3.7×10^{-8}Bq/L。^{220}Rn的浓度一般比^{222}Rn低 5 倍到一个量级。

对于室内空气中氡的浓度水平，与空气流动的条件密切相关，也与建筑材料的性质有关。在地下室、防空洞、地窖和矿井中，由于空间内空气流动性很差，氡气比较容易在室内空气中积聚，浓度常常明显高于一般建筑物的户内空气水平。值得提及的是，由于氡气内照射对人体健康有一定危害性，所以对于长期在地下室工作的人员，尤其是矿业工人必须预防室内氡气的有害影响。有效的方法是在地下室和矿井中装配性能良好的通风设施，使空气中放射性的水平控制在容许的范围之内。表 8－6 列出了一些地区室内、外空气中氡浓度的分布范围。

^{222}Rn是一个短寿命（$T_{1/2}=3.825$d）放射性核素，它衰变后有一系列金属元素的子代产物，其中最重要的是 2 个长寿命放射性核素，^{210}Po（$T_{1/2}=138.38$d）和^{210}Pb（$T_{1/2}=22.3$d）。氡的子代放射性产物形成后，很快地黏附于气溶胶微粒或尘埃上。根据颗粒物质尺寸的大小，或快或慢地从空气中沉降到土壤、植物表面或地表水中，或者通过呼吸作用被吸入动物体内。土壤和大气中的^{210}Po和^{210}Pb，亦可通过根部吸收和表面吸附途径进入植物的组织内。当食草动物采食含有这些放射性核素的植物后，摄入的^{210}Po将在骨、肺、肾和其他软组织中蓄积，而^{210}Pb则主要蓄积于骨骼中。研究表明，烟叶中含有较高水平的^{210}Po，它在吸烟

者的肺中蓄积。吸烟者体内^{210}Po和^{210}Pb的水平比不吸烟者高1~2数量级。

天然气不仅是一种重要的工业能源，而且也被广大家庭用于炊厨与取暖。但是，天然气中含有一定量的氡，因此，对它的污染问题是不能轻视的。天然气中^{222}Rn的水平与产地的地质条件有关，平均浓度在0.74Bq/L左右。少数产地，例如美国得克萨斯州，那里生产的天然气中，^{222}Rn的含量可达1.85Bq/L。因而，在使用天然气时，特别要注意其中放射性气体对家庭小环境造成的污染。此外，地热资源开发中，也应该注意地热水、泉水和地热蒸汽中含有较高水平的氡。据估计，在地热发电厂，生产单位电能向大气释放的氡气的平均值约为4.4×10^{4}Bq/（GW·a）。

表8-6 某些地区室内、外空气中^{222}Rn的浓度 Bq/L

国别	地区	室外	室内	备注
中国	长春	0.014 8	0.016 7	砖房
	湖南		0.061~0.549	煤渣砖房
			0.33~0.52	铀尾沙砖房
	新疆	0.017 8	0.061 7	砖房
美国	波士顿	$(3.7\sim44)\times10^{-4}$	$(3.7\sim35)\times10^{-3}$	砖房
	纽约	0.004 8	0.009 3	砖房
俄罗斯			$(7.9\sim41)\times10^{-2}$	砖房
			0.041	混凝土房
			0.011~0.33	土坯房
			0.14~0.28	砖渣砖房
波兰		$(2\sim59)\times10^{-3}$	0.002 8~0.013	砖房
			0.005 2~0.079	混凝土房
瑞典			0.011~0.033	木房
			0.011~0.078	砖房
			0.011~0.166	混凝土房

（五）食物中的天然放射性核素

大气、岩石、土壤和水体中存在的天然放射性核素经过生态系统的物质循环与能量流动过程，它们必然会转移到生物圈中来。不同种类生物体，通过各自特有的习性和生理，通过呼吸、饮食和吸附接触等途径，把其环境介质中的天然放射性物质摄入体内；另一方面，生物圈中的放射性还可以通过食物链和食物网的传递与交换作用，相互转移。上述过程决定了食物中天然放射性物质存在的广泛性和复杂性。人类作为食物链的最高营养级，饮食将是它摄入天然放射性物质的主要来源。

关于食物中天然放射性的水平情况是相当复杂的，这不仅由于食物的品种繁多，而且还在于受到产地的地质、水文、气候和环境条件、农业生产的实践、食品进出口情况、食品加工工艺和销售过程等诸多因素的影响。因此，即使是同类的食物，它们的天然放射性含量也会有很大的变化范围。文献中有关食物中天然放射性浓度的资料不少，表8-7、表8-8和表8-9所列的数据可供参考。尤其表8-9的资料，是我国广大科技人员对16个省市主要食品中放射性水平调查的结果，它比较客观地反映了我国食品放射性的实际水平。

分析表8-7、表8-8、表8-9所列数据，各类食物的放射性水平没有一个明显的规律性，分布情况比较复杂。进一步分析，可以发现奶制品、水果、蔬菜一类食品的天然放射性水平较低，果仁、谷类食品的放射性含量可能稍高些。尽管如此，在同类食品中各个食物的放射性浓度也会有悬殊差异，例如，在果仁、蜜饯和饮料类食品中，各个食品的放射性水平范围可以从 0.003 7Bq/kg 到 107.3Bq/kg，浓度跨度变化达几个数量级。对于我国的食品而言，食品中铀和钍的含量范围在（10^{-7} ~ 10^{-5}）g/kg，^{226}Ra 为（10^{-8} ~ 10^{-11}）g/kg。海带、烟叶和茶叶中放射性的水平较高，但蔬菜类和糖中的含量较低。蛋类食品中含有较高水平的 ^{226}Ra。调查发现，在高天然放射性本底地区或者可能受放射性污染区域生产的食物，其中天然放射性水平要明显超过正常的对比地区，表 8－10 所列的数据说明了这种现象。

表 8－7　食物中^{40}K 的含量　　Bq/kg

食品名称	含量	食品名称	含量
乳制品类	28.5 ~ 55.9	蔬菜	
鲜牛奶	43.7	块根类	33.7 ~ 184.7
乳酪	29.6	鲜胡萝卜	125.8
油脂类	0 ~ 17.8	甜薯	164.6
白脱	7.0	白薯	125.8
人造黄油	17.8	叶菜类	40.0 ~ 240.5
水果类	22.9 ~ 136.9	卷心菜	70.3
什锦果酱	27.8 ~ 55.9	莴苣	42.6
苹果	22.9	菠菜	240.5
香蕉	130.2	芹菜	92.1
梨子	48.8	豆类	29.6 ~ 171.7
橘子	51.8	利马豆	171.7
甜瓜	70.3	豌豆	113.6
谷类	26.3 ~ 70.3	罐装豌豆	29.6
面粉	26.3	蛋类	31.1
大米	37.6	其他	
白面包	55.5	白糖	0.15
果仁类	129.5 ~ 236.8	红糖	70.3
巴西果仁	207.2	西红柿	70.3
可可仁	236.8	黄瓜	70.3
花生仁	215.3	甜玉米	73.6 ~ 112.3
熟肉类	101.4 ~ 122.8	啤酒	14.4
鲜海产品	34.2 ~ 168.0	可乐饮料	15.9

表 8－8　食物中^{226}Ra、^{228}Th 和活性的水平　　34Bq/kg

食品	总 α 活性	^{226}Ra	^{228}Th	食品	总 α 活性	^{226}Ra	^{228}Th
早餐谷类食品	0.33 ~ 21.5	0.93 ~ 2.51	0.19 ~ 2.26	腊肠	0.59	0.074	0.063
果仁类	0.18 ~ 625.3	0.11 ~ 101.01	0.11 ~ 44.4	罐装鳟鱼	0.66	—	—
巴西果仁	625.3	101.01	44.4	小牛肉	0.28	0.033	0.022
花生仁	4.44	0.67	0.34	羊肉	0.037	—	—
蜜饯	< 0.037 ~ 107.3	0.089 ~ 19.24	0.070 ~ 6.29	水果和蔬菜	< 0.037 ~ 0.85		
饮料	< 0.037 ~ 18.90	1.48 ~ 2.11	0.080 ~ 2.11	梨子	0.26	0.041	0.022
鱼和肉	< 0.037 ~ 11.47	0.033 ~ 2.11	0.022 ~ 0.70	奶制品	< 0.037 ~ 0.55	—	—
鸡肉	11.47	2.11	0.70	乳酪	0.33 ~ 0.55	0.055	0.055
淡菜	3.7	0.67	0.22	面包和面粉	0.29 ~ 5.44	—	—

表 8－9　我国主要食物中放射性的水平

类别	名称	天然铀 $/10^{-7}g\cdot kg^{-1}$	天然钍 $/10^{-7}g\cdot kg^{-1}$	^{226}Ra $/10^{-13}g\cdot kg^{-1}$	^{90}Sr		^{137}Cs	
					$10^{-2}Bq/kg$	(SU)*	$10^{-2}Bq/kg$	(CsU)**
谷类	大米	14～16	2.2～16	3.7～6.0	4.0～6.7	16～21	4.8～20	1.4～4.7
	面粉	3.1～100	32～710	27～110	20～81	22～60	10～55	1.0～6.9
	玉米	4.6～41	11～15	8.6～11	8.5～11	15～24	17～29	1.4～2.2
	高粱米	2.5～9.4	17～21	未测出～5.1	9.2	16	33～66	4.6～5.8
	小米	16	80	76	25	21	13	1.4
薯类	红薯	12～29	32	11～86	17～110	11～100	75～26	1.5～5.1
蔬菜类	青菜	14～90	31～120	8.6～26	34～100	11～16	9.0～33	1.2～3.8
	白菜	5.1～5.8	0.2～9.3	0.9～4.8	24～32	12～20	7.4～41	0.8～5.8
	菠菜	14～32	48～180	14～20	4.9～32	11～26	0.7～7.4	0.4～0.7
	萝卜	2.9～43	4.6～74	4.1～34	24～81	13～32	0.8～13	0.1～1.0
	茄子	2.1～3.7	1.3～53	1.2～4.7	6.0～11	11～21	1.9～9.6	0.3～1.5
肉类	猪肉	3.2～16	9.7～34	1.5～11	1.0～16	2.3～65	9.0～32	0.8～7.7
	羊肉	13～15	27～40	6.2～19	6.3～14	17～27	29～48	2.8～5.0
豆类	大豆	17～61	41～75	未测出～36	88～196	9.1～28	74～175	1.2～3.2
	绿豆	16～41	10～250	40～79	55～185	13～38	26～163	0.6～3.6
奶类	牛奶	8.4～19	0.7～2.9	未测出～7.0	6.7～8.1	1.8～1.8	6.3～8.5	1.2～1.6
蛋类	鸭蛋	1.9～18	1.6～23	32～130	16～70	7.0～29	2.2～4.1	0.4～9.3
	鸡蛋	4.8～25	2.2～17	49～110	18～41	4.7～22	0～12	0～2.5
烟类	烟叶	390～2 500	3 800～4 700	1 200～1 600	2 000～8 000	14～73	170～890	3.5～6.2
茶类	茶叶	140～580	770～940	260～350	1 300～3 000	100～210	185～1 330	3.1～24
糖类	白糖	1.1～4.4	3.9～5.1	0.2～2.8	1.9～4.4	5.4～20	0.4～5.5	0.4～66
油料	花生	40	9.5	4.5	444	110	59	2.5
果类	苹果	1.0～6.4	4.0～9.9	4.7～8.4	3.3～27	12～110	6.0～7.4	1.6～4.0
	梨	5.7	8.8	6.2	3.3	17	12	2.2
	香蕉	5.6	1.5	未测出	3.7	11	6.3	0.5
	核桃	8.7	5.0	11	8.1	52	19	2.3
水产类	淡水鱼	6.8～160	8.1～23	5.0～67	32～41	12～16	5.6～11	0.6～11
	海鱼*	20	7.2～28	1.6～46	2.6～26	0.4～1.7	52～150	4.5～8.8
	牡蛎	52	18	27	1.1～4.8	0.1～0.6	6.7～17	1.7～2.7
	鱿鱼、墨鱼	22～25	18～24	5.5～28	62	47	12～13	2.1～4.1
	虾	8.1～14	26～35	3.8～33	7.0～26	1.9～7.0	3.7～12	1.4～8.6
	海带	1500	60	1 200	174	49	41	1.9
	海螺	280	29	58	163	44	123	4.5

*包括鲅片鱼、刀鱼、黄花鱼。

**“SU”和“CsU”分别表示“锶单位”和“铯单位”。

众所周知，“民以食为天”。人群作为高等动物种群，处在食物链的最高营养级，人的生长、繁衍和发展都离不开食物。这一事实决定了环境中的天然放射性核素，尤其是食物中的放射性物质必然会通过人类的饮食过程而进入体内。表 8－11 列出了一个体重为 70kg 的“标准人”人体内存在的一些天然放射性核素的含量以及每天从食物中摄入的放射性物质的数量范围。由表可见，人类每天从食物中摄入的和在体内存在的主要天然放射性核素是^{40}K。

由于该核素是一个长寿命β和γ辐射体，半衰期长达1.28×10^9a，因此人们认为它是人体内最重要的天然辐射源。据估计，由于^{40}K的内照射产生的年剂量率约为0.2mGy。

表8－10 不同地区食品中U、Th含量的比较

食物种类	地区	天然铀/10^{-7}g·kg^{-1}	天然钍/10^{-7}g·kg^{-1}
大米	正常地区	14±1～16±1	
	甲铀矿区	84±8	
	乙铀矿区	75±7	
黄豆	正常地区	17±2	11±3
	广东历屯	28±3	73±3
甘薯	正常地区	12±1～29±3	32±1
	广东历屯	48±4	240±5
茶	正常地区	140±13	777±15
	湖南	580±52	940±9

表8－11 标准人体每天食入食物中所含的放射性物质及体内放射性物质的含量估计值

放射性核素	每天食入量/Bq·d^{-1}	体内含量/Bq·(70kg)$^{-1}$
^{3}H	0.592～3.22	9.25～37
^{14}C	44.4～66.6	2.85×10^3
^{40}K	59.2～88.8	(2.96～4.44) $\times10^3$
^{210}Pb	0.037～0.259	27.8
^{226}Ra	0.0185～0.0666	1.11～1.48
^{232}Th	0.0111	0.074
^{235}U	0.0222	1.85～3.33

（六）建筑材料中的天然放射性核素

随着人类文明的不断发展，人们在建筑物内度过的时间将逐渐加长。因此，对于建筑材料中天然放射性物质的含量越来越受到人们的关心，因为它直接关系到建筑物内的辐射剂量水平以及对人体健康的影响。

不同类型的建筑材料，其放射性的水平有比较大的差异。例如，瑞典黏土砖中的钍的水平要比天然石膏中的含量高80多倍。对于同类建筑材料而言，因产地不同其放射性含量也会有较大的差异，例如，匈牙利混凝土中^{226}Ra含量仅为0.011Bq/g，而英国同类材料中^{226}Ra的浓度达0.74Bq/g，两者相差近70倍。在各类传统建筑材料中，放射性核素的水平以黏土类砖较高，混凝土和集料类其次，天然石膏、石灰、砂砾和水泥较低。表8－12和表8－13分别列出了我国常用建筑材料中的天然放射性含量及各种建筑材料房屋内的γ辐射照射率的数据。

建筑材料的放射性调查证明，有两类建筑材料的放射性水平较高。一类材料起源于火成岩的材料；另一类是某些工业废渣制造的材料。后者主要是冶金、电力和磷酸盐工业排放的下脚料和固体废料，诸如钢渣、炉渣、飞灰、磷石膏、赤泥等。现在工业固体废物对环境的污染问题日益严重，因此综合利用固体工业废物，把它们用作建筑材料这是一举两得的好事，既有利于环境污染的治理，又能满足建筑业的需要。但是，在实际使用时，应该加强放射性剂量监督，防止一些放射性含量过量的废料混入其中，给人体造成较大的额外剂量负担。

表8－12 我国常用建筑材料中的天然放射性物质的含量

材料品种	铀/10^{-6}g·g^{-1}	镭/Bq·g^{-1}	钍/10^{-6}g·g^{-1}	^{40}K/10^{-6}g·g^{-1}	总α/Bq·g^{-1}
青、红砖	1.6～16	0.137～0.248	6.2～7	3～3.9	
砖坯	7.0	0.63			
河沙	9～30	0.139～1.41			2.53
石灰	3.1	0.122			
水泥	6.5	0.052			
煤渣砖	45～135.1	0.55～1.36	12.4～14	1～1.3	3.51～10.5
铀尾沙砖	20～50	0.28～3.44			40.7～41.8

表 8-13　不同材料建造的房屋内 γ 辐射的照射率　　2.58×10^{-10}C/kg

地区	室外	室内				备注
		全砖	土坯	混凝土	石煤、渣砖	
北京	14.40	16.80		17.80		铀尾沙砖所建房屋内 γ 照射量率可达 96~100
杭州	14.70	19.60		13.80	30.20	
苏州	14.30	13.90		17.00		
南宁	15.30	20.30	18.70	16.30	25.20	
沙市	13.00	16.00	17.00	18.00	20.20	
温州	13.90	17.70		14.00		
宁波	14.30	17.70		16.50		

第三节　人工放射性污染源

随着核科学技术的进步，人类已经能够运用多种方法从天然的原材料中生产和制备出品种繁多的放射性核素。人们制造人工放射性核素既可以和平利用，也可用于军事。前者包括核能的开发和核技术的应用，后者则是指核武器的研制与试验。所有这些涉及核科学技术的活动被称作人类的核活动。由核活动而产生的人工放射性核素，无论是有益的还是无用的，都有可能在其制备与应用中，通过各自的途径，不同程度地进入生物圈或局部生态系统。在这一节里，我们将论述由于人类核活动而引入环境的放射性。

一、核燃料循环

(一) 引言

核燃料循环是环境中人工放射性的最重要来源之一。所谓核燃料循环，实际上是“核燃料”生产的工业过程。美国早在第二次世界大战期间就投入了大量的人力和财力，用于一个名为“曼哈顿”的工程，率先建立了大规模的核燃料工业体系，并以此为基础，于 1945 年成功地制造了第一枚原子弹。据报道，美国仅从 1943 年至 1945 年 7 月不到 3 年的时间内，为核工业投资了 22 亿美元，动员人力达 50 余万人。战后，在政治形势与军事需求的推动下，前苏联、英国、法国等也相继建立了各自的核燃料工业体系。从 20 世纪 50 年代开始，美苏两个超级大国不断扩大军事核工业的规模，大量扩充核武器。70 年代，两个核大国的核军备竞赛愈演愈烈，甚至有可能把该竞赛扩散到太空领域。后来，美国和前苏联慑于日益强大的和平力量，在核军备竞赛方面有所收敛。1987 年，两国首次达成销毁中短程核导弹的协议，虽然这次协议中销毁的核弹头仅占两个超级核大国的很小一部分，约为核武器总量的 3%~5%，但这是一个值得肯定的行动。2003 年 8 月 6 日，联合国秘书长安南在纪念日本广岛和长崎遭受原子弹轰炸 58 周年之际发表声明，呼吁国际社会加快核裁军的步伐，并为制止核扩散做出更多努力。

由于世界范围人口的不断增长和现代工业的迅速发展，人类对于能源的需求也以惊人的速度上升。这种形势迫使人们去开发各种形式的能源。自从世界上第一座核电站（电功率为 5000 kW）于 1954 年在前苏联投入运行以来，核能作为一种引人注目的新能源开始服务于和平事业。近 50 年来，经过努力与奋斗，核能事业获得很大的发展。实践表明，核电站的可靠性、经济性、安全性都是可以信赖的。国际能源研究机构和许多国家普遍认为，大规模发展核能是解决当今世界能源缺口的一项根本性措施。作为核能工业的基础——核燃料循环工业体系，在国民经济和科技发展中发挥着举足轻重的作用。

为了对核燃料循环与环境放射性之间的关系有一个全面的了解，这里先简要介绍核燃料循环的具体过程，再讨论各个过程对环境产生放射性污染的可能性。

核燃料循环实际上是核燃料生产的一系列过程，一般包括：采矿、水冶、精制、元件制造，核反应堆辐照、辐照过核燃料的后处理以及放射性废物的处理与处置等过程。它的基本组成以及可能产生的环境污染物，包括放射性的和非放射性的，如图 8-4 所示。

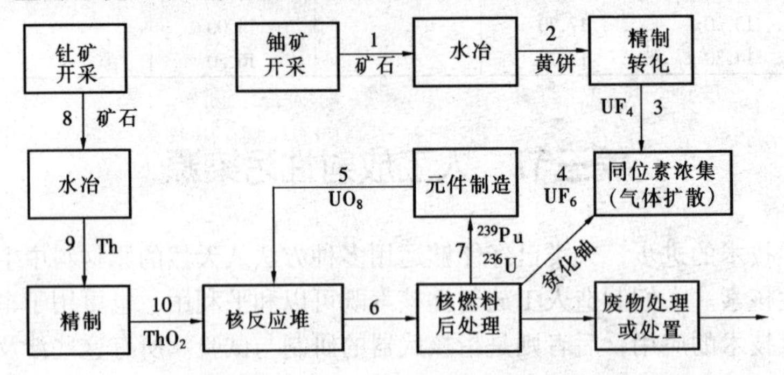

图 8-4 核燃料循环的基本组成及其排入环境的污染物成分

1—U、Th、Ra、Rn、RnD；2—U、Th、Ra、Rn、RnD 工艺化学废物；3—UF_6、^{234}Th、HF、CaF、NO_2；4—UF_6、SO_2、NO_x；5—F_2、HNO_3、化学废物；6—^3H、^{14}C、^{85}、^{86}Kr、$^{133、135、138}Xe$、$^{37、41}Ar$、^{131}I 及其他裂变产物和活化产物；7—^{235}U、^{239}Pu、化学废物；8—Th、Ra、Rn、RnD；9—Th、Ra、Rn、RnD、化学废物；10—Th、化学废物

(二) 核燃料的前处理

核燃料前处理指的是燃料元件在核反应堆辐射前的一系列加工过程，包括采矿、水冶、燃料元素的净化与浓缩以及核燃料元件制造等过程。

1. 采矿

铀矿或钍矿的开采是核燃料循环的第一个环节。采得的矿石，经过选矿后送往水冶厂处理，然后以化学浓缩物的形式把铀或钍提取出来，再送至精炼厂进一步加工。

自然界中，铀的矿石种类很多，常与 V、Mo、Cu、Pb、Co、Ni、Sn 等金属共生。此外，在一些磷酸盐矿、硫化物和煤中也含有一定量的铀。因此，在铀矿开采和加工过程中，不仅会产生含铀及其子代放射性核素的废物，而且还有其他伴生物质对环境造成污染的可能性。

铀矿石中铀的丰度高低不一。通常 U_3O_8 的品位高于 0.01%时，该矿石就具有开采的价值。一般可开采的铀矿石含 U_3O_8 量在 0.1%~3%范围。迄今为止，全世界约有 20 多个国家和地区从事铀矿的开采，正在生产的铀矿山约有 400 多个。目前，世界主要产铀国包括加拿大、美国、南非地区、法国、澳大利亚，另外一些国家，诸如阿尔及利亚、阿根廷、巴西、加蓬、印度、伊朗和尼日列亚等发展中国家也在致力于铀矿的勘探与生产。据报道，2001 年全世界总的铀产量为 9 480 万磅 U_3O_8（36464t 铀）。西方的铀产量增加了 2%，而前苏联、中国和东欧的铀产量大约是 2250 万磅 U_3O_8（8655t 铀）。Cameco 是最大的铀生产公司，2001 年的产量为 1 860 万磅 U_3O_8（7154t 铀）。其次是 Cogema 公司，2001 年的产量为 1 780 万磅 U_3O_8（6 847t 铀）。加拿大是铀产量最高的国家，2001 年铀产量为 3 220 万磅 U_3O_8（12 386t

铀)。其后依次是澳大利亚铀产量为 2 020 万磅 U_3O_8(7 770t 铀)、尼日尔铀产量 700 万磅 U_3O_8(2 692t 铀)、纳米比亚铀产量 630 万磅 U_3O_8(2 423t 铀)、美国铀产量 260 万磅 U_3O_8(1 000t 铀)、南非铀产量 240 万磅 U_3O_8(923t 铀)。

铀矿开采大致有两种方法:地下深井开采和大规模露天矿坑开采,以地下法为主。这种方法适用于铀矿床很深,或者铀矿床埋于坚硬岩石层下面的情况。露天法适用于开采矿床较浅的矿石。但露天矿开采的矿石中,铀的品位一般比较低。

铀矿开采过程中有大量的固体废物产生。这些废物包括地下开采时挖掘的岩石和围石,露天开采时剥离的覆盖岩层和外表矿石,以及预选中分离出来不合格的矿石。在低品位铀矿石堆浸取或洗泥处理过程中,也会产生矿渣和尾矿。各个铀矿山固体废物的产生量与矿山质量、工艺条件和技术先进程度有关。据报道,美国华盛顿州某露天铀矿、其剥采比为 3:1。如果每年开采铀矿石 1×10^5t,则固体废石的产生量达 3×10^5t 左右。铀矿山固体废物量之大,可见一斑。

铀矿山的放射性废水包括:湿法凿岩、除尘、降温等作业中产生的废水、地下水通过矿床形成的矿坑水、流经矿石堆场、矿石堆和尾矿堆的雨水等。废水中含有铀、钍及其放射性子代产物等放射性物质,同时还有共生的其他有害化学物质。

铀矿山废气中含有放射性氡气及其子代产物,此外还有少量放射性尘埃。在掘进、崩矿、矿石粉碎和运输等过程中,均有放射性废气和尘埃产生。矿岩暴露面、矿石堆和废石堆上也会析出氡气,溶于矿山废水中的氨不断地释放到空气中去,含有放射性物质的废气从地下矿井和坑道通过排风设备排入大气环境。单位质量铀矿石释放的氡气量取决于矿石的品位。澳大利亚某矿山的铀品位为 1%~2%,^{222}Rn 的释放量为(1~2)$\times 10^9$Bq/t,而加拿大一个地下铀矿山,铀的含量为 0.1%,它的^{222}Rn 释放量仅为上述的 1/10 左右。据调查,美国新墨西哥州在铀矿开采时,氡气的释放量范围在(0.4~8)$\times 10^9$Bq/t。

露天铀矿开采时也会有放射性废气和尘埃产生,主要成分同样是^{222}Rn。加拿大有几个露天铀矿,矿石中铀的品位约为 0.25%,氡的平均析出量为 2×10^8Bq/t。美国怀俄明州 8 个露天铀矿的调查表明,每生产 1t 铀矿石同样释放 2×10^8Bq 的^{222}Rn。经过归一化处理后发现,当含铀为 1%时,每开采 1t 铀矿石将释放出 1×10^9Bq 的^{222}Rn。通常,铀矿山开采时产生的废气量是惊人的,一个日采量为 1 500t 的铀矿山,排出的废气量约有 6 000m^3/min。因此,铀矿开采过程中产生的放射性废气,尤其是^{222}Rn 及其放射性子代产物,它们对环境和人群的影响是值得注意的。

2. 水冶

铀矿石加工的目的是把矿石中的铀提取出来并处理成含有 60%~75% U_3O_8 的化学浓缩物——“黄饼”,作为进一步精制和转化铀的原料。由于该加工过程中的各道工序均用湿法操作,所以习惯上把铀矿石加工过程称作“水冶”。铀矿石经水冶加工后,铀的浓度可提高几百倍,这不仅能大大节省矿石的运输费用,而且可以保证最终产品的纯度要求。

铀矿石水冶工艺由矿石预处理、浸出、铀的提取、沉淀和成品干燥等步骤组成。

矿石预处理是把开采出来的矿石,经过破碎、磨细和分级等工序,使矿石中的铀尽量暴露于外表,有利于铀的浸出。

铀矿石的浸出有酸法和碱法两种,前者用硫酸作浸出剂,后者用碳酸钠作浸出剂。铀在两种浸出液中的形式分别为 $UO_2(SO_4)_3^{4-}$ 和 $UO_2(CO_3)_3^{4-}$。铀矿石具体浸取方法的选择取决于矿石中碳酸钙的含量。若氧化钙的浓度低于8%时，可采用酸法浸出，高于8%时则宜用碱法浸出。介于8%~12%时，应根据其他条件而定。

把浸出液中的铀与其他杂质进行分离的过程叫“铀的提取”。提取的方法很多，诸如化学沉淀法，离子交换法和溶剂萃取法。沉淀法是一种古老的化学分离法，用于核工业的早期发展阶段。由于其工艺复杂、效率较低、试剂耗量大、铀回收率低以及浓缩物中铀含量不高等缺点，目前已很少使用。离子交换法对铀有较好的选择性，早在20世纪50年代已规模应用于工业。离子交换剂有阳离子和阴离子之分，阴离子交换法用得较多，该法还能直接从浸出清液或矿浆中选择性地提取铀。离子交换树脂可再生循环使用。该法不足之处是投资费用大，树脂对铀的吸附容量较小。现今，美国、加拿大、南非和澳大利亚等国家和地区，仍有部分矿山应用离子交换法提取铀。

溶剂萃取技术是继离子交换法之后引进铀水冶工艺的。该法具有生产效率高、铀回收率高、可连续操作、成本较低廉、操作容量大等优点。迄今，国际上几乎有90%以上的水冶厂采用溶剂萃取法来提取铀。选用的萃取剂主要是高分子脂肪胺，使用的萃取设备包括混合澄清槽和脉冲萃取塔。

化学沉淀法是水冶流程中获得铀浓缩物的最后一道工序。它是把铀提取工段中获得的$UO_2(SO_4)_2^{4-}$或$UO_2(CO_3)_3^{4-}$，用氢氧化铵或氢氧化钠进行沉淀。沉淀物中铀的存在形式为重铀酸铵或重铀酸钠。经过过滤和干燥后，就可得到黄饼。

由于水冶厂处理的矿石成分不同，使用的工艺流程和化学试剂也各不相同，因此，各个水冶厂所产生的废物成分和性质也不尽一致，对环境的影响亦互有区别。

“尾矿”是水冶厂产生的主要固体废物。尾矿的数量与化学成分大致与原矿石相当，只是其中铀的含量减少90%以上。尾矿一般含70%砂土和30%黏土，而大部分放射性集中在黏土中，约为85%左右。由水冶排出的泥浆中，约含50%固体尾矿。尾矿泥浆大多数被泵入到工厂附近的“保留池”中贮存起来，在池内，固体颗粒借重力作用而沉入池底，上层清液返回工厂再循环，或者让其自然蒸发、渗入地下和排入地方水源。保留池被固体沉积物填满后，将成为一个尾矿堆，尾矿堆放射性对环境的影响取决于当地的环境和气候条件。曾经对美国伊利诺斯尾矿堆做过调查，由于那里的气候干燥，放射性物质没有对地下水造成污染，尾矿堆底部以下1m处，钍和镭的水平接近本底。与此相反，加拿大大多数水冶厂在潮湿的环境中进行。保留池上层清液在排入公用水源之前，一般先用氯化钡进行处理，使其中的^{226}Ra共同沉淀下来。经此处理后，水中可溶性^{226}Ra的浓度可低至0.4Bq/L，同时还伴有(0.22~7) Bq/L的含^{226}Ra悬浮物。

水冶厂的废液包括离子交换树脂吸附后的贫铀溶液、萃余液和部分沉淀母液。废液的数量取决于工艺条件和水的再循环程度。若采用酸法浸取，产生的废水平均量为4m^3/t矿石；相比较，碱法的废水量较少，为1~2m^3/t矿石。据美国一座日处理500t矿石的水冶厂统计，废水排出量为2 300m^3/d，废水中含有铀4~57mg/L，含镭(44~822)$\times 10^{-12}$g/L，悬浮物中总α活度为1230Bq/L。粗略估计，每天排出可溶性铀70kg，可溶性镭0.8mg，不溶性镭30mg，悬浮固体的总α活度约2.8×10^9Bq。这些废物排入环境后，将对环境产生不利的影响。

水冶流程中的矿石破碎和研磨、黄饼干燥和包装以及尾矿处置时，都会向环境排放氡和放射性粉尘。据一座日处理2 000t矿石的典型水冶厂调查，放射性废气主要来自黄饼的干燥与包装过程。一些放射性核素的释放率如下：^{233}U，（1～4）$\times 10^9$Bq/a；^{230}Th，^{226}Ra和^{210}Pb，（0.2～2）$\times 10^9$Bq/a；^{222}Rn为（1～7）$\times 10^{12}$Bq/a。在尾矿区，放射性核素的释放率为：^{233}U和^{234}U，（7～500）$\times 10^6$Bq/a，^{230}Th，^{226}Ra和^{210}Pb为（0.1～8）$\times 10^9$Bq/a；^{222}Rn为（0.5～300）$\times 10^{12}$Bq/a。尾矿区氡气与放射性粒子的释放速率与当地的气候条件有关。应该指出，尾矿堆是放射性环境污染的一个潜在来源，即使在水冶厂关闭后，它依然存在。由于风化和水的浸取作用，它可能会持续地向环境释放氡、放射性尘埃和其他放射性物质。不过总的来说，水冶厂排放的废气中，放射性水平较低，因此，一般情况下不会导致明显的放射性环境危害。

3. 铀的精制和同位素浓缩

这是核燃料循环中的一个中间环节。水冶厂出品的黄饼转变成 UF_6，一般采用"湿法"和"干法"两种转化技术。前一类方法先用分级结晶、离子交换或溶剂萃取法把铀的浓缩物进一步纯化，去除其中杂质以达到核纯的规格。然后经过还原，得到 UO_2 产品，接着用干燥的 HF 把它转化为 UF_4，最终用 F_2 气把 UF_4 氟化成 UF_6。湿法技术广泛应用于美国、英国、加拿大等国家。此种方法直接以铀的浓缩物为原料，在流化床内进行还原、氢氟化和氟化连续处理。由此法获得的 UF_6 产品中可能含有少量杂质，需经过分馏纯化后才能获得核纯规格的 UF_6 产品。

一般而言，铀精制与转化过程中排出的放射性废物较少。湿法处理时，萃余液是主要的废液来源。加工 1t 铀，估计可产生此类废水近 4 000L。废水中可能含有少量的铀及其子代产物^{234}Th。不过，这些成分很容易被清除掉。经过净化处理后的废水可直接排入地表水源，对环境不会造成明显的影响。

众所周知，天然铀中可裂变的^{235}U 丰度为 0.711%，需用人工的方法提高铀产品中^{235}U的含量，制成不同浓度的"浓缩铀"，然后才能作为核燃料利用。通常，核动力堆的铀燃料中含有 1%～4%的^{235}U，核武器装料中，^{235}U 的含量必须高于 90%。

浓缩铀的生产技术极为复杂，成本昂贵。迄今为止，工业规模生产的铀同位素浓缩过程基本上还是气体扩散法。在气体扩散装置里，UF_6 原料用泵注入并通过一系列孔径小于 UF_6 气体分子平均自由程的多孔模或多孔栅板。基于质量较小的^{235}U 具有较大迁移率的原理，可以把 UF_6 气体分成^{235}U 含量较高的浓缩物流和^{235}U 含量较低的贫化物流。计算表明，$^{233}UF_6$的分子量约比$^{235}UF_6$ 重 0.85%。每一级扩散的理论浓缩因子为 1.0043。因此，欲要制得^{235}U浓度为 4%的浓缩铀，大概需 1 700 级的扩散过程才能实现。除了气体扩散法以外，离心法亦已趋向于工业规模，这种技术是利用超高速旋转的圆柱型离心机来分离铀同位素的。与扩散法相比，离心法的级浓缩效率较高，电能消耗较低，但设备成本十分昂贵，生产的能力亦不如扩散法。除了上述两种分离法以外，正在探索的方法还有激光法、化学法和喷嘴法。其中，激光分离铀同位素是近年来最引人注目的新方法，目前，各国都在竞相研究。据报道，该法已处于中间扩大试验阶段，距离工业规模生产已经为期不远。

气体扩散法分离铀同位素的主工艺流程全部置于密封的体系中进行，在正常运行的情况下，不会发生泄漏现象，因此，很少有污染物的释放。偶尔因设备泄漏而排出的放射性废物中，主要含 UF_6、^{234}Th和^{234}Pa，后两者是铀的子代产物。与核燃料循环的其他过程相比，这个流程中释放的放射性排放物是比较轻微的，其环境影响的程度自然也很小。

4. 核燃料元件制造

继^{235}U同位素浓缩之后，高浓的 UF_6 被送往燃料元件加工厂。首先把 UF_6 水解成重铀酸铵，然后煅烧成二氧化铀，再研成粉末，压成片状物，经高温烧结，把它装入不锈钢或锆合金的管子内，充入氦，封住管端，制成核燃料棒。当然，实际使用的核燃料元件不仅有管状，还有棒状、针状和板状等。除了烧结二氧化铀以外，也可以把 UF_6 转化成金属铀，然后再制成各种形状的元件。不过，在核动力堆中使用的元件，基本上是由烧结二氧化铀制成的。

核燃料元件厂仅排放少量的放射性废物。放射性废液来源于生产加工工具的清洗工艺。这种清洗液大部分呈微酸性，铀的浓度不超过 5mg/L，放射性水平较低，经过适当的稀释后即可排放。据报道，美国从核燃料元件加工厂废水中排放的^{238}U，每年有 1.7×10^{10}Bq。元件厂除了排放含铀废水外，还有少量的放射性粉尘排放，经过沉淀和过滤后排入环境。环境监测表明，它对环境的影响是十分微小的。元件加工厂的固体废物是一些沾有少量放射性物质的废弃设备、管道、材料和防护用品等。这类废物的放射性含量很低，经过适当的清洗就可去污；有些则可以焚烧或深埋，对环境并无明显的影响。

综上所述，在铀浓缩物的精制、转化、同位素分离和元件加工的诸工艺中，难免会产生和排放少量的放射性废物，但是相对说来，这几个过程排放的放射性废物，数量不大，放射性的水平较低，因此，它对环境的影响程度远小于核燃料循环的其他过程。

(三) 核反应堆

1. 核反应堆产生的放射性核素

核反应堆是核燃料循环中的核心部分，亦是核循环中人工放射性核素的“发源地”。不言而喻，核反应堆是产生放射性废物的主要来源之一。

实质上，核反应堆是一种使可裂变物质原子核发生自持链式裂变反应的特殊装置。在此装置内，可裂变物质，如^{233}U、^{235}U或^{239}Pu，在慢中子的轰击下，原子核发生裂变反应，释放出巨大的能量和大量中子。释放出的能量可用于发电、供热、船舶推进以及其他工业用途。产生的快中子用水、重水或石墨等慢化剂减速后变成慢中子，用于维持链式反应，其余部分可应用于^{239}Pu、^{238}U、^{3}H及其他放射性核素的生产。

在核燃料的裂变过程中，将产生大量的裂变碎片。据估计，裂变产物中含有二百多种人工放射性核素，这些放射性裂变产物大多数是短寿命的，在核燃料使用期间就可能衰变掉。但是，有一些裂变产物的寿命较长，少数产物甚至非常长。这些放射性核素，随着核燃料本身的不断消耗，它们将在燃料元件中逐步积累。当核燃料使用完毕从反应堆中取出后，这些裂变产物的放射性仍然很强，需继续衰变进行“冷却”。反应堆总材料中放射性核素的积存量与堆型、堆芯材料、堆运行时间、堆的功率和冷却时间有关。表 8－14 列出了一些对环境和生物体具有密切关系的放射性核素的核性质及其在一个典型核反应堆堆芯材料中的贮量。

裂变过程中产生的中子，除了一部分用于维持链式反应外，另有一部分可能与非裂变物质，诸如核燃料中的微量杂质、堆芯的功能性元件、冷却剂和反应堆的结构材料等发生活化作用，由此产生品种很多的放射性核素，即所谓“活化产物”。核反应堆产生的活化产物的种类与数量取决于中子通量，中子作用范围内元素的种类与数量。一些具有环境与生物意义的中子活化产物列于表 8－15 中。

从上可知，反应堆产生的人工放射性核素由裂变产物和中子活化产物两大类组成。由于核反应堆中设计有严密的回路系统，核燃料元件本身又有密封性极好的包壳封闭，因此，反应堆堆体内的放射性核素是很难从中释放出的。但是，欲使核燃料元件和回路系统的整体密封性绝对可靠，过去没有实现过，将来也可能有一定困难。因为包壳中有少量缺陷存在，结构材料和包壳材料也可能会受到一些腐蚀作用，所以，堆芯与回路系统中的放射性废气和废水发生少量泄漏和外逸还是可能的。例如，^{8}H可能透过防护隔层向外缓慢迁移。因此，在核反应堆的气体和液体流出物中可以检出低水平的放射性物质。在现代的核反应堆设计中，通常都有放射性废物的处理系统，因此，即使有少量的放射性废物释放也是可以控制和监测的。

表 8-14　运行 2a，冷却 1d 后某反应堆堆芯材料中重要放射性核素的贮量

核　素	半衰期	裂变产额（^{235}U）/%	辐　射　类　型	燃料中的活度/ $3.7\times10^{13}Bq\cdot MW^{-1}$（热）
^{3}H	12.3a	0.01	β	0.004 3
^{15}Kr	10.7a	1.33	β，γ	0.25
^{89}Sr	50.55d	4.80	β	24
^{90}Sr	28.1a	5.90	β	1.80
^{90}Y	64h	5.90	β	1.80
^{91}Y	58.8d	5.40	β、γ	32
^{99}Mo	66.6h	6.10	β、γ	40
^{131}I	8.04d	3.10	β、γ	28
^{134}Cs	2.06a	7.19	β、γ	0.61
^{137}Cs	30.1a	6.23	β、γ	2.40
^{140}Ba	12.8d	6.32	β、γ	46
^{144}Ce	284.4d	5.45	β、γ	35

表 8-15　某些具有生物意义的堆中子活化产物

核　素	半衰期	辐射类型	核　素	半衰期	辐射类型
^{3}H	12.3a	β	^{49}Fe	44.6d	β、γ
^{14}C	5730a	β	^{57}Co	271d	γ
^{24}Na	15.02h	β、γ	^{58}Co	71.3d	$β^{+}$、γ
^{32}P	14.28d	β	^{60}Co	5.272a	β、γ
^{35}S	87.2d	β	^{65}Zn	243.7d	$β^{+}$、γ
^{41}Ar	1.83h	β、γ	^{239}Np	2.35d	β、γ
^{45}Ca	163d	β	^{239}Pu	$2.44\times10^{6}a$	α、γ
^{56}Mn	312.5d	γ	^{241}Am	433a	α、γ
^{50}Fe	2.7a	X、E、C	^{242}Cm	163d	α、γ

2. 核反应堆产生的放射性废气

核反应堆向大气环境释放的放射性废气主要包含：惰性裂变放射性气体产物，如氪和氙；活性产物，如^{3}H、^{14}C、^{13}N、^{16}N、^{35}S和^{41}Ar；放射性碘等其他放射性微粒物质。核反应堆放射性废气的成分和排放率与反应堆堆型、废气处理设施和实际运行情况等因素有关。对于动力堆而言，常见的堆型有①轻水堆（LWR），包括压水堆（PWR）和沸水堆（BWR）；②重水堆（HWR）；③石墨气冷堆（GCR）；④快中子增殖堆（FBR）等。其中，以轻水堆的两种堆型应用最广泛。

在压水堆中，废气排放量几乎变化不大，核反应产生的大部分放射性气体被限制在一个严格密闭的一回路冷却系统中，而且回路中的冷却水不断进行净化处理，以控制它的纯度与化学组成。由一回路释放的放射性气体，通常把其收集到“冷却”罐中放置30~120d，旨在把短寿命的放射性核素衰变掉。除了一回路以外，压水堆的放射性废气来源还有二回路冷却剂的排放、蒸汽回路中冷凝器的排放以及反应堆建筑物的通风等。

出于各座反应堆的结构设计、运行、维修方面情况各不相同，单位装机容量产生的放射性惰性气体的排放数量也迥然不同，变化跨度有几个量级。为便于评价，通常把反应堆某种废物的年总排放量除以它的总发电量，得到“归一化”的年排放量。

在压水堆排出的放射性裂变惰性气体中，主要成分是氪和氙，前者有9个同位素，后者有11个同位素。其中大部分是半衰期在秒级至分级的短寿命放射性核素，它们在燃料中尚未发生明显迁移就衰变完了。因此，放射性废气中主要的实际成分是^{133}Xe（$T_{1/2}=5.29d$），^{135}Xe（$T_{1/2}=9.17d$）和^{85}Kr。在归一化排放量中，氙气占90%以上，^{85}Kr占5%左右。

除了惰性气体以外，压水堆释出的废气中还含有少量活化气体，如^{3}H和^{14}C。在燃料元件少形成的^{3}H，约有1%进入冷却剂回路随流出物排入环境。据报道，压水堆^{3}H的年归一化排放量为（4~15）TBq/GW（e）。^{14}C的年归一化排放量为（520~740）GBq/GW（e）。^{14}C一般以二氧化碳、甲烷或其他碳氢化合物形式存在。据估计，它的年归一化排放量约为220GBq/GW（e）。

沸水堆的放射性废气中有95%以上来自冷凝器的空气喷射系统，其余来源包括工艺装置的清洁系统、冷凝器的机械真空泵以及建筑物空间的排风系统。与压水堆相似，沸水堆废气中裂变惰性气体的单位转机容量排放量随各个堆设计和运行的具体情况而异，其变化范围高达6个数量级。由于一些新建的核电厂启用了高效废气净化系统，沸水堆废气的排放量有逐年下降的趋势。

沸水堆排放的裂变气体的成分，取决于冷却时间。通常，老的核电厂冷却时间较短，冷却半小时就进行净化处理，而近期运行的一些核电厂，一般在冷却几小时后才进行净化处理。气体中贡献较大的一些核素有：^{138}Xe（$T_{1/2}=12.4min$）、^{135m}Xe（$T_{1/2}=15.3min$）、^{135}Xe（$T_{1/2}=9.17h$）、^{133}Xe（$T_{1/2}=5.29d$）、^{87}Kr（$T_{1/2}=76min$）、^{85m}Kr（$T_{1/2}=4.48h$）和^{85}Kr（$T_{1/2}=10.73a$）。

沸水堆排入大气的^{3}H的年归一化排放量近乎不变。据调查，1975~1979年期间的平均值为3.4TBq/[GW（e）·a]。^{14}C在沸水堆中的归一化产额为（0.55~1.1）TBq/[GW（e）·a]，年归一化排放量为（0.22~0.52）TBq/GW（e）。报道表明，欧洲沸水堆排放的^{14}C，有95%以上以二氧化碳的形式存在，年归一化排放量达520Bq/GW（e）。另据美国一沸水堆的调查，从主冷凝器空气喷气射口排出的14C，其年归一化排放量为220GBq/GW（e），建筑物通风空气里仅为740GBq/GW（e）。

除了惰性气体、^{3}H和^{14}C以外，压水堆和沸水堆废气中都含有一些放射性碘和其他微粒物质。

放射性碘也是核燃料的裂变产物，其重要的同位素有：^{129}I（$T_{1/2}=1.59\times10^{7}a$）、$^{181}I$（$T_{1/2}=8.04d$）、$^{132}I$（$T_{1/2}=2.28h$）、$^{133}I$（$T_{1/2}=20.8h$）、$^{134}I$（$T_{1/2}=52.6min$）和$^{135}I$（$T_{1/2}=6.59h$）。上述数据表明，除了$^{129}I$，碘的其他放射性同位素的半衰期都很短，因此，用不了多久就能达到放射性平衡。放射性碘的排放量与核燃料包壳的破损数量和冷却剂的泄漏率有关。

压水堆的碘的年归一化排放量变化不大，平均值为5.0GBq/GW（e），沸水堆的平均值为410Bq/GW（e）。美国6个核动力堆分析结果表明，废气中平均有73%左右的碘呈有机物状态，22%为碘酸，余下的是元素碘。事实上，各个核反应堆排放的挥发性碘的数量与同位素组成互不相同，这与工厂采用的废气处理系统的性质密切有关。

核反应堆废气中呈微粒状态的放射性核素，一部分是裂变和活化过程形成的直接产物；另一部分则是它们的衰变产物。微粒放射性核素的组成和排放量决定了反应堆运行条件、包壳和结构材料中特殊杂质的成分、冷却剂的化学性质以及核燃料元件的破损方式。

要想精确鉴定反应堆释放的微粒放射性核素的详细成分，不是一件容易的事，而且也没有多大意义。然而，已有人对此做了不少工作，结果表明，几乎每个核电站都会释放几十种呈微粒状态的放射性核素，业已被广泛承认的有以下一些核素：$^{22,24}Na$、^{51}Cr、$^{64,56}Mn$、$^{55,59}Fe$、$^{57,58,60}Co$、^{63}Ni、^{65}Zn、^{76}As、^{88}Rb、$^{89,90}Sr$、$^{95,97}Zr$、^{95}Nb、^{99}Mo、^{99m}Te、$^{103,105,106}Ru$、$^{108m,110m}Ag$、^{123m}Sn、^{115}Cd、^{122}Sb、^{123m}Sn、^{128m}Te、^{134}Cs、^{136}Cs、^{137}Cs、^{189}Cs、^{140}Ba、^{240}La、$^{141,144}Ce$和^{182}Ta等。

将上述压水堆排放量数据与沸水压相比较，不难发现，无论是惰性气体还是其他放射性废物，前者的废气排放量显著低于后者。由此，从环境的安全观点来看，压水堆的安全性明显优于沸水堆，前者对环境的潜在影响比后者更小些。尽管如此，两者的废气排放量均在容许的限值之下。

3．核反应堆的液体放射性流出物

核反应堆的放射性废水来自一回路冷却水、燃料元件冷却池的冷却水和附属设施的废水。废水中的放射性核素包括裂变产物和中子活化产物，前者是由核燃料元件包壳中泄漏而致。与放射性废气的情况一样，废水中放射性核素的成分与排放量不是固定不变，它与反应堆的运行条件，设计性质以及包壳材料的杂质含量和性质等因素有关。气冷堆的放射性废物排放量明显高于其他堆型。例如，英国核电工业中有不少是采用气冷堆堆型，因此，该国向海洋排放的放射性废水要高于美国和其他一些欧洲国家。但近年来，气冷堆的年废水归一化排放量明显下降，这可归因于堆型设计的改进和高效率废水处理的启用。显然，从保护环境的观点考虑，沸水堆的安全性不及其他堆型。

有人曾对美国31个压水堆和19个沸水堆的放射性废水作过测试调查，结果发现其中包含的放射性核素多达几十种，诸如^{131}I、^{132}I、^{134}I、^{135}I、^{24}Na、^{54}Mn、^{56}Mn、^{57}Co、^{58}Co、^{60}Co、^{59}Fe、^{89}Sr、^{90}Sr、^{95}Zr、^{97}Zr、^{95}Nb、^{97}Nb、^{99}Mo、^{99m}Te、^{103}Ru、^{110m}Ag、^{124}Sb、^{134}Cs、^{136}Cs、^{137}Cs、^{140}Ba、^{144}Ce和^{239}Np等。两种堆型的成分基本相同，但具体比例有所区别。在压水堆废水中，钴、铯和碘的放射性占总活度的比例分别为60%、30%和6%；^{58}Co、^{68}Co、^{137}Cs和^{131}I四个主要放射性核素的年归一化排放量分别为46、17、7.7和4.6GBq/GW（e）。在沸水堆的废水中，铯的放射性贡献最大，约占70%。^{137}Cs的年归一化排放量为22GBq/GW（e）。其他成分有^{24}Na、^{131}I和^{54}Mn，它们的年归一化排放量分别为36、4.7和3.5GBq/GW（e）。关于气冷堆废水中放射性核素的组成，对英国8家核电厂的调查表明，主要有^{35}S、^{55}Fe、^{60}Co、^{89}Sr、^{90}Sr、^{106}Rn、^{125}Sb、^{134}Cs、^{137}Cs和^{144}Ce。贡献最大的是^{137}Cs和^{134}Cs，其次是^{35}S和^{90}Sr。它们的年归一化排放量分别是1 170、1 190、320和200GBq/GW（e）。显然，它们的排放量大大超过压水堆和沸水堆的水平。

总的说来，核动力堆液体流出物中放射性的水平较低，这是由于在反应堆设计中采用了二回路冷却系统。第二回路冷却水一般也很少受到污染。因此，正常情况下，二回路流出物可以直接排入地表水环境。由于核电站用水量很大，反应堆排出的废水体积庞大，因而，核电站的堆址常常选择于沿海地区或大河沿岸，以便于废水的排放。尽管排放的废水是受到控制和监测的，但这种排放会对该地区的水域环境带来潜在的影响。

4. 核反应堆的固体废物

反应堆的固体废物包括离子交换树脂、过滤器、过滤器上的泥浆、蒸发器上的残渣、燃料元件碎片及废弃的防护用品等，涉及的放射性核素主要是^{51}Cr、^{55}Fe、^{56}Mn、^{68}Co等，年产量约为20~100m^3/堆。常用的处理方法是焚烧或埋藏。由于固体废物量较少，放射性的水平也不高，因此，对环境不会有很大的危害。

（四）辐照过的核燃料的后处理

为了从辐照过的核燃料中提取^{239}Pu和^{233}U可裂变材料，同时回收未"燃尽"的铀和钍原料，需对辐照过的核燃料元件进行化学处理，通常称之为"后处理"或"再处理"。目前，已经有不少核工业国家建立核燃料后处理工业体系，并积累了比较丰富的运行经验。

原则上，核燃料后处理方法可分水法和干法两大类。水法又可分沉淀法、溶剂萃取法和离子交换法等；干法也有高温冶金法和氟化挥发法之分。经过几十年的研究、实践和改进，现在世界上各核燃料后处理厂基本上都采用以磷酸三丁酯（TBP）为萃取剂的普勒克斯（Purex）主工艺流程。该流程能从辐照过的核燃料中有效地提取^{239}Pu，回收未燃尽的铀，并能把这些有用的宝贵物质与各种放射性核素相互分离。这种流程不仅适用于生产堆燃料的后处理，略加修改后也能用于动力堆和增殖堆燃料的后处理。

历史上，曾经出现过一些著名的后处理工厂，诸如美国的萨凡那河厂、汉福特厂、爱达荷厂，英国的温茨凯尔厂，法国的马尔库尔厂、阿格厂等。这些厂曾为所属国的核军事工业的发展立下过汗马功劳。据报道，于1966~1982年间，世界核大国共处理各种类型辐射核燃料约10^5t，其中萨凡那河处理4×10^4t，汉福特厂为2.3×10^4t，温茨凯尔厂为2×10^4t，马尔库尔厂和阿格厂为1.6×10^4t。

随着核能工业的发展，对动力堆燃料的后处理工业提出越来越高的要求。据粗略计算，到20世纪末，从核动力堆中卸出的辐照燃料约有2.5×10^5t，年卸出率平均值为1.6×10^4t/a左右。然而，由于社会、经济和技术上的种种原因，当今世界范围内核燃料后处理工业很不景气。例如，美国原有一些以军用目的为主的后处理厂，大部分已在20世纪70年代相继关闭。原计划在纽约州西谷、伊利诺斯州莫利斯和南卡罗来纳州巴威尔三处要建造的三家大型商业性后处理工厂，也由于经济上和技术上的原因于1979年中止建设计划。目前，世界上还在运行的大规模后处理厂屈指可数。例如，英国的温茨凯尔厂，法国的马尔库尔厂和阿格厂。此外，还有若干个小型的后处理厂。温茨凯尔厂的处理能力约为2 000t/a，阿格厂对气冷堆燃料处理能力为900t/a，对轻水堆燃料为400t/a。后处理能力不够，与迅速发展的核电工业的需求是很不相称的。

核燃料后处理是一个极为复杂的工艺过程。在化学处理之前，先把卸出的燃料元件置于水池中，至少"冷却"120d以上，旨在让大部分短寿命放射性核素衰变掉，大幅度下降辐射强度。尔后，把燃料元件外壳剥落，将内芯切割成小碎片，并且把其溶解于硝酸中，以此成为萃取流程的料液。接着，用若干循环的TBP萃取流程进行处理，使铀和钚与裂变产物分离。提取的铀和钚用化学方法分别转化成UF_6和PuO_2形式，前者送往铀同位素浓缩工厂进行^{235}U浓集，以在核反应堆中重新利用，^{239}Pu则可以直接送去制造燃料元件，在后处理工艺的各个环节中，都会产生一些放射性水平不同的废物，现分别简述如下：

1. 放射性废气

首先指出，后处理流程中产生的废气和废水是一个复杂的问题，它们的放射性核素成分和排放量与多种因素有关，诸如燃料类型、辐照条件、冷却时间、工艺条件、废物处理方法等。

在元件脱壳和溶解工段，溶解过程将有大量气态的或挥发性的裂变产物和超铀元素释出。人们比较关心的有^{3}H、^{14}C、^{85}Kr、放射性碘和氙，以及一些气溶胶微粒。

^{85}Kr是后处理厂最受关注的一个气体放射性核素，它基本上来源于核燃料元件的溶解工段。据此，人们可以根据后处理厂^{85}Kr的排放量来估计该厂的处理能力。据报道，美国轻水堆核燃料后处理厂^{85}Kr的年排放量为11.5×10^{15}Bq/GW（e），英国温茨凯尔厂的年排放量为14×10^{15}Bq/GW（e）。

后处理厂废气中另一个主要成分是气溶胶，这是由多种α辐射体和β辐射体组成的。对于α辐射体，71%来自钚的同位素，包括^{238}Pu、^{239}Pu、^{240}Pu和^{242}Pu。其余则是^{241}Am和^{242}Cm的贡献。关于气溶胶中β辐射体的组成，排放量最大的是^{137}Cs，其次是^{134}Cs和^{106}Ru。

2. 放射性废水

后处理厂排入水环境的废水成分是很复杂的，包含的放射性核素非常多。以温茨凯尔厂为例，实际测定废水中含有30多种放射性核素，它们是^{3}H、^{35}S、^{54}Mn、^{56}Fe、^{60}Co、^{63}Ni、^{65}Zn、$^{89、90}Sr$、^{95}Zr、^{95}Nb、^{99}Te、$^{103、106}Ru$、^{110m}Ag、^{125}Sb、^{129}I、$^{184、187}Cs$、^{144}Ce、$^{152、154、165}Eu$、U、^{237}Np、$^{239、240}Pu$、^{241}Am和$^{242、243、244}Cm$等。核燃料后处理厂排入环境的废水量很大，放射性核素的内容也非常复杂，它们对生态环境与人类的潜在影响是人们比较关心的问题之一。

（五）核废物的处理与处置

核燃料循环作为一种工业过程，免不了在各个工艺环节产生废物。与其他工业不同，这些废物中或多或少地含有一些放射性物质，因此被称为“放射性废物”或“核废物”。环境放射性污染的根本来源就是核废物。所以，核废物的处理与处置是一个事关人类环境是否受放射性污染的大问题。

1. 放射性废水的处理

核废物与普通工业三废一样，也有废水、废气和固体废物之分。由于放射性废水的数量最大，排入水环境后，直接与人类环境接触，其生物危害性较大。因此，放射性废水处理尤其受人重视。

为便于对核废物进行控制和处理，各国都建立了一套放射性废物的分类标准，国际原子能机构亦为此提出过一些建议。对于放射性废水而言，国际上普遍以放射性浓度为标准，把其分为“高放”废水、“中放”废水和“低放”废水三个级别。

高放废水来源于后处理厂的第一萃取循环。这类放射性废水的最大危害性在于含有大量长寿命裂变产物和超铀元素。据粗略估计，至20世纪末，世界各国贮存的高放废水的放射性总量可达2.5×10^{21}Bq。

地下钢罐贮存法是以前广泛采用的一种高放废水处理法。美国倾向于以碱性溶液的形式把高放废水直接贮存于碳钢钢罐中，其体积较大。据报道，汉福达、萨凡那河和爱达荷等后处理厂已经贮存了200多只钢罐的高放废水，总体积达2.8×10^{8}L。在这些废水中含有（1～10）$\times 10^{16}$Bq的裂变产物放射性活度和几百千克的钚及其他超铀元素。此外，英、法、德国、比利时等欧洲国家则采用先把高放废水蒸发浓缩，然后再贮存于不锈钢罐中。因此，这类废水的比活度更高，但体积较小。

显然，地下钢罐贮存法是一种临时性的处理措施，不过是权宜之计，其安全性是令人怀疑的，高活度的放射性物质贮存在地下总是一个潜在的问题。例如，美国自 1958～1973 年期间，曾经发生过 20 起碳钢罐废水泄漏事件。其中较严重的一次发生于汉福特工厂，漏失的废水高达 $400m^3$ 以上，内含 $^{90}Sr5.2\times10^{14}Bq$、$^{137}Cs1.5\times10^{15}Bq$。由此可见，应用碳钢罐贮存高放废水是很不可靠的。不锈钢贮罐的安全性可能要比碳钢罐好一些，不过它的安全使用寿命也只有 15～40a，相比之下，被贮存的长寿命核素的半衰期要比它长得多。所以，用钢罐贮存高放废水并非长久之计。

近期以来，美、英、俄、德国和法国等都在积极开展高放废水固化法的研究和实践。高放废水经某种方式固化后，有利于进一步贮存和最终处置。固化的方法不少，最常见的一种是高温固化法。该法的基本原理是，在 400～1 200℃高温条件下，让高放废水与某种化学添加剂，诸如硫酸盐、磷酸盐、硼硅酸盐、硼铝硅酸盐等，烧结成一种高温固化物。这种呈玻璃或陶瓷状的固化物，具有导热性高、浸出率低、化学稳定性和耐辐射稳定性好的特性，从而大大提高了高放废物贮存的安全性。高温固化法处理工艺复杂，费用昂贵，普遍推广尚有一定困难。法国早在 1978 年于马尔库尔后处理厂就建立了一个高放废水玻璃固化处理厂。1979 年，该厂大约生产了 250 块玻璃体固化废物，并贮存于一个有空气冷却的设施内。我国和其他一些核国家亦正在从事研究，试图获得最合理的固化方式和寻求最适宜的处置场所。

近年来，国外对于高放废物的“最终”处置方法提出了很多设想，诸如在地下岩盐层、硬岩层（如花岗岩、玄武岩或片麻岩）或其他深度地层进行贮存，在海底或海底下层进行处置，厚冰层中贮存或发射到外层宇宙空间等。深层地质处置法被认为是一种比较现实可行的技术方案，尤其是地下岩盐层贮存法。由于地下盐矿地质稳定，导热性和耐辐射性能良好，并与地下水完全隔绝。目前，有不少国家已经对高放废物的地质处置进行评价研究。为了防止放射性物质从深层地质层中返回人类环境，人们特别重视放射性物质在地质岩石中的状态、行为、迁移规律以及对地下水的影响。研究工作在实验室和现场同时进行。尽管如此，高放废物的深层地质处置法能否付诸实际应用，有待于更深入的研究和验证。

中放废水主要来自核燃料后处理厂的第二、第三循环流程的工艺废水。由于各个后处理厂工艺条件不同，废水的成分互有区别，其处理方法亦不尽一致。常见的是固化法，包括水泥固化法或沥青固化法。该法已经达到工厂规模使用。水泥固化法费用便宜，工艺简单，但放射性物质浸出率较大，废物的体积有增无减；沥青固化体积较小，浸出率较小，但工艺略微复杂，成本亦较高。固化后的中放废水可以固体废物处置。

低放废水不仅核燃料循环各个环节都有产生，凡是涉及放射性核素的有关单位也有可能产生。因此，低放废水来源比高放、中放废水广泛得多，其数量是很大的。低放废水由于放射性物质含量很低，一般经过沉淀、过滤等简单的净化处理后，可以直接排至地面、江河或海洋。

地面排放基于地表的渗透和蒸发作用。该法仅适用经过特别选择的地区，那里应有适宜的地质条件，人口稀少，以便于控制污染。

凡设置在江河沿岸的核设施，大部分利用江河的自然稀释能力，直接把低放废水排入附近水域环境。国外一些有名的核设施，例如美国的橡树岭实验室、汉福特处理厂，英国的哈威尔核研究中心和法国的马尔库尔后处理厂，它们的低放废水都是直接排入各自的附近水域克林文河、哥伦比亚河、泰晤士河和罗纳河。初步研究表明，江河排放可能是核能工业污染环境的潜在途径之一。

英国、法国和日本等沿海国家，一些核企业就建造在海岸边，产生的低放废水直接排入海洋。业已认为，美国汉福特厂、英国温茨凯尔厂和法国的阿格厂是世界海洋放射性污染的三个主要来源。例如，温茨凯尔厂规定每年可向海洋排放 1.11×10^{16}Bq 的 β 放射性、7.4×10^{13}Bq 的 α 放射性。诚然，随着放射性废水净化技术的不断改进，低放废水的排放量和废水中放射性水平将逐步下降。美国在后来建造的一些核设施，采取了一些新的处理措施，其中之一是废水净化后循环使用。无疑，这个途径不仅可以大大减少低放废水的排放量，而且还可以节省大量的水资源。

2. 放射性废气的处理

核能工业产生的放射性废气多种多样，不一而足。铀矿的开采、水冶、精制和元件制造等前处理工艺中，排放的废气中含有氡、气溶胶微粒和粉尘。这些废气一般通过空气净化设备处理解决，当然，改进工艺和改善操作条件有利于废气排放量的降低。核反应堆排出的废气，在正常情况下不会引起环境污染。对于环境污染的潜在危险主要来自后处理排放的气态放射性核素 ^{85}Kr、^{131}I 和 ^{3}H。例如，一座日处理 10t，燃耗深度为 30 000MW/t 燃料的后处理厂，^{85}Kr 的年排放量约为 1.11×10^{14}Bq。废物严密地封置于混凝土圆桶之中，这些圆桶将被抛至深海，沉入海底后，数十年仍能保持完好无损。海洋倾倒法最早应用于美国，因为处理费用较贵，普通推广使用尚有困难。目前，西欧、日本等少数国家和地区对此问题仍在探索之中。

高放固体废物处置是一个棘手的难题，迄今尚未有一个令人满意的方法。可供高放固体废物处置与处理的选择方法有以下几种：浅层地下临时贮存、等待处理和回收；深层地质和海底深层埋藏；发射到外层空间或置于极厚的冰层中。

表面浅层地下贮存系统，作为一种暂时性处理措施还是比较合适的。但是，欲想在几百年，乃至几千年长期安全地贮存下去，不发生意外是没有把握的，其环境危害性得不到永久控制。如上所述，深层地质埋藏无疑是一种引人注目的方案，现在存在的一些问题在于岩石的完整性、稳定性以及地下水水文学方面。地下水及其移动现象的存在，无论是现在还是将来，都是一个令人担心的问题，因为，它将导致深层中埋存的放射性核素在地下发生迁移。

选择深海底层作为高放固体废物处置场所是经过周密考虑的。人们认为，深海底下的岩石结构是非常稳定的。这种特性可防止固体废物中的放射性核素向外发生渗漏和迁移。万一有极少量放射性物质从岩石或沉积物层中移入海洋底部的水域环境，浩瀚的大洋将是容量无比巨大的稀释场所，其环境污染的后果是可忽略的。

外层空间发射与冰层埋藏两种方案，在概念上是完美的，但是要实践应用还有相当遥远的时间。空间发射属于一种带有冒险性质的设想，其费用是极其昂贵的。把高放固体废物置于厚层冰块之中同样是一个冒险性计划，因为，迄今为止，人类对于极地冰层的远期行为尚无足够的资料，所以，该法的长期安全性是令人置疑的。由此看来，深层地质贮存法还是一种较为现实的处置途径。

综上所述，到目前为止，无论是放射性废气、废水还是固体废物，均未找到完善的处理方法，而高放废物的最终处置基本上还处于探索研究与计划设想阶段。所以，控制放射性三废对环境与生态的影响，仍有许多技术问题亟待解决。由此看来，人们对于大规模开发核能是否会带来严重的环境问题的忧虑是不无道理的。不过，以往几十年核能发展历史的事实可以证明，随着核科学技术的进步与发展，核废物的处理与处置技术渴望得到同步的发展和提高。可以预期，经过广大核科技工作者的不懈努力，核废物处理技术会日臻成熟，并能逐步适应核能开发和环境保护的需要。只要我们充分重视核能开发与环境问题关系的研究，核废物的处理与处置不会成为影响核能工业发展的障碍因素。

二、核爆炸

（一）核武器的种类

核爆炸是区别于核反应堆的另一种巨大能源，它既可用于军事目的，也能用于和平事业。出于历史上的原因，它首先被用于军事上。核能的军事用途主要是核武器和大型舰艇的动力源。

核武器实质上是利用原子核转变过程中瞬时释放的巨大能量，产生杀伤和破坏作用的一种新型武器。根据释放能量的原理不同，核武器可分为原子弹和氢弹两类。原子弹利用的是裂变反应释放的能量，故又称裂变武器。原子弹采用的装料是裂变物质^{235}U或^{239}Pu。前者也称铀弹，后者又称钚弹。1945年8月5日，美国在日本广岛投掷的就是一颗2×10^4t级TNT当量的铀弹，内装15~25kg浓缩铀（浓度90%~95%^{235}U）；1945年8月9日，在长崎爆炸的则是2×10^4t级TNT当量的钚弹，内装6~8kg ^{239}Pu。

氢弹利用的是^2H、^3H或^5Li等轻核材料聚变成重核时释放的巨大能量，故又称聚变弹或热核武器。^2H、^3H或^5Li等材料必须在高达几百万甚至几千万度的极高温度下才能发生聚变反应。因此，在氢弹内需要一个作为引爆装置的原子弹，通过原子弹爆炸释放的能量来引发轻核材料聚变。

无论是原子弹还是氢弹，它们的能量都是由核反应产生的，这比一般的化学炸药，例如三硝基甲苯（又称TNT）释放的能量大得多。1kg ^{235}U完全裂变时放出的能量相当于2×10^4t的TNT；而1kg^2H全部聚变时释放的能量大约相当于5.7×10^4t的TNT。为了描述核武器爆炸的威力大小，人们习惯用同等威力的TNT数量来表示，即所谓“TNT当量”。例如，一颗2×10^4tTNT当量的原子弹，其爆炸时释放的能量与2×10^4t普通炸药相当。

如果根据爆炸威力的大小来分，核武器大致有以下四类：爆炸当量小于2×10^4t TNT的为“低当量核武器”；2×10^4~2×10^5t TNT级的为“低中当量核武器”；2×10^5~1×10^6tTNT级的为“中当量核武器”，超过1×10^5tTNT当量的称“高当量核武器”。若按军事用途来区分，核武器又可分为“进攻型”和“防御型”两类，进攻型核武器还可分成战术核武器和战略核武器两种。

（二）核武器试验

1. 核武器的试验方式

核武器试验的目的是检验和测定核武器的爆炸威力和有关参数，以准确判断它的性能。根据试验的不同目的，试验的具体方式也不一样。若按核武器爆炸的位置为标准，核试验大致有以下四种方式：

（1）大气层核试验

这类核试验是指核装置在地表或距地表数百米至数十千米的大气层中进行爆炸。爆炸的能量主要转变成光辐射和空气冲击波。大气层核试验适用于多种核武器，特别是大当量核武器的试验。大气层核武器试验盛行于20世纪50年代和60年初。不难想象，这种试验方式给环境造成的放射性污染最严重。

(2) 外层空间核试验

这种试验又称宇宙空间核试验。试验通常在距地表100km以上的外层空间进行。由于外层空间空气极其稀少，爆炸时无冲击波发生，释放的能量均转变成热辐射。爆炸时产生的原始核辐射，紫外线和X射线对大气中低电离层的电离能力有一定程度的干扰作用。外层空间核试验适用于核武器对导弹弹头和人造卫星破坏能力的研究。

(3) 地下核试验

它有"浅度"和"深度"两种。前者在坑道的底部进行，旨在研究核爆炸对各种军事目标和设施的破坏能力；后者以研制战术核武器和改进战略核武器为目的。

(4) 水下核试验

水下试验又有"浅水"和"深水"试验之分。浅水核试验的深度不超过几十米。这种试验适用于研究核武器对水面舰艇、港湾、大型水坝设施的破坏效果。进行这类试验时，能量以水下冲击波和空气冲击波形式出现。火球冲出水面形成放射性蘑菇云。

深水试验一般在100m以下的深水区进行。这种试验适用于反潜艇的目的。深水试验时，火球在冲出水面之前已经分裂成很多的小气泡，能量几乎完全转化为水下冲击波。不难看出，"浅度"地下核武器和"浅水"试验也会给环境带来较严重的放射性污染。

2. 核试验的历史回顾

1945年7月16日，美国在新墨西哥州的阿拉莫多进行了人类历史上第一次核武器爆炸试验，威力约为1.9×10^4tTNT当量。时隔不久，美国在日本的广岛和长崎两地投掷了原子弹和氢弹。自1946年以后，美国在太平洋地区进行了长时间的核武器试验活动。1949年8月29日，前苏联首次核爆炸装置获得成功，尔后，1952年10月3日英国在澳大利亚也爆炸了一颗核武器。从1960年起，法国、中国、印度等国相继试验了核装置。目前，世界上已经有不少国家在技术上具备了核力量。

美国和前苏联分别于1952年和1953年第一次爆炸了热核装置。1954年2月28日，美国在太平洋的比基尼岛爆炸了一颗1.5×10^7t级的氢弹。爆炸后，在试验地周围相当大范围的上空笼罩着强烈的放射性尘雾和放射性落下灰，致使在附近海上作业的日本福龙丸（Lucky Dragon）渔船上的渔民和马绍尔群岛的居民蒙受放射性的伤害。据报道，福龙丸渔船上有23名渔民遭放射性损伤，其中1名在半年后猝于非命。由于这次核试验后果严重，使全世界人民开始对核武器试验活动感到恐惧、忧虑和不安。

1963年8月，美国、前苏联两个超级核大国曾经在莫斯科签订了一个所谓"部分禁止核试验条约"。该条约规定禁止在大气层、外层空间和水下进行核武器试验。实质上，两个核大国旨在推行他们的核垄断政策，以束缚其他核国家的手脚。包括中国、法国在内的一些核国家，为了维护世界和平和增强各自的国防力量，揭穿两个核大国核垄断的阴谋，没有参与该条约的签订，也不受此条约的约束。在此以后的一段时期内，仍然进行了有限次的大气层试验活动。事实证明，进行这些试验活动是完全必要的，并且得到了全世界爱好和平的人们的广泛支持和谅解。

在过去的五十多年核爆炸试验历史中，人们可以发现，20世纪50年代是全世界核国家在大气层进行核试验的最频繁时期，在1958年、1960年和1961年这三年内，大气层核试验活动达到高潮。核辐射的测量表明，核武器试验对于人类环境和生物圈造成的放射性污染的高峰时间也发生于20世纪50年代末和60年代初。由此可见，核武器试验引起的环境放射性污染主要来自大气层的试验活动。

大气层核试验场所在的地理位置也是十分重要的，它对核爆炸后产生的放射性沉降物质在全球范围内的分布具有决定性的作用。大多数国家的试验场都在北半球，但英国和法国的试验场设在南半球。

3. 核试验产生的放射性

在上一节中已经讨论过，核武器有裂变形式和聚变形式两种。前者叫“原子弹”，由于这类武器爆炸时会产生大量的放射性裂变产物和中子活化产物，因而被称为“肮脏弹”；后者称“热核弹”，因为此种装置的大部分能量来自聚变过程，与原子弹相比，它所产生的放射性物质较少，故名为“清洁弹”。

无论是原子弹还是氢弹，它们在爆炸的瞬间能产生贯穿性非常强的瞬时核辐射，爆炸后则留下大量的放射性物质，这些物质称剩余核辐射，它们在相当长时间内发射 α、β、γ 射线，这是造成局部性、区域性，甚至全球性放射性环境污染的主要来源。

核试验产生的剩余核辐射有三个来源：可裂变物质（^{235}U 或 ^{239}Pu）裂变反应后的产物，即裂变产物或裂变碎片；没有起反应的核装料；以及核爆炸时产生的中子与弹体材料、大气、土壤、建筑材料发生核反应而产生的中子感生放射性物质。显然，核试验时产生的放射性物质的种类与数量，不仅与核武器装料的性质与数量有关，而且与装料的反应程度和爆炸的具体方式及环境条件相联系。通常，装料越多，威力就越大，产生的裂变产物和活化产物也越多，放射性活度高，对环境的污染程度就严重。地面和低空核试验对环境的污染程度比高空核爆炸更严重，大气层核试验的环境危害性超过水下、地下核试验。“深度”地下核试验比“浅度”要安全些。表8－16所列的是原子弹爆炸时，1×10^6t TNT当量产生裂变产物、中子活化产物的估计产额。这些数据可用来计算不同爆炸威力核试验所产生的放射性物质数量的大小，有一定参考价值。

表8－16　1×10^6TNT核爆炸当量产生的某些放射性核素的近似产额①

放射性核素		半衰期	产额/$\times10^{16}$Bq	放射性核素		半衰期	产额/$\times10^{16}$Bq
裂变产物	^{89}Sr	50.5d	74	空气活化产物	^{14}C	5730a	1.25×10^5
	^{90}Sr	28.5a	0.37		^{39}Ar	269a	218.3
	^{95}Zr	64d	92.5	土壤活化产物	^{24}Na	14.96h	1.03×10^{12}
	^{103}Ru	39.35d	70.3		^{23}P	14.3d	7.03×10^5
	^{106}Ru	368d	1.07		^{42}K	12.36h	1.11×10^{11}
	^{132}I	8.02d	462.5		^{43}Ca	163d	1.74×10^3
	^{137}Cs	30.17a	0.59		^{56}Mn	2.58h	1.26×10^{12}
	^{144}Ce	284.8d	13.69		^{55}Fe	2.7a	6.29×10^7
空气活化产物	^{3}H	12.32a	<3.7		^{59}Fe	45.1d	8.14×10^6

① 系地面核爆炸。

（三）大气核试验对环境的污染

大气层核试验时，爆炸过程中产生的裂变产物实际上全部进入大气环境，活化产物则可被蘑菇状火球收入，并一起升入高空，随后与裂变产物一起污染环境。

1. 放射性落下灰的形成

当核武器在大气层爆炸时，一般在极短的时间内（约零点几秒）就可产生巨大的热量。此时，核装料、裂变碎片、装置的结构材料、活化产物以及周围环境的温度可上升至几百万度，并随之发生气化，结果形成闪亮的气体火球。如果火球形成于地面或近地面的低空，那么火球会立即扩大，并随之升至高空大气层，从而形成“蘑菇”状烟云。随着蘑菇状火球上升高度不断增加和辐射能量的释放，火球的温度逐步下降，以气态形式存在于火球中的放射性物质随之冷却，并凝结成为细微的液滴，继而固化成小颗粒。它们与烟云中其他尘埃相互作用，结合成一种放射性微尘。这些微尘跟随着蘑菇烟云一起不断扩散，并在重力作用下，缓慢地降落到地面。这类沉降下来的含有放射性的固体微粒物质，一般称为“放射性沉降物”，习惯叫做“放射性落下灰”或简称“落下灰”。

根据爆炸装置的高度、当量威力以及放射性微尘粒径的差异，放射性落下灰有着不同的沉降方式：局部沉降或近区沉降、全球性沉降，后者又可细分为对流层沉降和平流层沉降。当在地面或者低空进行爆炸，而且威力的当量较小时，由核爆炸形成的放射性颗粒较大（通常大于35μm）。这些颗粒物质在重力作用下，于爆炸后几小时至一天左右的时间内，迅速地在爆炸区附近或者在下风方向几十至几百千米范围内的地面降落。这种沉降叫做“局部沉降”。据估计，在地面进行核爆炸时，约有60%～80%的放射性颗粒物质沉降在爆炸区附近地区，从而造成较严重的环境污染。当量足够大的地面爆炸或低空爆炸，以及当量较小而高度较高的大气层核爆炸，在爆炸以后会产生颗粒很小的放射性微粒（粒径在几微米甚至更小），它们还随着放射性烟云升至对流层顶部以致平流层，并随高空的大气环流流动，然后再缓慢地降落到地面，这种沉降称为“全球性沉降”。升至对流层顶部的放射性烟云，放射性微尘随所在纬度的气流，在一条较狭窄的范围内环绕地球自西向东运行，大部分微粒在数天至几个月时间内逐渐降落至地面。它在对流层内的平均滞留时间约为30d，沉降区域基本上限于本半球，这种沉降叫“对流层沉降”或“带状沉降”。上升至对流层上部平流层的放射性微粒更细小，粒径一般不超过0.1μm，因此它们沉降的速度非常缓慢。据估计，放射性微粒在平流层内的平均滞留时间为5～20a。进入平流层内的放射性微粒，在高空气流带动下，大多数自东向西绕地球运动并逐步加宽向地球的两极弥散，尔后以很缓慢的速率进入对流层，最终降落到地面。因此，平流层中的放射性微粒可以沉降到整个地球的表面，这种沉降叫做“平流层沉降”。不同核爆炸条件下，各种沉降过程的大致分布情况列于表8－17。

表8－17　不同爆炸条件下各种沉降过程的相对比例

爆炸方式	1×10^6tTNT以下		1×10^5tTNT以上		
	局部沉降/%	对流层沉降/%	局部沉降/%	对流层沉降/%	平流层沉降/%
地面或低空	80	20	79	1	20
高空	0	100	0	1	99
水面	20	80	20	1	79

2. 放射性落下灰的性质

放射性落下灰对于环境的潜在影响及其在环境中的最终归宿，在很大程度上取决于其中包含的放射性物质的种类，它们各自的核性质，如辐射类型和半衰期，物理性质（如颗粒大小和密度）以及化学性质（如溶解度）等。可见了解一些落下灰的基本性质对于理解它们的环境行为是完全必要的。

放射性落下灰的主要成分包括核裂变产物、感生放射性核素（弹体、大气、土壤等物质的原子核吸收中子后形成不稳定的放射性核素）和未反应的核装料。在这三类放射性核素中，裂变产物是落下灰的主要组成部分，因为它所占的比例最大，其中相当一部分放射性核素的裂变产额高、半衰期较长、辐射能量大以及具有特殊的化学性质。其中，具有较大生物意义的核素有：$^{89,90}Sr$、^{95}Zr、^{95}Nb、^{99}Mo、^{106}Ru、^{131}I、^{122}Te、^{137}Cs、^{140}Ba、^{144}Ce和^{144}Pr等。这些核素或者对生物体有较大的外照射贡献，或者在人体内有类似的营养元素，经过食物链的转移，最终蓄积于人体或其他生物体的组织内，造成内照射。例如^{89}Sr和^{90}Sr两核素具有重要的生物意义，因为它们的化学性质与钙相似，人和其他动物摄入后，将在骨类组织中沉积下来。由于^{90}Sr半衰期长，从骨组织中排出的速率很慢，从而可能构成一种长期的辐射危害性。^{137}Cs是另一个重要的裂变放射性核素，其化学特性类似于钾，因此，它随钾一起在生态系统中循环。由于其半衰期长达30a，故在环境中能够滞留很长时间。人体摄入^{137}Cs后，可在多种组织和脏器中蓄积，它的贯穿性γ射线可影响到全身所有的细胞。研究表明，该核素有潜在的遗传性危害。甲状腺对于碘的浓集作用是众所周知的，^{181}I的化学行为与碘一样，如果它进入人体首先在甲状腺中蓄积。尽管它的寿命不长，但其γ辐射的能量较大，因而有一定的危害性。另一方面，^{90}Sr、^{137}Cs和^{181}I三个放射性核素均能形成可溶性的化合物，这一共同特性决定了它们在生态系统和生物体中有较大的迁移率，从而使得它们广泛分布于环境生态和生物体之中。据报道，其他一些裂变产物，诸如$^{103、105}Ru$和^{144}Ce，在某些生物组织中也有一定的蓄积程度。

感生放射性核素的产量主要由核爆炸的当量和方式决定。对于方式而言，地面爆炸产生的感生放射性核素的量最高，空中爆炸随高度的增加而下降。若在海域中进行爆炸，^{24}Na是最重要的感生放射性核素组成。

大部分感生放射性核素的半衰期不长。尽管少数核素的寿命较长，但它们的辐射能量较低，不致对生态环境和生物体构成威胁。令人重视的感生放射性核素是^{3}H和^{239}Pu（它还是钚弹的装料）。前者是空气的活化产物，其性质与氢相同，在生态系统中迁移率很高，在人体中随水一起循环，半衰期也较长，具有较高的生物毒性。后者是铀原子弹核装料中^{238}U的活化产物，虽然它在人体中没有明显的同类营养元素，如果摄入人体后，由于能在多种脏器和组织中蓄积，排出体外的速率极慢，故辐射危害性很大。

放射性落下灰的总放射性以及放射性核素的组成随核爆炸后经过时间长短不同而发生显著变化，这是由于组成落下灰的个别放射性核素的相对含量取决于各自的半衰期。通常，在核爆炸后的短时间内，短寿命放射性核素在总放射性中占很大的优势。研究表明，核爆炸后裂变产物总放射性与爆炸后经过时间的关系可用下式表式

$$R_t = R_0 t^{1.2} \tag{8-7}$$

式中 R_t——t时刻的放射性；

R_0——给定起始时间的放射性；

t——起始时间后经过的时间。

在原子弹爆炸后1h到0.5a的期间，上式还是相当准确的。在此段时间内，裂变后时间每增加7倍，放射性就下降10倍。

给定时刻放射性落下灰的具体成分是可以测定的。若从辐射安全和环境保护的角度出发，分析的重点包括^{89}Sr、^{95}Zr、^{95}Nb、^{99}Mo、混合碘、^{132}Te、^{140}Ba、总稀土和^{239}Np等。它们的相对组成一般可用各成分的β活度占总β活度的分数来表示。表8-18所列的就是一个典型实例。

表 8-18 某次地面核爆炸后收集的落下灰核素组成

核素	爆炸后天数	相对组成/%		核素	爆炸后天数	相对组成/%	
		范围值	平均值			范围值	平均值
^{89}Sr	2~10	0.01~0.26	0.13	^{128}Te	2~10	0.84~4.20	3.10
^{90}Sr	2	0.29~0.54	0.47	^{140}Ba	2~10	0.20~6.50	2.70
^{95}Zr	7~10	1.40~3.00	2.20	总稀土	4~10	19.80~51	47
^{99}Mo	2~10	6.60~17	13	^{239}Np	7~10	15~38	26
混合碘	2~10	1.30~17	9.40				

从生态角度看，人们更为关心的是落下灰中各种放射性核素在环境中的迁移行为与最终归宿。因此，掌握它们的理化特性是十分重要的。对于某些溶解度较大的放射性核素，如果它们本身属于人体的必需营养元素或者与基本营养元素相似，那么它们在环境中的迁移行为、循环过程与其相应的营养元素相似。对于那些微溶或者不溶性的核素成分，它们在沉降后较快地进入土壤或沉积物中，一般不会明显地再循环到食物网体系中去。

从放射性落下灰的形成到其进入生态系统的一段时间内，其物理性质，尤其是形态与粒径，对后续的环境行为具有重要的影响。通常认为，落下灰中的放射性微粒主要呈气溶胶形式，形状很不规则，粒径范围一般在 $10^{-8}\sim10^{2}\mu m$。平均粒径取决于爆炸的高度与威力。爆心离地面越高，吸入火球的尘埃量就越少，落下灰的粒径也越小。粒径小于 20μm 的落下灰，其行为与气体相似，能正常参与气体的扩散过程。一些挥发性较大的放射性核素，也有一部分以气态形式存在，如 ^{131}I 就是一例。颗粒大于 20μm 的微粒，已经具备明显的重力沉降作用，颗粒越大，沉降到地面的时间越早。

应该指出，即使一些水溶性的放射性核素，如 ^{90}Sr 和 ^{137}Cs，当它们与其他难溶性颗粒物质结合时，其溶解度会发生明显的变化。如果核试验在地面进行，火球中将吸入大量的泥土，由此产生的落下灰颗粒中一定含有硅酸盐成分，从而使某些可溶性核素的溶解度大大下降。相反，在高空大气层进行爆炸时，形成的放射性微粒非常细小，而且很少含硅酸盐，故大部分核素的溶解度较大。已经有研究指出，落下灰微粒的水溶性大致上与其粒径成反比。

（四）地下核试验对环境的影响

核爆炸试验技术不断进步，但人们对于大气层核试验严重污染环境的情况却日益不满。美国、前苏联等国家自 1963 年起，已经停止在大气环境中进行核试验活动，把核爆炸试验改在地下进行。从 20 世纪 70 年代中期起，全球范围内已经很少进行大当量的大气层核试验，取而代之的是地下核试验。

地下核试验可以把核装置埋设在较浅的水平坑道里进行，也可以埋设在较深的竖井底部进行。前者称“成坑爆炸”，后者叫“封闭爆炸”。

1. 成坑爆炸

成坑爆炸的核装置埋在较浅的地层中，爆炸时，大量的碎石和泥土冲出地面，随之掀起柱状的尘埃，即所谓“尘柱云”，并在较深的地下形成一个巨大的弹坑。尘柱云中一些较大的石块迅速降落到地面，又在周围迅速激起弥漫的细微的尘土，这就是“基浪”。无论是尘柱云还是基浪，都会给环境带来影响。美国于 1962 年 7 月在内华达试验场进行过一次代号为“色当”（Sedan）的地下核试验，核装置埋设在深约 195m 的冲积层中，爆炸的威力为 1×10^{5}tTNT 当量。试验后，地下留了一个直径为 360m，深 97m 的大弹坑。据估计，此弹坑的容

积相当于搬走 5×10^6t 碎石和泥土。

浅层成坑核爆炸产生的放射性物质，一部分残留在地下，存在于熔融后凝成玻璃体的坑壁及其周围介质中，另一部分则与尘柱云和基浪一起进入大气环境，尔后逐渐沉降到地面，结果给试验区周围环境和下风向区域的一定范围造成放射性污染。

浅层地下核试验形成的放射性物质种类、数量以及进入大气环境的相对比例，取决于核装置的埋没深度、爆炸的威力大小以及试验区的地质条件。在地质条件与爆炸当量相同的情况下，核装置埋得越深，进入大气层环境的放射性相对比例就越小，反之亦然。在很浅的地下进行核爆炸时，近区局部性沉降的放射性份额有时可达总放射性的 90% 以上，其余部分留在地下或形成全球性沉降。由此可见，浅层地下核试验并不安全，它对环境生态仍然可能造成较严重的污染。

2. 封闭爆炸

如果把整个核爆炸严格地限制在地下进行，那么，爆炸产生的放射性物质将完全被封闭在爆炸形成的球形空腔中，或者在因空腔顶部发生崩塌而造成的碎石区内。这种爆炸一般不会发生放射性物质冲出地面的现象，因此叫“封闭”式爆炸。毫无疑问，封闭式地下核爆炸比较安全，对环境污染的程度显著低于成坑核爆炸。尽管封闭性爆炸对大气环境的放射性污染可能性较小，但是它对地下水的放射性污染则是一个严重问题。因为，在核爆炸后产生的空腔和碎石区中，经常有地下水流过，放射性物质溶入其中的可能性很大。溶入地下水的放射性核素，随水流一起流往下游地区，从而造成附近水域环境的放射性污染。放射性物质从爆区地层中迁出的速率与多种因素有关，其中包括地下水的流速、玻璃体的溶解度和个别放射性核素在水与岩石之间的交换及分配特性。在普通的地质条件下，地下水的流速比较缓慢，每昼夜为 1～2m。玻璃体在地下水中的溶解度亦很低时，各类岩石对放射性核素还有不同程度的吸附作用。这些因素决定了放射性核素在地下的迁移速率是相当小的。即使经过非常长时间的迁移，其输送的距离也是有限的。另一方面，由于地质材料的吸附结果，致使地下水中的放射性核素有很大的损失，当其流出爆区不远时，水中的放射性浓度可能已经下降到接近容许水平。据美国一次代号为“Gasbuggy”的地下核试验的调查，地下水中的 ^{3}H，经过 300 余年的迁移，其最大迁移的距离估计为 2km 左右，此时，水的 ^{3}H 浓度可能已下降到 3.7×10^4Bq/L，而 ^{90}Sr 和 ^{137}Cs 只要分别迁移 3.2m 和 3.5m，它们的浓度就可下降到容许水平以下，但它们所需的迁移时间长达 1 000a。由此可见当地下水流速缓慢、溶解于地下水中的放射性物质含量不高的情况下，地下核爆炸对于地下水污染的范围是有限的。

应该指出，地下核试验存在的技术难题还不少，试验过程中发生的意外事故并不罕见。因此，即使是封闭式爆炸，也会出现一些失误。美国在内华达试验场进行的一次代号为“Baneberry”的地下核试验，核装置埋设在离地面 275m 的深处，爆炸的威力为 2×10^4tTNT 当量。在核试验时，放射性物质从地面裂缝、坑道和管道中泄漏出来，辐射尘柱飞出地面近 2 500m。在场工作的 600 名左右研究人员被迫撤离，其中约有 300 人明显沾染了放射性，试验场周围环境受到较严重的放射性污染，污染范围波及许多州。据事后监测调查，由于这次地下核试验的泄漏事故，致使美国西部 13 个州和加拿大边境大气中的放射性水平有明显的增加。

（五）核爆炸的和平利用

核爆炸，尤其是地下核爆炸，不仅可用于军事目的，而且有广泛的和平用途。这些用途包括天然气、石油、矿藏、地热资源的开发，天然气井和油井火灾的扑灭，公路、港口和水库的建设，人工运河的开掘以及超铀元素的制备等。

早在1957年，美国曾进行过一次名为“Plowshare”的和平利用核爆炸的研究计划，从实验室理论研究到内华达试验场的实地考验，对核爆炸的和平利用的可行性、经济性以及环境影响问题作了深入细致的研究。前面提到过的“Sedan”计划就是其中的一部分。这次核爆炸不仅取得了大量的工程参数，而且也为研究放射性对生态环境的影响提供了许多非常有价值的资料。这次试验证实，在爆炸后短短的几天内，业已发现生活在弹坑附近环境中的一些野生动物体内，已经蓄积了可检出量的放射性物质。例如，在一些黑尾鹿的甲状腺内，^{131}I的含量大大高于正常水平，由此可见这次试验给环境生态已经造成显著的影响。尽管如此，人们发现，核爆炸引起的气浪和泥土沉降物对生态的破坏作用远远超过放射性。后来，美国在内华达试验场又进行过多次地下核爆炸成坑试验，虽然这些试验是在不同类型的地质层中进行，威力亦各不相同，形成的弹坑互有差异，但有一点是共同的，即试验的结果都会不同程度地给环境生态造成损害；处于弹坑下风向的某些生物体受到的辐射危害更严重，有些植物体在核试验中甚至遭到毁灭性打击。

有人曾对“Plowshare”核试验计划中放射性核素的产量作过估计。假如试验在深层的玄武岩中进行，爆炸的威力为1×10^6tTNT当量，其中99%为聚变能，1%为裂变能。计算结果列于表8-19中。如果欲用核爆炸的方法来挖掘一条连接太平洋和大西洋的人工运河，粗略估计需要3×10^8tTNT当量的爆炸威力。由表可见，在运河挖成后，将有大量的放射性副产品形成，仅^3H就有1.11×10^{10}Bq，这个数量是十分惊人的。由此看来，和平利用核爆炸所以未能投入实践应用，除了技术上、经济上和政治上的原因以外，它对环境生态的影响问题可能是一个极为重要的因素。

表8-19　1×10^6t核装置爆炸后在玄武岩中留下的放射性

放射性核素	半衰期	放射性活度 $/3.7\times10^{10}Bq^{-1}$	放射性核素	半衰期	放射性活度 $/3.7\times10^{10}Bq^{-1}$
活化产物			裂变产物		
^3H	12.32a	1×10^7			
^{24}Na	14.96h	1.9×10^8	^{90}Sr	28.5a	1.8×10^3
^{31}Si	2.62h	7×10^7	^{99}Mo	66.0h	6.7×10^6
^{32}P	14.3d	1.8×10^5			
^{42}K	12.36h	2.8×10^6	^{127}I	8.02d	1.28×10^6
^{40}Ca	163d	4.3×10^4	^{137}Cs	30.17a	2.9×10^3
^{55}Fe	2.7a	7.5×10^5			
^{56}Mn	2.58h	8.4×10^8	^{147}Nd	10.98d	7.5×10^5
^{59}Fe	45.1d	3.8×10^4			

三、环境放射性的其他人为来源

由上述可知，核燃料循环和核装置爆炸试验是环境中放射性物质的主要人为来源。尽管如此，环境放射性还有其他一些来源，其中较重要的包括放射性核素的生产和应用，燃煤电厂排放，磷酸盐的开发和利用，地热资源开发以及含放射性物质消费品等。

（一）放射性核素的应用

放射性核素生产过程对环境的影响与核燃料处理过程有相似之处。这里着重讨论放射性核素的应用情况。

随着核科学技术的迅速发展，核反应堆、各类加速器日益完善且不断增多，核燃料循环体系也逐步趋向完善，规模逐渐扩大。这些条件为放射性核素的生产和利用提供了强大的物质基础。目前，放射性核素的应用已经深入到人类活动的各个领域，从国防、工业、农业、医学到科学研究无处不有。据不完全统计，放射性核素的实际的和潜在的用途不下几千种，已被利用的放射性核素已有上百种，放射性标记的化合物品种超过了 1 000 种。

放射性核素既可做开放性的示踪剂，也可做封闭式的辐射源。放射性示踪剂应用时对环境的污染可能性较大，而封闭源在正常情况下不会对环境产生放射性污染。

1. 放射性核素在医学上的应用

据不完全统计，目前世界上生产的各种人工放射性核素，大约有 80% 用于医学的目的。放射性核素为现代医学提供了一种快速、灵敏的诊断和分析手段，特殊而有效的医疗措施。核医学已经成为现代医学的一个重要分支，该领域的发展相当迅速，正值方兴未艾的时期。

在医学上，人们把含有放射性核素的药剂称为放射性标记药物。放射性标记药物在临床上有两种用途：一是用放射性核素作示踪剂诊断体内某种脏器的疾患；二是用放射性核素发射的特殊射线的电离辐射效应来治疗某种疾病。事实上，这是核医学的两个基础。

放射性药物在临床诊断上主要用于脏器的显影与功能检查。在显影方面，对于肝、肾、肺、脑、心脏、胰、骨胳、甲状腺和肾上腺等已经有了实用意义，并在许多医院中普遍推广应用。例如，^{191}Au 放射性制剂扫描已经成为诊断肝病变的最有效手段之一。在脏器功能检查方面，主要项目有甲状腺功能、肾功能、心放射图和血容量测定等。例如，^{131}I 检查已经是诊断甲状腺功能的最佳方法之一。

放射性药物在治疗方面也有多种的应用，例如，甲状腺功能亢进症、功能自主性甲状腺肿瘤、真性红细胞增多症，原发性出血性血小板增多症、某些皮肤病及恶性肿瘤等。

此外，放射性核素在医学科学和生命科学研究领域同样有重要的用途。例如，应用放射性示踪法可以观察机体中细胞的代谢行为、细胞变异过程的机制，物质在体内和脏器内的吸收、分布、转移、转变和排泄的过程。在中医理论的研究中，可以用来探讨脏腑经络的本质、相互关系和针刺麻醉的原理、中药有效成分的测定和作用机制的考察等。不难看出，放射性核素在医学和药学的发展进程中有着不可忽视的作用。

2. 放射性核素在其他领域的应用

在工业上，放射性核素示踪剂可用于气体和液体流量的测量、泄漏现象的跟踪和泄漏率的测定；放射性核素制成的辐射源可以用于各种监测和控制仪表的制造，诸如厚度计、密度计、液面计、火灾报警器、β 探伤仪、γ 射线荧光分析仪；在辐射化工领域，放射性核素可用于辐射聚合、辐射催化、辐射接枝和辐射合成等。

放射性核素在农业上的应用也是很普遍的。放射性示踪法已经广泛应用于土壤改良、作物施肥、农药杀虫机制、动植物营养及生理代替、农田水资源探查、农业灌溉及土壤分析、生物固氮研究等。另外，封闭辐射源在辐射育种、辐射食品保鲜、辐射诱发昆虫不育法防治病虫害等方面也获得了有效的应用，并且已获得非常可观的经济效益和社会效益。

放射性核素在科学研究中的应用种类和范围胜过其他任何常规应用。无论是化学、物理、生物、医学等基础科学，还是材料、能源、空间、生命和环境等应用科学，放射性核素已经发展成为一种非常有效的研究工具，因而受到广大科学家和研究人员的青睐。人们可以运用这种绝无仅有的高灵敏、高选择性的研究手段，成功地获得各种物质在宏观和微观世界中的运动规律、相互作用机制等方面的信息，从而为自然界中各种错综复杂现象的本质探索提供令人信服的科学依据。放射性核素在科学研究中的应用实例不胜枚举，其中，应用^{14}C作示踪剂探明光合作用过程中碳的反应机制已经成为一个众所周知的杰出例证。

此外，放射性核素的辐射能是一种特殊的能源，由此制成的放射性核素电池可为人造卫星、宇宙飞船、无人气象站、海底声纳站以及人工心脏起搏器等提供能源，特别是最后一种应用，为心脏病患者带来了福音。

3. 放射性核素应用中的环境污染问题

据报道，现今世界范围每年用于放射性核素应用计划的放射性活度高达 10^{17} Bq 以上。这些数量惊人的放射性核素从生产者到消费者和应用者，中间需经过生产、运输、应用或消费、废物处理等多个环节。毫无疑问，通过上述环节，放射性核素很有可能进入环境，这种可能性有常规的，也有偶然的。

从防止环境放射性污染的观点出发，我们认为，在实施放射性核素的应用计划时，下列情况是值得注意的：

（1）放射性核素应用的放射性活度绝对量很大，例如，仅美国橡树岭实验室每年出售给应用单位的放射性核素高达 1×10^{17} Bq 以上，据称，销售额还有继续上升的趋势。全世界放射性核素的应用量由此可见一斑。如此大的放射性核素耗用量，在客观上，为造成环境放射性污染创造了条件。

（2）放射性核素应用中涉及的核素品种繁多，尽管其中大多数是短寿命的核素，但其中也不乏有寿命较长，甚至长寿命的放射性核素，如果把这些核素排入环境，其危害性就较大。

（3）使用放射性核素的单位很多，性质不一，地理位置分布比较分散，从而导致放射性广泛进入环境的可能性。

（4）不少放射性核素应用单位缺乏专门的放射性废物贮存或处理设备，或者缺少具有放射性废物处理技术的专职人员，致使放射性废物随意排入环境，造成污染。

（5）某些应用项目，诸如放射生态学与农业应用的研究计划，需进行野外现场放射性示踪实验，其研究对象就是实际环境。这种应用若稍有疏忽，就会造成环境污染。

总之，在放射性核素的各种应用实践中，导致环境放射性污染的潜在可能性确实是存在的。尽管如此，它与核燃料循环和核试验相比，潜在的危险性是比较小的，当然，我们并不能因此而掉以轻心。事实上，由于放射性核素使用不当或意外事故而造成的小范围甚至全球性环境污染事件并不为人鲜见。例如，1964 年 4 月，美国宇航局发射的一颗导航卫星，发射后未能达到预计的轨道速度，因此重返到印度洋上空大约 45 000m 的大气层，结果发生燃烧而焚毁。该卫星上装有一个含 6.3×10^{14} Bq ^{233}Pu 的原子接发电机装置（SNAP—9A），在卫星燃烧过程中，^{233}Pu 核素随同其他燃烧物质一起进入印度洋上空大气层，尔后经大气气流的扩散与稀释，在全球范围沉降。1968 年 1 月，美国一架携有核武器的军用飞机在北苏格兰海岸坠落，使 12 000m^2 区域受到^{238}Pu 等放射性核素的污染。1983 年 1 月，前苏联的“宇宙—1 402”号核动力卫星发生故障而分裂成三个部分，其中反应堆堆芯的 45kg^{235}U 进入大西洋南部上空，烧毁于稠密的大气层中。这些意外事故无疑给环境造成一定程度的污染。

（二）燃煤电厂排放的放射性

如同自然界大多数物质一样，煤中含有微量的原生天然放射核素。因此，煤的燃烧会导致天然放射性向环境释放，从而给居民增加额外照射。

中国、俄罗斯和英国是世界三大产煤国。据报道，1979 年全世界煤的产量为 3.7×10^{12} kg。2003 年，我国原煤产量为 17.67×10^{7}t。煤主要用作动力生产、工业原料和取暖。英国有 70%的煤用于发电，我国能源结构中，煤的比例也占 70%以上。

鉴于燃煤发电的重要地位，我们重点叙述燃煤电厂排放的放射性对环境的影响。

发电厂生产单位电量向大气排放的天然放射性核素的量取决于许多因素，诸如煤中放射性的含量、煤的灰分、燃烧温度和除尘系统使用情况等。因此，不同电厂排放的放射性会有明显的差异。

1. 煤中放射性含量

关于煤中天然放射性浓度，各国科技工作者均作过大量的测量工作。由于煤的性质和来源不同，测得的煤中放射性核素的浓度值之差可能大于 2 个数量级。例如，^{40}K，0.7～70Bq/kg；^{238}U，3～520Bq/kg；^{232}Th，3～320Bq/kg。表 8－20 列出一些国家和地区测得的典型数据。一般而言，煤中放射性浓度要低于地壳中的含量。业已认为，主要天然放射性核素在煤中的平均浓度如下：^{40}K，50Bq/kg；^{238}U 和^{232}Th 均为 20Bq/kg。

表 8－20　煤中主要天然放射性核素的浓度　　Bq/kg

来　源	^{40}K	^{226}Ra	^{232}Th	^{238}U
澳大利亚		30～48		
巴西	370	100	67	
加拿大	440	30	26	
捷克		4.1～13		
中国		7		
匈牙利		1.5		
印度		25		
意大利		4～15	70～100	15～25
波兰	290		30	38
南非	110	30	20	
英国	120		17	17
美国	52		18	21
委内瑞拉	110		<20	<20

2. 煤灰中的放射性含量

煤在高炉中燃烧时，操作温度高达 1 700℃以上。此时，煤中大多数矿物质被熔成灰渣。较重的灰和未燃烧的有机物一起落入炉底成为底物和炉渣，较轻的飞灰则通过烟道与挥发性气体一起到达烟囱。其中有一部分被除尘装置收集，另一部分则通过烟囱排放到大气中。排出物的相对比例决定于除尘装置的效率。表 8－21 列出了不同煤灰样品中，即底灰（渣）、煤灰收集部分和煤灰逸出部分的放射性核素的浓度，由于除去了煤中的有机物，从煤到灰中的放射性浓度几乎提高了一个数量级。由表 8－21 的数据可知，从燃煤电厂烟囱排出的飞灰中，一些主要放射性核素的平均浓度为：^{40}K，265Bq/kg；^{238}U，200Bq/kg；^{226}Ra，240Bq/kg；^{232}Th，70Bq/kg。

表 8-21　煤灰中天然放射性核素的浓度　Bq/kg

灰型与来源	^{40}K	^{226}Ra	^{232}Th	^{238}U
底灰和炉渣				
澳大利亚		350		
日本		37		
波兰	500		44	48
美国	240	81	70	81
飞灰（收集部分）				
印度		100		
意大利		40～70	300	80～100
波兰	730		74	97
美国	260	100	81	110
飞灰（逸出部分）				
澳大利亚		620		
原联邦德国		300	100	300
匈牙利		20～560		
美国	260～270		100～120	200

3. 排入大气环境的放射性

燃煤电厂排入大气环境放射性的数量通常可以用飞灰的质量乘以飞灰中放射性核素的浓度来估算。然而，电厂的飞灰的释放量与该厂除尘装置的效率有关。总的来说，目前全世界有两类燃煤电厂：一类电厂采用的除尘装置效率较差，释放的飞灰占总灰量10%，而另一类电厂拥有较高级的除尘设备，大约只释放1%的灰量。燃煤电厂排入大气环境放射性的年归一化排放量数据列于表8-22中。

表 8-22　燃煤电厂排入大气环境放射性的年归一化排放量　10^6Bq/[GW(e)·a]

年　份	国　别	^{40}K	^{226}Ra	^{232}Th	^{238}U
1981	法国	3 500	7 000	6 000	7 000
1980	印度		11 000		
1979	意大利		4 400	18 000	4 400
1980	英国	1 000	1 000	1 000	1 000
1977	美国①	10 000	4 700	3 800	4 700
1977	美国②	1 100	780	410	1 000

①普通电厂。

②现代化电 厂。

（三）磷酸盐矿开发过程中释入环境的放射性

磷矿石主要应用于生产磷肥。磷酸盐矿中的天然放射性基本上为^{238}U及其子代产物所贡献，^{232}Th和^{40}K的放射性含量远低于^{238}U。磷酸盐沉积岩和磷灰石是两类最常见的磷酸盐矿，前者含铀量约为1 500Bq/kg，后者则为70Bq/kg。盐矿中^{226}Ra、^{232}Th和^{238}U的浓度分别为150Bq/kg、25Bq/kg和150Bq/kg。

磷酸盐矿石的开采和加工处理过程，把^{238}U及其放射性子代产物重新分配到磷酸盐工业产生的产品、副产物和废物中。排放到环境中的磷酸盐工业三废、农业用磷肥、建筑工业用的副产品都是对环境和公众造成照射的辐射源。

磷酸盐矿开发过程中排入环境的放射性物质主要是工艺的废流出物造成的。有资料表明，每加工1t磷酸盐岩相应从废气中排入大气环境的^{238}U为90Bq，^{222}Rn为1.5×100Bq。据对美国佛罗里达州一家湿法磷酸厂的调查，在未经处理的工艺废水中，^{238}U 的浓度可达 74 000Bq/m^3。在磷酸制造过程中，铀和钍随磷进入酸中，这种酸以后被用来生产磷肥，然后广泛分布于农田中，继而可能被各种农作物吸收，从而进入食物链转移到人体。另外，从磷酸盐岩中回收铀已经成为开发铀资源的一条有效途径。对于一个年处理量为 40 万 t 磷酸盐矿的铀回收厂而言，每年从废气排入大气环境中的^{238}U 为 4×10^8Bq。

(四) 地热能开发造成的环境辐射

目前，地热能作为一种新的能源已日益引起人们的注意。冰岛、意大利、日本、新西兰、美国和俄罗斯等地热资源开发已具相当规模，我国地热资源也有一定贮量，正在开发之中。但地热能在世界能量生产中仅占很小一部分，约为 0.1%左右。

开发地热时，通常是从地球内部深处的高温岩层中引出热水或热蒸汽，而地热流体中常常含有明显量的^{222}Rn，它将随地热蒸汽而释入大气环境。据对意大利三个功率分别为 400MW、15MW 和 3MW 的地热发电厂调查，它们的^{222}Rn 年释放量相应为 1.1×10^{14}Bq、7×10^{12}Bq 和 1.5×10^{12}Bq。这些数据表明，年归一化^{222}Rn 排放量为 4×10^{14}Bq/GW（e）。由此可见，地热能开发过程中对环境有潜在影响的放射性核素主要是^{222}Rn。由于地热资源有明显的地区性，因此^{222}Rn 的影响也是有限的。

第四节　环境放射性物质进入人体的途径

外环境中的放射性物质，可以通过呼吸道、消化道和皮肤三个途径进入人体。

核爆炸裂变产物和放射性废物在自然界循环过程中，一部分放射性核素进入生物循环，并经食物链进入人体。循环过程如图 8－5 所示。

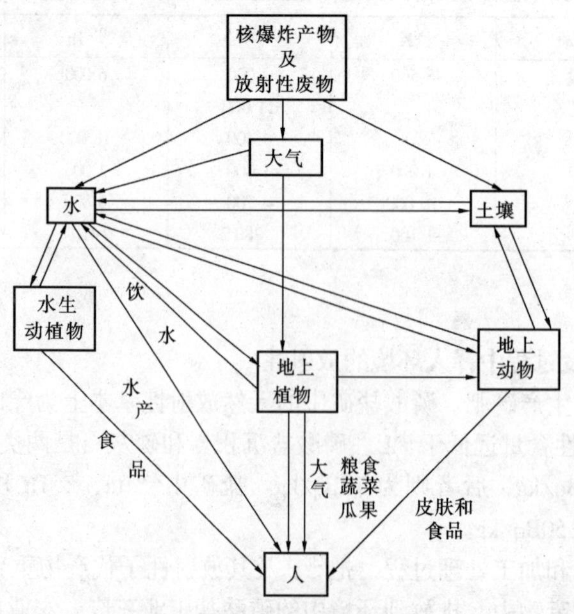

图 8－5　放射性物质进入人体的途径

各种放射性核素由外环境进入生物循环，再经食物链进入人体，这一过程受许多复杂因素的影响。如放射性核素的理化性质、地质和气象等环境因素，在动植物体内的代谢情况，人们的膳食习惯等都对其转移的速度和数量有影响。

对人体危害较大的长寿命放射性核素有^{90}SrU 和^{137}Cs。锶与钙的化学性质相似，和钙一起参与骨组织的生长。进入人体内的^{90}Sr 有 90%积集在骨骼中。铯和钾的化学性质相似，在体内分布大致是均匀的，人体内的^{137}Cs 约有 75%集中于肌肉组织。

锶和铯虽然在化学性质上分别与钙和钾类似，但它们在食物链各个环节上的转移是不同的。^{137}Cs 在土壤中被植物吸收的量略少于^{90}Sr。当土壤中含有较多的有机物时，^{137}Cs 较易被植物吸收，土壤中钾离子浓度低时，^{137}Cs 被吸收的量反而增加。

食物中^{137}Cs 的含量与土壤因素、植物保存^{137}Cs 的程度及本地区^{137}Cs 的沉积量有关。由于各地沉积量和人们的膳食习惯不同，人体内^{137}Cs 的含量也有较大的波动。

第五节　环境放射性对人群所致的辐射剂量

一、天然辐射源的正常照射

天然辐射源是由自然界存在的宇宙射线和地球上的放射性元素构成的。世界上的全体居民都受到照射，而且每个人终生都将以相对恒定的比率受到照射。但实际上某一地区、某一局部因情况不同又有差异。由于天然辐射是全世界居民都受到的一种照射，集体剂量贡献最大。因此了解所受照射剂量，认识随地区和生活习惯的不同，天然辐射剂量的变化情况具有很大的现实意义。

在地球上的任何一点，来自宇宙射线的剂量率是相对稳定的。但它随纬度和海拔高度而变化。在海平面中纬度通常每年受到 28mrem 的照射。高度每增加 1.5km，剂量率增加约 1 倍。

高空飞行的飞机，比低空飞行受到宇宙射线的照射剂量率增加很多。当太阳闪光时，高能粒子的发射突然增加，使高空飞行人员受到的照射剂量率更大。

地球表面的辐射来自土壤、岩石、大气及水中的放射性核素，也受到经食物链、呼吸道进入人体而蓄积在身体组织内的天然放射性核素的照射。

近年来，人们对天然放射性照射又有进一步的认识，对地面和建筑材料的 γ 辐射，吸入^{222}Rn 及其子体产物在肺内的剂量都有新的探讨。如肺组织剂量比其他组织所受的剂量要高出 20%～45%，并且 α 辐射占更要部分，其他器官主要为 β 和 γ 辐射。

二、由于技术发展使天然辐射源的照射增加

现代科学技术的迅速发展，使人们所受的天然辐射源的照射剂量增加了。例如，高空飞行的机上人员受宇宙射线的辐射，磷酸盐工业引起的辐射，燃煤动力工业释放的天然放射性核素所致的辐射等。

(一) 建筑材料

有些建筑材料含有较高的天然放射性核素或伴生放射性核素，使用这些建筑材料可导致室内辐射剂量水平的升高，像浮石、花岗石、明矾页岩制成的轻水泥等。经轻工业加工制成的建筑材料，如磷酸盐矿制成的建筑材料，可使室内 γ 辐射的空气吸收剂量率比正常的地表辐射剂量率高，氡的浓度也明显增加。

(二) 室内通风不良

通风状况可明显影响氡的水平。在寒冷地区的国家，室内换气频率为每小时 0.1～0.2 倍次。因此，可引起 α 辐射对肺每年的剂量达到几个拉德。人们饮用了含有氡的水不仅会造成内照射，而且还可以吸入从水中释放出来的氡气。当水中氡的浓度高时，室内空气中氡的浓度也增高，这样吸入所致肺的剂量将高于通过饮用水进入胃内所造成的辐射剂量。

(三) 飞行乘客

每年世界上大约有 10^9 名旅客在空中旅行 1h。在平均日照条件下，由于空中旅行所致的年集体剂量为 3×10^5 人－rad。高空飞行的超音速飞机应装备辐射监测仪器，以便发生较大的太阳闪光时，及时对驾驶员发出警报，降低飞行高度，减少宇宙射线的危害。

(四) 磷酸盐肥料的使用

人们在探求农作物增产途径的过程中,广泛地开发天然肥源,其中磷肥的开发力度最大。磷矿通常与铀共生,随着磷矿的开采,磷肥的生产和使用,一部分铀系的放射性核素就从矿层中转入到环境中来,并通过生物链进入人体。作为磷肥产品的副产品石膏灰泥板可用作建筑材料,但增加了建筑物的辐射水平,对每吨市售磷矿石的集体剂量负担大约是 3×10^{-4} 人－rad。全世界每年用 10^8t 磷酸盐肥料,每年由于使用磷肥造成的集体剂量负担是 3×10^4 人－rad。

(五) 燃煤动力工业

煤炭中含有一定量的铀、钍和镭。通过燃烧可使放射性核素浓集而散布于环境中。不同来源的煤、煤渣、飘尘（灰）的放射性核素的浓度是不同的。据统计，每百万 kW 的年出产能力的电厂，由沉降下来的煤灰造成的集体剂量负担贡献很小，约为 0.002～0.02 人－rad/［MW（e）·a］。

应当引起注意的是，用煤灰、煤渣和煤矿石作建筑材料，将不同程度地增加室内的辐射剂量率。

(六) 天然气

天然气主要是用来烧饭和室内取暖，是建筑物中氡的来源之一，也应引起人们的重视。

三、消费品的辐射

含有各种放射性核素的消费品是为满足人们的各种需要而添加的。应用最广泛的具有辐射的消费品有夜光钟表、罗盘、发光标志、烟雾检出器和电视等。这些消费品的辐射程度因各国的规定不同而异。在消费品中应用最广泛的放射性核素有氚、^{85}Kr、^{226}Ra 等。用镭作涂料的夜光手表对性腺的辐射平均为每年几个毫拉德。虽然近年来改用氚作发光涂料，其外照射有所减少，但有些氚可以从表中溢出并引起全年 0.5mrad 的全身内辐射剂量。由手表工业中应用的发光涂料量可引起全世界人群的集体剂量负担为每年 10^6 人－rad。同时，它还将引起某些职业性照射。

彩色电视机是人群受到 X 射线潜在照射的最普遍的消费品。但目前广泛使用的集成线路，使彩色电视机在正常运行和适度使用的情况下，发射的 X 射线可以忽略。

估计使用消费品所致的剂量，由于不同情况的统计很困难而不易进行。根据联合国辐射委员会统计的消费品造成的辐射剂量负担为每年性腺剂量小于 1mrad。

四、核工业造成的辐射

在核工业中，几乎所有的放射性物质都出现在反应堆和消耗的燃烧中，或后处理工序与燃料分离后的各工艺过程中。在工业生产的各个环节中都会向环境释放少量的放射性物质。它们的半衰期都较短，很快就会衰变消失。只有少数半衰期较长的核素，才能扩散到较远的地区，甚至全球。

气态放射性废物的释放，主要有^{85}Kr和^{133}Xe。此外还有氚和^{131}I。在液体废物中主要有氚、锶和^{137}Cs等。

特殊的核素是^{238}U和^{129}I，它们的半衰期都相当长，然而这些核素不会在生物界累积相当的量以至造成大于1mrad/a的剂量。

^{14}C的半衰期为5730a，由轻水堆和后处理厂排出的^{11}C，估计对软组织的集体剂量负担为每年5人－rad·MW（e），对骨衬细胞和红骨髓为14人－rad/［MW（e）·a］

核动力造成的辐射剂量，国家有具体规定。同时，国际放射性辐射防护委员会（ICRP）亦有相应的标准，如职业照射全年全身剂量最大值不得超过5rad，对居民的最高辐射的年剂量的限值为0.5rad。这是ICRP建议的除了天然辐射源和病人的医疗照射外的总辐射量。

联合国原子辐射影响科学委员会估算了除去职业照射以外的，由于核动力生产所造成的集体剂量负担，全世界居民中50%的集体剂量负担是由于核动力生产中长寿命放射性核素^{14}C、^{85}Kr和氚的全球扩散所造成的。在一些国家中对这些核素和^{129}I向环境中的排放严加限制，以减少全球的集体剂量负担。核工业的生产过程造成的辐射剂量的情况见表8－23。

表8－23　核工业的生产过程所致的辐射剂量

核燃料流程的阶段	集体剂量负担 /人－rad·MW(e)$^{-1}$·a^{-1}
采矿、选矿和核燃料制造	
(a) 职业照射反应堆运转	0.2～0.3
(b) 职业照射	1.0
(c) 局部和区域性居民照射	0.2～0.4
后处理	
(a) 职业照射	1.2
(b) 局部和区域性居民照射	0.1～0.6
(c) 全球居民照射	1.1～3.4
研究和发展	
职业照射	1.4
整个工业	5.2～8.2

五、核爆炸沉降物对人造成的辐射

核试验后，沉降物在全球范围内的沉降对人造成的内外辐射，作过不少估计。1972年和1977年联合国原子辐射影响科学委员会对其辐射剂量发表过报告书。据该委员会的估计，由于1971～1975年间进行的大气层核试验，使北半球和南半球居民对其剂量负担分别增加了2%和6%。

1976年以前所有核爆炸造成全球总的剂量负担，约为100mrad（性腺）到200mrad（骨衬细胞）。北半球（温带）比此值要高出50%，南半球约低于该值的50%。由^{137}Cs和短寿命核素的γ辐射所致的外照射，对所有组织的全球剂量负担约为70mrad。内照射占有支配地位的是长寿命核素^{90}Sr和^{137}Cs，它们的半衰期约为30a。寿命短一些的有^{106}Sm和^{144}Ce。与核动力的情况下一样，^{14}C给出了最高的剂量负担，对性腺和肺为120mrad，对骨衬细胞和红骨髓为450mrad。这些剂量将在几千年的时间内释放。

来自核爆炸试验的对不同组织的总的全球集体剂量负担是（4～8）×10^8人－rad（不包括^{14}C）。

在核爆炸的几周之内，短寿命的^{131}I是对甲状腺辐射的重要核素之一。对饮用鲜牛奶的婴儿造成的最高年剂量，甲状腺可高达几毫拉德至200rad，而成人甲状腺的最高年剂量约为婴儿的1/10。

六、医疗照射

发达国家有充分的放射诊断治疗条件，可对人造成有遗传作用的剂量。来自医疗辐射的集体年剂量是每百万人为 $5 \times 10^4 \sim 10^5$ 人 - rad。对只有有限放射设施的国家估计为每 1 亿人为 10^3 人 - rad。

从来自医疗辐射的集体剂量来看，职业照射与病人所受的照射相比是无意义的。来自医疗辐射的集体年剂量负担，放射设备发达的国家为 5×10^7 人 - rad，而设施有限的国家约为 2×10^6 人 - rad。

七、来自不同辐射源的全球剂量负担的总结

全球集体辐射最高剂量是来自医疗辐射，特别是诊断用的 X 射线。但在许多国家中，医用辐射设备还在不断增加，甚至有的国家规定不设核医学的医院不许开诊。

核动力生产受到国家和国际上有关规定的限制。1990 年，核发电量一年为 3×10^4MW（e），核能造成的全球剂量负担相当于天然辐射的 0.6d。2000 年，核发电量已超过 4×10^6MW（e），每年核电站造成的全球剂量负担相当于 30d 的天然辐射照射。1976 年核爆炸造成的集体剂量相当于两年的天然辐射照射（不包括 ^{14}C），若包括 ^{14}C 在内，则集体剂量负担将高出 2 倍。1970 年以后的大气层核试验（1972 年发表报告书以后），来自 ^{90}Sr 和 ^{137}Cs 的剂量负担在北半球增加 2%，在南半球增加 6%。

第九章 样品的采集及其预处理

当今世界，原子能工业迅速发展，核武器爆炸等核事故屡有发生，放射性物质在医学、国防、航天、科研、民用等方面的应用领域不断扩大，这些都有可能使环境中的放射性水平高于天然本底值，甚至超过规定标准，构成放射性污染，危害人体和生物。为此，人们有必要对环境中的放射性物质进行经常性的监测和监督。

环境放射性监测是和人们生活密切相关的，并能反映环境中放射性增长变化的一些对象。对环境样品进行放射性监测和对非放射性环境样品监测过程一样，也是经过以下三个过程：样品采集、样品前处理、仪器测定。

根据下列因素决定样品采集的种类：

1. 监测目的和监测对象；

2. 待测核素的种类、辐射特性及其物理化学形态；

3. 在环境中的迁移及影响；

4. 有时要同时采集大气、水、土壤和生物样品来确定某污染源或某地区的放射性污染状况。

采样必须具有代表性、均匀性与适时性。如果采集的样品含放射性核素浓度较高，可直接制备成样品源进行测量；如浓度较低，则需先将样品进行浓缩后制成样品源，再进行测量。

样品采集量应根据样品中的放射性水平和探测仪器的灵敏度而定。最小采样量可按下式计算

$$V = \frac{A_0}{2.22A} \tag{9-1}$$

式中 V——最小采样量（L或kg）；

A_0——探测仪仪器的灵敏度（衰变/min）；

A——样品中放射性水平估计值（$\mu\mu$Ci/L）。

第一节 大气的采集

取样时，所取样品必须具有代表性，其后进行的测量与分析才有意义。样品的代表性应体现在空间、时间及理化特性上。为体现空间位置的代表性，必须合理选定取样点；为体现时间分布的代表性，必须合理选定取样时间和频次；为体现理化特性的代表性，必须合理选定取样流量以及相应的取样方法和设备。取样者的经验与操作也是实现代表性取样的重要因素。

一、采样点的布设原则和要求

1. 采样点应设在整个监测区域的高、中、低三种不同污染物浓度的地方。

2. 在主导风向比较明显的情况下，应将污染源的下风向作为主要监测范围，布设较多的采样点，上风向布设少量点作为对照。

3. 工业密集的城区和工矿区，人口密度及污染物超标地区，要适当增设采样点；城市、郊区和农村，人口密度小及污染物浓度低的地区，可酌情少设采样点。

4. 采样点的周围应开阔，采样口水平线与周围建筑物高度的夹角应不大于30°。测点周围应无局地污染源，并应避开树木及吸附能力较强的建筑物。交通密集区的采样点应设在距人行道边缘至少1.5m远处。

5. 各采样点的设置条件要尽可能一致或标准化，使获得的监测数据具有可比性。

6. 采样高度根据监测项目而定，气溶胶的采集高度距地面1m高。

二、放射性沉降物的采集

沉降物包括干沉降物和湿沉降物，主要来源于大气层核爆炸所产生的放射性尘埃，另外小部分来源于人工放射性微粒。

（一）干沉降物的采集方法

干沉降物样品可用水盘法、黏纸法、高罐法采集。

1. 水盘法

用不锈钢或聚乙烯塑料制成圆形水盘，盘内装适量稀酸，沉降物过少的地区再酌量加数毫克硝酸锶或氯化锶载体。将水盘置于采样点暴露24h，并应始终保持盘底有水。采集的样品经浓缩、灰化等处理后，作总β放射性测量。水盘法适用于气候湿润的多雨地区。

2. 黏纸法

用涂一层黏性油（松香加蓖麻油等）的滤纸贴在圆形盘底部（涂油面向外），放在采样点暴露24h，然后再将黏纸灰化，进行总β放射性测量。也可以用蘸有三氯甲烷等有机溶剂的滤纸擦拭落有沉降物的刚性固体表面（如道路、门窗、地板等），以采集沉降物。黏纸法

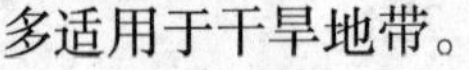

多适用于干旱地带。

3. 高罐法

用一不锈钢或聚乙烯圆柱形罐暴露于空气中采集沉降物。因罐壁高，故不必放水，可用于长时间收集沉降物。

（二）湿沉降物的采集方法

湿沉降物系指随雨（雪）降落的沉降物，其采集方法除上述方法外，常用一种能同时对雨水中核素进行浓集的采样器，如图9-1所示。

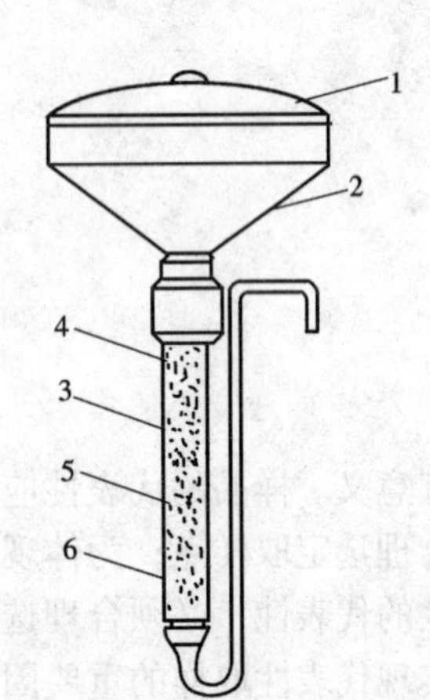

图9-1　离子交换树脂湿沉降物采集器

1—漏斗盖；2—漏斗；3—离子交换柱；4—滤纸浆；5—阳离子交换树脂；6—阴离子交换树脂

这种采样器由一个承接漏斗和一根离子交换柱组成。交换柱上、下层分别装有阳离子交换树脂和阴离子交换树脂，欲收集的核素被离子交换树脂吸附浓集后，再进行洗脱，收集洗脱液进一步做放射性核素分离。也可以将树脂从柱中取出，经烘干、灰化后制成干样品作总β放射性测量。

大气放射性沉降物的采样点应该选择在相对固定的清洁地区，周围不得有监测对象以外的放射性污染源，采样点附近应该无高

大的建筑物、烟囱和树林。为了避免地面尘埃的影响，采样器应置于高出地面 1.5m 以上的位置。

三、放射性气溶胶的采集

气溶胶是固体或液体粒子悬浮于空气或其他气体介质中形成的分散系。气溶胶粒子的大小一般为 $10^{-3} \sim 10^{2} \mu m$ 量级。含放射性固体或液体粒子的气溶胶称为放射性气溶胶。放射性气溶胶包括核爆炸产生的裂变产物，各种来源于人工放射性物质以及氡、钍射气的衰变子体等天然放射性物质。这种样品的采集常用滤料阻留采样法。

采样设备由采样头（过滤器和过滤材料）、抽气动力装置和记录采气体积的流量计等三部分组成。采样头由金属、塑料或有机玻璃等制成一定面积的圆锥形滤器头，以固定和支持过滤材料（图 9－2）。过滤材料多采用过氯乙烯纤维滤布。抽气动力装置可用吸尘器、真空泵等。流量计要求能准确地记录抽取空气的体积，可用累积式流量计或煤气表等。

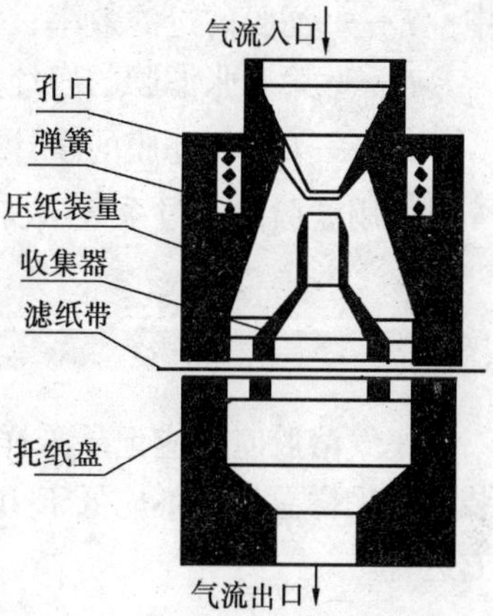

图 9－2　放射性气溶胶、采样斗结构示意图

用抽气装置抽气，则气溶胶被阻留在过滤材料上，采样结束后，将过滤材料取下，进行样品源的制备与放射性测量。

滤料采集空气中气溶胶颗粒物基于直接阻截、惯性碰撞、扩散沉降、静电引力和重力沉降等作用。有的滤料以阻截作用为主，有的滤料以静电引力为主，还有的几种作用同时发生。滤料的采集效率除与自身性质有关外，还与采样速度、气溶胶颗粒物的大小等因素有关。低速采样，以扩散沉降为主，对细小颗粒物的采集效率高；高速采样，以惯性碰撞作用为主，对较大颗粒物的采集效率高。空气中的大小颗粒物是同时并存的，当采集速度一定时，就可能使一部分粒径小的颗粒物采集效率偏低。此外，在采样过程中，还可能发生气溶胶颗粒物从滤料上弹回或吹走的现象，特别是采样速度快的情况下，颗粒大、质量重的粒子易发生弹回现象，颗粒小的粒子易穿过滤料被吹走，这些情况都是造成采集效率偏低的原因。

常用的滤料有纤维状滤料，如滤纸、玻璃纤维滤膜、过氯乙烯滤膜等；筛孔状滤膜，如微孔滤膜、核孔滤膜、银薄膜等。

滤纸由纯净的植物纤维素浆制成，因有许多粗细不等的天然纤维素重叠在一起，形成大小和形状都不规则的孔隙，但孔隙较少，通气阻力大。因滤纸的吸水性较强，有利于放射性气溶胶的计数测量，在气溶胶连续监测仪系统中多采用滤纸作为过滤材料。

玻璃纤维滤膜由超细玻璃纤维制成，具有较小的不规则孔隙，其优点是耐高温、耐腐蚀、吸湿性小、通气阻力小、采集效率高，并可用溶剂提取采集在滤膜上面的有害组分，并进行分析。

过氯乙烯滤膜、聚苯乙烯滤膜由合成纤维制成，通气阻力是目前滤膜中最小的，并可用有机溶剂溶成透明溶液，进行颗粒物分散度及颗粒物中化学组分的分析。微孔滤膜是硝酸（或醋酸）纤维素等基质交联成的筛孔状膜，孔径细小、均匀。根据需要可选择不同孔径的膜，如采集气溶胶常用孔径 0.8μm 的膜。

在选用过滤材料时，应对过滤材料进行过滤效率试验。用双滤膜法测量其过滤效率，可按下式计算

$$F = \frac{I_1}{I_1 - I_2} \tag{9-2}$$

式中 F——滤膜的过滤效率；

I_1——第一张滤膜的净计数；

I_2——第二张滤膜的净计数。

也可用滤膜的透过系数 K 来计算

$$K = I_2 - I_1$$

$$F = 1 - K \tag{9-3}$$

采集气溶胶时，应记录采样的起止时间和气象条件等。空气气溶胶采样应配以大流量采样装置，采样总体积不应低于 10^4L，采样点应选择在空旷地，要在远离建筑物 5.0m 以外的地方进行。

四、放射性气体的采集方法

采集放射性气体样品，常采用活性炭吸附法、硅胶吸附法、液体吸收法、冷凝法以及直接抽气测量等方法。

（一）活性炭吸附法

将装有活性炭的装置与抽气装置连接，气体通过活性炭时，放射性气体被活性炭吸附，再将活性炭在高温下解吸，则放射性气体即被解吸下来，继而对其进行放射性测量。或者直接测量活性炭上的放射性强度。

（二）硅胶吸附法

将装有硅胶的装置与抽气动力装置连接，气体通过硅胶时，放射性气体则被硅胶吸附，然后直接测量硅胶上的放射性强度或将取样后的硅胶进行蒸馏，对蒸馏液测其放射性强度。

（三）液体吸收法

该法是利用气体在液相中的特殊反应或在其中溶解而进行的。为除去气溶胶，可在采样管前安装气溶胶过滤器。

（四）冷凝法

对于被^{3}H 污染的空气，因其在空气中主要存在形态是 HTO，所以除吸附法外，还常用冷凝法收集空气中的水蒸气作为试样。用于冷凝器的冷却剂有干冰和液态氮等。

五、取样频次和取样流量（体积）

（一）取样频次

环境取样由于其浓度低，需要取样流量大，取样时间长，在作本底调查时尤为如此。环境取样无需高频次和短周期，一般能反映旬、月甚至季度的变化即可，但在某些特殊情况下，可根据需要适当增加取样频次。对半衰期长的核素监测，除非是排放率波动较大或环境

条件变化显著，取样频次可适当减少，例如一个月一次。

（二）取样流量

取样流量或体积视取样目的、取样对象的浓度以及测量分析方法的灵敏度而定，对单次取样和连续取样所要求的最小取样流量或体积有如下关系

$$F = \frac{Q}{CT\eta} \tag{9-4}$$

$$V = FT = \frac{Q}{C\eta} \tag{9-5}$$

式中 F——取样流量，(L/min)；

Q——测量或分析方法的最小可探测放射性活度（Bq）；

C——对待测放射性核素要求测得的放射性浓度（Bq/L）；

T——取样时间（min）；

V——取样体积（L）；

η——包括计数效率在内的总的校正系数。

通过调节抽气装置的流量 F 和取样时间 T 可达到一定的取样体积，从而满足测量分析方法的灵敏度和待测浓度的要求。但需注意，选择取样流量应考虑到获取代表性样品取样流速的要求以及流速与取样介质的收集效率等的关系，选择取样时间要考虑到能否尽快得到取样结果，以保证有足够的取样频次。

取样流量可由每分钟几毫升到每分钟几千升。工作场所与排放管道取样，常用的取样流量为 2～200L/min，环境取样流量为 20～2 000L/min。在可能的条件下，取样体积都应当足够大，特别是对于环境取样，至少要能有效地测到待测放射性核素活度的环境放射性本底水平。

对半衰期短的核素取样，要求在短时间内取到足够大的体积，因而取样流量必须大。对半衰期长的核素取样，在正常情况下，空气中放射性物质的浓度很低，也需要大体积，以保证辐射测量有必要的准确度。

对于大流量取样器，要合理安排进气口与出气口的位置，防止取样器收集到自身的抽吸设备所排出的气体。

六、取样对象的理化特性

取样的代表性还需反映出所取样品的物理性质和化学性质与被取样对象的物理和化学性质相同。这就要求传导管和取样器在取样过程中不使被取样品发生化学变化，不致因为取样过程中的物理机制（例如重力沉降、撞击和凝聚等）而使被取样品的物理形态（例如粒度分布）发生变化。因此，有必要对被取样的气载放射性物质的物理和化学性质进行经常的考查，以保证所取样品在理化特性上的代表性。

在某些情况下只有知道了气载物质的理化特性之后，才能正确地评价其放射学意义。例如，放射性碘在环境中转移的规律、在人体内代谢的规律与碘的化学状态、稳定性碘的含量有密切关系，因此，有必要对不同化学状态的碘分别取样。氚在空气中有两种主要形态即水蒸气形态和气体形态，其危害差异很大，为准确评价其辐射危害，应使用能区分并能分别测定二者的选择性监测仪及全氚取样器。对惰性气体及氡等放射性气体监测中，都要考虑取样

过程中可能出现的理化特性的变化，并对可能引起的变化给予正确利用或校正。

在取样过程中的温度和湿度影响也要给予考虑。

第二节 水样的采集

水体样品的采集应包括生活用水、生产用水和水源水等。采样的目的是要获得能真正反映水体特征的样品，因此采样方法确定后的关键因素是选定采样点、采样频率与周期、样品分析前的保存与运输等。同时所有采样方法必须遵守下述原则：

1. 样品必须代表该采样点的实际情况；

2. 采样必须具有足够的采样体积和采样频率，使监测结果具有充分的可靠性和代表性；

3. 样品在采集、包装、运输以及分析前的任何一种处理过程中，必须确保监测的特性组分不发生改变。

一、采样方法

（一）单次采样法

在特定地点单次（瞬间内）采集水样称为单次采样。单次采样无论是在水面、规定深度或底层，通常均可手工采集，其水样只代表该点在采样时刻的状况。单次采样适用于以下情况：

1. 流量不稳定，所测参数不恒定时；

2. 考察可能存在的污染物及其特性；

3. 需要根据较短一段时间内的数据确定水质的变化规律时；

4. 在制定较大范围的采样方案前等。

（二）采组合样法

在同一采样点不同时刻所采样品的混合样，亦称为时间组合样品；或者在不同采样点同时（或接近同时）所采样品的混合样，称为空间组合样品；或者在不同采样点不同时刻所采样品的混合样，称为时间－空间组合样品。按比例研究物质体积的混合样称为体积比例组合样品；按比例研究物质流量的混合样称为流量比例组合样品。组合样品代表几个样品的混合平均，按平均含义的不同分为空间平均、时间平均、流量平均和体积平均。

组合样品适用于生产下水和各种工业下水的水质的监测，还适用于环境水体（地下水、地表水）水质的监测。

（三）连续采样法

在特定地点不间断地采水样叫连续采样。连续采样可分为正比流量采样与等速率采样，适用于排放情况复杂、浓度变化很大的工业下水。

二、采样点的布设原则和要求

（一）环境水采样点的布设原则和要求

1. 对于河流，需在水流混合均匀的流段取一横断面，当其河宽小于 50 m 时，可在该断面的中心线上采样；当河宽大于 100 m 时，在其水流横断面中心部位左右两边增设采样点。然后在每个表层点的垂直线上不同深度处选定几个采样点。当水深小于等于 5m 时，距离水面0.5m处选一取样点；水深5～10m时，距离水面0.5m处选一点，河底以上0.5m处选一点；水深大于10m时，在水面下0.5m，1/2水深处，离河底0.5m处各选一点，以此组成一个横断面采样点网络。

采样方法有两种，一种是将从横断面上各点采出的水样混合，以获得各种水流的整体样品；另一种是直接分析单个获取的样品，确定其浓度的分布，找出高峰值及其位置，再求出其横断面平均值。如果只采一个水样，必须在河的中间或主水道处采中间深度的水样。乘船采样时，不能在被螺旋桨或摇橹引起的旋涡处采样。

2. 在有支流汇入的河段上，可以把采样点选在离支流出口或污染源下游水流完全混合均匀的地方。一般情况，支流入口下游40倍河宽处就已基本混合均匀。可在支流入口或污染源排放口的上游采对照水样，同时再采支流或污染源样。

3. 在水坝或瀑布下方采样时，为使卷进的空气能够逃逸出来，采样点至少应当设在水坝或瀑布下游1km处。在湖泊、水库或其他水体中采水样时，要避开那些没有代表性的区域，如汇入支流径渭区、死水或回水区，或者岸线发生急剧变化的区域，除非采样计划中包括要研究这些局部条件的效应。

4. 为了监测排放口下游最近采水区（包括城镇工业企业集中式给水区，农村生活饮水区，集中停泊船只的码头等）的水质，可在其采水口处或趸船远岸的一侧采样。为监测城市用水水质的变化，应在城市水源的上、中、下游各设采样点。城市供水点上游1km处至少设一个采样点。

5. 在确定常规监测采样点时，应先采一系列水样，测定其组分和特性是否有差别，最后再定点。

6. 采地下水水样作放射性监测和物理化学检验时要将专用采样器放置在预定深度处等扰动平稳后再开始采样。

7. 在沿海（河）口地段采样时，要考虑潮汐的影响。

（二）工业下水（生产下水）**采样点的选定**

1. 工业下水来自生产车间工艺排出水、冷却水、洗涤水等，它们可能含有微量的污染物质，由于工艺上的不同，排放量、浓度、排放方式等有很大的差异，采样点的选择要全面考虑。

2. 当工业下水从排放口直接排放到环境中时，采样点应设在厂、矿的总排污口、车间或工程排污口处。

3. 在输水管线、水渠和容器内采水样时，要根据管道和整套设备的外形、进水口和出水口之间水的成分和特征的变化情况以及水流流速等条件来选定采样点，设法使水混匀，才可获得有代表性的样品。

4. 在临近阀门或配件的下游管线内有可能出现湍流。因此，该处可以作为合适的采样点。如果找不到合适的湍流区，则需把采样管插进管道内某一深度（插入深度从管道垂直直径的25%～75%，以避免在管道覆面层内采样）。

5. 采冷却塔和工业下水暂存池水样时，在没有专用的采样管时，可从排水口或其他低于水面水位的出水口处采样。采样前应把暂存池内的水搅匀。

三、采样频率与周期

确定采样频率时要综合考虑许多有关因素。包括污染来源、污染物的特性、污染物出现的周期、污染物浓度的变化规律等。

一般来说，污染物监测的采样频率要高于水质质量控制的采样频率。对于工业下水（普通生产废水和特种工业下水）在工艺稳定连续排放的情况下可每周采一次样；对于间断性排放，则需于排放前逐池采样监测。对于潜在污染危害性大的大型核设施，如核电厂和后处理厂或者当连续排放废水的浓度经常接近排放控制限值时，必须增加采样频率或连续采样。

对于环境水体的污染监测，采样频次要视水体的利用情况和废水排放情况而定，对于地下水可每月或每季度采一次，对于地表水可每两周或每月采一次。当发现水体受污染时，应增加采样频率。当在水体中采组合样时，一般是由连续几天（例如一周）之内逐日采出等量水的样品组成。

对于放射性监测，为了能以预定的置信水平发现超过本底水平的污染，可以用统计检验方法来确定采样频率。

四、采样工具、采样容器及其准备

（一）采样工具

1. 采样绳；
2. 采样桶；
3. 管线；
4. 泵、阀门；
5. 水样收集系统。

（二）采样容器

采样容器应由惰性物质制成，除减少对待测成分的吸附外，密封性、抗裂性能、清洗去污性能等均应考虑。硬质（硼硅）玻璃、高压聚乙烯瓶是经常采用的采样容器。取含^{3}H水样时，应采用硬质玻璃容器。

（三）采样容器的准备

在采集供放射化学分析的水样时，应针对待测核素可能存在的形态选择合适的采样容器，并用待测核素的稳定性同位素浸泡一天以上，以减少采样容器对待测核素的吸附。

五、样品的采集

（一）样品的采集

1. 当从塞子或阀门处采水样时，应先把采样管所积累的水放光，再把采样管插入采样容器，选用水样清洗采样容器之后再采样。如果样品与空气接触后会使待测定成分的浓度或特性发生变化，采集这种样品时，必须确保样品不与空气接触，并装满整个采样容器。

2. 在水库和水池等的特定深度处采水样时，要采用专门的采样器，以防止采样期间扰动了水体或使样品与空气接触而引起待测定成分的浓度或特性发生改变。采样时使待测深度处的水通过一根管子流到容器底部，将容器清洗后再装入样品。

3. 在利用自动采水器采样时，吸水管头应装上筛网（筛孔 $\phi 2mm$）以防止杂质进入泵内。包在泵入水口处的滤网面积应当有足够的大小，防止在部分网孔被堵塞的情况下滤网两端产生明显的压差。泵、滤网、阀门和管道必须抗腐蚀，以防止样品被腐蚀产物污染。泵到样品容器之间的管线系统应当设计得使泵在其最低压头下仍能运行。安装采样管线系统时，必须使泵与出水点之间连接管线连续增高（防止自流）。设置采连续样品管线时要防止固体沉积物和藻类的淤塞和气堵。

4. 采样人员必须注意辐射防护，遵守有关的放射防护规定。当采集高水平放射性水样时，必须避免滴或洒到采样容器的外面，严防工作场所被污染。采样时有可能造成空气污染，则应设置采样柜、采样手套箱并加以屏蔽，以避免气载放射性物质对采样人员和周围其他人员的危害。当水中含^{3}H水平高时，采样人员应穿戴气衣，防止^{3}H通过裸露皮肤和呼吸进入人体内。采样时应将管线内的积水放掉，放掉的水应作为放射性废水处理。

5. 在高压水龙头下采集水样时，假如水中含有气态放射性物质，则所用容器应能防止采样期间气体逸出。

6. 在采水样时，如果水样中含有颗粒状物质，应注意防止放射性核素从悬浮状态向溶解状态转移。除非样品需分为悬浮部分和溶解部分，一般在采样时或不迟于 5d 内应加酸防腐。加入浓盐酸或硝酸，使 pH 小于 2，但测铯只能用盐酸，测碘和氘不能用防腐剂。酸化的样品在分析前应至少放置 16h。

7. 对于低放射性废水排放池（槽），要逐池（槽）采样，采样前要搅拌均匀。在没有搅拌设施的条件下，要采上、中、下三个深度的水样。

（二）样品的温度调节

当被采样水体的温度远高于周围环境气温时，采水样时要用冷却器调节样品温度使其接近于周围环境温度。如果分析中已指出某些监测项目要求把样品温度调节到与周围环境不同的某个温度，则要按要求进行这种调节。

（三）样品中的颗粒状物质处理

一般情况下采样时不要分离颗粒状物质。如果水中含有胶状或悬浮状悬浮物，采样时要使其在样品中的比例与被采样水体中的比例大致相同。为使样品中颗粒状物质的比例与被采样水体中的相近，对于流动水体采样时应满足等流态条件。

（四）采样体积和采样时间

样品的体积视分析方法和监测目的而定。在分析测量水中某些放射性核素浓度时，应根据分析方法的最小探测限和样品的浓度来确定采样体积。当被采水样的放射性浓度较高时，在满足分析最小探测限要求的前提下应尽量少采样品，以减少辐射照射。计算公式可参考式(9-1)。

环境水样每年采集枯、平水期两次样品。

六、样品的保存

水样可用清洁的聚乙烯塑料桶存放，以减少放射性吸附。装样之前，应先用要采的水样冲洗塑料桶 2~3 次。为了使样品便于保存，样品应加适量的酸进行酸化。对于接收排放废水的环境水体的放射性监测，采样后应尽快分离上清液与颗粒物，然后再向清液中加入保存剂（一般用硝酸），这样可以避免水体中颗粒物质上吸附的放射性核素向清液中转移 。对于要进行化学、物理学和放射性监测的样品，只有在分析方法中有明确规定时，才能向样品中加入化学保存剂，并在标签上写明所加入的保存剂。

表 9－1 列出了各种监测项目适用的容器、保存方法和适宜的样品体积。

表 9－1　各种监测项目适用的容器、保存方法和适宜的样品体积

监测项目	采样容器材质①	保存方法	最长保存时间/d	样品体积/L
环境放射性监测一				
冷却水、排放水监测				
总 α	G	加 HNO_3，使 pH≈2，室温	90	0.2～1
总 β，γ	G 或 P	加 HNO_3，使 pH≈2，室温	30	0.2～1
^3H	G	加 HNO_3，使 pH≈2，室温	30	0.2～1
核素分析	G 或 P	室温		0.5～5
环境放射性监测二				
总 α	G	加 HNO_3，使 pH≈2，室温	90	3～50
总 β，γ	G 或 P	加 HNO_3，使 pH≈2，室温	30	3～50
^3H	G	室温	30	0.5～5
核素分析	G 或 P	加 HNO_3，使 pH≈2，室温		5～50

注：表中所列体积是特定分析所需样品量的近似范围，分析时所用的准确数量应当用标准分析方法所规定的体积。

①G＝硬质玻璃，P＝聚乙烯。

第三节　土壤的采集

为使所采集的样品具有代表性，测定结果能表征土壤客观情况，应把采样误差降至最低。在采样之前，首先必须对监测地区进行调查研究。主要调研内容包括：

1. 地区的自然条件：包括母质、地形、植被、水文、气候等；

2. 地区的农业生产情况：包括土地利用、作物生长与产量情况，水利及肥料农药使用情况等；

3. 地区的土壤性状：土壤类型及性状特征等；

4. 地区放射性污染历史及现状。

通过以上调查之后，再选择一定量的采样单元，布设采样点。

一、污染土壤样品采集

（一）采样点布设原则和要求

1. 在调查研究的基础上，选择一定数量能代表被调查地区的地块作为采样单元（0.13～0.2ha），在每个采样单元中布设一定数量的采样点，同时选择对照采样单元布设采样点。为减少土壤空间分布不均一性的影响，在一个采样单元内，应在不同方位上精心多点采样，并且均匀混合成为具有代表性的土壤样品。

2. 对于大气污染物引起的土壤污染，采样点布设应以污染源为中心，并根据当地的风向、风速及污染强度系数等选择在某一方位或某几个方位上进行。采样点的数量和间距依调查目的和条件而定。通常，在近污染源处采样点间距小些，在远离污染源处间距大些。对照点应设在远离污染源，不受其影响的地方。

3. 由被放射性污染的河水灌溉农田引起的土壤污染，采样点应根据水流的路径和距离等考虑。

总之，采样点的布设既应尽量照顾到土壤的全面情况，又要视污染情况和监测目的而定。下面介绍几种常用采样布点方法，如图 9-3 所示。

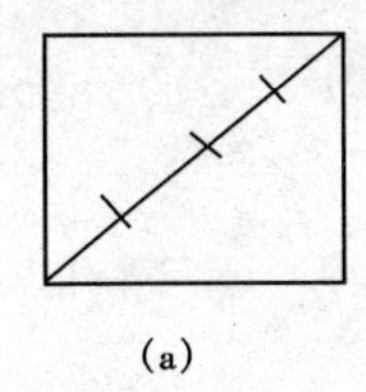
(a)

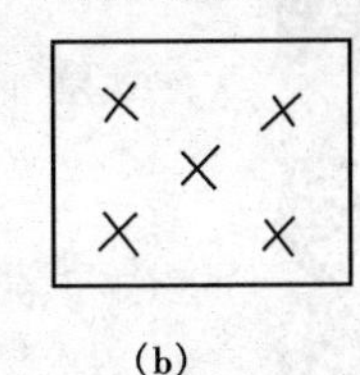
(b)

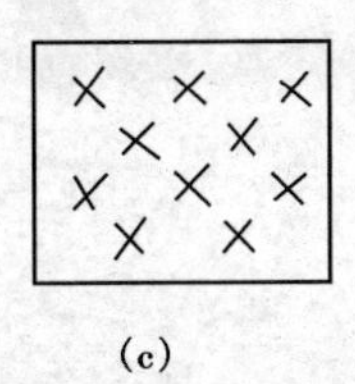
(c)

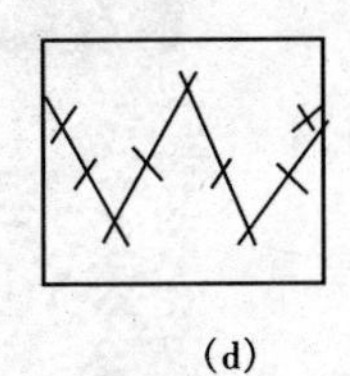
(d)

图 9-3　土壤采样布点示意图

(1) 对角线布点法（图 9-3a）

该法适用于面积小、地势平坦的污水灌溉或受污染河水灌溉的田块。布点方法是由田块进水口向对角线引一斜线，将此对角线三等分，在每分得的中间设一采样点，即每一田块设三个采样点。根据调查目的、田块面积和地形等条件可做变动，多划分几个等分段，适当增加采样点。图中记号“ ×”为采样点。

(2) 梅花形布点法（图 9-3b）

该法适用于面积较小、地势平坦、土壤较均匀的田块，中心点设在两对角线相交之处，一般设 5~10 个采样点。

(3) 棋盘式布点法（图 9-3c）

这种布点方法适用于中等面积、地势平坦、地形完整开阔，但土壤不均匀的田块，一般设 10 个以上采样点。此法也适用于受固体废物污染的土壤，因为固体废物分布不均匀，应设 20 个以上采样点。

(4) 蛇形布点法（图 9-3d）

这种布点方法适用于面积较大，地势不很平坦，土壤不够均匀的田块。布设采样点数目较多。

(二) 采样深度

采样深度视监测目的而定。如果只是一般了解土壤污染状况，只需取 0~15cm 或 0~20cm 表层（或耕层）土壤，使用土铲采样。如要了解土壤污染深度，则应按土壤剖面层次分层采样。土壤剖面指地面向下的垂直土体的切面。在垂直切面上可观察到与地面大致平行的若干层具有不同颜色、形状的土层。典型的自然土壤剖面分为 A 层（表层，腐殖质淋溶层）、B 层（亚层，沉积层）、C 层（风化母岩层、母质层）和底岩层，如图 9-4 所示。

采集土壤剖面样品时，需在特定采样地点挖掘一个 1m×1.5m 左右的长方形土坑，深度约在 2m 以内，一般要求达到母质层或潜水处即可。根据土壤剖面颜色、结构、质地、松紧度、温度、植物根系分布等划分土层，并仔细观察，将剖面形态、特征自上而下逐一记录。随后在各层最典型的中部自下而上逐层采样，在各层内分别用小土铲铲取一片片土壤样，每个采样点的取土深度和取样量应一致。根据监测目和要求可获得分层试样或混合样。

（三）采样时间

为了了解土壤污染状况，可随时采集样品进行测定。如需同时掌握在土壤上生长的作物受污染的状况，可依季节变化或作物收获期采集。一年中在同一地点采样两次进行对照。

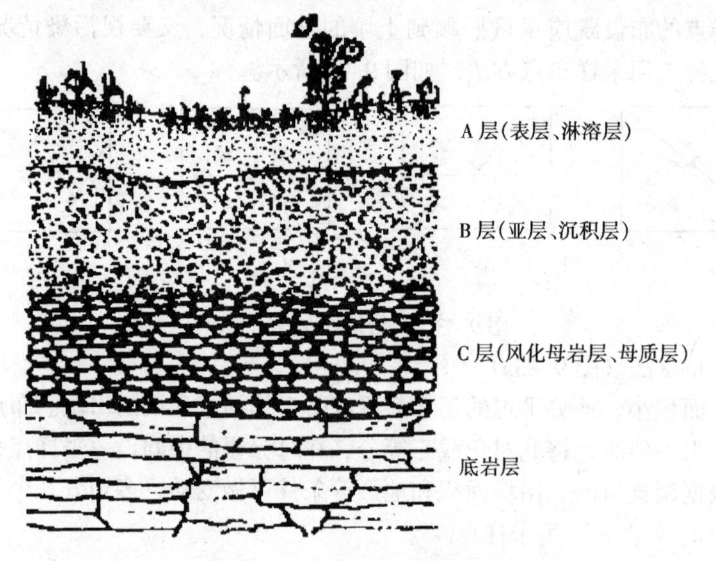

图9-4　土壤剖面土层示意图

（四）采样量

由上述方法所得土壤样品一般是多样点均量混合而成，取土量往往较大，而一般只需要1~2kg即可，因此对所得混合样需反复按四分法弃取，最后留下所需的土量，装入塑料袋或布袋内。

（五）采样注意事项

1. 采样点不能设在田边、沟边、路边或肥堆边；

2. 将现场采样点的具体情况，如土壤剖面形态特征等做详细记录；

3. 现场填写标签两张（地点、土壤深度、日期、采样人姓名），一张放入样品袋内，一张扎在样品口袋上。

二、土壤背景值样品采样

（一）布点原则

1. 采集土壤背景值样品时，应首先确定采样单元。采样单元的划分应根据研究目的、研究范围及实际工作所具有的条件等综合因素确定。我国各省、自治区土壤背景值研究表明，采样单元以土类和成土母质类型为主，因为不同类型的土类母质其元素组成和含量相差较大。

2. 不在水土流失严重或表土被破坏处设置采样点。

3. 采样点远离铁路、公路至少300m以上。

4. 选择土壤类型特征明显的地点挖掘土壤剖面，要求剖面发育完整、层次较清楚且无侵入体。

（二）样品采集

1. 在每个采样点均需挖掘土壤剖面进行采样。我国环境背景值研究协作组推荐，剖面规格一般为长1.5m、宽0.8m、深1.0m，每个剖面采集A、B、C三层土样。过渡层（AB、BC）一般不采样，如图9-5、图9-6所示。当地下水位较高时，挖至地下水露出时止。现场记录实际采样深度，如0~20cm、50~65cm、80~100cm。在各层次典型中心部位自下而上采样，切忌混淆层次、混合采样。

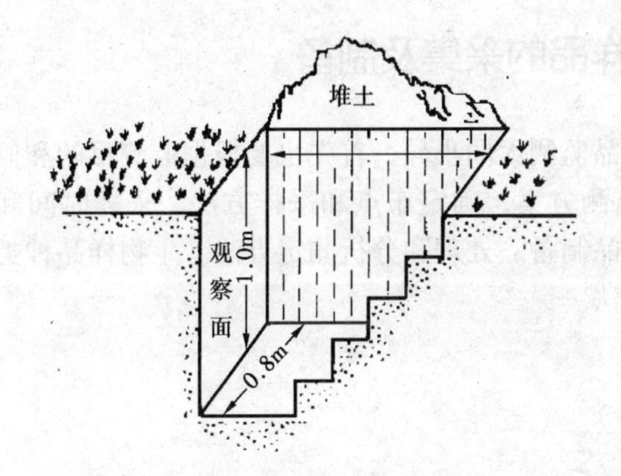

图9-5　土壤剖面挖掘示意图

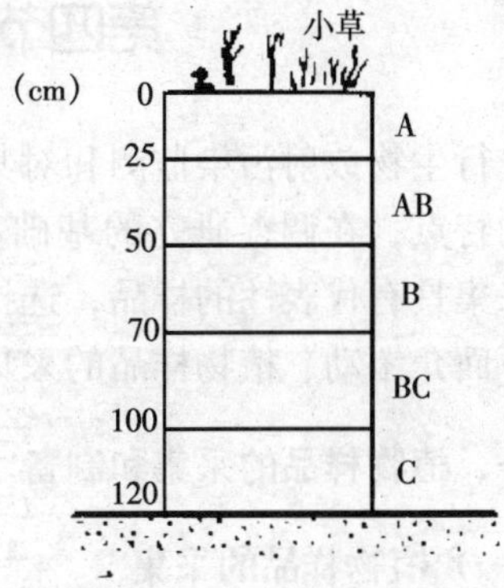

图9-6　土壤剖面A、B、C层示意图

2. 在山地土壤土层薄的地区，B层发育不完整时，只采A、C层样。

3. 干旱地区剖面发育不完整的土壤，采集表层（0~20cm）、中土层（50cm）和底土层（100cm）附近的样品。

4. 采样时取出10cm×10cm方块上垂直10cm深的土壤。

（三）采样点数的确定

通常，采样点的数目与所研究地区范围的大小、研究任务所设定的精度等因素有关。在全国土壤背景值调查研究中，为使布点更趋合理，采样点数依据统计学原则确定，即在所选定的置信水平下与所测项目测量值的标准差、要求达到的精度相关。每个采样单元采样点位数可按下式估算

$$n = (t^2 \times s^2)/d^2 \tag{9-6}$$

式中　n——每个采样单元中所设最少采样点位数；

t——置信因子（当置信水平95%时，t取值为1.96）；

s——样本相对标准差；

d——允许偏差（若抽样精度不低于80%时，d取值0.2）。

三、土壤样品制备与保存

（一）土样的风干

从野外采集土壤样品运送到实验室后，为避免受微生物的作用引起发霉变质，应立即将全部样品倒在塑料薄膜上或瓷盘内进行风干。当达半干状态时把土块压碎，除去石块、残根等杂物后，铺成薄层，要经常翻动，在阴凉处使其慢慢风干，切忌阳光直接暴晒。样品风干应防止酸、碱等气体及灰尘的污染。除自然风干法外，亦可将采集到的样品在110℃烘干。

（二）磨碎与过筛

将采集的样品经过110℃烘干或自然晾干，经20目过筛，用四分法取500g，放入马福炉内在560℃下灼烧1~2h。取出冷却后，一半研磨成60目，另一半研磨成160目，装瓶备用。

（三）土壤样品保存

采集土壤样品，要认真填写好采样记录表，标明样品编号。要避免损坏受潮，防止污染。储存样品应尽量避免日光、潮湿、高温和酸碱气体等的影响。

第四节　生物样品的采集及制备

进行生物放射污染监测和对其他环境样品监测大同小异，首先也要根据监测目的和监测对象的特点，在调查研究的基础上，制定监测方案，确定布点和采样方法、采样时间和频率，采集具有代表性的样品，选择适宜的样品制备、处理和分析测定方法。生物样品种类繁多，下面介绍动、植物样品的采集和制备方法。

一、植物样品的采集和制备

（一）植物样品的采集

1.样品的代表性、典型性和适时性

代表性系指采集代表一定范围污染情况的植株为样品。这就要求对污染源的分布、污染类型、植物的特征、地形地貌、灌溉出入口等因素进行综合考虑，选择合适的地段作为采样区，再在采样区内划分若干小区，采用适宜的方法布点，确定代表性的植株。不要采集田埂、地边及距田埂地边2m以内的植株。

典型性系指所采集的植株部位要能充分反映通过检测所要了解的情况。根据要求分别采集植株的不同部位，如根、茎、叶、果实，不能将各部位样品随意混合。

适时性系指在植物不同生长发育阶段，施药、施肥前后，适时采样监测，以掌握不同时期的污染状况和对植物生长的影响。

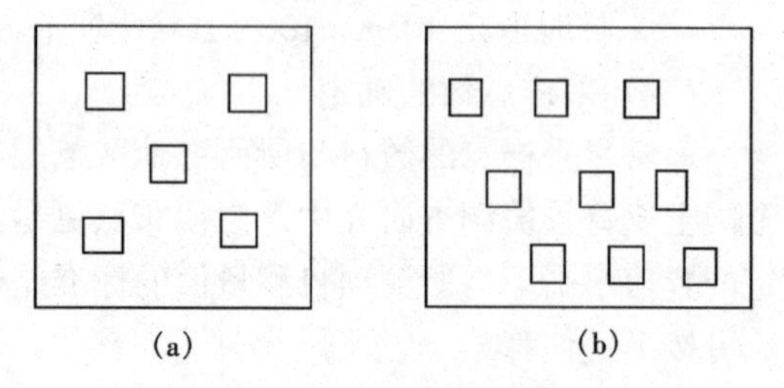

图9-7　采样点布设方法

(a) 梅花形布点法；(b) 交叉间隔布点法

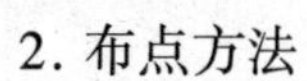

2.布点方法

在划分好的采样小区内，通常采用梅花形布点法或交叉间隔布点法确定代表性的植株，如图9-7所示。

3.采样方法

采集样品的工具有小铲、枝剪、剪刀、布袋或聚乙烯袋、标签、细绳、登记表(表9-2)、记录簿等。

表9-2　植物样品采集登记表

采样时间	采样编号	样品名称	采样地点	采样部位	土壤类别	物候期	污灌情况			分析项目	分析部位	采样人
							次数	成分	浓度			

在每个采样小区内的采样点上，采集 5 ~ 10 处的植株混合组成一个代表样品。根据要求，按照植株的根、茎、叶、果、种子等不同部位分别采集，或整株采集后带回实验室再按部位分开处理。

应根据分析项目数量、样品制备处理要求、重复测定次数等需要，采集足够数量的样品。一般样品经制备后，至少有 20 ~ 50g 干重样品。新鲜样品可按含 80% ~ 90% 的水分计算所需样品量。

若采集根系部位样品，应尽量保持根部的完整。对一般旱作物，在抖掉附在根上的泥土时，注意不要损失根毛；如采集水稻根系，在抖掉附着泥土后应立即用清水洗净。根系样品带回实验室后，及时用清水洗（不能浸泡），再用纱布拭干。如果采集果树样品，要注意树龄、株型、生长势、摘果数量和果实着生的部位及方向。如要进行新鲜样品分析，则在采集后用清洁、潮湿的纱布包住，河塘中捞取的样品，需用清水洗净，挑去其他水草、小螺等杂物。

采好的样品装入布袋或聚乙烯塑料袋，贴好标签，注明编号、采样地点、植物种类、分析项目，并填写采样登记表。

样品带回实验室后，如测定新鲜样品，应立即处理和分析。当天不能分析完的样品，暂时放于冰箱中保存，其保存时间的长短，视污染物的性质及在生物体内的转化特点和分析测定要求而定。如果测定干样品，则将鲜样放在干燥通风处晾干或于鼓风干燥箱中烘干。

（二）植物样品的制备

从现场带回来的植物样品称为原始样品。要根据分析项目的要求，按植物特性用不同方法进行选取。例如，果实、块根、块茎、瓜类样品，洗净后切成四块或八块，根据需要量各取每块的 1/8 或 1/16 混合成平均样。粮食、种子等经充分混匀后，平摊于清洁的玻璃板或木板上，用多点取样或四分法多次选取，得到缩分后的平均样。最后，对各个平均样品加工处理，制成分析样品。

将洗净的植物鲜样尽快放在干燥通风处风干（茎杆样品可以劈开）。如果遇到阴雨天或潮湿气候，可放在 40 ~ 60℃鼓风干燥箱中烘干，以免发霉腐烂，并减少化学和生物变化。

将风干或烘干的样品去除灰尘、杂物，用剪刀剪碎（或先剪碎再烘干），再用磨碎机磨碎。谷类作物的种子样品如稻谷等，应先脱壳再粉碎。

蔬菜和粮食是放射性监测中指定的监测植物。根据不同要求，采集当地生产的主要蔬菜（叶菜），南方以青菜为主，北方以白菜和小白菜为主。南方应增加叶菜采样品种，北方（内蒙古）应增加土豆和萝卜。要求各地固定品种，每年春秋季各连续采样一次。采样可到市场和菜地采集，要注明产地。样品洗净后，取可食部分晾干，称鲜重。切碎后晾干或在 110℃下烘干。在电炉上炭化，然后再放入马福炉内在 480℃下灰化至灰白色，研细后经 160 目过筛，称重装瓶备用。

采集当地生产的主要粮食，应在收获季节采集成品粮。南方以大米为主（采晚稻，取当年生产的加工粮），北方以面粉为主，东北三省加做玉米和大豆，沿海地区设有进口粮食港口的监测站对进口粮食进行按批采样。样品要除去砂粒、称重、炭化、研细过筛，装瓶备用。粮食常规监测项目为 ^{90}Sr、^{137}Cs。

二、动物样品的采集和制备

（一）牛奶

从牧场或市场采集原奶，经蒸发浓缩后，转移到瓷蒸发皿中，继续蒸干，炭化到无烟后移入马福炉中，在480℃下灼烧至灰白色，用研钵研细，经160目过筛后装瓶备用。

（二）肉类

根据分析测量项目的要求，采取可食的肌肉、骨骼和某些脏器等。样品经称重后，切碎晾干，先在电炉上炭化，再转入马福炉内在480℃下灰化至灰白色，研细，经160目过筛后装瓶备用。

第五节　样品的预处理

对样品进行预处理的目的是将样品处理成适于测量的状态，将样品的欲测核素转变成适于测量的形态并进行浓集，并去除干扰核素。常用的样品预处理方法有衰变法、有机溶剂溶解法、蒸馏法、灰化法、溶剂萃取法、离子交换法、共沉淀法、电化学法等。

一、衰变法

采样后，将其放置一段时间，让样品中一些短寿命的非欲测核素衰变除去，然后再进行放射性测量。例如，测定大气气溶胶的总α和总β放射性时常用这种方法，即用过滤法采样后，放置4~5h，使短寿命的氡、钍子体衰变除去。

二、共沉淀法

用一般化学沉淀法分离环境样品中放射性核素，因核素含量很低，达不到溶度积，故不能达到分离目的。但如果加入毫克数量级与欲分离放射性核素性质相近的非放射性元素载体，则由于二者之间发生同晶共沉淀或吸附共沉淀作用，载体将放射性核素载带下来，达到分离和富集的目的。例如，用^{59}Co作载体共沉淀^{59}Co，则发生同晶共沉淀，用新沉淀出来的水合二氧化锰作载体沉淀水样中的钚，则二者间发生吸附共沉淀。这种分离富集方法操作简便，且实验条件容易满足。

三、灰化法

对蒸干的水样或固体样品，可放在瓷坩埚内，置于500℃马福炉中灰化，冷却后称重，再转入测量盘中铺成薄层检测其放射性。

四、电化学法

该方法是通过电解将放射性核素沉积在阴极上，或以氧化物形式沉积在阳极上。如Ag^{+}、Bi^{2+}、Pb^{2+}等可以金属形式沉积在阴极，Pb^{2+}、Co^{2+}可以氧化物的形式沉积在阳极。其优点是分离核素的纯度高。

如果使放射性核素沉积在惰性金属片电极上，可直接进行放射性测量；如将其沉积在惰性金属丝电极上，可先将沉积物溶出，再制备成样品源。

五、其他预处理方法

蒸馏法、有机溶剂溶解法、溶剂萃取法、离子交换法的原理和操作与非放射性物质没有本质差别，读者可参考中国环境科学出版社出版的《水和废水监测分析方法》及《大气和废气监测分析方法》，在此不再介绍。

环境样品经上述方法分解和对欲测放射性核素分离、浓集、纯化后，有的已成为可供放射性测量的样品源，有的尚需用蒸发、悬浮、过滤等方法将其制备成适于测量要求状态（液态、气态、固态）的样品源。蒸发法系指将样品溶液移入测量盘或承托片上，在红外灯下徐徐蒸干，制成固态薄层样品源。悬浮法系将沉淀形式的样品用水或适当有机溶剂进行混悬，再移入测量盘，用红外灯徐徐蒸干。过滤法是将待测沉淀抽滤到已称重的滤纸上，用有机溶剂洗涤后，将沉淀连同滤纸一起移入测量盘中，置于干燥器内干燥后进行测量。还可以用电解法制备无载体的α或β辐射体的样品源；用活性炭等吸附剂浓集放射性惰性气体，再进行热解吸并将其导入电离室或正比计数管等探测器内测量；将低能β辐射体的液体试样与液体闪烁剂混合制成液体源，置于闪烁瓶中测量等。

第十章　放射性的物理测量

第一节　放射源的制备

一般说来，实验室最初收到的放射性样品，像许多环境样品那样并非处于可被精确测量的形态，其放射性活度常常是过高或过低，其形状可能不适于所选择的计数方法。因此，常常必须用原始样品定量制备成测量用的源。这里所说的“源制备”可能非常复杂，有时从纯化原始样品开始，接着进行化学处理（如有机物的燃烧）或者分离，稀释或浓缩（如用电解法）并定量沉积到一适于计数的衬托上。还有，例如将样品和液体闪烁剂混合。一些在稳定元素化学中没遇到过的问题会使情况复杂化，如需要添加足够的载体元素或化合物以防止溶液因吸附而造成的损失。因此，整个放射性活度测量过程的最后精度可能很大程度上依赖于源制备的质量，因此，源制备必须要特别细心。

一、放射源的类型和标定

实验室用源包括各种类型研究用源，其性质差异可能很大，但是最终可能都需要精确的放射性测量。典型的实验室源有：标定的放射性溶液、固体参考源、用于液体闪烁计数器的液体参考源（猝灭型和非猝灭型）、用于模仿另一个特殊应用（如用于能量，表面污染测量，放射性核素“剂量”标定器的标定等）源的标定的混合放射性核素源（“模拟”源）。

由于标定的实验室用源主要用于精确测量，它们的有关性质必须详细说明。当然一个源最主要的特性是它所发射的辐射。当前标定的 α 粒子源主要是^{241}Am，不常用的有^{210}Po（化学性质不稳定且易污染），^{231}Pu（带有一些伴随辐射）和^{244}Cm。α 粒子辐射差不多总是伴随强度不等的电子和 X 射线及低能 γ 射线。常用的 β 粒子源（纯 β 辐射或伴随 γ 射线的 β 辐射）有^{3}H、^{14}C、^{32}P、^{35}S、^{36}C1、^{90}Sr + ^{90}Y、^{147}Pm、^{204}T1 和^{210}Bi。^{22}Na 和^{58}Co 常用于做正电子源，而^{137}Cs 和^{210}Bi 用做单能光电子源。纯电子俘获的核素（如^{55}Fe）或由 α 粒子或其他辐射激发的稳定核素可用做 X 射线源。许多放射性核素可作为能量范围从几千电子伏至 2.7MeV 的 γ 射线源，常用的有（按其能量增加的顺序列出）^{241}Am，^{109}Cd，^{57}Co，^{203}Hg，^{51}Cr，^{137}Cs，^{54}Mn，^{60}Co，^{22}Na，^{88}Y。更高能量的 γ 源可以从（α、n + γ）反应中得到，如 6.13MeV（^{238}Pu/^{13}C）。中子源可由自发裂变^{252}Cf 制备，或由能产生（α、n）过程（如^{241}Am/Be，^{226}Ra/Be，^{210}Po/Be）或（γ、n）过程（如^{121}Sb/Be）的混合物而制备。当然^{252}Cf 也可用做多裂变产物源。应该比较清楚地掌握实验室用源的其他特性，包括以下内容：源、源支架或小盒的所有几何尺寸、质量，化学组成（包括载体浓度，它对稀释很重要），同位素组成（即有关元素的不同同位素的相对原子数），源的活度（或 γ 射线源的发射率），所说源活度的不确定性，放射性核素和放射化学杂质和稳定性（包括吸湿性）。国际放射性核素计量质量高，很大程度上归功于 BIPM 组织的相互对照（早期是由 ICRU 和 IAEA）。在上述源活度和放射性浓度测量的对比中，在许多其他场合，源必须在各实验室中传递。只有当在各实验室中所用的源的性质，特别是其几何尺寸相同时，才有理由成为可能。目前，人们已取得一些有价值的进展，如大多数厂商提供同样直径的固体源（25mm、30mm、38mm、50mm 和 75mm），并且在国际对比中，标准安瓿瓶也理所当然地用于国际参考系统 SIR 中。

二、制备放射源的主要过程与问题

（一）采样和样品处理

放射性测量的核心部分开始于不同类型的地面、水和大气中样品的现场收集，收集样品要经过处理以便测量和分析。采样过程常常是整个测量的关键步骤。采样的主要目的是确保收集到的样品真正代表待分析物质的真实分布，并且采样应遵从设计并试验过的程序。另一主要问题是采样的效率。当使用过滤器时，过滤器的效率可简单地通过串联使用几个过滤器进行检验。但是一般说来，这个问题是较复杂的，特别是放射性活度低时更是如此。低活度可导致灼热和溶解期间容器壁的吸附损失。因此在操作过程的每一关键处添加合适的载体是至关重要的。还有，在样品的收集到制备用于计数的最终源期间，收集的样品必须是稳定的。原始样品多数都是经过加工、清洗、燃烧、萃取、溶解、沉淀，或者换句话说进行化学或物理处理，以便测量。这些操作的最终产物应该是稳定的、均匀的、活度足够的和易测量的源。然而这些操作中，损失是不可避免的，故应采用尽可能少的步骤。如果是用高分辨 γ 射线谱仪测量，则只要简单处理就可以了。

（二）稀释和配制

在源制备过程中常常需要的操作是把原始“主”溶液定量稀释成低放射性浓度的溶液（通过等分和非等分）。从现场采样或辐照过的材料制备的或购买来的母“主”溶液，一般是 HCl 或 HNO_3 的水溶液，溶液的酸浓度约为 0.1mol/L，非活性盐的浓度为 $100\mu g/dm^3$。后者是避免壁吸收的最低载体浓度，但它仍然准许人们制备低自吸收的源。主溶液的活性一般说来是相当高的，以供制备对所有计数方法都具有足够活性的源之用。例如，用井型电离室或 NaI 探测器（Tl）对玻璃安瓿中光子发射体进行测量，最好使用从 0.4～4MBq/g 的溶液；如用 Ge 探测器，则需要更高的活性才能进行较精确的测量。对大多数测量方法，例如对于 4π 测量，这些主溶液必须要稀释到大约十分之一。稀释操作应按设计的流程进行，在每一稀释水平，至少有两个，最好有三个或三个以上的样品。多余的样品（具有某种浓度）封存，用来核定半衰期和稀释因子（即最后和开始溶液的体积质量比）。

使用标定过的移液管、滴定管和烧瓶的体积稀释法是最简单、最迅速的稀释技术。然而，放射性测量中经常只用少量的样品，上述技术还不够精确，故必须使用称量技术。这时首先称空的带塞或不带塞的稀释烧瓶（质量为 A），然后从配制器中注入稀释剂，再称稀释烧瓶的重量（质量为 B），最后加入需要量的主液，在数量少的时候最好用“比色计”加，或在量多的情况下用“移液管”加，然后再次称量烧瓶的总质量为 C，这样稀释因子为：$DF = (C - A) / (C - B)$。

如使用比色计分配主液，加液前比色计的质量为 D，加液后为 E，则稀释因子为：$(C - A) / (D - E)$。务必避免样品溅出。对很精确的测量，每 10s 或 20s 重复称量一次，以便计算其蒸发量（外推法），稀释烧瓶内液体要充分混合（通过摇动或搅拌），故盛液烧瓶内液体不能超过半瓶。

装备良好的化学实验室是精确制备源工作的基础条件。它应包括一间隔离天平室，至少有两台天平。天平室要尽可能无气流（多孔辅助天花板），有空调，保持温度变化不超过0.5℃（顶部暖），相对湿度为50%～60%，变化不超过5%，所有的设备在使用时要处于热平衡，因此样品要在用前至少2h置于天平室，操作者要在称前15～30min进室。天平仪要安放在无振动实验台上，实验台要直接触地，勿靠近建筑物。其中一台天平，主要用于滴液称重，量程应从1mg～1g，精度高于10μg（滴液质量大约20 mg）。

（三）放射性样品的纯度

放射性测量中常遇到的一个重要的问题是待测样品的纯度。放射化学的杂质是指不是需要的放射性核素（和子核）的化学化合物。放射性核素的杂质是指除认可的放射性核素（和子核）以外的放射性核素（和子核）。

化学的杂质是指不包含认定应该存在的放射性核素的化合物，它们可能是放射性化学杂质或者甚至是稳定的化学杂质。按定义放射性核素杂质包括了同位素杂质，当杂质核素恰巧仅由认定的放射性核素的同位素组成时，同位素杂质的术语可用来替代放射性核素杂质。

由于以上术语并不总是以同样方式使用（如可能包括子核活性，也可能不包括），所以应清楚地陈述其含义。

一个计量用源应附有各种可测量的和可能随后产生的放射性杂质的说明以及一些有关的高分辨能谱图。因为短寿命源中，长寿命杂质愈来愈多，故在放射性参考源的整个使用期间，经常进行纯度检测是很重要的。如旧的^{134}Cs源通常在几星期内变成^{203}Hg源，而在几年内，变成^{137}Cs源和^{197}Hg源。而且，多数放射性样品的纯度是不断降低的，这是由于放射性衰变本身（“原初内辐射效应”）以及激活物质周围的辐射损伤，特别在标记化合物中更明显（“原初外辐射效应”）。

（四）放射性样品的稳定性

在使用放射性样品时经常低估的问题是源的长期稳定性。原则上，放射性化合物和溶液决不会是稳定的，因为放射性原子数目在减少，由于衰变过程引起的杂质的原子数目却随时间增加。这一问题不能避免，但可部分地加以估计。然而，它的老化效应是能预防的。容器壁和像尘粒这样的杂质中心的活性吸附（和可能导致的化学变化），可通过加适量的载体到溶液（一般每克溶液中加0.02～10μg）而避免或减少考虑。另外通过加合适的试剂，仔细洗净和消毒容器可防止微生物的作用。下面这些不可避免的效应应加以考虑，并尽量减少到最小或进行修正：辐射分解（水解作用，辐射水分解），固体源的水合作用，辐射引起的自分解（如标记化合物的分解），像Ra同位素这样的放射性气体的产生，由α粒子源的反冲核或微聚体产生的污染，伴有各种次级效应的子核增加。最后，源和源支架连续暴露于辐射和强烈辐照可能引起其机械不稳定性，因此必须彻底检查。

鉴于上述诸原因，标定过的放射性样品或源的有用工作时间可能是有限的，这常用放射性核素半衰期来加以说明。

（五）质量和安全控制

放射性源引起的污染对人类有害，并有可能给其他标定源带来误差。因此，每一种原型商业源在加工过程中都要经过严格的安全检查，并且所有原型源衍生的制品在制备过程中也应进行例行检查。密封源用起来随便，故特别要注意检查是否泄漏。国际上已提出这些检验的标准手续。推荐在生产中的例行检验有：擦拭，气泡试验（在减压情况下），浸没试验（不同温度下）和射气试验。可以通过碰撞、加热、加压、振动、冲击等手段检测原型源，并且源的长期行为要定期进行检查。

实验室中用的非密封源彼此差异甚大，故不能提出检验和质量控制的标准手续。有时，可以使用密封源的检测标准。然而，处理非密封性放射源要特别小心，因为它有更大的污染危险。实验室源由其几何形状、自吸收、放射性核素纯度和其他有关的特征来表征。除源的活度或活性浓度外，实验室源的最重要的特征是其不确定度，如果源的标定出自于一个国家实验室或国际实验室，这些参数的描述就具备一定的可信度。

三、薄膜固体实验室用源的制备

（一）用于计量的固体源类型

放射性计量实验室必须制备和标定其大小、形状、活度多样的各种密封和非密封固体源。这种源常常通过加一滴或多滴标准液到合适的源托上来制备。由于必须要避免因溅射、蒸发和升华而导致放射性活度的损失，所以源的制备可能是很困难的。

标定放射性溶液有几种不同的方法，大多数都要求制备自吸收尽可能低的源。这类源一般是通过在很薄的源托上定量沉积溶液液滴来制备。这种技术对计量实验室很重要。

（二）定量的滴液沉积

用放射性溶液制备薄膜固体源的关键步骤是：定量滴液到薄的源托上。滴液的质量可用标定过的移液管或滴定管的容积来确定，也可用重量法确定。前一种方法精度中等，约为0.5%～5%，可以满足多数应用要求。对精确测量，滴液质量要用精密天平称量。这种方法在条件良好的情况下产生的不确定度可低至0.01%。

两种滴液称重法用得最普遍，它们是比重瓶法和外推法。前者常被推荐为最精确的方法，它以装有放射性溶液的容器在配制源滴前后的称量为基础。液滴质量由两次称量差给出。人们用过不同类型的比重瓶，带细长嘴的一次性小型轻便塑料安瓿被证明是最合适的。在外推法中，沉积源滴质量（从保持在箔上方大约5mm处的微量滴定管滴出液体）作为滴液沉积后的时间函数进行称量（大约0.5～3min）。把称量值外推到零时刻，可在一定程度上消除蒸发的影响，获得配液的质量值。由于沉积时刻各种效应的影响（特别是液滴冷却），外推法会导致质量值系统偏低0.2%～0.3%。不过现代电动天平能连续指示质量值，可给出较好的外推。

（三）改进源质量的方法

一般来说，计量用源应尽可能地薄，尽可能地均匀（在整个限定很好的源区域内）。但简单的滴液沉积一般并不能在源区域形成所需要的均匀的小晶体，这可以用放大镜或显微镜观察到。对每一高质量的源都应进行这种检测。因此，有许多技术用于改进滴源的质量，像胰岛素这样的润湿剂，可在沉积样品滴液前先沉积在支撑箔上并干燥。

尽管大多数非密封性实验室用源不像密封源那样法定要进行安全和质量检验，然而对它们也应该进行每一项可能的合理的检测。特别是要检验所划定的活性区以外的地方的污染（常因溅出而发生）。这可通过在源表面加适当光阑，用固定立体角计数，也可用射线显影法检验。

四、液体和气体实验源的制备

（一）所需源的类型

除许多固体源外，计量实验室还需要定量制备或测量不同的液体源和气体源。下面讨论最常用源的制备，特别是以安瓿的形式用于γ射线或轫致辐射测量的“液体源”（如^{32}P），以小瓶的形式用于液体闪烁计数的“液体源”和“气体源”，即合适的充满放射性气体的安瓿。

（二）安瓿和管状小瓶的打开、充注、抽空和封装

处理安瓿和小瓶，特别是装入或倒出放射性液（气）体，是活度标定实验室的最频繁的工作之一。主要有两个原因：第一，大多数优质的放射性溶液都是贮藏在安瓿和小瓶中；其二，大多数放射性溶液装在标准的安瓿瓶中，用标准电离室或类似的采用其他探测器的标准装置便能以相当好的精度方便快速地进行测量。如果要求高精确度，充入新的干净安瓿中的液体制剂要称量。方法是将空瓶称好后，用移液管或滴定管向安瓿充液后再称量。填充时最好用某种精确定位的机械装置将安瓿移向滴定管或者反过来，以防溶液溅出。重新称重后，安瓿应立即用火焰密封，而小瓶要尽可能快地盖上合适的塞子或帽子。密封以后可再称一次。安瓿中充液不能充满（大约是一半），以便封装时保持液体远离炽热的顶部。封装可使用商用设备完成。

打开安瓿必须十分小心。在表面进行擦拭检验，细心地摇动使顶端的溶液流下来之后，用一把锉刀在瓶径最细的部位划一印痕，用一小的熔化的“红热”玻璃珠或灼热的金属丝接触印痕，切去瓶的顶端。倒空安瓿可利用同样的机械装置或一个比重瓶，用类似于充注的方式进行。使用标准安瓿对 SIR 是强制性的，对所有其他用途也是有益的。

常用源中还有液体闪烁计数源和气体源的制备，以及特殊实验室源需要特殊的源制备技术，由于篇幅所限在此不再介绍，读者可参阅相关书籍。

第二节　总放射性的测量

一、放射性测量实验室和检测仪器

由于放射性监测的对象是放射性物质，为保证操作人员的安全，防止污染环境，对实验室有特殊的设计要求，并需要制定严格的操作规程。测量放射性需要使用专门仪器。现简单介绍放射性测量室和检测仪器。

（一）放射性测量实验室

放射性测量实验室分为两个部分，一是放射化学实验室，二是放射性计测实验室。

1. 放射化学实验室

放射性样品的处理一般应在放射化学实验室内进行。为得到准确的监测结果和考虑操作安全问题，实验室应符合以下要求：

（1）墙壁、门窗、天花板等要涂刷耐酸油漆，电灯和电线应装在墙壁内；

（2）有良好的通风设施，大多数处理样品操作应在通风橱内进行，通风马达应装在管道外；

（3）地面及各种家具面要用光平材料制作，操作台面上应铺塑料布；

（4）洗涤池最好不要有尖角，放水用足踏式龙头，下水管道尽量少用弯头和接头等。

此外，实验室工作人员应养成清洁、细心的工作习惯，工作时戴防护眼镜、手套、口罩，佩戴个人剂量监测仪等。操作放射性物质时用夹子、镊子、盘子、铅玻璃屏等器具，工作完毕后立即清洗所用器具并放在固定地点，还需洗手和淋浴。实验室必须经常打扫和整理，要配置专用放射性废物桶和废液缸。对放射源要有严格的管理制度，实验室工作人员要定期进行体格检查。

上述要求的宽严程度也随实际操作放射性水平的高低而异。对操作具有微量放射性的环境类样品的实验室，以上各项措施中有些可以省略或修改。

2. 放射性计测实验室

放射性计测实验室装备有灵敏度高、选择性和稳定性好的放射性计量仪器和装置。设计实验室时，特别要考虑放射性本底问题。实验室内放射性本底来源于宇宙射线、地面和建筑材料甚至测量用屏蔽材料中所含的微量放射性物质，以及邻近放射化学实验室的放射性沾污等。对于消除或降低本底的影响，常采用两种措施：一是根据其来源采取相应措施，使之降到最小程度；二是通过数据处理，对测量结果进行修正。此外，对实验室供电电压和频率要求十分稳定，各种电子仪器应有良好的接地线并进行有效的电磁屏蔽，室内最好保持恒温。

（二）放射性检测仪器

放射性检测仪器种类多，需根据监测目的、试样形态、射线类型、强度及能量等因素进行选择。表 10－1 列举了不同类型的常用放射性检测器。

表 10－1　各种常用放射性检测器

射线种类	检测器	特点
α	闪烁检测器 正比计数管 半导体检测器 电流电离室	检测灵敏度低，探测面积大 检测效率高，技术要求高 本底小，灵敏度高，探测面积小 测较大放射性活度
β	正比计数管 盖革计数管 闪烁检测器 半导体检测器	检测效率较高，装置体积较大 检测效率较高，装置体积较大 检测效率较低，本底小 探测面积小，装置体积小
γ	闪烁检测器 半导体检测器	检测效率高，能量分辨能力强 能量分辨能力强，装置体积小

放射性测量仪器检测放射性的基本原理基于射线与物质间相互作用所产生的各种效应。包括电离、发光、热效应、化学效应和能产生次级粒子的核反应等。最常用的检测器有三类，即电离型检测器、闪烁检测器和半导体检测器。

1. 电离型检测器

电离型检测器是利用射线通过气体介质时，使气体发生电离的原理制成的探测器。应用气体电离原理的检测器有电流电离室、正比计数管和盖革计数管（GM 管）三种。电流电离室是测量由于电离作用而产生的电离电流，适用于测量强放射性；正比计数管和盖革计数管则是测量由每一入射粒子引起电离作用而产生的脉冲式电压变化，从而对入射粒子逐个计数，适于测量弱放射性。以上三种检测器之所以有不同的工作状态和不同的功能，主要是因为对它们施加的工作电压不同，从而引起电离过程的不同。

（1）电流电离室

这种检测器用来研究由带电粒子所引起的总电离效应，也就是测量辐射强度及其随时间的变化。由于这种检测器对任何电离都有响应，所以不能用于甄别射线类型。

图 10－1 是电流电离室工作原理示意图。*A*、*B* 是两块平行的金属板，加于两板间的电压为 V_{AB}（可变），室内充空气或其他气体。当有射线进入电离室时，则气体电离产生的正离子和电子在外加电场作用下，分别向阴极移动，电阻（*R*）上即有电流通过。电流与电压的关系如图 10－2 所示。开始时，随电压增大电流不断上升，待电离产生的离子全都被收集后，相应的电流达饱和值，如进一步有限地增加电压，则电流不再增加，达到饱和电流时对应的电压称为饱和电压，饱和电压范围（*BC* 段）称为电流电离室的工作区。

由于电离电流很微小（通常在 10^{-12}A 左右或更小），所以需要用高倍数的电流放大器放大后才能测量。

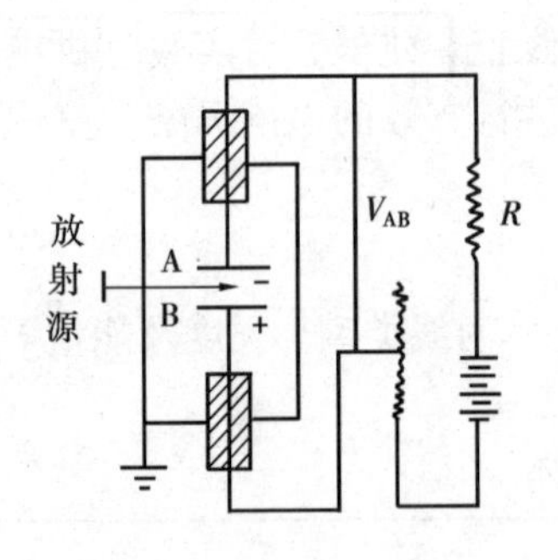

图 10－1　电离室示意图

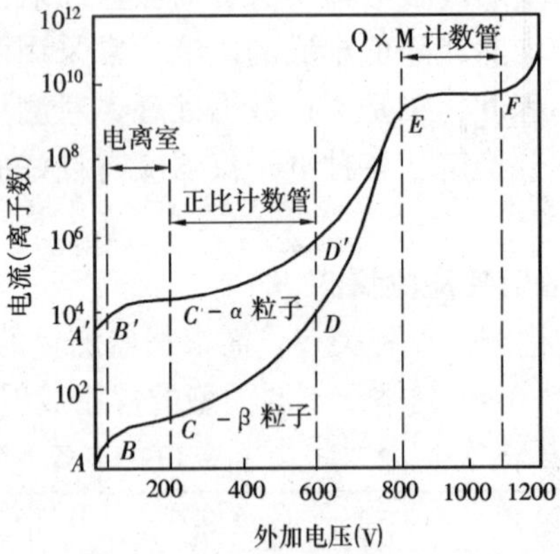

图 10－2　α、β 粒子的电离作用与外加电压的关系曲线

（2）正比计数管

这种检测器在图 10－2 所示的电流－电压关系曲线中的正比区（*CD* 段）工作。在此，电离电流突破饱和值，随电压增加继续增大。这是由于在这样的工作电压下，能使初级电离产生的电子在收集极附近高度加速，并在前进中与气体碰撞，使之发生次级电离，而次级电子又可能再发生三级电离，如此形成“电子雪崩”，使电流放大倍数达 10^4 左右。由于输出脉冲大小正比于入射粒子的初始电离能，故定名为正比计数管。

正比计数管内充甲烷（或氩气）和碳氢化合物气体，充气压力同大气压；两极间电压根据充气的性质选定。这种计数管普遍用于 α 和 β 粒子计数，具有性能稳定、本底响应低等优点。因为给出的脉冲幅度正比于初级致电离粒子在管中所消耗的能量，所以还可用于能谱测定，但要求的条件是初级粒子必须将它的全部能量损耗在计数管的气体之内。由于这个原因，它大多用于低能 γ 射线的能谱测量和鉴定放射性核素用的 α 射线的能谱测定。

（3）盖革（GM）计数管

盖革计数管是目前应用最广泛的放射性检测器，它被普遍地用于检测 β 射线和 γ 射线强度。这种计数器对进入灵敏区域的粒子有效计数率接近 100%。它的另一个特点是，对不同射线都给出大小相同的脉冲（参见图 10－2 中 GM 计数管工作区段 *EF* 线的形状），因此不能用于区别不同的射线。

常见的盖革计数管如图 10－3 所示。在一密闭玻璃管中间固定一条细丝作为阳极，管内壁涂一层导电物质或另放进一金属圆筒作为阴极，管内充约 1/5 大气压的惰性气体和少量猝灭气体(如乙醇、二乙醚、溴等),猝灭气体的作用是防止计数管在一次放电后发生连续放电。

图 10-4 是用盖革计数管测量射线强度的装置示意图。为减小本底计数和达到防护目的,一般将计数管放在铅或生铁制成的屏蔽室中,其他部件装配在一个仪器外壳内,合称定标器。

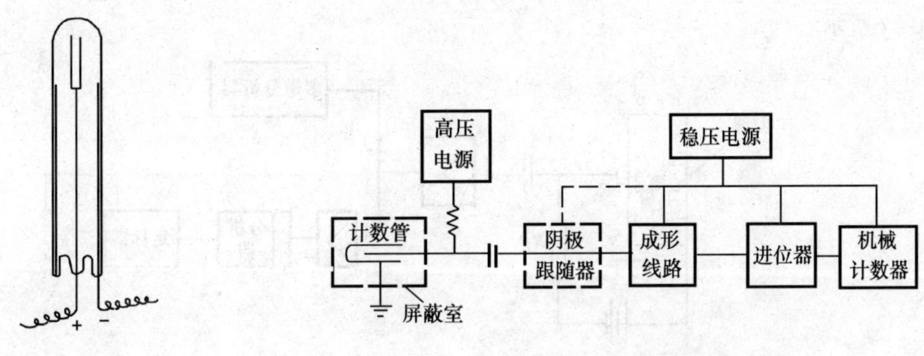

图 10-3　盖革计数管

图 10-4　射线强度测量装置

2. 闪烁检测器

闪烁检测器是利用射线与物质作用发生闪光的仪器。它具有一个受带电粒子作用后其内部原子或分子被激发而发射光子的闪烁体。当射线照在闪光体上时，便发射出荧光光子，并且利用光导和反光材料等将大部分光子收集在光电倍增管的光阴极上。光子在灵敏阴极上打出光电子，经过倍增放大后在阳极上产生电压脉冲，此脉冲还是很小的，需再经电子线路放大和处理后再记录下来。图 10-5 是这种检测器测量装置的工作原理。

闪烁体的材料可用 ZnS、NaI、蒽、芪等无机和有机物质，其性能列于表 10-2 中。探测 α 粒子时，通常用 ZnS 粉末；探测 γ 射线时，可选用密度大、能量转化率高，可做成体积较大并且透明的 NaI (Tl) 晶体；蒽等有机材料发光持续时间短，可用于高速计数和测量短寿命核素的半衰期。

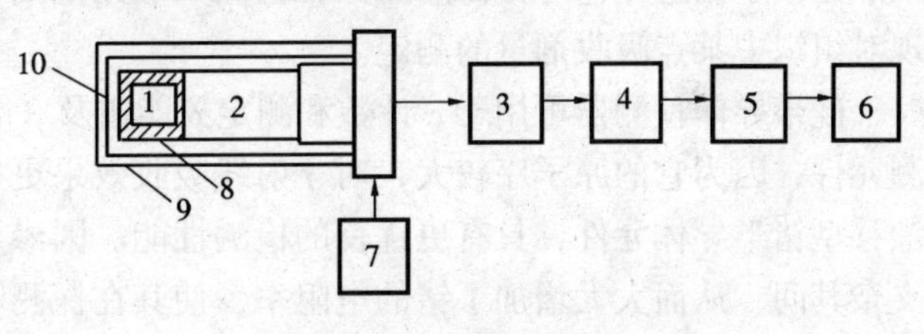

图 10-5　闪烁检测器测量装置

1—闪烁体；2—光电倍增管；3—前置放大器；4—主放大器；5—脉冲幅度分析器；6—定标器；7—高压电源；8—光导材料；9—暗盒；10—反光材料

闪烁检测器以其高灵敏度和高计数率的优点而被用于测量 α、β、γ 辐射强度。由于它对不同能量的射线具有很高的分辨率，所以可用测量能谱的方法鉴别放射性核素。这种仪器还可以测量照射量和吸收剂量。

表 10-2　主要闪烁材料性能

物　质	密度 < /g·cm^{-3}	最大发光波长/nm	对 β 射线的相对脉冲高度	闪光持续时间/×10^{-8}s
ZnS (Ag) 粉①	4.10	450	200	4~10
NaI (Tl)①	3.67	420	210	30
蒽	1.25	440	100	3
芪	1.15	410	60	0.4~0.8
液体闪烁液	0.86	350~450	40~60	0.2~0.8
塑料闪烁体	1.06	350~450	28~48	0.3~0.5

①Ag、Tl 是激活剂。

3. 半导体检测器

半导体检测器的工作原理与电离型检测器相似，但其检测元件是固态半导体。当放射性粒子射入这种元件后，产生电子－空穴对，电子和空穴受外加电场的作用，分别向两极运动，并被电极所收集，从而产生脉冲电流，再经放大后，由多道分析器或计数器记录，如图 10－6所示。

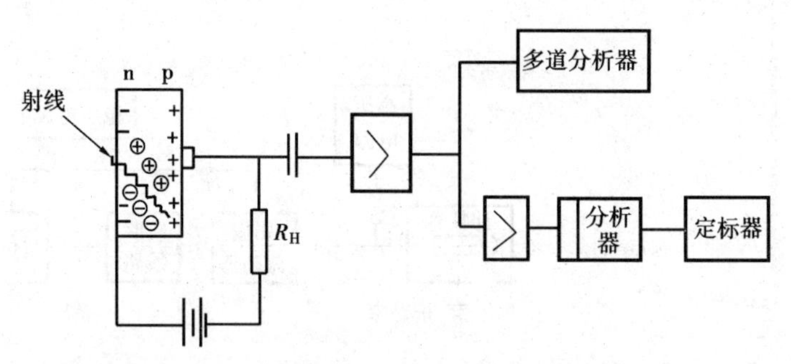

图 10－6　半导体检测器工作原理

半导体检测器可用于测量 α、β 和 γ 辐射。与前两类检测器相比，在半导体元件中产生电子－空穴所需能量要小得多。例如，硅型半导体是 3.6eV，锗型半导体是 2.8eV，而对 NaI 闪烁探测器来说，从其中发出一个光电子平均需能量 3 000eV，也就是说，在同样外加能量下，半导体中生成电子－空穴对数比闪烁探测器中生成的光电子数多近 1 000 倍。因此，前者输出脉冲电流大小的统计涨落比较小，对外来射线有很好的分辨率，适于作能谱分析。其缺点是由于制造工艺等方面的原因，检测灵敏区范围较小。但因为元件体积很小，较容易实现对组织中某点吸收剂量的测定。

硅半导体检测器可用于 α 计数和测定 α 能谱及 β 能谱。对 γ 射线一般采用锗半导体作检测元件，因为它的原子序较大，对 γ 射线吸收效果更好。在锗半导体单晶中渗入锂，制成锂漂移型锗半导体元件，具有更优良的检测性能。因渗入的锂不取代晶格中的原有原子，而是夹杂其间，从而大大增加了锗的电阻率，使其在探测 γ 射线时有较大的灵敏区域。应用锂漂移型半导体元件时，因为锂在室温下容易逃逸，所以要在液氮致冷（－196℃）条件下工作。

在环境放射性监测中，总放射性测量是对环境样品中总放射性活度有一个相对的了解，以利于判断样品是否受到污染，它可以简单、快速地得到测量结果。环境样品中的放射性活度很低，因此，要求测定仪器的稳定性好、本底低、灵敏度高和计数效率高，最好采用低本底测量装置。

（三）探测器的坪曲线

1. 坪曲线

凡是应用计数管探测器，均应对计数管的特性曲线进行测量。

计数管的计数效率随电压的增高而增高，当电压增高到一定程度时，计数率不再随电压的增加而改变。在电压－计数率曲线上呈水平直线的那一段，称为坪，如图 10－7 所示。这段直线的长度称为坪长。一般选择坪长的 1/3 处作为计数管的工作电压。曲线

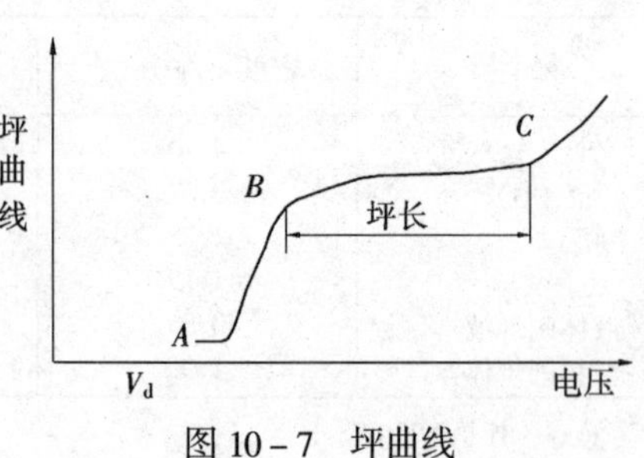

图 10－7　坪曲线

的斜率称为坪斜。好的计数管应有较宽的坪长。

2. 计数率

一个粒子通过计数管的灵敏体积，而引起输出脉冲的概率称为计数率。对任何探测器均应用标准源进行仪器计数效率的测定。其计算公式如下

$$\eta = N_0/A_0 \times 100\% \tag{10-1}$$

式中 η——测量装置的计数效率（%）；

N_0——标准源的计数率；

A_0——标准源的衰变数。

二、测量方法

在环境样品的放射性测量中，多用相对测量方法。把已知强度的标准源与经过预处理后制备的样品源在相同的条件下进行测量。从标准源的强度，求出待测样品的强度。在测量中应正确选择标准源，使标准源和样品源的放射性能量和强度尽可能接近。

测量中，应严格控制标准源和样品源的几何条件，即形状、厚度、测量盘的材料等。减少因立体角、自吸收、反散射等因素的影响而带来的误差。测量的时间取决于样品中放射性强度和对误差的要求。通常所测样品的相对标准误差不得大于30%。如果样品中的放射性强度太低，不能满足此要求时，样品的测量时间不应少于30min，本底测量时间不应少于20min。测量的时间可由下式来确定

$$\frac{t_c}{t_b} = \sqrt{\frac{I_c}{I_b}} \tag{10-2}$$

$$t_c = \frac{I_c + \sqrt{I_c \times I_b}}{(I_c - I_b)^2 \times E^2} \tag{10-3}$$

式中 t_c——样品的测量时间（包括本底，min）；

t_b——本底的测量时间（min）；

I_c——样品计数率（计数/min）；

I_b——本底计数率（计数/min）；

E——相对标准误差。

如果给定标准误差，根据上式就可以求出所需样品和本底的测量时间。

三、计算公式和数据处理

1. 计算公式

薄层法的计算公式如下

$$A = \frac{(I_c - I_b) \times W \times 60}{\eta \times W_a} \quad [\mathrm{Bq/(kg \cdot L)}] \tag{10-4}$$

$$A = \frac{(I_c - I_b) \times W}{2.22 \times 10^{12} \times \eta \times W_a} \quad [\mathrm{Ci/(kg \cdot L)}] \tag{10-5}$$

厚层法的计算公式如下

$$A = \frac{(I_c - I_b) \times W \times 60}{S \times \eta \times \delta \times W_a} \quad [\mathrm{Bq/(kg \cdot L)}] \tag{10-6}$$

$$A = \frac{(I_c - I_b) \times W}{2.22 \times 10^{12} \times S \times \eta \times \delta \times W_a} \quad [\mathrm{Ci/(kg \cdot L)}] \tag{10-7}$$

式中　A——样品的放射性强度；

I_c——样品加本底的计数率（计数/min）；

I_b——本底的计数率（计数/min）；

W——样品总重（kg）；或灰鲜比（g/kg）；

W_a——样品测重（g）；

η——仪器的计数效率（%）；

S——测量盘的面积（cm^2）；

δ——吸收厚度（mg/cm^2）。

吸收厚度 δ，当 α 粒子通过厚度层物质时，其能量减弱到不能被 α 测量装置记录的厚度，其值可由下式确定

$$\delta = d \times \frac{n_0}{n_0 - n_d} \tag{10-8}$$

式中　n_0——标准源的计数率（计数/min）；

n_d——标准源加盖厚度为 d 的铝箔后的计数率（计数/min）；

d——加盖铝箔的厚度（mg/cm^2），一般采用 1～2mg/cm^2 的铝箔。

2. 统计误差

在环境放射性测量的实际工作中，不可能对一个样品进行多次测量。通常，在测量一次时，其计数为 N，设想这个计数 N 就是其理论值分布曲线的平均值，其离散情况用可标准误差来表示，即

$$\delta = \pm \sqrt{N} \tag{10-9}$$

式中　δ——标准误差；

N———次测量的计数（计数/min）。

相对标准误差为

$$E = \pm \frac{\sqrt{N}}{N} \tag{10-10}$$

当 N 大时，相对标准误差小，精确度高。为了得到足够的计数 N，以保证精确度，就需要延长测量时间 t。若计数 N 是 t 时间内测量的，则单位时间计数的标准误差应为

$$\delta = \pm \frac{\sqrt{N}}{t} \tag{10-11}$$

若令 n 为单位时间内的平均计数，$N = nt$，则式（10－11）可改为

$$\delta = \pm \sqrt{\frac{nt}{t}} = \pm \sqrt{\frac{nt}{t^2}} = \pm \sqrt{\frac{n}{t}} \tag{10-12}$$

式中 δ 为标准误差，其意义是指在完全相同的条件下，重复一次测量时，计数结果有 68.3%的几率处在 $n \pm \delta$ 之间，有 31.7%的几率处在 $n \pm \delta$ 之外，有 95%的几率处在 $n \pm 2\delta$

之间，有99%的几率处在 $n \pm 3\delta$ 之间。

单位时间内计数的相对标准误差为

$$E = \pm \frac{\delta}{n} = \pm \frac{\sqrt{\frac{n}{t}}}{n} = \pm \frac{1}{\sqrt{nt}} \tag{10-13}$$

标准误差的形式简单，运算方便。但在多次长时间测量中，不能看出每次测量的重复性及与平均值的偏离情况。在统计学中计算平均值时，还可以用均方根误差来表示，其计算公式为

$$\delta_n = \pm \sqrt{\frac{\sum_{i=1}^{n} (\bar{N} - N_i)^2}{n}} \tag{10-14}$$

测量次数 n 小于30时，则可采用下式

$$\delta_n = \pm \sqrt{\frac{\sum_{i=1}^{n} (\bar{N} - N_i)^2}{n - 1}} \tag{10-15}$$

式中　$\bar{N}$——平均计数率（脉冲/min）；

$$\bar{N} = \sum_{i=1}^{n} N_i / n$$

N_i——第 i 次测量的计数（脉冲/min）；

N——总的测量次数。

这样，就可以检查个别值与平均值的偏离情况。（当 $|N - N_i| > 3\delta$ 时 N_i 应舍去；当 $|N - N_i| \leqslant 3\delta$ 时 N_i 可用。）

平均平方误差为

$$\delta_{\bar{N}} = \pm \sqrt{\frac{\sum_{i=1}^{n} (\bar{N} - N_i)^2}{n(n - 1)}} \tag{10-16}$$

平均平方误差常用以检验标准误差的精确性。当标准误差小，平均平方误差也小时，则结果可以认为是精确的。

第三节　环境辐射剂量率的测量

生活中常见的辐射来源有以下几种：

1. 环境中的土壤、岩石、水中的天然放射性核素的辐射；

2. 大气中放射性核素的辐射；

3. 建筑物中天然放射性核素的辐射；

4. 宇宙射线；

5. 人工放射性核素的辐射。

环境放射性辐射剂量率的监测，对于发现环境是否受到放射性污染，了解人群所受辐射剂量及其变化具有非常重要的意义。

一、水样的总α放射性活度的测定

水体中常见辐射α粒子的核素有^{226}Ra、^{222}Rn及其衰变产物等。目前公认的水样总α放射性浓度是0.1Bq/L，当大于此值时，就应对放射α粒子的核素进行鉴定和测量，确定主要的放射性核素，判断水质污染情况。

测定水样总α放射性活度的方法是：取一定体积水样，过滤（除去固体物质），滤液加硫酸酸化，蒸发至干，在不超过350℃的温度下灰化。将灰化后的样品移入测量盘中并铺成均匀薄层，用闪烁检测器测量。在测量样品之前，先测量空测量盘的本底值和已知活度的标准样品。测定标准样品（标准源）的目的是确定探测器的计数效率，以计算样品源的相对放射性活度，即比放射性活度。标准源最好是欲测核素，并且二者强度相差不大。如果没有相同核素的标准源，可选用放射同一种粒子且能量相近的其他核素。测量总α放射性活度的标准源常选择硝酸铀酰。水样的总α比放射性活度（Q_a）用下式计算

$$Q_a = \frac{n_c - n_b}{n_s \cdot V} \tag{10-17}$$

式中 Q_a——比放射性活度（Bq铀/L）；

n_c——用闪烁检测器测量水样得到的计数率（计数/min）；

n_b——空测量盘的本底计数率（计数/min）；

n_s——根据标准源的活度计数率计算出的检测器的计数率［计数/（Bq·min）］；

V——所取水样体积（L）。

二、水样的总β放射性活度测量

水样总β放射性活度测量步骤基本上与总α放射性活度测量相同，但检测器用低本底的盖革计数管，且以含^{40}K的化合物作标准源。

水样中的β射线常来自^{40}K、^{90}Sr、^{129}I等核素的衰变，其目前公认的安全水平为1Bq/L。^{40}K标准源可用天然钾的化合物（如氯化钾或碳酸钾）制备。天然钾化合物中含0.0119%的^{40}K，比放射性活度约为1×10^7Bq/g，发射率为28.3β粒子/（g·s）和3.3γ射线/（g·s）。用KCl制备标准源的方法是：取经研细过筛的分析纯KCl试剂于120～130℃烘干2h，置于干燥器内冷却。准确称取与样品源同样重量的KCl标准源，在测量盘中铺成中等厚度层，用计数管测定。

三、土壤中α、β总放射性活度的测量

土壤中α、β总放射性活度的测量方法是：在采样点选定的范围内，沿直线每隔一定距离采集一份土壤样品，并采集4～5份。采样时用取土器或小刀取10cm×10cm、深1cm的表土。除去土壤中的石块、草类等杂物，在实验室内晾干或烘干，移至干净的平板上压碎，铺成1～2cm厚的方块，用四分法反复缩分，直到剩余200～300g土样，再于500℃灼烧，待冷却后研细，过筛备用。称取适量制备好的土样放于测量盘中，铺成均匀的样品层，用相应的探测器分别测量α和β比放射性活度（测β放射性的样品层应厚于测α放射性的样品层）。α比放射性活度（Q_α）和β比放射性活度（Q_β）分别用以下两式计算

$$Q_{\alpha}=\frac{(n_c-n_b)\times 10^6}{60\cdot\varepsilon\cdot S\cdot l\cdot F} \tag{10-18}$$

$$Q_{\beta}=1.48\times 10^4\frac{n_{\beta}}{n_{KCl}} \tag{10-19}$$

式中　Q_{α}——α 比放射性活度（Bq/kg 干土）；

Q_{β}——β 比放射性活度（Bq/kg 干土）；

n_c——样品 α 放射性总计数率（计数/min）；

n_b——本底计数率（计数/min）；

ε——检测器计数效率［计数/（Bq·min）］；

S——样品面积（cm^2）；

l——样品厚度（mg/cm^2）；

F——自吸收校正因子，对较厚的样品一般取 0.5；

n_{β}——样品 β 放射性总计数率（计数/min）；

n_{KCl}——氯化钾标准源的计数率（计数/min）；

1.48×10^4——1kg 氯化钾所含^{40}K 的 β 放射性的贝可数。

四、大气中氡的测定

^{222}Rn 是^{226}Rn 的衰变产物，是一种放射性惰性气体。它与空气作用时，能使之电离，因而可用电离型探测器通过测量电离电流测定其浓度；也可用闪烁探测器记录由氡衰变时所放出的 α 粒子计算其含量。

前一种方法的要点是：用由干燥管、活性炭吸附管及抽气动力组成的采样器以一定流量采集空气样品，则气样中的^{222}Rn 被活性炭吸附浓集。将吸附氡的活性炭吸附管置于解吸炉中，于 350℃进行解吸，并将解吸出来的氡导入电离室，因^{222}Rn 与空气分子作用而使其电离，用经过^{226}Ra 标准源校准的静电计测量产生的电离电流（格），按下式计算空气中^{222}Rn 的含量（A_{Rn}）

$$A_{Rn}=\frac{K\times(J_c-J_b)}{V}\cdot f \tag{10-20}$$

式中　A_{Rn}——空气中^{222}Rn 的含量（Bq/L）；

J_c——电离室本底电离电流（格/min）；

J_b——引入^{222}Rn 后的总电离电流（格/min）；

V——采气体积（L）；

K——检测仪器格值（Bq·min/格）；

f——换算系数，据^{222}Rn 导入电离室后静置时间而定，可查表得知。

五、大气中各种形态^{131}I 的测定

碘的同位素很多，除^{137}I 是天然存在的稳定性同位素外，其余都是放射性同位素。^{131}I 是裂变产物之一，它的裂变产额较高，半衰期较短，可用为反应堆中核燃料元件包壳是否保持完整状态的环境监测指标，也可以作为核爆炸后有无新鲜裂变产物的信号。

大气中的^{131}I 呈元素、化合物等各种化学形态，如蒸气、气溶胶等，因此采样方法各不相同。图 10－8 为一种能收集各种形态^{131}I的采样器的示意图。该采样器由粒子过滤器、元素碘吸附器、次碘酸吸附器、甲基碘吸附器和炭吸附床组成。对例行环境监测，可在低流速下连续采样一周或一周以上，然后用γ谱仪定量测定各种化学形态的^{131}I。

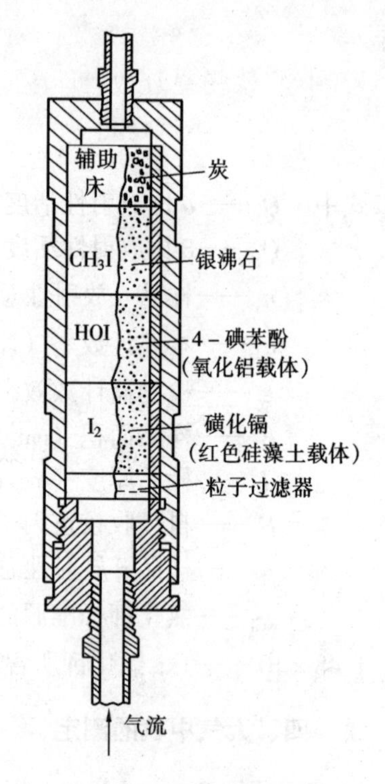

图 10－8　能吸收各种形态碘的采样器

对浓度低的样品，应在取样结束 4h 后测量，用低本底γ谱仪分别测定玻璃纤维滤纸、活性炭滤纸和滤筒中^{131}I能量为 0.365MeV 的特征γ射线的净计数。在计算中首先按式（10－21）对流量计读数进行校正。

$$q_r = q_i\ [\ (P \cdot T_c)\ /\ (P_e \cdot T_u)]^{1/2} \qquad (10-21)$$

式中　q_r——实际流量（$L \cdot min^{-1}$）；

q_i——流量计的读数（$L \cdot min^{-1}$）；

P——取样器之后的绝对压力，其值为 $P_e - R$，R 系取样器的阻力（Pa）；

P_e——环境绝对大气压力（Pa）；

T_c——刻度时的绝对温度（K）；

T_u——使用时的绝对温度（K）。

按式（10－22）分别计算空气中^{131}I的微粒碘、无机碘、有机碘的浓度。

$$C = 7.38 \times 10^{-11} \times \{C_s / [\eta_{cou} \cdot \eta_{col} \cdot q_r\ (1 - e^{-\lambda t_1})\ (e^{-\lambda t_2})\ (1 - e^{-\lambda t_3})]\} \qquad (10-22)$$

式中　C——空气中^{131}I的浓度（$Bq \cdot m^{-3}$）；

C_s——计数时间内样品的净计数；

η_{cou}——收集效率；

η_{col}——计数效率；

q_r——平均流量（$m^3 \cdot min^{-1}$）；

λ——^{131}I的衰变常数，$\lambda = 5.987 \times 10^{-5} min^{-1}$；

t_1——取样时间（min）；

t_2——取样结束至计数开始之间经过的时间（min）；

t_3——计数时间（min）。

六、牛奶中^{131}I的测定

将牛奶样品搅拌均匀加入碘载体溶液，用电动搅拌器搅拌后，利用强碱性阴离子交换树脂浓集样品中的^{131}I，在玻璃解吸柱内加入次氯酸钠解吸，利用四氯化碳和盐酸羟胺萃取，亚硫酸氢钠还原。继续水反萃，除净剩余的四氯化碳，加入硝酸银溶液得到碘化银沉淀。将碘化银沉淀转入垫有已恒重滤纸的玻璃可拆式漏斗中抽滤。用蒸馏水和乙醇洗涤，取下载有沉淀的滤纸，放上不锈钢压源模具在 110℃烘干，称重、封源、测量。

1. β测量

绘制自吸收曲线后，可用下式计算试样中^{131}I的放射性浓度。

$$A_{\beta} = (n_{c} - n_{b})/(\eta_{\beta} \cdot E \cdot Y \cdot V \cdot e^{-\lambda t}) \tag{10-23}$$

式中 A_{β}——^{131}I 放射性浓度（Bq/L）；

n_{c}——试样测得的计数率（计数/s）；

n_{b}——试样空白本底计数率（计数/s）；

η_{β}——β 探测器效率；

E——^{131}I 的自吸收系数；

Y——化学产额；

V——所测试样的体积；

t——采样到测量的时间间隔；

λ——^{131}I 的衰变常数。

2. γ 测量

用本底 γ 谱仪测量 0.364MeV 全能峰的计数率。

牛奶中 ^{131}I 放射性浓度按式（10－24）计算

$$A_{\gamma} = (n_{c} - n_{b})/(\eta_{\gamma} \cdot K \cdot Y \cdot V \cdot e^{-\lambda t}) \tag{10-24}$$

式中 A_{γ}——^{131}I 放射性浓度（Bq/L）；

n_{c}——0.364MeV 全能峰的计数率（计数/s）；

n_{b}——0.364MeV 全能峰相应的本底计数率（计数/s）；

η_{γ}——谱仪对 0.364MeV 左右全能峰的探测效率；

K——0.364MeV 全能峰的百分比。

第三篇　热　污　染

第十一章　热　环　境

适宜于不同生物种群生存繁衍的温度范围相对而言是比较窄的，不同生物种群需要通过主动或被动的方式来获得生存所需的热环境，否则将被自然法则所淘汰。所谓热环境就是指提供给生物种群的赖以生存繁衍的空间温度环境。太阳能量辐射为地球提供了生物种群生存空间的大的热环境，而各种能源提供的能量则改变、调整并创造了适宜于不同生物种群生存繁衍的小的热环境，同时不同生物种群的生命活动也不断改变着赖以生存的热环境。

第一节　环境的天然资源

天然资源也称自然资源，是指自然环境中与人类社会发展有关的、能被利用以产生使用价值并影响劳动生产率的自然诸要素。它包括有形的土地、水体、动植物、矿产和无形的光、热等资源。热作为环境中存在的天然资源的一种，其存在范围广泛，形式多样。

一、基础热源

地球为不同生物种群的生存繁衍提供了适宜的热环境，太阳是其天然热源。热环境的状态不仅与太阳不断以电磁波的形式辐射到地球的能量有关，还取决于环境中大气同地表之间的热交换状况。

(一)太阳能简介

太阳能是太阳内部连续不断的核聚变反应过程产生的能量。尽管太阳辐射到地球大气层的能量仅为其总辐射能量(约为 3.75×10^{26}W)的 22 亿分之一，但已高达 1.73×10^{17}W，也就是说太阳每秒钟照射到地球上的能量就相当于 500 万 t 煤。人类依赖这些能量维持生存，其中包括所有其他形式的可再生能源(地热能资源除外)。虽然太阳能资源总量相当于现在人类所利用的能源的一万多倍，但太阳能的能量密度低，而且它因地而异，因时而变，这是开发利用太阳能面临的主要问题。现在利用太阳能的方法主要有两种：一种是把太阳光聚集起来直接转换为热能(即光－热转换)，另一种是把太阳能聚集起来直接转换为电能(即光－电转换)。

(二)太阳辐射的特性

1. 太阳辐射光谱

太阳是个炽热的大火球，它的表面温度可达 6000K，它以辐射的方式不断地把巨大的能量传送到地球上来，哺育着万物的生长。

太阳辐射的波长范围大约在 0.15～4μm 之间。在这段波长范围内，又可分为三个主要区域，即波长较短的紫外光区(＜0.4μm)、波长较长的红外光区(＞0.76μm)和介于二者之间的可见光区(0.4～0.76μm)。太阳辐射的能量主要分布在可见光区和红外区，前者占太阳辐射总量的50%，后者占43%，紫外区只占能量的7%。太阳辐射的能量分布如图11-1所示。

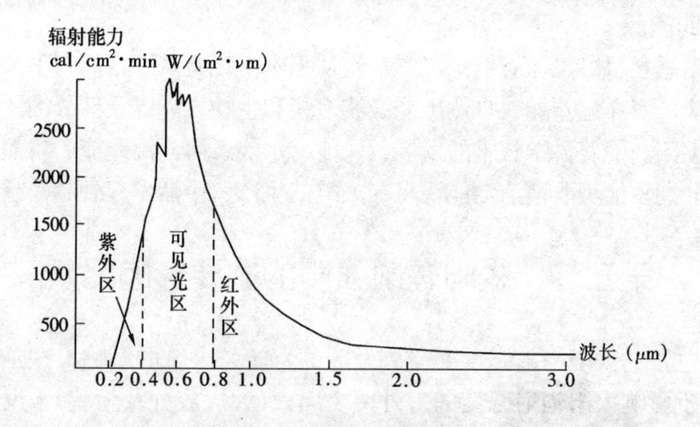

图11-1 太阳辐射的能量分布

2. 太阳辐射强度和太阳常数

太阳辐射强度就是太阳在垂直照射情况下在单位时间(1min、1d、1个月或者1a)内，$1cm^2$的面积上所得到的辐射能量。如果在特定的情况下测量太阳辐射强度，即在日地平均距离(太阳和地球的距离为149 597 870km)的条件下，在地球大气上界，垂直于太阳光线的$1cm^2$的面积上，在1min内所接受的太阳辐射能量，就称为太阳常数。它是用来表达太阳辐射能量的一个物理量。在宇航事业取得新资料的情况下，经过大量观测和分析，测得新的太阳常数为1.95cal/(cm^2·min)。据研究，太阳常数也有周期性的变化，这可能与太阳黑子的活动周期有关。因此，在长期气象预报过程中，常把太阳常数和太阳黑子的周期变化联系起来，分析气候长期变化的趋势。

二、辅助能源

自然环境的温差变化较大，而满足人类生存或舒适的温度范围又较为狭窄。为了创造舒适的热环境，促进人类的身体健康及提高工作效率，人类就要利用除太阳能以外的其他能源。这些能源在地球环境中是广泛存在的。

(一)地热能

大家已经知道，地球内部蕴藏着巨大的热量。如果把地球上贮存的全部煤炭燃烧时所放出的热量作为100来计算，那么，地热能的总贮量则为煤炭的17 000万倍。地球中的这种天然热能就是我们所称的地热能。但狭义上说，地热能是指封闭在地球中距地表足够近的距离内，并可被经济开采的天然地热，故又称为地热资源。目前国际上所指的地热资源，是指地壳浅部5 km以内储存的天然热量，约相当于5 000亿t标准煤的热量。

按照地热资源的温度不同，通常把热储存温度大于150℃者称为高温地热能，小于150℃而大于90℃者称为中温地热资源，小于90℃者称为低温地热资源。因地热利用的范围越来越广，地热资源的温度分级也将随着利用价值有所改变。

根据热资源的性质和储存状态可将其分为五种类型：蒸汽型、热水型、地压型、干热岩型和岩浆型。前两类统称为水热型，是现在开发利用的主要地热资源。中间两类属于今后大量开发利用时可加以考虑的潜在地热资源。最后一类地压型地热资源虽然生成条件不太普遍

(往往在含油盆地深部)，但其能量潜力巨大，而且除热能外，它往往还储存有甲烷之类的化学能及高压所致的机械能。

(二)其他辅助能源

地球上的化石燃料(如煤、石油、天然气等)从根本上说是从远古储存下来的太阳能，而地球上的风能、水能、海洋温差能、自然冷能、波浪能和生物质能以及部分潮汐能等，从广义来说也都是来源于太阳。随着科学技术的发展，风能、水能、海洋温差能、自然冷能、波浪能和生物质能以及部分潮汐能等所谓清洁能源将在人类的生产、生活中起到越来越重要的作用。

第二节　太阳辐射强度的主要影响因素

地球上某一位置的太阳辐射强度要受到地球的自转与公转的影响，这是一种不可改变的自然现象。而对于影响太阳辐射强度的另外两个因素(大气成分及地貌)来说，它们的变化既可能由自然因素，如大陆漂移、火山爆发引起，也可以受到人类生产生活的影响。

一、太阳、地球相对位置的影响

昼夜是由于地球自转而产生的，而季节是由于地球的自转轴与地球围绕太阳公转的轨道的转轴呈 23°27′的夹角而产生的。地球每天绕着通过它本身南极和北极的“地轴”自西向东自转一周，每转一周为一昼夜，所以地球每小时自转 15°。地球除自转外还循偏心率很小的椭圆轨道每年绕太阳运行一周。地球自转轴与公转轨道面的法线始终成 23.5°。地球公转时自转轴的方向不变，总是指向地球的北极。因此地球处于运行轨道的不同位置时，太阳光投射到地球上的方向也就不同，于是形成了地球上的四季变化(图 11－2)。每天中午时分，太阳的高度总是最高的。在热带低纬度地区(即在赤道南北纬度 23°27′之间的地区)，一年中太阳有两次垂直入射，在较高纬度地区，太阳总是靠近赤道方向。在北极和南极地区(在南北半球纬度在 90°～23°27′之间)，冬季太阳低于地平线的时间长，而夏季太阳则高于地平线的时间长。

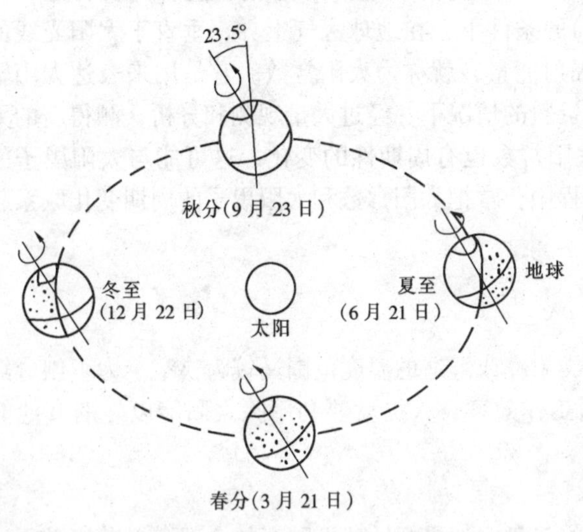

图 11－2　地球公转的示意图

由于地球以椭圆形轨道绕太阳运行,因此太阳与地球之间的距离不是一个常数,而且一年里每天的日地距离也不一样。因某一点的辐射强度与距辐射源的距离的平方成反比,所以地球大气上方的太阳辐射强度会随日地间距离不同而异。然而,由于日地间距离太大(平均距离为 1.5×10^8km)，所以地球大气层外的太阳辐射强度几乎是一个常数。因此人们就采用所谓“太阳常数”来描述地球大气层上方的太阳辐射强度。近年来通过各种先进手段测得的太阳常数的标准值为 1353W/m^2。一年中由于日地距离的变化所引起太阳辐射强度的变化，在近日点垂直于大气上界的太阳辐射强度比太阳常数大 3.4%，而在远日点则比太阳常数小

3.5%。

到达大气上界的太阳辐射与太阳高度角的正弦成正比。太阳高度角随纬度和时间而变化。因此，在不同纬度上不同时间的太阳辐射强度都不同。由于南、北回归线之间地区的太阳高度角较大，而北回归线以北和南回归线以南地区的太阳高度角随纬度增高而减小，所以，到达地球大气上界的太阳辐射沿纬度的分布是不均匀的，低纬度多，随纬度的增高而减少；由于南、北回归线之间地区的太阳高度角在一年中的变化较小，而中、高纬度地区的太阳高度角在一年中的变化较大，因而，低纬地区太阳辐射强度的年变化小，高纬地区太阳辐射强度的年变化大。

二、地球大气的影响

(一)地球大气的组成

1. 大气的成分

地球上的大气是由多种气体组成的混合体，并含有水汽和部分杂质。它的主要成分是氮、氧、氩等。在 80～100km 以下的低层大气中，气体成分可分为两部分：

(1)不可变气体成分

主要指氮、氧、氩三种气体以及微量的惰性气体氖、氦、氪、氙等。

(2)易变气体成分

以水汽、二氧化碳和臭氧为主，其中变化最大的是水汽。

2. 大气的分类

大气这种含有各种物质成分的混合物，可大致分为干洁空气、水汽、微粒杂质和新的污染物。

(1)干洁空气

是指大气中除去水汽、液体和固体微粒以外的整个混合气体，简称干空气。它的主要成分是氮、氧、氩、二氧化碳等，其容积含量占全部干洁空气的 99.99% 以上。其余还有少量的氢、氖、氪、氙、臭氧等。其中对人类活动及天气变化有影响的大气成分为：

① 氧气

氧气占大气质量的 23%，它是动植物生存、繁殖的必要条件。氧的主要来源是植物的光合作用。有机物的呼吸和腐烂，矿物燃料的燃烧需要消耗氧而放出二氧化碳。

② 氮气

氮气占大气质量的 76%，它的性质很稳定，只有极少量的氮能被微生物固定在土壤和海洋里变成有机化合物。闪电能把大气中的氮氧化(变成二氧化氮)，被雨水吸收落入土壤，成为植物所需的肥料。

③ 二氧化碳

二氧化碳含量随地点、时间而异。人口稠密的工业区二氧化碳占大气质量的万分之五，农村大为减少。同一地区二氧化碳冬季多夏季少，夜间多白天少，阴天多晴天少。这是因为植物光合作用的结果。

④ 臭氧

臭氧是分子氧吸收小于 0.24μm 的紫外线辐射后重新结合的产物。臭氧的产生必须有足够的气体分子密度，同时有紫外辐射，因此臭氧密度在 22～35km 处为最大。臭氧对太阳紫外线辐射有强烈的吸收作用，加热了所在高度(平流层)的大气。

(2)水汽

大气中含量很少，但变化很大，其变化范围在0~4%之间。水汽绝大部分集中在低层，有一半的水汽集中在2km以下，3/4的水汽集中在4km以下，10~12km高度以下的水汽约占全部水汽总量的99%。

大气中的水汽来源于下垫面，包括水面、潮湿物体表面、植物叶面的蒸发。由于大气温度远低于水面的沸点，因而水在大气中有相变效应。水汽含量在大气中变化很大，是天气变化的主要角色，云、雾、雨、雪、霜、露等都是水汽的各种形态。水汽能强烈地吸收地表发出的长波辐射，也能放出长波辐射，水汽的蒸发和凝结又能吸收和放出潜热，这都直接影响到地面和空气的温度，影响到大气的运动和变化。

(3)杂质和微粒

大气中除了气体成分以外，还有很多的液体、固体杂质和微粒。

固体杂质是指来源于火山爆发、尘沙飞扬、物质燃烧的颗粒、流星燃烧所产生的细小微粒和海水飞溅扬入大气后而被蒸发的盐粒，还有细菌、微生物、植物的孢子花粉等。它们多集中于大气的底层。

液体微粒，是指悬浮于大气中的水滴、过冷水滴和冰晶等水汽凝结物。

大气中杂质、微粒聚集在一起，直接影响大气的能见度。但它能充当水汽凝结的核心，加速大气中成云致雨的过程。它能吸收部分太阳辐射，又能削弱太阳直接辐射和阻挡地面长波辐射，对地面和大气的温度变化产生了一定的影响。

(4)新的污染物

随着科技进步，许多人造的新的污染物质被排入大气。

(二)地球大气的垂直结构

自地球表面向上，大气层延伸得很高，可达到几千千米的高空。根据人造卫星探测资料的推算，在2000~3000 km的高空，地球大气密度便达到每1cm^{3}一个微观粒子，和星际空间的密度非常相近，这样2000~3000km的高空可以大致看作是地球大气的上界。

整个地球大气层像是一座高大而又独特的“楼房”，按其成分、温度、密度等物理性质在垂直方向上的变化，世界气象组织把这座“楼”分为五层，自下而上依次是：对流层、平流层、中间层、暖(热)层和散逸层。

1. 对流层

是紧贴地面的一层，它受地面的影响最大。因为地面附近的空气受热上升，而位于上面的冷空气下沉，这样就发生了对流运动，所以把这层叫做对流层。它的下界是地面，上界因纬度和季节而不同。据观测，在低纬度地区其上界为17~18km，在中纬度地区为10~12km，在高纬度地区仅为8~9km。夏季的对流层厚度大于冬季。以南京为例，夏季的对流层厚度达17km，而冬季只有11km，冬、夏厚度之差达6km之多。

2. 平流层

从对流层的顶部，直到高于海平面50~55km的这一层，气流运动相当平衡，而且主要以水平运动为主。

3. 中间层

平流层之上，到高于海平面85km的高空。这一层大气中，几乎没有臭氧，这就使来自太阳辐射的大量紫外线白白地穿过了这一层大气而未被吸收，所以，在这层大气里，气温随高度的增加而下降得很快，到顶部气温已下降到－83℃以下。由于下层气温比上层高，有利于空气的垂直对流运动，故又称之为高空对流层或上对流层。中间层顶部尚有水汽存在，可出现很薄且发光的“夜光云”，在夏季的夜晚，高纬度地区偶尔能见到这种银白色的夜光云。

4. 暖(热)层

又叫电离层 。从中间层顶部到高出海平面 800km 的高空。这一层空气密度很小，在 700km 厚的气层中，只含有大气总重量的 0.5%。据探测，在 120km 高空，声波已难以传播。270km 高空，大气密度只有地面的一百亿分之一，所以在这里即使在你耳边开大炮，也难以听到。暖层里的气温很高，据人造卫星观测，在 300km 的高度上，气温高达 1 000℃以上，所以这一层叫做暖层或者热层。

5. 散逸层

又叫外层。暖层顶以上的大气是大气的最高层，高度最高可达到 3 000km。这一层大气的温度也很高，空气十分稀薄，受地球引力场的约束很弱，一些高速运动着的空气分子可以挣脱地球的引力和其他分子的阻力散逸到宇宙空间中去。

6. 地冕

根据火箭探测资料表明，地球大气圈之外，还有一层极其稀薄的电离气体，其高度可伸延到 22 000km 的高空，称之为地冕。

(三)大气中主要物质吸收辐射能量的波长范围(表 11－1)

表 11－1　大气中主要物质吸收辐射能量的波长范围

物质种类	波长范围/μm	波的类型	备　注
N_2，O_2，N，O	<0.1	短波	距地 100km，对紫外光完全吸收
O_2	<0.24	短波	距地 50～100km，对紫外光部分吸收
O_3	0.2～0.36	短波	在平流层中，吸收绝大部分紫外光
	0.4～0.85	长波	
	8.3～10.6	长波	少量吸收地表辐射
H_2O	0.93～2.85	长波	
	4.5～80	长波	对来自地表辐射吸收能力较强
CO_2	4.3 左右	长波	
	12.9～17.1	长波	对来自地表辐射完全吸收

1. 大气对辐射能量的吸收

大气对太阳短波辐射吸收很少，几乎是透明的。但大气对长波辐射的吸收非常强烈，吸收作用不仅与吸收物质的分布有关，而且还与大气的温度、压强等有关。大气中对长波辐射的吸收起重要作用的成分有水汽、液态水、二氧化碳和臭氧等，它们对长波辐射的吸收同样具有选择性。

大气在整个长波段，除 8～12 μm 一段处之外，其余的透射率近于 0 即吸收率近于 1。8～12μm 吸收率最小，透明度最大，称为“大气之窗”。这个波段的辐射，正好位于地面辐射能力最强处，所以地面辐射有 20%的能量透过这一窗口射向空间。在这一窗口，9.6μm 附近有一狭窄的臭氧吸收带，大气对于地面放射的 14μm 以上的远红外辐射，几乎能全部吸收，可以看成近于黑体。

水汽对长波辐射的吸收最为显著，除 8～12μm 波段的辐射外，其他波段都能吸收，并以 6μm 附近和 24μm 以上波段的吸收最强。

液态水对长波辐射的吸收性质与水汽相仿，只是作用更强一些。厚度大的云层，同黑体相仿，所以可把云体表面当作黑体表面。

二氧化碳有两个吸收带，中心分别位于 4.3μm 和 14.7μm。第一个吸收带位于温度为 200～300K的绝对黑体放射能量曲线的末端，它的作用不大，第二个吸收带为 12.9～17.1μm，比较重要。

2. 大气中电磁波辐射过程的特点

太阳辐射传输与长波辐射在大气中的传输过程有很大的不同。

(1)太阳辐射中的直接辐射，作为定向的平行辐射进入大气。地面和大气的辐射是漫射辐射。

(2)太阳辐射在大气中传播时，仅考虑大气对太阳辐射的削弱作用，而不考虑大气本身的辐射的影响。这是因为大气的温度较低，它所产生的短波辐射是极其微弱的，可以忽略不计。但考虑长波辐射在大气中的传播时，不仅要考虑大气对长波辐射的吸收，而且还要考虑大气本身的长波辐射。

(3)长波辐射在大气中传播时，可以不考虑散射作用。这是由于大气中气体分子和尘粒的尺度比长波辐射的波长要小得多，因此它们对长波辐射的散射作用非常微弱。大气中的水滴半径虽然比较大，对于长波辐射的散射也比较明显，但云雾水滴对长波辐射的吸收更为强烈，近似于黑体，相对于吸收作用来说，长波辐射的散射完全可以忽略。

三、地形地貌的影响

地面能吸收太阳短波辐射，同时按其本身的温度不断向外放射长波辐射。大气对太阳短波辐射吸收很少，几乎是透明的，但对地面的长波辐射却能强烈地吸收。大气也按其本身的温度向外放射长波辐射。通过长波辐射，地面和大气之间以及气层和气层之间相互交换热量，并将热量向宇宙空间散发。

地面的平均温度约为 300K，对流层大气的平均温度约为 250K，在这样的温度下，它们的热辐射，95%以上的能量集中在 3～120μm 的波长范围内，都是属于肉眼不能直接看见的红外辐射。其最大辐射能所对应的波长在 10～15μm 范围内，所以我们把地面和大气的辐射称为长波辐射。

地面由于吸收太阳总辐射和大气逆辐射而获得热量，同时又以其本身的温度不断向外放出辐射而失去热量。单位面积地表面所吸收的总辐射和它的有效辐射之差值，称为地面的辐射差额。影响地面辐射差额的因素很多，除考虑到影响总辐射和有效辐射的因素外，还应考虑地面的反射率的影响。反射率是由不同的地面性质所决定的，所以不同的地理环境、不同的气候条件下，地面辐射差额值有显著的差异。

地面辐射差额具有日变化和年变化。一般夜间为负，白天为正，由负值转到正值的时刻一般在日出后 1h，由正值转到负值的时刻一般在日落前 1～1.5h。一年中，一般夏季辐射差额为正值，冬季为负值，最大值出现在较暖的月份，最小值出现在较冷的月份。

辐射差额的年振幅随地理纬度的增加而增大。对同一地理纬度来说，陆地的年振幅大于海洋的年振幅。全球各纬度绝大部分地区地面辐射差额的年平均值都是正值，只有在高纬度和某些终年积雪的高山地区才是负值。就整个地球表面平均来说是收入大于支出的，也就是说地球表面通过辐射方式获得能量。

第三节　热平衡及换热方程

一、地球生物圈的热平衡及换热方程

太阳向地表和大气辐射热能，地表和大气之间不停地以辐射方式进行潜热交换和以对流、传导方式进行显热交换。地表热环境取决于上述热交换的结果。可以将地表某区域设想为一个柱体，向上延至太空，向下延至竖向热流为0处并以此作为底面。这时，柱体区域与外界热交换方程为

$$G=(Q+q)(1-\alpha)+I_{进}-I_{出}-H-L_{E}-F \tag{11-1}$$

式中　G——柱体蓄存的总能量；

Q——太阳直接辐射能量；

q——大气颗粒散射量；

α——地表短波反射率；

$I_{进}$——到达地表的长波辐射量；

$I_{出}$——地表向外的长波辐射量；

H——地表与大气交换的显热量；

L_{E}——地表与大气交换的潜热量；

F——柱体与外界交换的水平方向热流量。

该区域地表所获得的净辐射能量为

$$R=(Q+q)(1-\alpha)+I_{进}-I_{出}=G+H+L_{E}+F \tag{11-2}$$

不同地区的热环境系数 R、H、L_{E}、F 是不同的，见表11-2。

表11-2　不同地区的热环境系数

纬度区	海洋				陆地				地球			
	R	H	L_E	F	R	H	L_E	F	R	H	L_E	F
80°~90°N									-9	-10	3	-2
70°~80°N									1	-1	9	-7
60°~70°N	23	16	33	-26	20	6	14		21	10	20	-9
50°~60°N	29	16	39	-26	30	11	14		30	14	28	-12
40°~50°N	51	14	53	-16	43	21	24		48	17	38	-7
30°~40°N	83	13	86	-16	60	27	23		73	24	39	-10
20°~30°N	113	9	105	-1	69	49	20		96	24	73	-1
10°~20°N	119	6	99	14	71	42	29		106	16	81	9
0°~10°N	115	4	80	31	72	24	48		105	11	72	22
0°~90°N									72	16	55	1
0°~10°S	115	4	84	27	72	22	50		105	10	76	19
10°~20°S	113	5	104	4	73	32	41		104		90	3
20°~30°S	101	7	100	-6	70	42	28		94		83	-5

续表

纬度区	海洋				陆地				地球			
	R	H	L_E	F	R	H	L_E	F	R	H	L_E	F
30°~40°S	82	8	80	-6	62	34	28		80		74	-5
40°~50°S	57	9	35	-7	41	20	21		36		53	-7
50°~60°S	28	10	31	-13	31	11	20		28		31	-14
60°~70°S									13		10	-8
70°~80°S									-2		3	-1
80°~90°S									-11		0	-1
0°~90°S									72		62	-1
全球	82	8	74	0	49	24	25		72		59	0

注：表中正值表示系统吸热，负号表示系统放热。

二、人体与环境间的热平衡

人是恒温动物，机体内营养物质代谢释放出来的化学能，其中50%以上以热能的形式用于维持体温，其余不足50%的化学能则载荷于ATP，经过能量转化与利用，最终也变成热能，并与维持体温的热量一起，由循环血液传导到机体表层并散发于体外。因此，机体在体温调节机制的调控下，使产热过程和散热过程处于平衡，即体热平衡，维持正常的体温。如果机体的产热量大于散热量，体温就会升高，散热量大于产热量则体温就会下降，直到产热量与散热量重新取得平衡时才会使体温稳定在新的水平。

人体与环境之间的热平衡关系式为

$$S = M - (\pm W) \pm E \pm R \pm C \quad (11-3)$$

式中 S——人体蓄热率；

M——食物代谢率；

W——外部机械功率；

E——总蒸发热损失率；

R——辐射热损失率；

C——对流热损失率。

(一)人体产热过程

机体的总产热量主要包括基础代谢，食物特殊动力作用和肌肉活动所产生的热量。基础代谢是机体产热的基础。基础代谢高，产热量多，基础代谢低，产热量少。正常成年男子的基础代谢率约为170kJ/(m²·h)，成年女子约155kJ/(m²·h)。在安静状态下，机体产热量一般比基础代谢率增高25%，这是由于维持姿势时肌肉收缩所造成的。食物特殊动力作用可使机体进食后额外产生热量。骨骼肌的产热量则变化很大，在安静时产热量很小，运动时则产热量很大。轻度运动如行走时，其产热量可比安静时增加3~5倍，剧烈运动时，可增加10~20倍。

人在寒冷环境中主要依靠寒战来增加产热量。寒战是骨骼肌发生不随意的节律性收缩的表现，其节律为9~11次/min。其特点是屈肌和伸肌同时收缩，所以基本上不做功，但产热量很高。发生寒战时，代谢率可增加4~5倍。机体受寒冷刺激时，通常在发生寒战之前，首先出现温度刺激性肌紧张或称寒战前肌紧张，此时代谢率就有所增加。以后由于寒冷刺激的持续作用，便在温度刺激性肌紧张的基础上出现肌肉寒战，产热量大大增加，这样就维持了在寒冷环境中的体热平衡。内分泌激素也可影响产热，肾上腺素和去甲肾上腺素可使产热量迅速增加，但维持时间短；甲状腺激素则使产热缓慢增加，但维持时间长。机体在寒冷环境中度过几周后，甲状腺激素分泌大致可增加 2 倍能量，代谢率可增加 20% ~ 30%。

(二)人体散热过程

人体的主要散热部位是皮肤。当环境温度低于体温时，大部分的体热通过皮肤的辐射、传导和对流散热。一部分热量通过皮肤汗液蒸发来散发，呼吸、排尿和排粪也可散失一小部分热量(表 11 - 3)。

表 11 - 3　在环境温度为 21℃时人体的散热方式及其所占比例

散热方式	百分数/%
辐射、传导、对流	70
皮肤水分蒸发	27
呼吸	2
尿、粪	1

1. 辐射、传导和对流散热

(1)辐射散热

这是机体以热射线的形式将热量传给外界较冷物质的一种散热形式。以此种方式散发的热量，在机体安静状态下所占比例较大(约占全部散热量的 60%左右)。辐射散热量同皮肤与环境间的温度差以及机体有效辐射面积等因素有关。皮肤温度稍有变动，辐射散热量就会有很大变化。四肢表面积比较大，因此在辐射散热中有重要作用。气温与皮肤的温差越大，或是机体有效辐射面积越大，辐射的散热量就越多。

(2)传导散热

是机体的热量直接传给同它接触的较冷物体的一种散热方式。机体深部的热量以传导方式传到机体表面的皮肤，再由后者直接传给同它相接触的物体，如床或衣服等，但由于这些物质是热的不良导体，所以体热因传导而散失的量不大。另外，人体脂肪的导热度也低，肥胖者、女子一般皮下脂肪也较多，所以，他们由深部向表层传导的散热量要少些。皮肤涂油脂类物质，也可以减少散热。水的导热度较大，根据这个道理可利用冰囊、冰帽给高热病人降温。

(3)对流散热

是指通过气体或液体进行交换热量的一种方式。人体周围总是绕有一薄层同皮肤接触的空气，人体的热量传给这一层空气，由于空气不断流动(对流)，便将体热发散到空间。对流是传导散热的一种特殊形式。对流散失热量的多少，受风速影响极大。风速越大，对流散热量也越多；相反，风速越小，对流散热量也越少。

辐射、传导和对流散失的热量取决于皮肤和环境之间的温度差，温度差越大，散热量越多，温度差越小，散热量越少。

2. 蒸发散热

在人的体温条件下，蒸发 1g 水分可使机体散失 2.4kJ 热量。当环境温度为 21℃时，大部分的体热(70%)靠辐射、传导和对流的方式散热，少部分的体热(29%)则由蒸发散热。当环境温度升高时，皮肤和环境之间的温度差变小，辐射、传导和对流的散热量减小，而蒸发的散热作用则增强；当环境温度等于或高于皮肤温度时，辐射、传导和对流的散热方式就不起作用，此时蒸发就成为机体惟一的散热方式。

人体蒸发有两种形式：即不感蒸发和发汗。人体即使处在低温中，没有汁液分泌时，皮肤和呼吸道都不断有水分渗出而被蒸发掉，这种水分蒸发称为不感蒸发，其中皮肤的水分蒸发又称为不显汗，即这种水分蒸发不为人们所觉察，并与汗腺的活动无关。在室温 30℃以下时，不感蒸发的水分相当恒定，有 12～15g/(h·m^2)水分被蒸发掉，其中一半是呼吸道蒸发的水分，另一半的水分是由皮肤的组织间隙直接渗出而蒸发的 。人体 24h 的不感蒸发量为 400～600mL。婴幼儿的不感蒸发的速率比成人大，因此，在缺水时婴幼儿更容易造成严重脱水。

发汗汗腺分泌汁液的活动称为发汗。发汗时可以意识到有明显的汗液分泌，因此，汁液的蒸发又称为可感蒸发。

人在安静状态下，当环境温度达 30℃左右时便开始发汗。如果空气湿度大，而且着衣较多时，气温达 25℃便可引起人体发汗。人进行劳动或运动时，气温即使在 20℃以下，亦可出现发汗，而且汗量往往较多。

在温热环境下引起全身各部位的小汗腺分泌汗液称为温热性发汗。温热性发汗的主要因素有：①温热环境刺激皮肤中的温觉感受器，冲动传入至发汗中枢，反射性引起发汗；②温热环境使皮肤血液被加温，被加温的血液流至下丘脑发汗中枢的热敏神经元，可引起发汗。温热性发汗的生理意义在于散热。若每小时蒸发 1.7L 汗液，就可使体热散发约 4 200kJ 的热量。但是，如果汗水从身上滚落或被擦掉而未被蒸发，则无蒸发散热作用。

发汗速度受环境温度和湿度影响。环境温度越高，发汗速度越快。如果在高温环境中时间太长，发汗速度会因汗腺疲劳而明显减慢。湿度大，汗液不易被蒸发，体热因而不易散失。此外，风速大时，汗液蒸发快，体热容易散失，发汗速度减慢。

劳动强度也影响发汗速度。劳动强度大，产热量越多，发汗量越多。

精神紧张或情绪激动而引起的发汗称为精神性发汗。主要见于掌心、脚底和腋窝。精神性发汗的中枢神经可能在大脑皮层运动区。精神性发汗在体温调节中的作用不大。

第四节　热环境对人体的影响

一、体温

人和高等动物机体都具有一定的温度，这就是体温。恒定的体温是机体进行新陈代谢和正常生命活动的必要条件。

(一)表层体温

人体的外周组织即表层，包括皮肤、皮下组织和肌肉等的温度称为表层温度。表层温度不稳定，各部位之间的差异也不大。在环境温度为 23℃时，人体表层最外层的皮肤温度分别是：足皮肤为 27℃，手皮肤为 30℃，躯干为 32℃，额部为 33～34℃。四肢末梢皮肤温度最低，越接近躯干、头部，皮肤温度越高。气温达 32℃以上时，皮肤温度的部位差将变小。在寒冷环境中，随着气温下降，手、足的皮肤温度降低最显著，但头部皮肤温度变动相对较小。

皮肤温度与局部血流量有密切关系。凡是能影响皮肤血管舒缩的因素(如环境温度变化或精神紧张等)都能改变皮肤的温度。在寒冷环境中，由于皮肤血管收缩，皮肤血流量减少，皮肤温度随之降低，体热散失因此减少。相反，在炎热环境中，皮肤血管舒张，皮肤血流量增加，皮肤温度因而上升，同时起到了增强发散体热的作用。人情绪激动时，由于血管紧张度增加，皮肤温度特别是手的皮肤温度便显著降低。例如手指的皮肤温度可从 30℃骤降到

24℃。当然情绪激动的原因解除后，皮肤温度会逐渐恢复。此外，当发汗时由于蒸发散热，皮肤温度也会出现波动。

(二)深部体温

机体深部(心、肺、脑和腹腔内脏等处)的温度称为深部温度。深部温度比表层温度高，且比较稳定，各部位之间的差异也较小。这里所说的表层与深部，不是指严格的解剖学结构，而是生理功能上所作的体温分布区域。在不同环境中，深部温度和表层温度的分布会发生相对改变。在较寒冷的环境中，深部温度分布区域较小，主要集中在头部与胸腹内脏，而且表层与深部之间存在明显的温度梯度。在炎热环境中，深部温度可扩展到四肢。

体温是指机体深部的平均温度。由于体内各器官的代谢水平不同，它们的温度略有差别，但不超过1℃。在安静时，肝代谢最活跃，温度最高；其次，是心脏和消化腺。在运动时骨骼肌的温度最高。循环血液是体内传递热量的重要途径。由于血液不断循环，深部各个器官的温度会经常趋于一致。因此，血液的温度可以代表重要器官温度的平均值。

二、体温调节

恒温动物(包括人)，有完善的体温调节机制。在外界环境温度改变时，通过调节产热过程和散热过程，维持体温相对稳定。例如，在寒冷环境下，机体增加产热和减少散热；在炎热环境下，机体减少产热和增加散热，从而使体温保持相对稳定。这是复杂的调节过程，例如通过有关传导通路把温度信息传达到体温调节中枢，经过中枢整合后，通过自主神经系统调节皮肤血流量、竖毛肌和汗腺活动等；通过躯体神经调节骨骼肌的活动，如寒战等；通过内分泌系统，改变机体的代谢率。

体温调节是生物自动控制系统的实例。下丘脑体温调节中枢，包括调定点神经元在内，属于控制系统。它的传出信息控制着产热器官如肝、骨骼肌以及散热器官，如皮肤血管、汗腺等受控系统的活动，使受控对象——机体深部温度维持一个稳定水平。输出变量体温总是会受到内、外环境因素干扰，如机体的运动或外环境气候因素的变化(如气温、湿度、风速等)。此时则通过温度检测器——皮肤及深部温度感受器(包括中枢温度感受器)将干扰信息反馈于调定点，经过体温调节中枢的整合，再调整受控系统的活动，仍可建立起当时条件下的体热平衡，收到稳定体温的效果。

(一)温度感受器

对温度敏感的感受器称为温度感受器，温度感受器分为外周温度感受器和中枢温度感受器。

外周温度感受器在人体皮肤、黏膜和内脏中，它分为冷感受器和温觉感受器，二者都是游离神经末梢的。当皮肤温度升高时，温觉感受器兴奋，而当皮肤温度下降时，则冷感受器兴奋。从记录温度感受器发放冲动可看到，冷觉感受器在28℃时发放冲动频率最高，而温觉感受器则在43℃时发放冲动频率最高。当皮肤温度偏离这两个温度时，两种感受器发放冲动的频率都逐渐下降。此外，外周温度感受器对皮肤温度变化速率更敏感。

中枢温度感受器则分布在脊髓、延髓、脑干网状结构及下丘脑中。

(二)体温调节中枢

1. 信息传入

体温调节是涉及多方输入温度信息和多系统的传出反应，因此是一种高级的中枢整合作用。视前区－下丘脑前部应是体温调节的基本部位。下丘脑前部的热敏神经元和冷敏神经元既能感受它们所在部位的温度变化，又能通过传入的温度信息进行整合。因此，当外界环境温度改变时，可通过：

(1)皮肤的温、冷觉感受器的刺激，将温度变化的信息沿躯体传入神经，经脊髓到达下丘脑的体温调节中枢；

(2)通过血液引起深部温度改变，并直接作用于下丘脑前部；

(3)脊髓和下丘脑以外的中枢温度感受器也将温度信息传给下丘脑前部。

2. 指令输出

通过下丘脑前部和中枢其他部位的整合作用，由下述三条途径发出指令调节体温：

(1)通过交感神经系统调节皮肤血管舒缩反应和汗腺分泌；

(2)通过躯体神经改变骨骼肌的活动，如在寒冷环境时的寒战等；

(3)通过甲状腺和肾上腺髓质的激素分泌活动的改变来调节机体的代谢率。

有人认为，皮肤温度感受器兴奋时主要调节皮肤血管舒张活动和血流量，而深部温度改变则主要调节发汗和骨骼肌的活动。通过上述复杂的调节过程，使机体在外界温度改变时能维持体温相对稳定。

三、人类适应

人类在面对环境压力时，通过各种反应形式，以对个体或群体有利的变化来对付这种压力，使得个体或群体能更好地生存，称为对环境的适应性。

根据对环境压力的反应速度、可变性和可逆性，人类的适应形式可分为三种类型：行为适应、生理适应、遗传适应。每种反应形式又包括多种适应范围。一般来说，行为适应和遗传适应发生在群体水平，而生理适应可发生在个体水平。

人类对环境突然变化的快速反应是行为适应。例如躲到树阴下避开烈日，在寒冷的天气下生火取暖等。行为适应最迅速，尤其适合于对付环境暂时的波动。如果环境的压力持续，生理适应就会取代或增援行为适应。例如，生火之后，人如果还觉得冷，身体就会颤抖，人体的代谢率会增高，体表血管会收缩以保存身体的热量。生理适应不像行为适应那么迅速和多样。最后，人类利用遗传适应机制对付环境长期的、持续的压力。遗传结构改变需要经过多个世代，一般来说对付暂时性的环境压力，不需要利用遗传适应机制。人类在面对环境压力时，所有的适应机制都被启动。但是，这些机制的启动是分等级的，行为适应机制的启动最迅速，其次是生理适应机制的启动，最后是遗传适应机制的启动。

在酷热环境中，人类以蒸发、辐射、传导的方式散发多余的热量。蒸发散热主要与出汗有关。人类不同群体汗腺的数目和分布没有太多的差异，每个人大约有 200 万个汗腺。但是，人体不同部位汗腺的密度，每个群体中人与人之间，汗腺有一定的变异。有些群体汗腺的作用方式有所不同。

热量的辐射主要与人体的表面积有关。人体的表面积与人的体型有关。因此，人的体型随着环境气温而改变。在 19 世纪，有两位生态学家注意到了人类的体型与环境气温的相关性。伯格曼(Bergman)认为，两个体型相似的个体，体型较大者单位体积的表面积较小，较易保存热量，因而较容易适应寒冷气候；体型较小者单位体积的表面积较大，较易使热量散发，因而较容易适应酷热的环境。因此，生活在酷热气候中的人群，他们的体型较小，而生活在寒冷气候中的人群，他们的体型较大。D. F. 罗伯兹(D.F.Roberts)统计了一百多个人类群体的资料，结果显示，一个群体的平均体重与环境的平均气温成反比，即气温升高，体重下降。其他几位学者的研究也得出相同的规律。阿伦(Allen)认为，在炎热地区，人类的躯干较苗条，四肢较长，以增大体表面积，有利于散热；而在寒冷地区，人类的躯干较壮实，四肢较短，以减少体表面积，有利于保存热量。我们可以看到，在非洲撒哈拉邻近地区生活的居民，有苗条的躯干和修长的四肢，而在北极地带生活的爱斯基摩人却有壮实的躯干和较短的四肢。人类体型方面的这种差异是一种遗传适应，是自然选择的结果。

有人用12位男子做实验对象，让他们在炎热而潮湿的环境下做4个小时体操，他们的出汗率非常高，但降温的效率较低。当他们适应气候之后，在10d后进行同样的实验，结果表明，他们的出汗率下降，体温上升的幅度降低。这种现象是对酷热环境的生理适应。

一般来说，适应反应是对个体或群体有利的变化，但是这种变化本身有时又会成为新的压力。例如在炎热的环境中，出汗有利于散热，但是出汗过度却可能导致脱水。在行为适应方面，喝酒可以用来对抗寒冷，但是喝酒过度可能对肝脏造成损害。

四、温、湿度对人体的影响

人每天从食物中摄取营养物质，并在体内不断氧化、分解产生能量。其中一部分用于维持身体各器官的生理机能、体温和肌肉作功，同时将多余部分不断地以热的形式向外界散发。人们不论工作或休息，人体总是不断产生热量和散发热量，以保持人体的热平衡，使人的体温保持在36.5~37℃之间。人体失去热平衡，就会感到不舒适。人体散发热量的多少随劳动强度而异，劳动强度越大，人体产生的热量越多，需要散发的热量也就越多。

作业场所温度的高低与维持人体的热平衡有着十分密切的关系。因为人体内的热量，通常通过对流、辐射和蒸发三种方式向外散发，当空气温度低于人的体温时，对流、辐射作用加强，人体大量向外散热。倘若环境温度很低，人体散热过多，就会感到寒冷而不舒适，甚至引起伤风感冒或其他疾病。当空气温度较高并接近人的体温时，则对流、辐射作用大为减弱，而出汗蒸发作用加强，这时如果大气风速较高，相对湿度又较小，有利于蒸发散热，则人并不感到过热和不适。如果空气温度超过人的体温，空气又静止不动，则对流、辐射将停止，人体仅靠出汗蒸发散热，倘若空气相对湿度再很大，蒸发散热也处于困难状态，这时，人体反而要吸收空气中的热量，不但会感到闷热难忍，甚至造成积热中暑。

由此可见，相对湿度对蒸发有一定影响，风速对蒸发和对流有较大影响，而温度则对蒸发、辐射和对流均有较大影响。所以人体的舒适条件的实质是温度、湿度和风速的综合效应，忽略任何一个因素都是不全面的。就温度一项而言，16~25℃是人们一般感到舒适的区段。

总体讲，温、湿度高导致劳动效率降低，而且容易发生差错，特别是温度在25℃以上时，高湿度对造成差错的影响更大。据统计，夏季发生的事故最多，就是因为夏季气温高、湿度大，使人感到不舒适，容易疲劳而使作业能力减退。而且往往夏季夜间休息不好，白天头昏脑胀，更易诱发事故。

人体可以耐受在人体散热能力内的高温，并用排汗的方式顺利地将热量散发掉。从研究结果来看，人体在30℃以上就会启动部分汗腺以排出体热。温度在35℃时，身体汗腺会全部投入工作。37℃以上的高温对人体的蛋白质有一定的破坏。若人体温度达到40℃以上，生命中枢就会直接受到威胁。这是自然界升温对人体造成的直接影响。

第五节　高温环境

一、高温环境的特点

根据环境温度及其和人体热平衡之间的关系，通常把35℃以上的生活环境和32℃以上的生产劳动环境作为高温环境。高温环境因其产生原因不同，可分为自然高温环境(如阳光热源)和人为高温环境(如生产型热源)。

(一)自然高温环境

1. 日光辐射可引起自然高温环境，主要出现于夏季。夏季高温的炎热程度和持续时间因地区的纬度、海拔高度和当地气候特点而异，这种自然高温的特点是作用面广，从工、农业作业环境到一般居民住宅均可受到影响，而其中受影响最大的则是露天作业者。

2. 火山爆发、地热喷发也会导致局部高温环境。

(二)人为高温环境

1. 各种燃料的燃烧(如煤炭、石油、天然气、煤气等)向环境中散热，如锅炉、冶炼厂等。

2. 机器运转时向环境散热，如电动机、发动机，以及各种机械运动所产生的热等。

3. 放热的化学反应过程向环境散热，如化工厂的反应炉和核反应等。

4. 人体所散发的热。一个成年人对外辐射的能量相当于一个146W的发热器所散发的热量。在人员密集的生产环境或人在密闭的环境中所散发的热，也能形成高温环境。如在潜水舱内，由于人体辐射、机器散热及烹饪散热等联合作用会使热量在舱内积聚，如不加任何处理可以形成高达50℃以上的高温环境。

5. 在军事活动中，爆炸也会形成高温环境。

所有的人为环境高温均可因夏季的自然高温而加剧。

二、高温环境对人体的影响及危害

(一)人体的热平衡

机体产热与散热保持相对平衡的状态称为人体的热平衡。人体保持着恒定的体温，这对于维持正常的代谢和生理功能都是十分重要的。产热与散热之间的关系可以决定人体是否能维持热量平衡或体内的热积聚是否增加。

在通常情况下，散热的形式是辐射、传导和对流。在高温环境中作业时，劳动者的辐射散热和对流散热发生困难，散热只能依靠蒸发来完成。如在高温、高湿条件下工作时，不仅辐射散热、传导和对流散热无法发挥作用，蒸发散热也将受到阻碍。

(二)气温和体温

在高温环境下作业，体温往往有不同程度的增加，皮肤温度也可迅速升高。但当皮肤温度高达41～44℃时，人就会有灼痛感。如温度继续升高，就会伤害皮肤基础组织。在高温环境中，人体为维持正常体温，通过以下两种方式增强散热的作用。

1. 在高温环境中，体表血管反射性扩张，皮肤血流量增加，皮肤温度增高，通过辐射和对流使皮肤的散热增加。

2. 汗腺增加汗液分泌功能，通过汗液蒸发使人体散热增加，1g 汗液从皮肤表面蒸发要吸收 600kcal（2.51MJ）的汽化热。人体出汗量不仅受环境温度的影响，而且受劳动强度、环境湿度、环境风速的影响。

（三）水盐代谢

在常温下，正常人每天进出的水量约为 2～2.5L。在炎热的季节，正常人每天出汗量为 1L，而在高温下从事体力劳动，排汗量会大大增加，每天平均出汗量达 3～8L。由于汗的主要成分为水，同时含有一定量的无机盐和维生素，所以大量出汗对人体的水盐代谢产生显著的影响，同时对微量元素和维生素代谢也产生一定的影响。当水分丧失达到体重的 5%～8%，而未能及时得到补充时，就可能出现无力、口渴、尿少、脉搏增快、体温升高、水盐平衡失调等症状，使工作效率降低。

（四）消化系统

在高温条件下劳动时，体内血液重新分配，皮肤血管扩张，腹腔内脏血管收缩，这样就会引起消化道贫血，可能出现消化液（唾液、胃液、胰液、胆液、肠液等）分泌减少，使胃肠消化过程所必需的游离盐酸、蛋白酶、脂酶、淀粉酶、胆汁酸的分泌量减少，胃肠消化机能相应减退，与此同时大量排汗以及氯化物的损失，使血液中形成胃酸所必需的氯离子储备减少，也会导致胃液酸度降低，这样就会出现食欲减退、消化不良以及其他胃肠疾病。由于高温环境中胃的排空加速，使胃中的食物在其化学消化过程尚未充分进行的情况下就被过早地送进十二指肠，从而使食物不能得到充分的消化。

（五）循环系统

在高温条件下，由于大量出汗，血液浓缩，同时高温使血管扩张，末梢血液循环增加，加上劳动的需要，肌肉的血流量也增加，这些因素都可使心跳过速，加重心脏负担，血压也有所改变。

（六）神经系统

人体中最重要的生命物质——蛋白质（其中包括控制人体生化反应的各种酶），会在高温中反应异常甚至失去活性。

高温环境的热作用可降低人们中枢神经系统的兴奋性，使机体体温调节功能减弱，热平衡易遭受破坏，而促发中暑。

高温刺激和作业所致的疲劳均可使大脑皮层机能降低和适应能力减退。随着高温作业所致的体温逐渐升高，可见到神经反射潜伏期逐渐延长，运动神经兴奋性明显降低，中枢神经系统抑制占优势。此时，劳动者出现注意力不集中，动作的准确性与协调性差，反应迟钝，作业能力明显下降，易发生工伤事故。

高温作业对神经心理和脑力劳动能力均有明显影响。在高温环境中，需要识别、判断和分析的脑力劳动的作业能力或效率下降尤为明显，而且识别、分析、判断指标的改变发生在各项生理指标（如体温、心率等）改变之前。人体受热时，首先会感到不舒适，其后才会发生体温逐渐升高，并产生困倦感、厌烦情绪、不想动、无力与嗜睡等症状，进而使作业能力下降、错误率增加。当体温升至 38℃以上时，对神经心理活动的影响更加明显。如及时采取降温措施，使体温下降至 37℃，主观感觉舒适时，错误率也会随之减少；反之，后果是严重的。国外报道，在遭受急性热作用的人群中，有的曾出现突然的情绪失控，如无法自我控制的哭泣或无缘无故的大怒等。

(七)中暑

中暑是机体热平衡机能紊乱的一种急症。其主要症状是：

1. 热射病

在闷热的房间、公共场所易发生，尤其夏季考场中易发生。初感头痛、头晕、口渴，然后体温迅速升高、脉搏加快、面红，甚至昏迷。

2. 日射病

在烈日下活动或停留时间过长，由于日光直接暴晒所致，症状同热射病，但体温不一定升高，头部温度有时增高到39℃以上。

3. 热痉挛

由于在高温环境中，身体大量出汗，丢失大量氯化钠，使血钠过低，引起腿部，甚至四肢及全身肌肉痉挛。

(八)其他

高温可加重肾脏负担，还可降低机体对化学物质毒性作用的耐受度，使毒物对机体的毒作用更加明显。高温也可以使机体的免疫力降低，抗体形成受到抑制，抗病能力下降。高温还会造成不育症。

三、高温的防护

在高温环境中，为防止局部烫伤，可使用由隔热耐火材料制成的防护手套、头盔和靴袜等。对于全身性高温的主要防护方法是，采用全身性降温的防护衣服。研究表明，头部和脊柱的冷却对提高人的高温耐力具有重要意义。除了防护服外，预先进行全身冷水浴或充分饮水，也是对抗高温的重要措施。条件允许时，采用环境温度调节装置，使环境温度保持在适宜的范围内是对抗高温的最好方法。

此外，长期在高温环境中生活和工作，或者有意识地在高温环境中经常锻炼，人体对高温环境就会习惯，称之为“高温吸附”。

第六节　人类活动对热环境的影响

一、温室效应

(一)温室效应的概念

温室效应是指地球大气层的一种物理特性，即大气层中的温室气体吸收红外线辐射的量多过它释放到太空外的量，使地球表面温度上升的现象。

温室效应并不可怕，相反它还是地球上众多生命的保护神，是地球上生命赖以生存的必要条件。这是因为，如果地球表面像一面镜子，直接反射太阳的短波辐射，则这种能量将会很快穿过大气层回到宇宙空间去，那么地球平均气温将下降33℃，地球上将会是一个寒冷的荒凉世界。正是因为有了温室效应，才使地球保持了相对稳定的气温，从而使生命繁衍生息，兴旺发达。但由于近年来人口激增，人类活动频繁，矿物燃料用量猛增，森林植被的破坏，使得大气中二氧化碳和各种气体微粒含量不断增加，造成了温室效应加剧，导致全球变暖，给气候、生态环境及人类健康等多方面带来负面影响，使人们对温室效应产生了恐惧心理。

(二)温室效应的原理

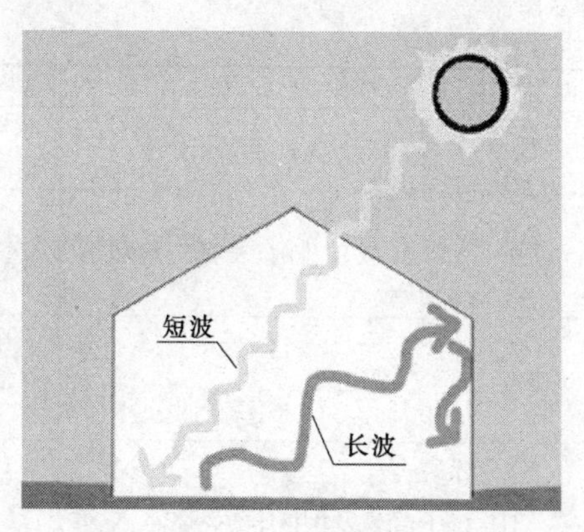

图 11-3　温室效应

我们知道温室有两个特点：温度较室外高，不散热。生活中我们可以见到的玻璃育花房和蔬菜大棚就是典型的温室(图 11-3)。使用玻璃或透明塑料薄膜来做温室，让太阳光能够直接照射进温室，加热室内空气，而玻璃或透明塑料薄膜又可以不让室内的热空气向外散发，使室内的温度保持高于外界的状态，以提供有利于植物快速生长的条件。地球的大气层和云层也有类似的保温功能，故俗称温室效应。

由于二氧化碳(CO_2)这类气体的功用和温室玻璃有着异曲同工之妙，都是只允许太阳光进入，而阻止其反射，进而实现保温、升温作用，因此被称为温室气体。大气中的每种气体并不都能强烈吸收地面长波辐射，目前被确认为影响气候变化的温室气体，除了 CO_2 外，还包括甲烷(CH_4)、氧化亚氮(N_2O)、氟氯碳化物(CFCs，氟里昂是其中一种)、全氟化碳(PFCs)、六氟化硫(SF_6)等。种类不同，吸热能力也不同，每分子 CH_4 的吸热量是 CO_2 的 21 倍，N_2O 更高，是 CO_2 的 290 倍。不过和人造的某些温室气体相比就不算什么了，如全氟化碳(PFCs)等的吸热能力是 CO_2 的上千倍以上。

据一项科学调查表明，在中纬度地区明朗的日子里，水汽对温室效应的影响占 60%～70%，CO_2 却仅占 25%。也就是说，地球上水蒸气才是形成温室效应的最主要物质，那为什么水蒸气一般不被认为是温室气体呢？这是由于其在大气中浓度变化不明显，对温室效应的增强影响不大，因而人们谈论全球变暖时，都未提到水。

图 11-4 为太阳总辐射量($240W/m^2$)和红外线的释放量均等的情况，其中约 1/3 ($103W/m^2$)的太阳辐射会被反射而余下的会被地球表面所吸收。此时，地表温度可达 -18℃。大气层的温室气体和云团吸收及再次释放出红外线辐射，又可使地面升温 33℃，达到现在适宜生存的温度 15℃。

(三)温室气体种类及特性

温室气体在大气层中不足 1%，其总浓度会受到人类活动的直接影响。

大气层中主要的温室气体有 CO_2，CH_4，一氧化二氮(N_2O)，氯氟碳化物(CFCs)及臭氧(O_3)等，大气层中的水汽虽然是“天然温室效应”的主要原因，但普遍认为它的成分并不直接受人类活动所影响。表 11-4 显示了一些温室气体的特性。

表 11-4　几种主要温室气体的特性

温室气体	增　加	减　少	对气候的影响
CO_2	1. 燃料 2. 改变土地的使用（砍伐森林）	1. 被海洋吸收 2. 植物的光合作用	吸收红外线辐射，影响大气平流层中 O_3 的浓度
CH_4	1. 生物体的燃烧 2. 肠道发酵作用 3. 水稻	1. 和 OH 自由基起化学作用 2. 被土壤内的微生物吸取	吸收红外线辐射，影响对流层中 O_3 及 OH 自由基的浓度，影响平流层中 O_3 和 H_2O 的浓度，产生 CO_2
N_2O	1. 生物体的燃烧 2. 燃料 3. 化肥	1. 被土壤吸取 2. 在大气平流层中被光线分解及和 O 起化学作用	吸收红外线辐射，影响大气平流层中 O_3 的浓度

续表

温室气体	增　加	减　少	对气候的影响
O_3	光线令 O_2 产生光化作用	与 NO_x，ClO_x 及 HO_x 等化合物的催化反应	吸收紫外光及红外线辐射
CO	1. 植物排放 2. 人工排放（交通运输和工业）	1. 被土壤吸取 2. 和 OH 自由基起化学作用	影响平流层中 O_3 和 OH 自由基的循环，产生 CO_2
CFCs	工业生产	在对流层中不易被分解，但在平流层中会被光线分解和跟 O 产生化学作用	吸收红外线辐射，影响平流层中 O_3 的浓度
SO_2	1. 火山活动 2. 煤及生物体的燃烧	1. 干和湿沉降 2. 与 OH 自由基产生化学作用	形成悬浮粒子而散射太阳辐射

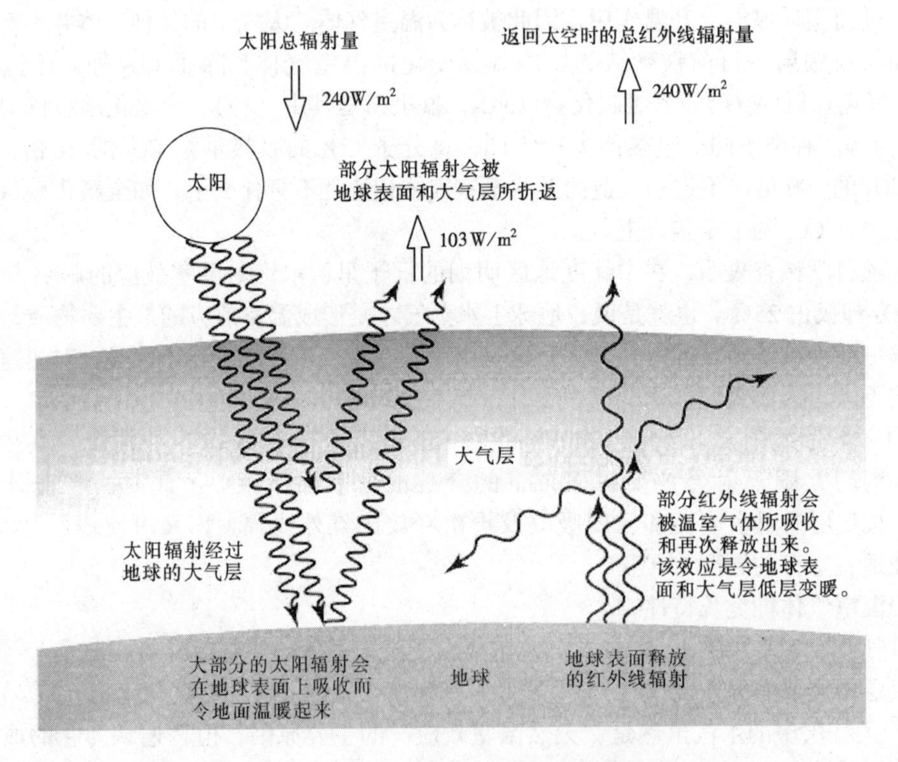

图 11－4　地球大气层的长期辐射平衡情况

(四)温室气体作用强度

各种温室气体对地球的能量平衡有不同程度的影响。为了量度各种温室气体对地球变暖的影响，政府间气候专门委员会（Intergovernmental Panel on Climate Change，IPCC）在 1990 年的报告中引入全球变暖潜能的概念。全球变暖潜能反映温室气体的相对强度，其定义是指某一单位质量的温室气体在一定时间内相对于 CO_2 的累积辐射力。对气候转变的影响来说，全球变暖潜能的指数已考虑到各温室气体在大气层中的存留时间及其吸收辐射的能力(表 11－5)。在计算全球变暖潜能的时候，需要明了各温室气体在大气层中的演变情况(通常不太了解)和它们在大气层的余量所产生的辐射力(比较清楚知道)。因此，全球变暖潜能含有一些不确定因素，对目前了解比较清楚的气体来说，其全球变暖潜能的估计精度在35%左右。

表 11-5　各种温室气体的全球变暖潜能

温室气体	留存期/a	全球变暖潜能		
		20a	100a	500a
CO_2	未能确定	1	1	1
CH_4	12.0	62	23	7
N_2O	114	275	296	156
CFCs	—	—	—	—
$CFCl_3$(CFC-11)	45	6300	4600	1600
CF_2Cl_2(CFC-12)	100	10200	10600	5200
$CClF_3$(CFC-13)	640	10000	14000	16300
$C_2F_3Cl_3$(CFC-113)	85	6100	6000	2700
$C_2F_4Cl_2$(CFC-114)	300	7500	9800	8700
C_2F_5Cl(CFC-115)	1700	4900	7200	9900

注：排放1kg该种温室气体相当于1kg CO_2所产生的温室效应(资料来自政府间气候变化专门委员会第三份评估报告，2001)。

(五)温室效应增强后的影响

1. 气候转变，全球变暖

温室气体浓度的增加会减少红外线辐射到太空外，因此，地球的气候需要转变，使吸取和释放辐射的能量达到新的平衡。这转变可包括全球性的地球表面及大气低层变暖，因为这样可以将过剩的辐射排放出去。虽然如此，地球表面温度的少许上升可能会引发其他的变动，例如：大气层云量及环流的转变，某些转变可使地面变暖加剧(正反馈)，某些转变则可令变暖过程减慢(负反馈)。

利用复杂的气候模式，政府间气候变化专门委员会在第三份评估报告中指出，全球的地面平均气温会在2100年上升1.4~5.8℃。这个预计已考虑到大气层中气溶胶粒子倾向于对地球气候降温的效应及海洋吸收热能的作用(海洋有较大的热容量)。但是，还有很多未确定的因素会影响到这个推算结果，例如：未来温室气体排放量的预计、对气候转变的各种反馈过程和海洋吸热的幅度等。

2. 海平面升高

假若全球变暖正在发生，有两种过程会导致海平面升高。第一种是海水受热膨胀令海平面上升；第二种是冰川和格陵兰及南极洲上的冰块溶解使海洋水量增加。1900~2100年，地球的平均海平面上升幅度估计在0.09~0.88m之间。

3. 对人类生活的潜在影响

(1)经济的影响

全球有超过一半的人口居住在沿海100km的范围以内，其中大部分住在海港附近的城市区域。所以，海平面的显著上升对沿岸低洼地区及海岛会造成严重的经济损害。例如：加速沿岸沙滩被海水的冲蚀、地下淡水被上升的海水推向更远的内陆地方。联合国环境规划署警告说，除非世界各国采取有效措施来减少温室气体的排放，否则，今后50年，平均每年因气候变暖造成的经济损失将高达3 000亿美元。

(2)农业的影响

实验证明，在CO_2浓度很高的环境下，植物会生长得更加快速和高大。但是全球变暖的结果可以影响大气环流，继而改变全球的雨量分布以及各大洲表面土壤的含水量。由于未能清楚地了解全球变暖对各地区性气候的影响，因此对植物生态所产生的转变亦未能确定。

(3)海洋生态的影响

沿岸沼泽地区消失肯定会减少鱼类，尤其是贝壳类的数量。河口水质变咸可能会减少淡水鱼的品种数目，相反该地区海洋鱼类的品种可能相对增多。至于整体海洋生态所受的影响仍未能清楚确定。

(4)水循环的影响

全球降雨量可能会增加，但是，地区性降雨量的改变仍不清楚。某些地区可能会有更多雨量，但有些地区的雨量可能会减少。此外，温度的升高会增加水分的蒸发，这给地面上水源的运动带来压力。

二、热岛效应

(一)热岛效应的定义

城市发出的巨大热量，使得城区成为好比在冷凉郊区农村包围中的温暖岛屿，因此得名“城市热岛”。热岛现象也称“大气热污染现象”。它是指因大城市气温比周边地区气温高，导致气候变化异常和能源消耗增大，从而给居民生活和健康带来影响的现象。在用等温线表示的气温分布图上，气温高的部分呈岛状，因而被称为“热岛”。

(二)热岛效应的现象

据统计，近一百年来，整个地球的年平均气温上升了0.7～1℃，而大城市的平均气温上升了2～3℃。研究人员把气温不低于25℃的夜晚称为“热夜”。50年前，东京的“热夜”每年平均不到5个，而近几年来，东京的年均“热夜”高达38个。据环境部门测定，北京市的热污染使城区年平均气温比郊区偏高2℃，年平均最低气温偏高2.5℃。

城市的这些热污染又叫“热岛现象”。热岛一般出现在城市里，像北京、东京、上海这样的世界性大都市，到最热的时候会出现好几个热岛。城市中的热污染一年四季都存在，夏季影响最大。城市热污染使城区冬季缩短，霜雪减少，有时甚至发生郊外降雪而城内降雨的情况。

城市热岛最早见之于科学记载的，可能是1818年英国出版的《伦敦气候》。作者L·赫华德对城市气候的两大发现，一是伦敦市中心气温比郊外高(各月平均分别高0.5～1.2℃)，二是城乡温差夜间比白天大。我国曾观测到的最大城乡温差(城市热岛强度)，上海是6.8℃(1979年11月13日20时)，北京是9.0℃(1966年2月22日清晨)。

世界上热岛最强的是中、高纬度的大、中城市，如加拿大的温哥华是11℃(1972年7月4日)，德国柏林是13.3℃，位于北极圈附近的美国阿拉斯加首府费尔班克斯市曾达14℃。

(三)热岛效应的成因及规律

1. 热岛效应的成因

造成热污染的原因首先是地表被覆无机化，越来越多的地表被建筑物、混凝土和柏油所覆盖，绿地和水域的面积减少，使蒸发作用减弱，大气得不到冷却。随着街道路面柏油和水泥覆盖面积的扩大，雨水大部分从下水道排走，地面水分蒸发的散热作用日益丧失，所以城乡地表吸收和储存太阳热量的性能有不小差异。例如，城市下垫面对阳光热量的反射率比乡村小(一般小10%～30%)，而且城市下垫面的混凝土、砖瓦、石料及钢材的热容量大，导热率也高，大量储存了白天丰富的太阳热量。常见的地表吸储热能力见表11－6。

表11－6　不同地表的显热指数

地表类型	B①	C②	地表类型	B①	C②
沙漠	20.00	0.95	针叶林	0.50	0.33
城市	4.00	0.80	阔叶林	0.33	0.25
草原、农田(暖季)	0.67	0.40	雪地	0.10	0.29

① 鲍恩(Bowen)比，$B=H/L_E$；
式中H——日地热交换量；
L_E——地表热蒸发耗热量。
② 显热指数，$C=H/(H+L_E)$。

城市的建筑也是热污染的重要来源。现在大城市的人口越来越多，而地皮是相当有限的，所以城市的土地越来越贵，这就导致城市的建筑越来越高，越来越密集。这些高大而密集的建筑物不仅影响了空气流通，阻碍了热扩散，而且每座大楼都是一个“性能良好”的大型蓄热器，它们白天吸收阳光，夜晚放热，造成夜间市区气温居高不下。另外，城市下垫面建筑密集，街道和庭院中的“天穹可见度”比开阔的郊外小得多，地面长波辐射热量在墙壁和地面间多次反射，从而使得地面向宇宙空间散失的热量大大减少。这两种原因都造成日落后降温缓慢，使城区夏季中傍晚和上半夜显得特别炎热。

城市的商业和工业更是大量制造热污染。大城市里商场林立，商业街越来越多，这些地方建筑密集，人口密集，空调的功率更是惊人。城市中心和边缘的工厂在夏天依然不停地生产，那些机器不断地排放出大量的热能。城市的交通工具都是一个个大的散热器。在各种人为的散热源中，来自工厂、家庭炉灶、冷气、采暖等固定热源的热量约占3/4，而汽车、摩托车、电车等移动热源散发的热量约占1/4。

2. 热岛效应的温差变化规律

(1)周期性变化

① 纬度变化

城乡温差一般是随纬度的升高而增大的。因为人为热量和太阳辐射热量余额(太阳短波热量收入减去地面长波辐射支出热量)的比值，是从赤道向高纬度迅速增加的。例如，位于赤道和热带的新加坡和香港该比值仅为3%～4%，而北极圈附近的美国阿拉斯加首府费尔班克斯高达105%，即人为热量已比太阳热量余额还多。

② 季节变化

在一年四季之中，太阳辐射热量和余额以冬季最小，加上冬季中、高纬度还有取暖热量，因此热岛效应以冬季最强。

③ 日变化

同样道理，一天之中热岛效应夜间比白天为强，尤其是日落后3～5h内为最强。因为这时城区降温速度比农村慢得多。但是，在中、高纬度城市的冬季，情况有所不同，因为城市还有早、晚两个取暖时段的大量人为热量。例如，加拿大卡尔加里市冬季在早8时和晚20时附近有两个煤气消耗高峰(取暖和做饭)，从而城市热岛强度在早9时和晚21时也各出现一个高峰。

④ 周变化

因为有不少国家统一规定星期日是休息日，绝大多数工厂停工，街上机动车流量也比平时少得多。例如，美国康涅狄格州纽黑文市1939～1943年5年间，星期一至星期六城乡平均温差高达1.2℃，而星期日只有0.6℃。后因美国把星期六也定为休息日，马里兰州巴尔的摩市观测到冬季中星期一至星期五城乡温差平均0.82℃，而星期六、星期日两天平均温差仅为0.30℃。

(2)非周期性变化

城乡温差除了上述年变化、周变化、日变化等周期性变化外，还有非周期性变化。这主要是由风速和云量变化引起的。

风速大小对热岛强度极为重要。因为大风不仅造成上下对流，把城市中热空气吹到城外，而且直接把郊区冷凉、新鲜的空气迅速输进城区。有人研究了韩国四个不同规模城市的城乡温差和风速的关系，得出了风速能明显减小城乡温差的结果。而且，如果把城乡温差小于0.5℃作为热岛消失的指标，那么840万人口的汉城风速在11.1m/s时热岛才开始消失，广阳等13～15万人口的城市风速在4～5m/s时热岛消失，人口6万的薪岛风速在3.9m/s时热岛已经不存在了。

阴天或多云天气时，城乡白天阳光短波辐射热量收入和地面长波辐射热量支出都减小，因而也使城乡温差减小。例如，上海1984年进行过4次对比观测，在风速大体相同的情况下，两次晴天(5月8日和10月20日)城乡温差分别为2.5℃和2.2℃，而多云和阴天(5月28日和11月28日)，城乡温差分别只有0.4℃和0.7℃。所以上海以10～11月为全年中城乡温差最大月份的原因，是因为它们正是上海全年云量最少的季节。

(四)热岛效应的影响

热污染还不像其他污染那样比较隐蔽，它的害处是显而易见的。

首先，热污染影响了人们的生活。一到夏天，我们就躲在空调屋里不愿意出门，酷热天气给人们的生活和工作带来严重影响，甚至造成一些人因中暑而死亡。

其次，热污染加剧了大气污染。城市地面散发的热气形成近地面暖气团，将城市烟尘罩在下面不得流通，形成对人体有害的烟尘污染，因此，近年来城市里患咽炎、气管炎等呼吸道疾病的人不断增加。

城市热污染还会造成局部地区水灾。城市产生的上升热气流与潮湿的海陆气流相遇，会在局部地区上空堆积成厚厚的云层，而后降下暴雨，每小时降水量可达100mm以上，从而在某些地区引发洪水，造成山体滑坡、泥石流和道路塌陷等。

更可怕的是，热污染会导致恶性循环。气温升高导致风扇、空调、冰箱等降温、制冷设备加速运转，这些电器不断地向城市的大气中排放热量，导致城市的气温更高。有人研究了美国洛杉矶市，指出几十年来城乡温差增加了2.8℃，全市因空调降温多耗10亿瓦电能，每小时约合15万美元。据此推算全美国夏季因热岛效应每小时多耗空调电费高达百万美元之巨。

城市热岛的存在，使城区冬季缩短，霜雪减少，有时甚至发生郊外降雪而城内降雨的情况(如上海1996年1月17、18日)。城市热岛也使城区冬季中取暖能耗减少。

在夏季，城市热岛给中、低纬度城市造成的高温，不仅使人的工作效率降低，而且造成中暑和死亡人数的增加。例如，美国圣路易斯市1966年7月9~14日，气温高达38.1~41.1℃，比热浪前后高出5.0~7.5℃。此时城区死亡人数由原来正常情况的35人/d陡增到152人/d。1980年7月，热浪再袭圣路易斯市和堪萨斯市，两市商业区死亡率分别增高57%和64%，而附近郊区只增加约10%。

此外，夏季高温还会加重城市供水紧张的状况，火灾多发，以及加剧光化学烟雾灾害等。

(五)热岛效应的防治

科学家们非常重视城市热岛现象给人们带来的危害,采取多种办法减轻热污染的危害程度。

首先，科学家们建议城市要加强绿化。除了增加城市的绿地面积外，对建筑物的房顶和墙壁进行绿化也是很有必要的。植物通过蒸腾作用，不断地从周围环境中吸收大量的热量，从而降低了空气的温度。每1ha绿地每天能从环境中吸收大量的热量，相当于1 890台功率为1 000W的空调的作用。此外，由于空气中的粉尘等悬浮颗粒物能大量吸收太阳辐射热，使空气增温，而园林植物能够滞留空气中的尘埃，使空气中的含尘量降低，这样也能缓解热岛效应。

其次，要尽量减少人为热量的排放。城市要有足够多的“通风道”，如市内道路要宽畅、建筑低层化、高层楼房不能集中等。建筑物要做隔热和遮光处理，尽量提高墙面反光率。市区路面要用保水性能和透水性能都好的材料来铺装，尽量将民用煤改为液化气、天然气，并扩大供热面积也是根本对策。工厂要有效地回收排出的热能，提高空调系统、能源消费机器的效率。

此外，科学家还提出用一些大型无污染的人工冷却的方法来给城市降温。日本东京是世界上热污染最严重的地方之一，因此有科学家建议，投巨资在城市地下铺设专用管道，以循环流动的冷水来给城市降温。最近，日本政府已经采纳了这个建议，相关机构提出一个耗资400亿日元的地下管道冷却计划，这个管道将引入冰冷的海底之水来给城市降温。

第七节　环境温度测量方法及其生理热指标

一、温度的定义

在生活中，通常用温度来表示物体的冷热程度。热的物体温度高，冷的物体温度低，这是建立在主观感觉基础上的，是定性的。科学地说，温度是决定一系统是否与其他系统处于热平衡时的宏观性质，它的特性就在于一切互为热平衡的系统都具有相同的温度。

温度的数值表示法叫做温标。在历史上，Celsius和Fahrenheit分别建立了摄氏温标和华氏温标。摄氏温标规定，冰点(指纯冰和纯水在一个标准大气压下达到平衡时的温度，而纯水中有空气溶解在内并达到饱和)为0℃，汽点(指纯水和水蒸气在蒸汽压为一个标准大气压下达到平衡时的温度)为100℃，并认定液体体积随温度呈线性变化，0℃和100℃之间的温度按线性关系将温度刻度。

在国际单位制(SI 制)中，建立了一种完全不依赖任何测温物质及其物理属性的温标，这就是热力学温标。它是开尔文在 1848 年引入的，所以也叫开尔文温标。1954 年后，国际上开始采用热力学温标规定。规定只用一个固定点建立标准温标。这个固定点选的是水的三相点(指纯冰、纯水和水蒸气平衡共存的状态)，并严格规定它的温度为 273.16 开。用这种温标确定的温度叫做热力学温度，用 T 表示，其单位为开尔文，简称开，用 Kelvin (K)表示。1K 等于水的三相点的热力学温度的 1/273.16。1960 年，国际计量大会统一摄氏温标和热力学温标，规定摄氏温标由热力学温标导出。摄氏(Celsius)温标用 t 表示，其单位为摄氏度，写作℃。华氏(Fahrenheit)温标确定的温度用 tF 表示，其单位为华氏度，写作 F。三种温标的换算关系为

$$t = T - 273.15 \tag{11-4}$$

$$tF = 32 + 9/5t = 9/5T - 459.67 \tag{11-5}$$

1968 年，国际计量大会决定了国际实用温标(IPTS)。IPTS—68 是对一些可复现平衡态的标准器在其固定点上指定温度值。

二、温度测量仪表的分类

温度测量仪表按测温方式可分为接触式和非接触式两大类。通常来说，接触式测温仪表比较简单、可靠，测量精度较高，但因测温元件与被测介质需要进行充分的热交换，需要一定的时间才能达到热平衡，所以存在测温的延迟现象，同时受耐高温材料的限制，不能应用于很高的温度测量。非接触式仪表测温是通过热辐射原理来测量温度的，测温元件不需与被测介质接触，测温范围广，不受测温上限的限制，也不会破坏被测物体的温度场，反应速度一般也比较快，但受到物体的发射率、测量距离、烟尘和水汽等外界因素的影响，其测量误差较大。

三、常用环境温度测量方法

用来测量物体温度的仪器，叫温度计。一切互为热平衡的物体都具有相同的温度，这是温度计测量温度的依据。温度计的测度可通过它的某一状态参量标志出来，例如液体的体积，气体的压强等。

最早的温度计是伽利略的空气温度计(1595 年)，它是利用气体热胀冷缩的原理制成的。1612 年又发明了液体温度计。1741 年，Celsius 用水银作测温物质，水银温度计从此诞生了。现在，由于科学技术的发展，相继研制出量子温度计、低温温差电偶、光学高温计、辐射高温计和部分辐射高温计等。

环境温度是表示环境冷热程度的物理量。由于反映环境温度的性质不同，通常其测量方法有以下三种：

(一)干球温度法

温度计的水银球不加任何处理，直接放到环境中进行测量。此法所测得的温度是大气温度，俗称气温。

(二)湿球温度法

用湿棉纱把温度计的水银球包起来进行测量。测得的温度是大气湿度饱和情况下的大气

温度。干球温度与湿球温度的差值，反映了环境的湿度。

(三)黑球温度法

将温度计的水银球放入一直径为15cm，外涂黑色的空心铜球的中心进行测量。黑球温度可以反映环境的热辐射情况。

鉴于以上三种温度所反映的环境温度性质不同，各值之间差异较大，所以表示环境温度时，必须注明所采用的测量方法。

四、环境温度生理热指标

环境温度对于人体产生的生理效应，除与环境温度的高低有关外，还与环境湿度和风速(空气流动速度)等因素有关。因此，在环境生理学上常采用温度-湿度-风速的综合指标来表示环境温度。这种温度指标统称为生理热指标。

(一)常用的生理热指标

1. 有效温度(ET)

根据人的主诉制定的温度指标。它将温度、湿度和风速综合成为一种具有同等温度感觉的最低风速和饱和湿度的等效气温指标。同样数值的有效温度对不同个体来说有同等的主诉温度感受，应用较广，但没有考虑热辐射对人体的影响。

2. 干-湿-黑球温度

将干球、湿球和黑球三种方法测得的温度进行加权平均求得的温度指标。它能反映环境温度对人体生理影响的程度。它有湿-黑-干球温度、湿-黑球温度和湿-干球温度三种表示方法。

3. 操作温度(OT)

指工作环境中的温度值。人类机体对外界气象环境的主观感觉有别于大气探测仪器获取的各种气象要素结果。人体舒适度及晨练指数是为了从气象角度来评价在不同气候条件下人的舒适感，根据人类机体与大气环境之间的热交换而制定的生物气象指标。

(二)生理热指标的日常应用

人体的热平衡机能、体温调节、内分泌系统、消化器官等人体的生理功能受到多种气象要素的综合影响。例如大气温度、湿度、气压、光照、风等。实验表明：气温适中时，湿度对人体的影响并不显著，由于湿度主要影响人体的热代谢和水盐代谢，气温较高或较低时，其波动对人体的热平衡和温热感就变得非常重要。例如，气温在15.5℃时，即使相对湿度波动达50%，对人体的影响也仅为气温变化1℃的作用；而当温度在21~27℃时，若相对湿度改变为50%时，人体的散热量就有明显差异；相对湿度在30%时，人体的散热量比相对湿度在80%时为多。而当相对湿度超过80%时，由于高温高湿影响人体汗液的蒸发，机体的热平衡受到破坏，因而人体会感到闷热不适。随着温度的升高，这种情况将更趋明显。当冬季的天气阴冷潮湿时，由于空气中相对湿度较高，身体的热辐射被空气中的水汽所吸收，加上衣服在潮湿的空气中吸收水分，导热性增大，加速了机体的散热，使人感到寒冷不适。当气温低于皮肤温度时，风能使机体散热加快。风速每增加1m/s，会使人感到气温下降了2~3℃，风越大，人体散热越快，人就越感到寒冷不适。

一般而言，气温、气压、相对湿度、风速四个气象要素对人体感觉影响最大。以该四项要素制作了人体舒适度及晨练指数预报系统(表11-7)。

表 11－7 人体舒适度及晨练适宜度指数分级

指 数	分 级	感 觉	人体舒适度	晨练适宜度
89	十级	酷热	很不舒适	很不适宜晨练
86～88	九级	暑热	不舒适	不适宜晨练
80～85	八级	炎热	大部分人不舒适	大部分人不宜晨练
76～79	七级	闷热	少部分人不舒适	少部分人不宜晨练
71～75	六级	偏暖	大部分人舒适	大部分人适宜晨练
59～70	五级	舒适	舒适	适宜晨练
51～58	四级	偏凉	大部分人舒适	大部分人适宜晨练
39～50	三级	清凉	少部分人不舒适	少部分人不宜晨练
26～38	二级	较冷	大部分人不舒适	大部分人不宜晨练
0～25	一级	寒冷	不舒适	不宜晨练

第十二章 热 污 染

随着社会生产力的迅速发展，人们的生活水平不断提高，能源的消耗也在日益增加。人类利用能源的过程中，不仅会产生大量的有害和放射性的污染物质，而且还会产生像二氧化碳、水蒸气、热水等一些对人体虽无直接危害，但对环境却可产生不良增温效应的物质，引起的污染即所谓的热污染。《中国大百科全书·环境科学》将热污染解释为："由于人类某些活动，使局部环境或全球环境发生增温，并可能形成对人类和生态系统产生直接或间接、即时或潜在的危害的现象"。

第一节 热污染的形成及影响

造成热污染最根本的原因是能源未能被最有效、最合理地利用。随着现代工业的发展和人口的不断增长，环境热污染将日趋严重。然而，人们尚未用一个量值来规定其污染程度，这表明人们并未对热污染有足够的重视。为此，科学家呼吁，应尽快制定环境热污染的控制标准，采取行之有效的措施防治热污染。

一、热污染的形成

(一)大气组成变化

1. 温室气体的增加

人类在生产生活中排向大气的温室气体，如 CO_2、CH_4、N_2O、CFCs 及 O_3 的总量逐步增加。以 CO_2 为例，据测定，在 19 世纪，大气中 CO_2 的浓度为 $2.99\times10^{-4}\%$，目前已达 $3.25\times10^{-4}\%$。CO_2 浓度上升可引起低层大气的温度升高。1991 年联合国向国际社会披露了 CO_2 排放量占全球总排放量最多的 5 个国家：美国 22%，前苏联 18%，日本 4%，德国 3%，英国 2%，并强调指出："地球气温上升，五大国要负责"。而事实上 1997 年的调查表明，美国对全球气温变暖应负最大责任的比例远远不止 22%。若按目前能源消耗的速度计算，每 10 年全球的温度会升高 0.1～0.26℃，一个世纪后即为 1～2.6℃。两极温度将上升 3～7℃，从而导致两极冰盖消融，海平面上升，一些沿海地区及城市将被海水淹没，桑田变成沧海，一些本来十分炎热的城市，将变得更热。

2. 大气中微细颗粒物的增加

由于微细颗粒物的粒径大小、成分、空间位置不同，其对环境温度变化所起的作用也不一致。颗粒物一方面会加大对太阳辐射的反射作用，同时另一方面也会加强对地表长波的吸收作用，而且这种作用还会受到局部地区云层及地表状态的影响。从全球来看，大气层中悬浮粒子对地球气候降温的效应更强一些。

3. 水蒸气大量增加

据科学调查表明，在中纬度地区明朗的日子里，水汽对温室效应的影响占 60%～70%，

CO_2 仅占 25%。也就是说，地球上水蒸气才是形成温室效应的最主要物质，为什么水蒸气一般不被认为是温室气体呢？这是由于其在大气中浓度变化不明显，对温室效应的增强影响不大，因而人们谈论全球变暖时，都未提到水。但日益发达的航空业使得对流层中水蒸气大量增加，形成卷云，影响了局部温度。对流层上部自然湿度非常低。亚声速喷气式飞机排出的水蒸气可在这个高度上形成卷云。当低空无云时，高空卷云与地面辐射交换的结果是，白天吸收地面辐射使环境变冷，夜间辐射能量使环境变暖。

4. 臭氧层的破坏

臭氧是地球大气层中的一种微量气体，它是由三个氧原子(O_3)结合在一起的蓝色、有刺激性的气体。在大气平流层中距地面 20 ~ 40 km 的范围内有一圈特殊的大气层，这一层大气中臭氧含量特别高。大气平均臭氧含量大约是 $0.3\times10^{-6}\%$，而这里的臭氧含量接近 $1.0\times10^{-5}\%$，高空大气层中 90% 的臭氧集中在这里，所以叫它臭氧层。

(1)臭氧层的破坏及现状

1985 年，英国科学家法尔曼等人在南极哈雷湾观测站发现：在过去 10 ~ 15 年间，每到春天，南极上空的臭氧浓度就会减少约 30%，有近 95%的臭氧被破坏。从地面上观测，高空的臭氧层已极其稀薄，与周围相比像是形成一个“洞”，直径达上千千米，“臭氧洞”由此而得名。卫星观测表明，此洞覆盖面积有时比美国的国土面积还要大。到 1998 年臭氧空洞面积比 1997 年增大约 15%，几乎相当于三个澳大利亚。前不久，日本环境厅发表的一项报告称，1998 年南极上空臭氧空洞面积已达到历史最高记录，为 2 720 万 km^2，比南极大陆约大 1 倍。

美、日、英、俄等国家联合观测发现，近年来，北极上空臭氧层也减少了 20%。在被称为是世界上“第三极”的青藏高原，中国大气物理及气象学者观测并发现，青藏高原上空的臭氧正在以每 10 年 2.7% 的速度减少。根据全球总臭氧观测的结果表明，除赤道外，1978 ~ 1991 年总臭氧每 10 年间就减少 1% ~ 5%。

(2)臭氧层的破坏原因

美国的两位科学家 Monila 和 Rowland 指出，正是人为的活动造成了今天的臭氧洞，元凶就是我们现在所熟知的氟利昂和哈龙。

工业上大量生产和使用的全氯氟烃、全溴氟烃等物质，当它们被释放并上升到平流层时，受到强烈的太阳紫外线 UV - C 的照射，分解出 Cl·自由基和 Br·自由基，这些自由基因能大量摧毁臭氧分子，故被人们称为“消耗臭氧层物质”，因其英文名称为 Ozone Depleting Substances，取其英文名称字头组成缩写，简称 ODS。它包括下列物质：氟氯碳化物 Chloro - fluoron- carbon（CFCs)、哈龙（Halon)、四氯化碳（CCl_4)、甲基氯仿（CH_3CCl_3)、溴甲烷（CH_3Br)等。

科学家估计，由 CFCs 所释出的 1 个氯原子，只要数个月的时间，就能使大约 10 万个臭氧分子消失。CFCs 在平流层受强烈紫外线照射而分解产生氯，氯会与臭氧反应，生成氧化氯自由基(ClO)，即：

$$Cl + O_3 \longrightarrow ClO + O_2$$

带有自由基的 ClO 非常活泼，若与同样活泼的氧原子反应，便生成氯和较安定的氧分子，即：

$$ClO + O \longrightarrow Cl + O_2$$

而这个被释出的氯，又可以再与臭氧反应，因此氯一方面能够不断消耗臭氧，另一方面却又能在反应中再生。

据估算，由哈龙释放的溴原子对臭氧层的破坏能力是氯原子的30～60倍。而且，氯原子和溴原子还存在协同作用即二者同时存在时，破坏臭氧的能力要大于二者的简单加和。

氟氯碳化物(CFCs)的应用范围极为广泛，可作为汽车和冰箱等冷冻空调的冷媒、电子和光学元件的清洗溶剂、化妆品等喷雾剂，以及PU、PS、PE的发泡剂等。人类已经把1 500万t以上的氯氟烃排放到大气中。进入大气中的氯氟烃，只有一部分参与臭氧层破坏作用，大部分还在大气中游荡，因而，虽然现在很多地方已停止生产和使用氯氟烃，臭氧层仍然会继续遭到破坏。何况，除了氯氟烃外，工业废气、汽车和飞机的尾气、核爆炸产物、氨肥的分解物，其中可能含有氮氧化物、CO、CH_4等几十种化学物质，都是破坏臭氧层的因素。

南极臭氧空洞的形成是包含大气化学、气象学的三维复杂过程，但根源是地球表面人为活动产生的氟利昂和哈龙。氟利昂和哈龙在大气中的寿命很长，一旦进入大气就较难去除，这意味着它们对臭氧层的破坏会持续一个漫长的过程。

(3)臭氧层的破坏对环境的危害

臭氧层被大量损耗后，吸收紫外辐射的能力大大减弱，导致到达地球表面的紫外线B明显增加，给人类健康和生态环境带来多方面的的危害。目前已受到人们普遍关注的主要有对人体健康、陆生植物、水生生态系统、生物化学循环、材料、对流层大气组成和空气质量等方面的影响。

① 对人体健康的影响

阳光紫外线UV－B的增加对人类健康有严重的危害作用。潜在的危险包括引发和加剧眼部疾病、皮肤癌和传染性疾病。对有些危险如皮肤癌已有定量的评价，但其他影响如传染病等目前仍存在很大的不确定性。

实验证明紫外线会损伤角膜和眼晶体，如引起白内障、眼球晶体变形等。据分析，平流层臭氧减少1%，全球白内障的发病率将增加0.6%～0.8%，全世界由于白内障而引起失明的人数将增加10 000～15 000人。如果不对紫外线的增加采取措施，从现在到2075年，UV－B辐射的增加将导致大约1 800万例白内障病例的发生。

紫外线UV－B段的增加能明显地诱发人类常患的三种皮肤疾病。这三种皮肤疾病中，巴塞尔皮肤瘤和鳞状皮肤瘤是非恶性的。利用动物实验和人类流行病学的数据资料得到的最新的研究结果显示，若臭氧浓度下降10%，非恶性皮肤瘤的发病率将会增加26%。另外一种恶性黑瘤是非常危险的皮肤病，科学研究也揭示了UV－B段紫外线与恶性黑瘤发病率的内在联系，这种危害对浅肤色的人群特别是儿童尤其严重。

人体免疫系统中的一部分存在于皮肤内，故免疫系统可直接接触紫外线照射。动物实验发现紫外线照射会减少人体对皮肤癌、传染病及其他抗原体的免疫反应，进而导致对重复的外界刺激丧失免疫反应。人体研究结果也表明，暴露于紫外线B中会抑制免疫反应。人体中这些对传染性疾病的免疫反应的重要性目前还不十分清楚，但在世界上一些传染病对人体健康影响较大的地区以及免疫功能不完善的人群中，增加的UV－B辐射对免疫反应的抑制影响相当大。

已有研究表明，长期暴露于强紫外线的辐射下，会导致细胞内的DNA改变，人体免疫系统的机能减退，人体抵抗疾病的能力下降。这将使许多发展中国家本来就不好的健康状况更加恶化，大量疾病的发病率和严重程度都会增加，尤其是包括麻疹、水痘、疱疹等病毒性疾病，疟疾等通过皮肤传染的寄生虫病，肺结核和麻风病等细菌感染以及真菌感染的疾病等。

② 对陆生植物的影响

臭氧层损耗对植物的危害机制目前尚不如其对人体健康的影响清楚，但研究表明，在已经研究过的植物品种中，超过50%的植物有来自UV-B的负影响，比如豆类、瓜类等作物，另外某些作物如土豆、番茄、甜菜等的质量将会下降。

植物的生理和进化过程都受到UV-B辐射的影响，甚至与当前阳光中UV-B辐射的量有关。植物也具有一些缓解和修补这些影响的机制，在一定程度上可适应UV-B辐射的变化。不管怎样，植物的生长直接受UV-B辐射的影响。不同种类的植物，甚至同一种类不同栽培品种的植物对UV-B的反应都是不一样的。在农业生产中，就需要种植耐受UV-B辐射的品种，并同时培养新品种。对森林和草地，可能会改变物种的组成，进而影响不同生态系统的生物多样性分布。

UV-B带来的间接影响，例如植物形态、各发育阶段的时间及二级新陈代谢等的改变，可能产生同样或更为严重的破坏作用。这些对植物的竞争平衡、食草动物、植物致病菌和生物地球化学循环等都有潜在影响。有关的研究工作尚处于起步阶段。

③ 对水生生态系统的影响

世界上30%以上的动物蛋白质来自海洋，满足人类的各种需求。在许多国家，尤其是发展中国家，这比率往往还要高，因此很有必要知道紫外辐射增加后对水生生态系统生产力的影响。

此外，海洋在与全球变暖有关的问题中也具有十分重要的作用。海洋浮游植物对CO_2的吸收是去除大气中CO_2的一个重要途径，它们对未来大气中CO_2浓度的变化趋势起着决定性的作用。海洋对CO_2的吸收能力降低，将导致温室效应的加剧。

海洋浮游植物并非均匀地分布在世界各大洋中，通常高纬度地区的密度较大，热带和亚热带地区的密度要低10~100倍。除可获取的营养物、温度、盐度和光外，在热带和亚热带地区普遍存在的阳光UV-B含量过高的现象也对浮游植物的分布起着重要作用。

浮游植物的生长局限在光照区，即水体表层有足够光照的区域，生物在光照区的分布地点受到风力和波浪等作用的影响。另外，许多浮游植物也能够自由运动以提高生产力以保证其生存。暴露于阳光UV-B下会影响浮游植物的定向分布和移动，因而减少这些生物的存活率。

研究人员已经测定了南极地区UV-B辐射及其穿透水体的量的增加，有足够证据证实天然浮游植物群落与臭氧的变化直接相关。对臭氧洞范围内和臭氧洞以外地区的浮游植物生产力进行比较的结果表明，浮游植物生产力下降与臭氧减少造成的UV-B辐射增加直接有关。一项研究表明，在冰川边缘地区的浮游植物生产力下降了6%~12%。浮游生物是海洋食物链的基础，浮游生物种类和数量的减少还会影响鱼类和贝类生物的产量。据另一项科学研究的结果，如果平流层臭氧减少25%，浮游生物的初级生产力将下降10%，这将导致水面附近的生物减少35%。

研究发现阳光中的UV-B辐射对鱼、虾、蟹、两栖动物和其他动物的早期发育都有危害作用，最严重的影响是繁殖力下降和幼体发育不全。在现有的水平下，阳光紫外线B已是限制因子，即使紫外线 B 的照射量有很少量的增加也会导致生物的显著减少。

尽管已有确凿的证据证明 UV－B 辐射的增加对水生生态系统是有害的，但目前还只能对其潜在危害进行粗略的估计。

④ 对生物化学循环的影响

阳光紫外线的增加会影响陆地和水体的生物地球化学循环，从而改变地球－大气这一巨大系统中一些重要物质在地球各圈层中的循环，如温室气体和对化学反应具有重要作用的其他微量气体的排放和去除过程，包括 CO_2、CO、COS 及 O_3 等。这些潜在的变化将对生物圈和大气圈之间的相互作用产生影响。

对陆生生态系统，增加的紫外线会改变植物的生成和分解，进而改变大气中重要气体的吸收和释放。当紫外线 B 光降解地表的落叶层时，这些生物质的降解过程被加速；而当主要作用是对生物组织的化学反应而导致埋在下面的落叶层光降解过程减慢时，降解过程被阻滞。植物的初级生产力随着 UV－B 辐射的增加而减少，但对不同物种和某些作物的不同栽培品种来说影响程度是不一样的。

在水生生态系统中阳光紫外线也有显著的作用。这些作用直接造成 UV－B 对水生生态系统中碳循环、氮循环和硫循环的影响。UV－B 对水生生态系统中碳循环的影响主要体现在 UV－B 对初级生产力的抑制。几个地区的研究结果表明，现有 UV－B 辐射的减少可使初级生产力增加，南极臭氧洞的发生导致全球 UV－B 辐射增加，水生生态系统的初级生产力受到损害。除对初级生产力的影响外，阳光紫外辐射还会抑制海洋表层浮游细菌的生长，从而对海洋生物地球化学循环产生重要的潜在影响。阳光紫外线促进水中的溶解有机质（DOM）的降解，使得所吸收的紫外辐射被消耗，同时形成溶解无机碳（DIC）、CO 以及可进一步矿化或被水中微生物利用的简单有机质等。UV－B 增加对水中的氮循环也有影响，它们不仅抑制硝化细菌的作用，而且可直接光降解像硝酸盐这样的简单无机物种。UV－B 对海洋中硫循环的影响可能会改变 COS 和二甲基硫（DMS）的海－气释放，这两种气体可分别在平流层和对流层中被降解为硫酸盐气溶胶。

⑤ 对材料的影响

平流层臭氧损耗导致阳光紫外辐射的增加，加速建筑、喷涂、包装及电线电缆等所用材料，尤其是高分子材料的降解和老化变质。特别是在高温和阳光充足的热带地区，这种破坏作用更为严重。估计由于这一破坏作用造成的损失全球每年达数十亿美元。

无论是人工聚合物，还是天然聚合物以及其他材料都会受到不良影响。当这些材料尤其是塑料用于一些不得不承受日光照射的场所时，只能靠加入光稳定剂或进行表面处理以保护其不受日光破坏。阳光中 UV－B 辐射的增加会加速这些材料的光降解，从而限制了它们的使用寿命。研究结果已证实短波 UV－B 辐射对材料的变色和机械完整性的损失有直接的影响。

在聚合物的组成中增加现有光稳定剂的用量可能缓解上述影响，但需要满足下面三个条件：一是在阳光的照射光谱发生了变化即 UV－B 辐射增加后，该光稳定剂仍然有效；二是该光稳定剂自身不会随着 UV－B 辐射的增加被分解掉；三是经济可行。目前，利用光稳定性更好的塑料或其他材料替代现有材料是一个正在研究中的问题。然而，这些方法无疑将增加产品的成本。而对于许多正处在用塑料替代传统材料阶段的发展中国家来说，解决这一问题更为重要和迫切。

⑥ 对对流层大气组成及空气质量的影响

平流层臭氧的变化对对流层的影响是一个十分复杂的科学问题。一般认为平流层臭氧减少的一个直接结果，是使到达低层大气的 UV－B 辐射增加。由于 UV－B 的高能量，这一变化将导致对流层的大气化学更加活跃。

首先，在污染地区如工业和人口稠密的城市，即氮氧化物浓度较高的地区，UV－B 的增加会促进对流层臭氧和其他相关的氧化剂，如过氧化氢(H_2O_2)等的生成，使得一些城市地区的臭氧超标率大大增加。而与这些氧化剂的直接接触会对人体健康、陆生植物和室外材料等产生各种不良影响。在那些较偏远的地区，即 NO_x 的浓度较低的地区，臭氧的增加较少甚至还可能出现臭氧减少的情况。但不论是污染较严重的地区还是清洁地区，H_2O_2 和 OH 自由基等氧化剂的浓度都会增加。其中 H_2O_2 浓度的变化可能会对酸沉降的地理分布带来影响，结果是污染向郊区蔓延，清洁地区的面积越来越少。

其次，对流层中一些控制着大气化学反应活性的重要微量气体的光解速率将提高，其直接的结果是，导致大气中重要自由基浓度，如 OH·自由基的增加。OH·自由基浓度的增加意味着整个大气氧化能力的增强。由于 OH·自由基浓度的增加会使 CH_4 和 CFC 替代物如HCFCs和HFCs的浓度成比例地下降，从而对这些温室气体的气候效应产生影响。

而且，对流层反应活性的增加还会导致颗粒物生成的变化，例如云的凝结核，由来自人为源和天然源的硫［如 COS 和二甲基硫$(OH_3)_2S$］的氧化和凝聚形成。尽管目前对这些过程了解得还不十分清楚，但平流层臭氧的减少与对流层大气化学及气候变化之间复杂的相互关系正逐步被揭示。

(二)地表形态的改变

1. 自然植被的大量破坏

伴随着现代化工农业生产的发展，人口增加和人们生活水平的提高，需要更多的食物来维持人类生存。于是在一系列的开荒、放牧、填海湖造田的同时，自然植被被大量破坏。从历史上看，农田－草原－沙漠是森林植被破坏后的三步曲，地表状态的改变，破坏了环境的热平衡，导致了热污染。

2. 自然下垫面的减少

地表被覆无机化，越来越多的地表被建筑物、混凝土和柏油所覆盖，绿地和水域的面积减少，使蒸发作用减弱，大气得不到冷却。所以城乡地表吸收和储存太阳热量性能有不小差异(表 12－1)。

表 12－1　城市下垫面改变引起的变化

项　目	同农村比较	项　目	同农村比较
年平均温度	高 0.5～1.0℃	夏季相对湿度	低 8%
冬季平均最低温度	高 1.0～2.0℃	冬季相对湿度	低 2%
地面总辐射	少 15%～20%	云量	多 5%～10%
紫外辐射	少 5%～30%	降水	多 5%～10%
平均风速	低 20%～30%		

3. 水域污染

石油泄露、赤潮爆发、污染物排放导致的水域污染，改变了自然水体的吸收及反射太阳辐射的能力，造成局部环境温度异常。

海上的经济发展已经成为我们国家经济发展的一个新的增长点，但同时对海洋造成的污染也在加剧。20 年来，我国海上溢油事故平均每年发生 100 余起，其中发生 50t 以上的重大溢油事故 39 起。海洋石油污染对海洋生态环境影响很大，对海洋环境的现实和后续影响与破坏，可以说是无法估价的。

(三)热量的直接排放

人类使用的全部能量最终都将转化为热，传向大气，转化过程符合能量守恒定律。

据估计，当前全球人为释放的热量大约相当于全球接受的太阳辐射能量的万分之一。即使今后人口增加到 200 亿，人为释放的热量也只有全球接受的太阳辐射能量的 0.5%左右，只能使地面气温增加 1℃。美国和澳大利亚等国学者根据地球上不同地区的用能分布进行数学模式计算，认为在近期人类使用能量的水平上，人为释放的能量对全球气候尚不致于有显著的影响。

二、热污染的影响

(一)水的热污染直接危害水生生物

火力发电厂、核电站、钢铁厂的循环冷却系统排出的热水以及石油、化工、铸造、造纸等工业排出的主要废水中均含有大量废热，排入地表面水体后，导致水温急剧升高，以致水中溶解氧气减少，水体处于缺氧状态，同时又因水生生物代谢率增高而需要更多的氧，造成一些水生生物在热效力作用下发育受阻或死亡，从而影响环境和生态平衡。

(二)气候异常

大气中的含热量增加，还可影响到地球上天气气候的变化。按照大气热力学原理，现代社会生活中的其他能量都可转化为热能，使地表面反射太阳热能的反射率增高，吸收太阳辐射热减少，促使地表面上升的气流相应减弱，阻碍水汽的凝结和云雨的形成，导致局部地区干旱少雨，影响农作物生长。

(三)生存陆地减小

近一个世纪以来，地球大气中的 CO_2 不断增加，气候变暖，导致海水热膨胀和极地冰川融化，海平面上升，加快生物物种濒临灭绝。一些沿海地区及城市将被海水淹没，桑田变成沧海，一些本来十分炎热的城市，将变得更热。

(四)危害人类健康

热污染全面降低了人体机理的正常免疫功能，与此同时致病病毒或细菌对抗菌素的耐药性却越来越强，从而加剧各种新、老传染病大为流行。热污染使温度上升，为蚊子、苍蝇、蟑螂、跳蚤和其他传染病昆虫以及病原体微生物等提供了最佳的滋生繁衍条件和传播机制，形成一种新的“互感连锁效应”，导致以疟疾、登革热、血吸虫病、恙虫病、流行性脑膜炎等病毒病原体疾病的扩大流行和反复流行。特别是以蚊子为媒介的传染病，目前已呈急剧增长的趋势。

(五)加剧了能源消耗

热污染会导致气温升高，导致电器不断地向城市的大气中排放热量，导致城市的气温更高。全美国夏季因热岛效应每小时多耗空调电费数达百万美元之巨。

第二节　水体热污染及其防治

当人类排向自然水域的温热水使所排放水域的温升超过一定限度时，就会破坏所排放水域的自然生态平衡，导致水质变化，威胁到水生生物的生存，并进一步影响到人类对该水域的正常利用，即为水体的热污染。

一、水体热污染的来源

水体热污染主要来源于工业冷却水，其中以电力工业为主，其次是冶金、化工、石油、造纸和机械行业(表 12－2)。这些行业排出的主要废水中均含有大量废热，排入地表面水体后，导致水温急剧升高，从而影响环境和生态平衡。在工业发达的美国，每天所排放的冷却用水达 4.5 亿 m^3，接近全国用水量的 1/3，废热水含热量约 2500 亿 Cal，足够 2.5 亿 m^3 的水温升高 10℃。

表 12－2　各行业冷却水排放的比例

行业	电力	冶金	化工	其他
占总量的百分比/%	81.3	6.8	6.3	5.6

通常核电站的热能利用率为 31%～33%，火力发电站热效率是 37%～38%。火力发电站产生的废热有 10%～15%从烟囱排出，而核电站的废热则几乎全部从冷却水排出。所以在相同的发电能力下，核电站对水体产生的热污染问题比火力发电站更为明显。

二、水体热污染影响

(一)降低了水中的溶解氧

水体热污染导致水温急剧升高，以致水中溶解氧气减少(表 12－3)，使水体处于缺氧状态，同时又因水生生物代谢率增高而需要更多的氧，造成一些水生生物在热效力作用下发育受阻或死亡，从而影响环境和生态平衡。

表 12－3　氧在蒸馏水中的溶解度

温度/℃	$Cs/mg·L^{-1}$	温度/℃	$Cs/mg·L^{-1}$	温度/℃	$Cs/mg·L^{-1}$	温度/℃	$Cs/mg·L^{-1}$
0	14.64	10	11.26	20	9.08	30	7.56
1	14.22	11	11.01	21	8.90	31	7.43
2	13.82	12	10.77	22	8.73	32	7.30
3	13.44	13	10.53	23	8.57	33	7.18
4	13.09	14	10.30	24	8.41	34	7.07
5	12.74	15	10.08	25	8.25	35	6.95
6	12.42	16	9.86	26	8.11	36	6.84
7	12.11	17	9.66	27	7.96	37	6.731
8	11.81	18	9.46	28	7.82	38	6.63
9	11.53	19	9.27	29	7.69	39	6.531

注：表中第二栏给出纯水中氧的溶解度(*Cs*)，以每升水中氧的毫克数表示，纯水中存在有被水蒸气饱和的空气，空气中含有 20.94%(*V/V*)的氧，压力为 101.3kPa。

(二)导致水生生物种群的变化

任何生物种群都要有适宜的生存温度，水温升高将使适应于正常水温下生活的海洋动物发生死亡或迁徙，还可以诱使某些鱼类在错误的时间进行产卵或季节性迁移，也有可能引起生物的加速生长和过早成熟。

水体内的藻类种群也会随着温度的升高而发生改变。在 20℃时，硅藻占优势，在 30℃时绿藻占优势，在 35～40℃时蓝藻占优势。蓝藻种群能引起生活用水有不好的味道，而且也不适于鱼类食用。水温的升高还会促使某些水生植物大量繁殖，使水流和航道受到阻碍。

(三)加快生化反应速度

随着温度的上升，水体生物的生物化学反应速度也会加快，在0~40℃的范围内，温度每升高10℃，生物的代谢速度加快1倍。在这种情况下，水中的化学污染物质，如氰化物、重金属离子等对水生生物的毒性效应会增加。资料报道，当水温由8℃升高至18℃，氰化钾对鱼类的毒性增加1倍；当水温由13.5℃升高到21.5℃，锌离子对红鳟鱼的毒性增加1倍。

(四)破坏水产品资源

海洋热污染问题在全球范围内正日益加重。1969年美国比斯开湾的调查发现，温升4℃的水域海洋生物绝迹，温升3℃的水域水生生物的种类和数量都变得极为稀少。后来对吉普特海峡和华盛顿州沿岸的调查又发现，在夏季温升哪怕只有0.5℃，就能引起有毒的浮游植物大量繁殖。

水体温度的变化对水体环境中的多种水生生物的种类和数量都有明显的影响，不同鱼类及水生生物都有自己的最适宜生存的温度范围。水体热污染对有游动能力的鱼类和不能游动的附着在岩礁上的生物(如鲍鱼、海胆等)的影响是不一样的。热污染对后者的影响要大得多。对底栖生物生态结构产生影响的水温上限约为32℃。

1.水生生物的极限温度——水生生物按对温度适应性的划分

各种生物能够生活的温度幅度是不同的，若超过这个幅度，生命就会死亡。故温度对生物的生命活动来说，有上限和下限及最适范围之分。最适温度比较接近最高的限制温度(即上限温度)。根据生物的温度变幅，可将生物分成：

(1)广温生物

能忍受>10℃的温度变化，如菱形藻的适温区间是-11~30℃，大型蚤的适温区间为1~30℃。广温生物按其适温又可分为：

① 冷水性生物

适温<15℃，一般金藻、硅藻属此类，常在春秋大量出现。鲑、虹鳟等也属冷水性鱼类。

② 温水性生物

适温区间是15~25℃。我国养殖水体中常见的淡水生物多属温水性生物，即为喜温广温种。

③ 暖水性生物

适温区间是25~35℃，如热带鱼。

(2)狭温生物

能忍受<10℃的温度变化，又分为冷水种和暖水种。冷水种如涡虫，适温区间是0~10℃，南极鱼的耐温幅度<4℃，适温区间是-2~2℃；暖水种如热带海洋的珊瑚，适温区间是>20℃，温幅为7℃。

应该指出，以上划分是相对的。

2.温度的生态作用——极限温度

(1)最高温度

虽然各种生物所能忍受的温度上限是不同的，但温度超过50℃，绝大多数生物不能完成全部生命周期以致死亡，例外的情况限于少数植物和细菌。举例：

① 活动的原生动物的上限温度为50℃左右。

② 大多数海洋无脊椎动物只能忍受30℃的高温，海葵38℃。淡水无脊椎动物能忍受41～48℃。这是长期适应的结果(海水温度<30℃)。

③ 蓝藻在85～93℃的水中仍可生存。无色素藻类可忍受70～89℃。

④ 鱼类对高温的耐性不高，如鲟、鲱鱼的卵子在>20℃时即停止发育。而鲑、鳕的卵则更低(10.6℃和12～13℃)。鱼类一般只能忍受30～35℃稍高些的温度，如鲢的最高温度35.28℃；又如鳗鲡适温区间是25～30℃，最高温度36℃。但温泉鱼类如花鱼能忍受52℃。河蟹在37℃时活动异常，40℃死亡。海参适宜温度为16～20℃，26℃死亡。

(2)高温致死的原因

① 高温破坏酶系统

温度上升到45～55℃之间，就将引起蛋白质变性或变质，破坏酶的活性，往往使水生生物处于热僵硬或热昏迷以致死亡。

② 高温损害呼吸系统

很多水生生物30℃左右就会死亡，其原因是温度升高加快生物过程的不合谐。即温度升高，代谢快，需要氧量大。呼吸加快而溶氧供应不足，如草鱼30℃时心率35次/min，呼吸率57.5次/min；33℃时心率40min，呼吸率为150次/min，且表现不规则，呼吸率降低，热僵硬乃致死亡。

③ 高温破坏血液系统

如鱼类受热冲击后，会导致充血、凝血及红血球分解等。

④ 高温破坏神经系统

会使神经系统麻痹，另外，还会导致代谢产物积累，代谢失调，产生代谢产物中毒等。

水温的上升会使水体中的种群发生变化，如适于冷水生存的鲑鱼群就可被适于暖水生存的鲈鱼、鲶鱼所代替。有时水温虽未达到使鱼致死的温度，但已超过产卵和孵化的最适宜水平，从而会使鱼类的生长率降低。水温的上升还会引起病菌的增殖，从而导致鱼类发病率的增加。

温度是水生动物繁殖的基本因素，能影响到从排卵到卵成熟的许多环节。例如非自然的温升会使许多海样无脊椎动物的卵内营养物积累少，产卵时间异常，致使孵化、成长的比例降低。

鱼类的回游是与水环境温度密切相关的，水的热污染会破坏这种规律。

因废热水的自然水体稀释程度不同，所以水体热污染对热带和亚热带的影响比温带更大一些。

(五)影响人类生产和生活

水的任何物理性质，几乎无一不受温度变化的影响。水的黏度随着温度的上升而降低，水温升高会影响沉淀物在水库和流速缓慢的江河、港湾中的沉积。水温升高还会促进某些水生植物大量繁殖，使水流和航道受到阻碍，例如，美国南部的许多地区水域中，曾一度由于水体热污染而大量生长水草风信子，阻碍了水流和航道。

(六)危害人类健康

河水水温上升给一些致病微生物造成一个人工温床，使它们得以孳生、泛滥，引起疾病流行，危害人类健康。1965年，澳大利亚曾流行过一种脑膜炎，后经科学家证实，其祸根是一种变形原虫，由于发电厂排出的热水使河水温度增高，这种变形原虫在温水中大量孳生，造成水源污染而引起了那次脑膜炎的流行。

三、水体热污染防治

(一)技术途径

1. 改进冷却方式，减少温排水

产生温排水的企业,应根据自然条件,结合经济和可行性两方面的因素采取相应的防治措施。以对水体热污染最严重的发电行业为例,其产生的冷却水不具备一次性直排条件的,应采用冷却池或冷却塔,使水中废热逸散,并返回到冷凝系统中循环使用,以提高水的利用率。

冷却水池是通过废热水从池中流过，靠自然蒸发达到冷却的目的。采用这种方法的投资比较少，但缺点是占地面积较大。如果设法把冷却水喷射到大气中进行雾化冷却，可以提高蒸发冷却效率，减少冷却池的占地面积，但需要考虑运行经济成本。

冷却塔有干式、湿式和干湿式之分。干式塔是封闭系统，通过热传导和对流来达到冷却的目的，但基建投资很大，现已很少采用。湿式塔是通过水的喷淋、蒸发来进行冷却，目前应用比较广泛。根据塔中气流产生的方式，湿式塔又分为自然通风和机械通风两种类型。自然通风冷却塔，塔体庞大，基建投资较大。机械通风冷却塔适用于气温较高、湿度较大的地区，建设投资较低，但运行费用比较高。

冷却水池、冷却塔在使用过程中产生的大量水蒸气，在气温较低的冬天，下风向几百米以内有在大气中结雾和路面结冰的可能性。排出的水蒸气对当地的气候可能有较大的影响。

上述冷却水池、冷却塔技术各有优缺点，企业宜根据实际情况选用。从长远来看，减少温排水总量及充分回收温排水中热能的技术将是治理水体热污染的根本途径。

2. 废热水的综合利用

利用温热水进行水产品养殖，在国内外都取得了较好的试验成果。在温热排水没有放射性及化学污染的前提下，选择一些可适应温热水的生物品种，可取得促进其产卵量增加、成活率提高、生长速率加快的良好效果。

农业是温热水有效利用的一个重要途径，在冬季用热水灌溉能促进种子发芽和生长，从而延长了适于作物种植的时间。在温带的暖房中用温热水浇灌还能培植一些热带或亚热带的植物。

利用温热排水，在冬季供暖、在夏季作为吸收型空调设备的能源，颇有希望实现。作为区域性供暖，在瑞典、德国、芬兰、法国和美国都已取得成功。

温热水的排放，在某些地区可以预防船运航道和港口结冰，从而节约运费。但在夏季对生态系统将会产生不利影响。

适量的温热水排入污水处理系统有利于提高活性污泥的活性，特别是在冬季，污水温度的升高对活性污泥中的硝化菌群的生长繁殖极为有利，可以整体提升污水处理效果。

目前，温热水的综合利用还存在一些问题，如温热水的连续性如何保持，温热水利用的季节性问题如何处理，这都有待于进一步研究。

3. 废热水的技术标准

为了防止废热水的污染，尽可能利用废水中的余热，除了要大力发展废热水热能回收技术外，还要充分了解废水排放水域的水文、水质及水生生物的生态习性，以便综合论证。应在经济合理的前提下，制定废热水的排放标准。

美国国家科学院(NAS)、美国国家工程科学院(NAE)和美国环保局(EPA)联合提出的有关水温的水质标准，具体规定了下述几个限制性指标：

(1)夏季最大周平均水温

最大周平均水温主要由生物生长受到限制时的水温来决定，关系式为

$$\frac{\text{最大周平均水温} \leqslant \text{主要生物生长最佳温度} + \text{主要生物致死上限温度} - \text{主要生物生长最佳温度}}{3}$$

其中，生物生长最佳温度是指生物生长率最高时的温度。如果将这种水生生物从所适应的水温很快地转移到较高水温中，并在短时间内有50%死亡，则该温度即为这种种群的致死上限温度。

(2)冬季最高水温(冬季最大周平均水温)

多年的实践证明，电站的温排水并未引起大量鱼类的死亡，而在电站停止运行不再向水体中排放废热，即从鱼类所适应的较高水体温度突然降低到自然水体温度时，反而使得鱼类受到“冷冲击”作用昏迷而死亡。为防止“冷冲击”的损伤，规定了冬季最高水温。一般是将冬季自然水温作为致死下限温度，找出主要种群对应的适宜温度，再减去2℃，作为冬季最大周平均水温。

(3)短时间的极限允许温度

水生生物的热损伤程度与水温的高低和停留时间的长短密切相关。停留时间越长，所能存活的水温相应越低。反之，水温越高，所能存活的停留时间越短。具体数值因种群的不同也有差异。例如，小的大嘴鲈鱼在温度从21.1℃升高到32.2℃，停留时间为7min左右时，没有大的损伤；然而当水温迅速升高时产生的“热冲击”可能导致鱼类立即死亡。例如温度突然升高到16.7℃时，刺鱼只能存活35s，大马哈鱼于10s内即会死亡。

(4)繁殖和发育期的温度

由于水生生物繁殖和发育期对温度特别敏感，因此建议在每年的繁殖季节，对鱼类的回游、产卵孵化区域执行专门的温度标准。河流入海口处常常是海产鱼类的繁殖区域，因此温升标准应更加严格。

温排水在河流中排放形成热污染带，其中超过允许温升的部分(混合带)，在NAS－NAE－EAP标准中建议，最多只占河流宽的2/3，剩余区域作为回游性的鱼类的通道。在有些地方要求更加严格，混合区不允许超过河流横断面面积的1/4。

(二)法律途径

污染防治是关系到人类可持续发展的百年大计。实际生产中，废弃物有两种处置方法：一是处理后再排入环境，一是直接排入环境。受利润动机的支配，生产者进行生产的目的是获得最大利润，而处理废物需要花费人、财、物力，这会增加私人的生产成本，其赢利必然减少，于是生产者会放弃处理，直接把污物排入环境中，虽然可节省一笔私人成本，但这却使他人受到损害，这种损害均可折算为经济损失。由于环境容量资源没有明确的产权归属而不能进入市场，市场不能自行解决环境污染带来的损失(即市场失灵)，这些损失是对社会造成的损失，增加了社会成本，即私人成本转化为了社会成本，而且事实证明，这种社会成本的增加要远远大于私人成本的减少，使社会的总福利下降。所以，为了公共利益，污染防治必须依靠法律的强制力来推进实现。

水体热污染控制的重要指标是废热水排放扩散后的水体温升和热污染带规模。水体温升

是指热污染带向下游扩散，经过一定距离至近于完全混合时，河水温度比自然水温高出的温度。水体温升多少，应在保护环境和经济合理这两者之间作出适当的选择。

1. 美国控制水体热污染立法简介

美国国家技术咨询委员会(NTAC)对水质标准中水温的建议为：

(1)淡水生物

① 温水水生生物

a. 一年中的任何月份，向河水中排放的热量不得使河水温升超过2.8℃，湖泊和水库上层温升不得超过1.6℃，禁止温热水湖泊浸没排放；

b. 必须保持天然的日温和季温变化；

c. 水体温升不得超过主要水生生物的最高可适温度。

② 冷水水生生物

a. 内陆有鲑属鱼类的河流，不得将湖泊、水库及其产卵区作为温热水的受纳水体；

b. 其他部分同对温水水生生物的限制。

(2)海洋和海湾生物

① 近海和海湾水域日最高温度的月平均值：夏季温升不得高于0.83℃，其他季节不得高于2.2℃。

② 除自然因素的影响外，温度变化率不得超过0.56℃/h。

2. 我国控制水体热污染立法状况

在我国，相关法律法规只对水体热污染作了原则性的要求，尚需进一步进行量化和规范。相关法律条款如下：

(1)中华人民共和国水污染防治法

第二十七条　向水体排放含热废水，应当采取措施，保证水体的水温符合水环境质量标准，防止热污染危害。

(2)中华人民共和国海洋环境保护法

第三十六条　向海域排放含热废水，必须采取有效措施，保证邻近渔业水域的水温符合国家海洋环境质量标准，避免热污染对水产资源的危害。

第三节　大气热污染的影响及其防治

随着社会的发展和人们生活水平的提高，能源的消耗日益加剧，各种形式的能源最终都会转化为热的形式进入大气，并且能源消耗的过程中还会释放大量的副产物如二氧化碳、水蒸气和颗粒物质等，这些物质会进一步促进大气的升温。当大气升温影响到人类的生存环境时，即为大气热污染。

一、大气热污染的影响

向环境中排放多少废热而不会引起全球性气候变化的数值尚不为人类所知，一些科学家提出，这个数值不应大于地球表面太阳总辐射能量的1%($25W/m^2$)。但目前有不少地区，尤其是大城市和工业区所排放的废热已经达到或超过了太阳入射能量的1%，见表12－4。这些地区与周围地区的气候确实不同，虽然影响面积不大，并没有引起全球性的严重气候问

表 12-4 不同地区人为产生的热量

地区	面积/$\times 10^6 km^2$	人为产生的热量/$W\cdot m^{-2}$
全球平均	500	0.016
陆地表面	150	0.054
美国	7.8	0.24
美国东部	0.9	1.1
前苏联	22.4	0.05
城市	面积/$\times 10^3 km^2$	人为产生的热量/$W\cdot m^{-2}$
波士顿－华盛顿	87	4.4
莫斯科	0.88	127
曼哈顿	0.06	630

题，但还是需要引起人们的注意。

(一)对局部气候的影响

1. 降低大气可见度，影响太阳辐射到地面的能量

排放于大气中的各类污染物微粒，也称飘尘。大气中的飘尘有 1/3 是人为排放的。过去认为飘尘具有“阳伞效应”，它能反射和吸收太阳辐射能，特别是减少紫外光的透过，使地面获得的太阳辐射能减少，引起气温降低。以后的模式试验表明，飘尘增加不多时，地面有增温现象。个别科学家甚至认为，飘尘越多，增热效果越大。因此，飘尘的全球效应仍是值得继续研究的问题。

在城区，当飘尘污染严重时，热岛效应会使污染物难以迅速散开，积存在大气中形成烟雾，使大气变得非常混浊，能见度明显降低。

2002 年 8 月，联合国环境规划署的一份调查报告指出，一片巨大的棕色云团正飘浮在南亚上空。这片云团面积 2 500 多万平方公里，厚约 3km，里面包裹着灰尘、煤烟颗粒、酸性物质和其他粉尘。它的出现改变了气温和降雨量，也带来了严重的空气污染，使当地居民呼吸道疾病的发病率不断上升。而调查发现，这片“污云”中飘浮的灰尘、煤烟颗粒和其他粉尘不仅来自于工业污染，而且来自汽车尾气、垃圾焚烧、森林火灾以及“烧荒”产生的物质。

2. 破坏雨量均衡分布

大气颗粒物对水蒸气具有凝结核和冻结核的作用，人们已发现受污染的大工业城市的下风向地区的降水量明显增多，这种现象在气象学上称为“拉波特效应”。

大气中的含热量增加，还可影响地球气候。按照大气热力学原理，现代社会生活中的其他能量都可转化为热能，使地表面反射太阳热能的反射率增高，吸收太阳辐射热减少，促使地表面上升的气流相应减弱，阻碍水汽的凝结和云雨的形成，导致局部地区干旱少雨，影响农作物生长。例如 20 世纪 60 年代后期，非洲撒哈拉牧区因受热污染发生持续 6 年的特大旱灾，受灾死亡人数在 150 万以上；非洲大陆因旱灾 3 年造成大饥荒，死亡 200 万人；在埃塞俄比亚、苏丹、莫桑比克、尼日尔、马里和乍得等 6 个国家的 9 000 万人口中，有 2 500 万人面临饥饿和死亡的威胁。

3. 强化热岛效应

大气热污染与城市热岛效应是成正比的相互促进关系。大气热污染加剧会使城市变得更热。

(二)对全球气候的影响

大量存在于大气中的污染物改变了地球和太阳之间的热辐射平衡关系，目前还难以具体确定其对自然环境所产生的危害及其深远影响。地球的热量平衡稍有干扰，就会导致全球气温浮动 2℃。无论是平均气温低 2℃进入冰河期，还是平均气温高 2℃进入无冰期，都将对地球的生态系统产生致命的打击。

1. 加剧温室效应

在大气已达到自然平衡的基础上，人类在生产和生活中又向大气排放了大量的温室气

体，如 CO_2，CH_4，N_2O，CFCs 及 O_3 等。导致温室气体的种类和数量都发生了较大变化。以 CO_2 为例，据测定，在 19 世纪，大气中 CO_2 的浓度为 299ppm，目前已达 325ppm。CO_2 浓度上升可引起低层大气的温度升高。人造的某些温室气体是目前为止吸热能力最强的，如氟氯甲烷(HFCs)和全氟化碳(PFCs)。

1969 年，前苏联学者提出冰雪的反馈机制理论，即当大气的温度上升(或降低)，地球上的雪和冰的覆盖面积减小(或增大)，其结果，地球表面的反射率减小(或增大)，这会使地球大气系统获得的辐射能增大(或减小)，使气温上升，气温上升(或下降)再进一步使冰和雪的面积缩小(或扩大)。根据这个反馈机制来探讨大气中 CO_2 的变化对气候的影响。有人估算，如果大气中 CO_2 浓度为 420ppm 时地球上所有的冰和雪都要融化，从而造成海洋水位上升，淹没地球。当然上述观点，目前尚无定论。

2. 臭氧层的影响

太阳辐射的紫外光中有一部分能量极高，如果到达地球表面，就可能破坏生物分子的蛋白质和基因物质(DNA)，造成细胞的破坏和死亡。幸运的是，臭氧层能吸收太阳辐射出的 99%的紫外线，就像地球的一道天然保护屏障，使地球上的万物免遭紫外线的伤害。因此，臭氧层也被誉为地球的“保护伞”。但人类制造排放的氟利昂和哈龙等消耗臭氧层的物质使大气臭氧层产生了空洞，从而影响了太阳对地表的辐射强度。

3. 大气颗粒物的影响

目前，近地层大气中的颗粒物主要是由自然界火山爆发的尘埃颗粒及海水吹向大气中的盐类颗粒，人为颗粒物排放量尚少，影响限于局部。

(1)大量颗粒物近入平流层，会增强对太阳辐射的吸收和反射，并减弱太阳向对流层和地球表面的辐射，使能量聚集于平流层，造成平沉层的气温增高。这个事实，已由几次火山喷发的观测得到证实。如 1963 年阿贡火山喷发造成大量火山尘埃进入平流层，使平流层中的同温层里大气的温度立刻升高 6～7℃，多年后该层大气温度仍比原来高 2～3℃。

(2)在对流层中存在的大量颗粒物，由于对太阳和地表的辐射既有吸收又有反射的作用，尚不清楚其对近地层气温的影响作用，需要进一步研究。

二、大气热污染的防治

(一)技术途径

1. 植树造林

森林是最高的植被。森林对温度、湿度、蒸发、蒸腾及雨量可起调节作用。

(1)温度

根据观察研究的结果说明，森林不能降低日平均温度，但能略微增加秋冬平均温度。森林能降低每日最高温度，而提高每日最低温度，在夏季较其他季节更为显著。

(2)湿度

林木的生命不能离开蒸腾，这是植物的生理原因。林内的相对湿度要比林外高，树木越高，则树叶的蒸腾面积越大，它的相对湿度亦越高。

(3)蒸发

降水到地面上，除去径流及深入土壤下层以外，有相当部分将被蒸发回天空。蒸发多少要由土壤的结构、气温与湿度的大小、风的速度决定。森林能减低地表风速，提高相对湿度，林地的枯枝败叶能阻碍土壤水分蒸发，因此光秃的土地比林地水分蒸发要大 5 倍，比雪的蒸发要大 4 倍。

(4)雨量(地区性降水)

在条件相同地区，森林地区要比无林地区降水量大。一般要大 20% ~ 30%。森林地区比较多雾，树枝和树叶的点滴降水，每次约有 1 ~ 2mm，以 1 年来计算，水量也是可观的。

森林植被能够滞留空气中的粉尘。我国是全球沙尘暴四个高发区(中亚、北美、中非和澳大利亚)之一，西北地区是中亚沙尘暴高发区的组成部分。我国沙漠、戈壁及沙漠化土地总面积为 168.9 万平方公里，占国土面积的 17.6%，主要分布在新疆、甘肃、青海、宁夏和内蒙古。

近 20 年来，我国陆地植被净吸收 CO_2 的功能持续增强，光合作用能力年平均增加 1%。此前 30 年间，我国森林植被则向大气排放了大量 CO_2。北京大学研究成果称，我国的森林生态作用转向良性增长。北京大学城环系方精云教授领导的科研小组，通过大量的野外实测及建国 50 多年来的森林资源清查资料，研究了我国 50 年来森林植被对 CO_2 作用的动态变化。研究发现，20 世纪 70 年代中期以前，由于毁林开荒等因素，我国森林植被向大气净排放了大量的 CO_2。但在最近的 20 多年中，情况发生了逆转，森林植被净吸收 CO_2 的功能明显增强。从 20 世纪 80 年代初到 90 年代末的近 20 年中，共净吸收了相当于 90 年代中期我国工业 CO_2 年平均排放量的一半。该研究小组还研究了近 20 年的卫星遥感数据及与其匹配的气候、土壤和植被信息。他们发现，由于大气 CO_2 增加以及气候变暖等因素，我国被用于表示陆地植被物质合成和能量转化能力的“生物生产力”指标，每年约按 1% 的速度在增加。

2. 提高燃料燃烧的完全性

由于化石燃料是目前世界一次能源的主要部分，其开采、燃烧耗用等方面的数量都很大，从而对环境的影响也令人关注。

化石燃料在利用过程中对环境的影响，主要是燃烧时各种气体与固体废物和发电时的余热所造成的污染。化石燃烧时产生的污染物对环境的影响主要有两个方面：一是全球气候变化。燃料中的碳转变为 CO_2 进入大气，使大气中 CO_2 的浓度增大，从而导致温室效应，改变了全球的气候，危害生态平衡。二是热污染。火电站发电所剩“余热”被排到河流、湖泊、大气或海洋中，在多数情况下会引起热污染。例如，这种废热水进入水域时，其温度比水域的温度平均要高出 7 ~ 8℃，明显改变原有的生态环境。

3. 发展清洁和可再生能源

我们应居安思危，尽量减少家用燃烧以煤为主的矿植物燃料，大力开发利用清洁和可再生能源，努力减少 CO_2 排放，降低温室效应。所谓清洁型能源就是指在利用的过程中不产生或极少产生污染环境物质的能源，下面是一些常见的清洁和可再生能源。

(1)太阳能

太阳是一个巨大的能源宝库。尽管太阳向四面八方辐射的热量只有二十二亿分之一到达地球表面，但每秒钟到达地面的总能量还高达 80 万亿 kW。如果用它来发电，可以得到比现在全球发电总量大 5 万倍以上的电力。现在利用太阳能的方法主要有两种：一种是把太阳光聚集起来直接转换为热能(即光 - 热转换)，另一种是把太阳能聚集起来直接转换为电能(即光 - 电转换)。

(2)地热能

若考虑到热泵技术的应用，在不远的将来会大大提高整个地热在能源系统中的地位。地球是一个巨大的热水库，地层中蕴藏着极为丰富的热水资源。据科学家推算，在整个地壳中，地下热水的总量大约有 $7 \times 10^8 km^3$ 之多，约相当于地球上全部海水总量(约 $13.7 \times 10^8 km^3$)的一半。在地球的任何一个地方，只要钻到足够的深度，都可以打出不同温度的热水来。地下热水是地热能的重要组成部分。

(3)风能

风能是一种取之不尽、用之不竭的巨大自然能源。据估计，全世界可利用的风能资源约有10亿 kW，比陆地水能资源多10倍。仅陆地上的风能就相当于目前全世界火力发电量的一半。利用风能，不会产生任何污染物质，有利于生态平衡和环境保护。而且，利用风能投资少，见效快，价格低廉。

(4)生物质能

通过生物转化法、热分解法和气化法转化而成的气态、液态和固态燃料所具有的能量。

(5)水能(潮汐能)

自然界的水由于重力作用而具有的动能和势能。

海洋有着巨大的水能。海洋中的潮汐、波浪、海水温差等均可开发利用。据估计，全世界海洋的潮汐能资源约有20亿千瓦。我国可供开发的潮汐能有3 500多万千瓦，年发电量可达800多亿度。海洋中波浪的起伏运动，蕴藏着极大的能量。我国海岸线上蕴藏的波浪能估计有1.7亿千瓦以上，目前开发利用还很不充分。海洋还是个巨大的太阳能吸收器，表层海水大量吸收太阳辐射能后，温度可达25~28℃，而深层海水温度只有4~7℃，利用这种温度差异，可设计相应的装置进行发电。

水是由氢和氧两种元素组成的，而氢能是一种优质能源。在水分子中，按重量计算，氢占11%。有人推算，如果把海水中的氢全部提取出来，它所产生的总热量比世界上所有矿物燃料放出的热量还要多9 000倍。氢燃烧后生成水蒸气，又凝结为水，水又可继续制氢，如此反复循环，潜力无穷。

(6)自然冷能

常温环境中，自然存在的低温差低温热能，简称“冷能”。实际上冷热感觉都是相对的，无论气温高低，温差的存在就意味着能量。由于大自然维持环境温度的能力为无限大，而温差又无处不在，所以该能量的数量也为无限大，是一种潜在的巨量低品位能源。我国大部分地区处于大陆性气候区，气温的昼夜变化与季节变化都很大，比起低平原海洋气候区，自然冷能潜力要大得多，利用成本相对较低，与风能、太阳能一样具有经济价值，利用过程也不会产生环境污染。目前经常借助热管，通过定向集热或散热过程，实现冷能利用。

4. 改进生产工艺，减少危害性气体

氟利昂是美国杜邦公司于20世纪30年代开发的一个引为骄傲的产品，被广泛用于制冷剂、溶剂、塑料发泡剂、气溶胶喷雾剂及电子清洗剂等。哈龙在消防等行业发挥着重要作用，当科学家令人信服地揭示出人类活动已经造成臭氧层严重损耗的时候，“补天”行动非常迅速。实际上，现代社会很少有一个科学问题像“大气臭氧层”这样由激烈地反对、不理解，迅速发展到全人类采取一致行动来加以保护。我们不仅可以看到人类日益紧迫的步伐，而且也发现，即使如此努力地弥补我们上空的“臭氧洞”，但由于臭氧层损耗物质从大气中除去十分困难，预计采用哥本哈根修正案也要在2050年左右平流层氢原子浓度才能下降到临界水平以下。到那时，我们上空的“臭氧洞”可望开始恢复。臭氧层保护是近代史上一个全球合作十分典型的范例。这种合作机制将成为人类的财富，并为解决其他重大问题提供借鉴和经验。

(二)法律途径

大气的污染将危害到全人类的生存发展，所以大气的治理也需要国际上的广泛合作。

1. 全球立法

(1)臭氧层保护协议

臭氧层破坏是当今全球环境问题之一。为解决此问题，国际社会在联合国环境规划署的协调下，于1985年签署了《保护臭氧层维也纳公约》，并于1987年制定了《关于消耗臭氧层物质的蒙特利尔议定书》(以下称《议定书》)。我国政府于1991年签署并批准了《议定书》伦敦修正案，正式参与国际保护臭氧层合作。目前，《议定书》缔约方已达到168个，《议定书》已被许多国际组织和国家认为是国际合作解决全球环境的成功典范。

多边基金是在《议定书》框架下为帮助发展中国家履约而设立的新的额外基金，由发达国家捐款，用于支付淘汰活动的增加费用。多边基金于1993年正式开始运行，至1999年已向超过100个发展中国家发放了12亿美元的赠款，以支持发展中国家转向对臭氧层无害的替代品、替代技术。

(2)温室气体排放协议

《京都议定书》是人类有史以来通过控制自身行动以减少对气候变化影响的第一个国际文件。1997年12月，在日本京都召开的联合国《气候变化框架公约》缔约方第3次大会上，通过了旨在限制各国温室气体排放量的协议，这个协议就是《京都议定书》。这一具有法律效力的文件规定，39个工业化国家在2008~2012年，38个主要工业国的CO_2等6种温室气体排放量需在1990年的基础上平均削减5.2%，其中美国削减7%，欧盟削减8%，日本和加拿大分别削减6%。其他缔约方也各有减排比例。《京都议定书》在2002年开始实施。

《京都议定书》需要包括所有发达国家在内的至少55个缔约方批准才能生效，原因是这些国家和地区的排放量占世界总排放量的55%。美国人口仅占全球人口的5%，CO_2排放量占世界总排放量的22%，是世界上CO_2最大的排放源，欧盟CO_2排放量也占世界总排放量的1/7。

2. 区域立法

我国环境立法中，如大气污染防治、植树造林、清洁生产等很多法律法规的颁布实施，都对大气热污染的控制起到良好的作用，只是尚无针对“大气热污染”的法律规定。现行法律中惟一与热污染有联系的是《中华人民共和国环境保护法》第24条：“产生环境污染和其他公害的单位，……采取有效措施，防治在生产建设或者其他活动中产生的废气、废水、废渣、粉尘、恶臭气体、放射性物质以及噪声、振动、电磁波辐射等对环境的污染和危害。”其中的“等”字是立法者做的不完全列举。当时未列出的热、光等新的污染形式已经出现，并有逐步普遍的趋势。根据本条，热污染等新形式污染的排污者一样负有采取措施防治污染的义务。

目前，针对高温作业可以参照的《防暑降温措施暂行条例》，还是1960年制定的。虽然该条例对防范高温作业引起的危险后果作了相关的规定，但比较模糊、笼统，对具体的问题并没做出明确规定。

1979年，《工业企业设计卫生标准》重新修订，对室内高温作业做出了具体界定，但是对于室外的由气候引起的室外高温环境工作分级却只字未提。据了解，北欧一些国家的劳动法规都有放“热假”的相关规定，但我国在这方面却是空白，一些城市偶尔试过高温停产，也都是临时决定。比如，气温达到多少摄氏度可以停工，哪些工种应该停工或采取什么措施等，国家尚缺乏整齐划一的标准，缺乏刚性的法规依据来保障公民的健康。

在居民生活的热污染方面，如强光反射、餐饮业废热排放、空调废热排放导致的居民室内实际温度比别处温度要高出许多，以致出现室内家具烘烤变形、门窗因惧热而不便开启通风、为降温空调超时运转等现象。随着公民法律意识的增强，诸如“热污染”等新类型的相邻权纠纷也在增多。对此类纠纷的裁决，除了《民法》的原则精神外，还有待于更明确的规定出台。

总之，环境热污染对人类的危害大多是间接的。环境冷热变化首先冲击对温度敏感的生物，破坏原有的生态平衡，然后以食物短缺、疾病流行等形式波及人类。危害的出现往往要滞后较长时间，而且热污染的程度既受到周围大环境的影响，又与人的主观感受有密切关系。所以，要控制热污染，必须加强相关领域的研究工作。

第四篇 电磁污染

第十三章 电磁场的物理概念

人类认识电磁现象已有200多年的历史，19世纪60年代，麦克斯韦尔在前人的基础上预言了电磁波的存在，20年后，德国物理学家赫兹首先实现了电磁波传播，从此人类逐步进入信息时代。在电气化高度发展的今天，各式各样的电磁波充满人类生活的空间。无线电广播、电视、无线通讯、卫星通讯、无线电导航、雷达、微波中继站、电子计算机、高频淬火、焊接、熔炼、塑料热合、微波加热与干燥、短波与微波治疗、高压、超高压输电网、变电站等的广泛应用，给人类物质文化生活带来了极大的便利，并促进了社会进步。目前与人们日常生活密切相关的手机、对讲机、家庭电脑、电热毯、微波炉等家用电器相继进入千家万户。通信事业的崛起，使手机成为这个时代的"宠儿"，给人们的学习、生活带来极大的方便。但是随之而来的电磁污染却日趋严重，不仅危害人体健康，产生多方面的负面效应，而且阻碍与影响了正常发射功能设施的应用与发展。当我们与家人围坐在电视机旁欣赏节目，通过计算机在世界信息交互网络上遨游时，你可能不会想到，家用电器、电子设备在使用过程中都会不同程度地产生不同波长和频率的电磁波，这些电磁波无色、无味、看不见、摸不着、穿透力强，且充斥整个空间，令人防不胜防，成为一种新的污染源，正悄悄地侵蚀着你的躯体，影响着你的健康，引发了各种社会文明病。电磁辐射已成为当今危害人类健康的致病源之一。

伴随电磁污染的发生，环境物理学的一个分支——环境电磁学应运而生。环境电磁学是研究电磁辐射与辐射控制技术的科学。主要研究各种电磁污染的来源及其对人类生活环境的影响以及电磁污染的控制方法和措施。它主要以电气、电子科学理论为基础，研究并解决各类电磁污染问题，是一门涉及工程学、物理学、医学、无线电学及社会科学的综合学科。

环境电磁学的研究有两个特点：一是涉及范围较广，不仅包括自然界中各种电磁现象，而且包括各种电气电磁干扰，以及各种电器、电子设备的设计、安装和各系统之间的电磁干扰等；二是技术难度大，因为干扰源日益增多，干扰的途径也是多种多样的，在很多行业普遍存在电磁干扰问题。电磁干扰对系统和设备是非常有害的，有的钢铁制造厂和化工厂就是因为控制系统受电磁干扰，致使产品质量得不到保证，使企业每年损失数亿元。环境电磁工程学涉及的范围非常广泛，研究的内容也非常丰富，尤其在抗电磁干扰方面正日益显现出它强大的生命力和发展前景。可以预见，在不久的将来，会有更多的新技术应用于防治电磁辐射。

我国自20世纪60年代以来，在监测、控制电磁干扰的影响以及探讨电磁辐射对机体的作用等方面已取得很大的进展，并制定了电磁辐射和微波安全卫生标准。此外，在防护技术上也取得了较大的进展。

随着电磁学与电子电气设备的大量应用与发展，继之而来的是环境电磁污染控制学的形成与初步建立。环境电磁污染控制学是针对电磁污染，解决电磁危害而发展起来的。电磁污染是一种看不见、摸不着、听不到的辐射污染。为了更好地研究与论述电磁污染的控制治理技术，使电磁学与防护技术服务于人们的生活，创造一个无电磁污染的工作环境与生活环境，我们首先对电磁方面的几个基本的物理概念作些必要的介绍。

第一节　电场与磁场

一、带电物体

当我们用毛皮摩擦橡胶棒，可以发现一个有趣的现象，经过摩擦后的橡胶棒能把羽毛或小纸片等轻的、小的物体吸起来。这种摩擦带电的物体称为带电物体。物体带电，实际就是由得失电子所造成的。得到电子的物体因多余电子而带负电，失去电子的物体因缺少电子则带正电。摩擦起电，其实质就是两个物体摩擦时，其中一个物体失去电子而带正电，另一个物体得到电子而带负电。所以，因摩擦而带电的两个物体总是带异性等量的电荷。

当两个带有等量异种电荷的物体相接触，带负电的物体将多余的电子传给带正电的物体，使两个物体都呈现电中性，这种现象称为电中和。带电体之间存在的相互作用力，称为电力。同性电荷表现为斥力，异性电荷表现为引力。这就是通常所说的同性电荷相斥，异性电荷相吸。摩擦起电示意如图 13－1 所示。

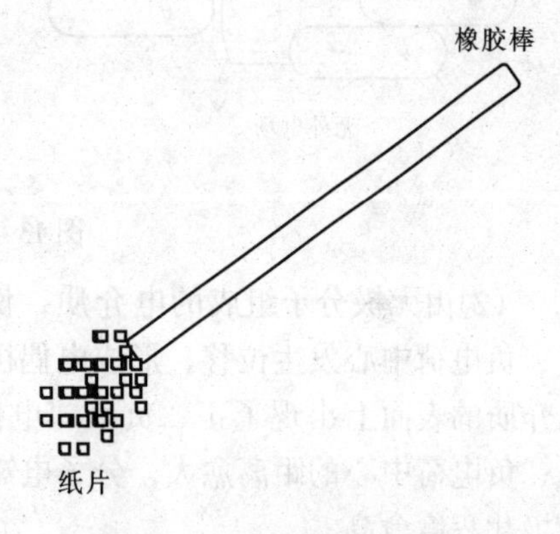

图 13－1　摩擦起电示意图

二、导体、绝缘体、半导体

自然界里的物质，按导电性能不同，可分为导体、绝缘体、半导体三大类。凡是具有良好导电能力的物体均称为导体。在常温下，由于导体存在着大量的自由电子，能够传导电流，所以能够导电。如铜、铝、铁等金属及各种酸、盐的水溶液等都是导体。

绝缘体，又称电介质，在通常的情况下，这类物体由于很少有或几乎没有自由电子，而几乎没有导电能力，称之为绝缘体。如云母、玻璃、橡胶、陶瓷、空气等非金属。

导电能力低于导体而高于绝缘体的物体，称之为半导体。如锗、硅、金属氧化物和硫化物等都为半导体。

三、电场与电场强度

带电物体是由于物体上带有电荷。电荷是存在于一切物体之中的，一般情况下，正、负电荷的作用正好互相抵消，所以才没有被人们觉察到它们的存在。一旦用一个带电体靠近另一物体时，带电体所产生的电场将迫使另一物体内的正、负电荷发生分离，也就是说电荷是由于电场的作用才显示出来的。虽然电场用人的肉眼看不到，但它是客观存在的，只要有电荷，就必然有电场，它们形影不离。

四、电场中的电介质

电介质分为无极和有极分子电介质两类。如果组成电介质的分子当外电场不存在时，其正、负电荷的中心重合，称为无极分子电介质。当外电场不存在时，分子的正、负电荷中心不重合，形成电偶极子，由电偶极子组成的电介质称为有极分子电介质。处于电场中的电介质，由于组成电介质的分子不同，其极化过程是不一样的。

(1)由有极分子组成的电介质，例如 SO_2、H_2S 等。虽然每个分子都有一定的等效电矩，然而在没有外电场情况下，电矩排列杂乱无章，致使电介质呈电中性。当有外电场作用时，由于分子受到力矩的作用，使分子电矩沿外电场方向有规则地排列起来。外电场愈大，分子偶极子排列愈整齐，电介质表面出现的束缚电荷就愈多，电极化程度就愈高。有极分子在外电场方向上有规则地排列起来的现象，称为有极分子的极化，如图 13－2 所示。

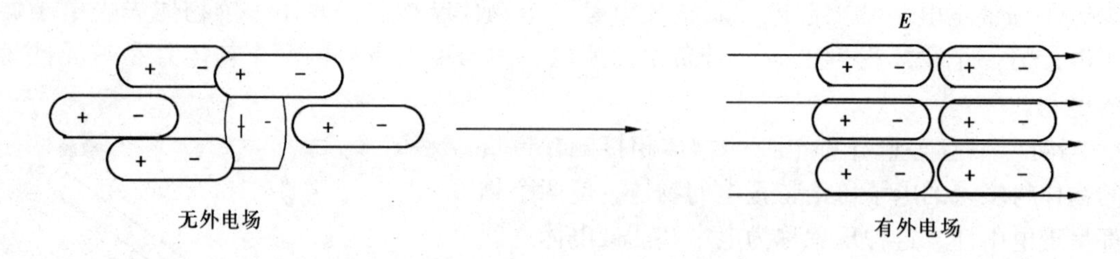

图 13－2　有极分子的极化现象

(2)由无极分子组成的电介质，例如 H_2、N_2，CH_4 等气体。在外电场作用下，分子的正、负电荷中心发生位移，形成电偶极子。这些电偶极子沿着外电场的方向排列起来，因此电介质的表面上出现了正、负束缚电荷，称为无极分子的极化现象。外电场愈强，分子的正、负电荷中心的距离愈大，分子电矩也愈大，使得电介质表面所呈现的束缚电荷就愈多，电极化程度愈高。

上边讲了电场，但它还不是电波。要揭开电波的秘密，我们还必须再讲讲磁场。

五、磁场

如果把磁铁放在撒满铁屑的纸板下面，用手轻轻敲击纸板，会发现铁屑排列成一个对称的图案。这个现象说明在磁铁的周围有一种力的作用，这种力称为磁力。有磁力作用的物质空间，就是磁场。它和电场一样，也是物质表现的一种特殊形态。

不仅磁铁能产生磁场，而且有电流通过的导体或导线附近，也存在磁场。一切磁现象都起源于电流。如果导体中流过的是直流电流，那么磁场是恒定不变的；如果导体中流过的是交流电流，那么磁场就是变化的；电流的频率越高，所产生的磁场变化频率也就越高。进一步研究证明：变化的电流会产生磁场，而变化的磁场又可以产生电场，这就是后来电磁感应定律的最初内容，即电生磁、磁生电。

一切物体都是由大量的分子和微小粒子组成，这些粒子有的带正电，有的带负电，也有的不带电。所有的粒子都在不断地运动，并被粒子以一定速度传播的电磁场所包围。所以，带电粒子及其电磁场不是别的，而是物质的一种特殊形态。因此我们常讲，物质存在有四种形态，即固态、气态、液态和场态。物质间相互作用力，一般分为两大类：一类是通过物体的直接接触发生的，例如：碰撞力、摩擦力、振动力、拖拉力等；另一类是不需要接触就可以发生的力，这类力被称为场力，例如：电力、磁力、重力等。从力的属性来看，在电荷周围的空间就必然有电力作用，因此将电力物质存在的空间定义为电场，而将电流在它所通过的导体附近产生的具有磁力作用的物质空间定义为磁场。

第二节　电磁场与电磁辐射

一、电磁场与电磁辐射

电磁场是指变化的电场与磁场的组合。根据麦克斯韦的电磁场理论，变化的电场和变化的磁场是相互联系着的，形成一个不可分离的统一体，这个统一体称为电磁场。

电磁场的大小、强弱均用电磁场强度表示，简称场强。场强的物理单位：伏/米(V/m)、毫伏/米(mV/m)。

电场(符号为 E)和磁场(符号为 H)互相作用、互相垂直，并与自己的运动方向垂直。

电磁场是交变的电场与交变的磁场的组合，彼此间相互作用，相互维持。这种相互联系，说明了电磁场能在空间里运动的原理。电场的变化，会在导体及电场周围的空间产生磁场。由于电场在不停地变化着，因而产生的磁场也必然不停地变化着。这样变化的磁场又在它自己的周围空间里，产生新的电场。

不断变化的电场与磁场交替地产生，由近及远，互相垂直，与自己的运动方向垂直并以一定速度在空间内传播的过程，称为电磁辐射，也称为电磁波。电磁波产生原理如图 13－3 所示。

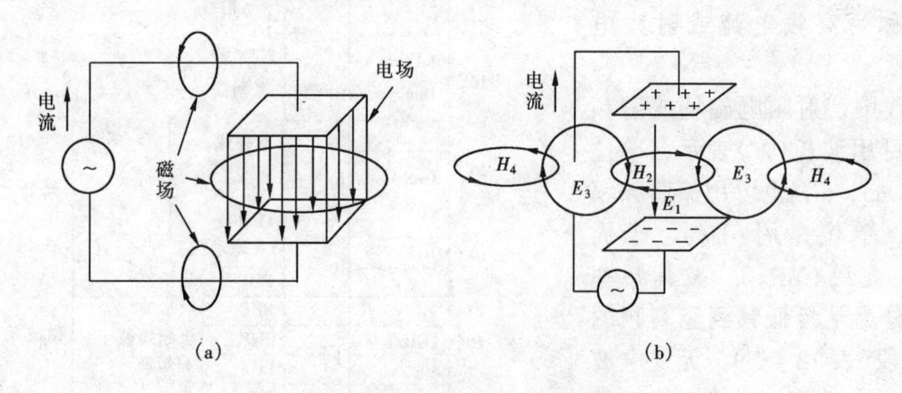

图 13－3　电磁波产生原理图

(a)变化的电流产生磁场；(b)电磁波的发生

电磁波类似于水波。丢一块石子到水里，水面就会激起水波，一浪推一浪地向四周扩张开来。水波是水的分子在振动，而水分子的上下振动就形成了我们所看见的水波。无线电波就是电流在空间里行进的波浪。当我们利用发射机把强大的高频率电流输送到发射天线上，那么电流就会在天线中振荡，从而在天线的周围产生了高速度变化的电磁场，正如把石子投入水面激起水波一样。电磁波传播如图 13－4 所示。

从广义上讲,电磁波包括有各色的光波和由各种电磁振荡产生的电波。上面谈到的是电磁波的一部分,在无线电技术中采用的电磁波,通常叫做无线电波。无线电波和光波一样,具有宇宙间最快的速度——每秒钟达30万km(3×10^8m)。因速度快,所以能在一瞬间把声音传送到成千上万公里以外的遥远地方。

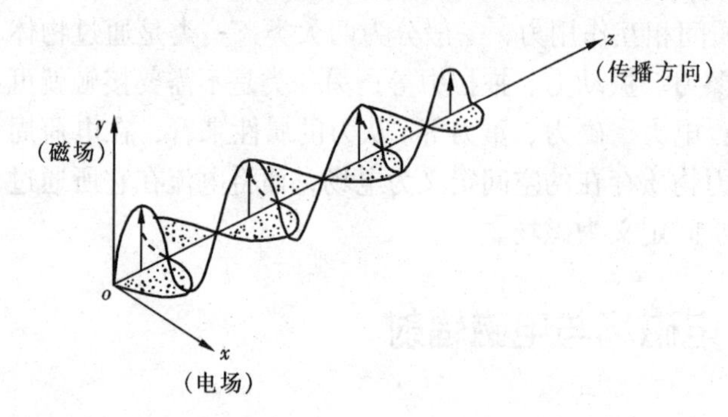

图13-4 电磁波传播图(理想条件下)

二、周期与频率

电磁波传播速度很快,但传播距离要受到电磁场强度限制。所以必须有迅速变化的电场与磁场,也就是要有很高的振荡频率来保证。在交流电中,电子在导线内不断地振动。从电子开始向一个方向运动起,由正值到负值然后又回到原点的平行位置,这一运动过程,称为电流的一次完全振动。发生一次完全振动所需要的时间,称为一个周期。

频率是电流在导体内每一秒钟振动的次数,交流电频率的单位为赫兹(Hz)或周。

第三节 射频电磁场

交流电的频率达到每秒钟10万次以上时,它的周围便形成了高频率的电场和磁场,这就是射频电磁场,而一般将每秒钟振荡10万次以上的交流电,又称为高频电流或射频电流。

实践中,射频电磁场或射频电磁波可用波长(λ)表示,单位是mm、cm、m,也可用振荡频率f表示,单位是周(Hz)、千周(kHz)、兆周(MHz)。按其频率范围可分为从极低频到至高频的12个频段(表13-1)。无线电波占有很大的频段,从甚低频开始到至高频为止的9个频段都为无线电波。

无线电波波长从10 000m~1mm,继无线电波之后为红外线、可视线、紫外线、X射线、γ射线,大致划分如图13-5所示。

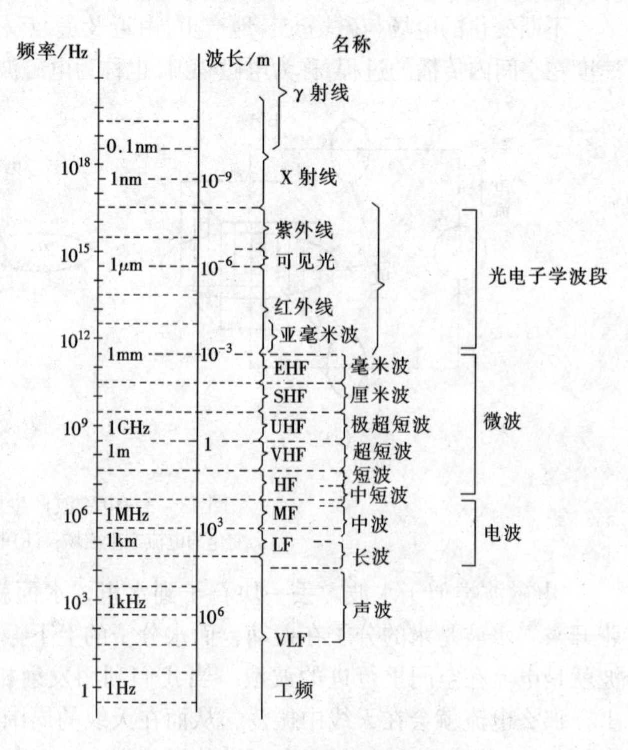

图13-5 电磁波频谱图

表 13-1 电磁频谱表

频段名称	频率范围	波段名称	波长范围
极低频(ELF)	3~30Hz	极长波	100~10Mm
超低频(SLF)	30~300Hz	超长波	10~1Mm
特低频(ULF)	300~3 000Hz	特长波	100~100 000m
甚低频(VLF)	3~30kHz	甚长波(万米波)	10~10 000m
低频(LF)	30~300kHz	长波(千米波)	10~1 000m
中频(MF)	300~3 000kHz	中波(百米波)	10~100m
高频(HF)	3~30MHz	短波(十米波)	100~10m
甚高频(VHF)	30~300MHz	超短波(米波)	10~1m
特高频(UHF)	300~3 000MHz	分米波	10~1dm
超高频(SHF)	3~30GHz	厘米波	10~1cm
极高频(EHF)	30~300GHz	毫米波	10~1mm
至高频	300~3 000GHz	亚毫米波	1~0.1mm

由电子、电气设备工作过程中所造成的电磁辐射是非电离辐射而不是电离辐射。非电离辐射的量子所携带的能量较小，如微波频段的量子能量也只有 $1.2 \times 10^{-6} \sim 4 \times 10^{-4}$eV，不足以破坏分子，使分子电离。因此，电磁辐射具有粒子性稳定，波动性显著等特点。所以电磁辐射是一种摸不到、看不见、嗅不着的物质波。

任何射频电磁场的发生源周围均有两个作用场存在着，即以感应为主的近区场(又称感应场)和以辐射为主的远区场(又称辐射场)。它们的相对划分界限为一个波长。近区场与远区场的划分，只是在电荷电流交变的情况下才能成立。一方面，这种分布在电荷和电流附近的场依然存在，即感应场；另一方面，又出现了一种新的电磁场成分，它脱离了电荷电流并以波的形式向外传播。换言之，在交变情况下，电磁场可以看做有两个成分，一个是分布在电荷和电流的周围的场，当距离 R 增大时，它至少以 $1/R^2$ 衰减，这一部分场是依附着电荷电流而存在的，这就是近区场，又称感应场。另一成分是脱离了电荷电流而以波的形式向外传播的场，它一经从场源发射出以后，即按自己的规律运动，而与场源无关了，它按 $1/R$ 衰减，这就是远区场，又称辐射场。

一、场区分类及其特点

(一)近区场

以场源为零点或中心，在一个波长范围之内的区域，统称做近区场。由于作用方式为电磁感应，所以又称做感应场。感应场受场源距离的限制，在感应场内，电磁能量将随着离开场源距离的增大而比较快地衰减。近区场的特点是：

1. 在近区场内，电场强度 E 与磁场强度 H 的大小没有确定的比例关系。一般情况下，电场强度值比较大，而磁场强度值则比较小，有时很小，只是在槽路线圈等部位的附近，磁场强度值很大，而电场强度值则很小。总的来看，电压高、电流小的场源(如天线、馈线等)，电场强度比磁场强度大得多，电压低、电流大的场源(如电流线圈)，磁场强度又远大于电场强度。

2. 近区场电磁场强度要比远区场电磁场强度大得多，而且近区场电磁场强度比远区场电磁场强度衰减速度快。

3. 近区场电磁场感应现象与场源密切相关，近区场不能脱离场源而独立存在。

(二)远区场

相对于近区场而言，在一个波长之外的区域称远区场，它以辐射状态出现，所以也称辐射场。远区场已脱离了场源而按自己的规律运动。远区场电磁辐射强度衰减比近区场要缓慢。远区场的特点是：

1. 远区场以辐射形式存在，电场强度与磁场强度之间具有固定关系，即

$$E = \sqrt{\mu_0/\varepsilon_0}H = 120\pi H \approx 377H \tag{13-1}$$

2. E 与 H 互相垂直，而且又都与传播方向垂直。

3. 电磁波在真空中的传播速度为

$$C = 1/\sqrt{\mu_0\varepsilon_0} \approx 3 \times 10^8 (\mathrm{m/s}) \tag{13-2}$$

二、表征公式

无线电波的波长与频率的关系为

$$\lambda = c/f(\mathrm{m}) \tag{13-3}$$

式中　c——电磁波传播的速度为 3×10^8 (m/s)；

λ——波长 (m)；

f——频率 (Hz)。

三、场强影响参数

射频电磁场强度与许多因素有关，我们将这些因素称之为插强影响参数。它们构成了场强变化规律，场强影响的参数主要有：

(一)功率

对于同一设备或其他条件相同而功率不同的设备进行场强测试的结果表明：设备的功率愈大，其辐射强度愈高，反之则小。功率与场强变化成正比关系。

(二)与场源的间距

一般而言，与场源的距离加大，场强衰减很大。例如，在某设备的操作台附近，场强为 170～240V/m；距操作台 0.5m 后，场强衰减到 53～65V/m；距操作台 1m 后，场强衰减为24～31V/m；距操作台 2m 后，场强衰减到极小值。由上可知，屏蔽防护重点应在设备近区。

(三)屏蔽与接地

屏蔽与接地程序的不同，是造成高频场或微波辐射强度大小及其在空间分布不均匀的直接原因。加强屏蔽与接地，就能大幅度地降低电磁辐射场强。实施屏蔽(或吸收)与接地是防止电磁泄漏的主要手段。

(四)空间内有无金属天线或反射电磁波的物体以及金属结构

由于金属是良导体，所以在电磁场作用下，极易感应生成涡流。由于感生电流的作用，

便产生新的电磁辐射，致使在金属周围形成又一新的电磁作用场，即所谓二次辐射。有了二次辐射，往往要造成某些空间场强的增大。例如，某短波设备附近因有暖气片，由于二次辐射的结果，使之场强加大，高达220V/m。所以，在射频作业环境中要尽量减少金属天线以及金属物体，防止二次辐射。

第十四章　电磁辐射污染

第一节　电磁污染源

电磁辐射污染源主要包括两大类，即天然电磁辐射污染源与人为电磁辐射污染源。

一、天然电磁辐射污染源

天然的电磁辐射污染源来自于地球的热辐射、太阳热辐射、宇宙射线、雷电等，是由自然界某些自然现象所引起的(表 14－1)。在天然电磁辐射中，以雷电所产生的电磁辐射最为突出。由于自然界发生某些变化，常常在大气层中引起电荷的电离，发生电荷的蓄积，当达到一定程度后引起火花放电。火花放电频带极宽，可从几千赫兹一直到几百兆赫兹。另外，如火山喷发、地震和太阳黑子活动都会产生电磁干扰，天然的电磁辐射对短波通讯干扰特别严重，这也是电磁辐射污染源之一。

表 14－1　天然电磁辐射污染源分类

分　　类	来　　源
大气与空气污染源	自然界的火花放电、雷电、台风、高寒地区飘雪、火山喷发……
太阳电磁场源	太阳黑子活动与黑体放射……
宇宙电磁场源	银河系恒星的爆发、宇宙间电子移动……

二、人为电磁辐射污染源

人为电磁辐射污染源产生于人工制造的若干系统、电子设备与电气装置，主要来自广播、电视、雷达、通讯基站及电磁能在工业、科学、医疗和生活中的应用设备。人为电磁场源按频率不同又可分为工频场源与射频场源。工频场源(数十至数百赫兹)中，以大功率输电线路所产生的电磁污染为主，同时也包括若干种放电型场源。射频场源(0.1～3000MHz)主要指由于无线电设备或射频设备工作过程中所产生的电磁感应与电磁辐射。射频电磁辐射频率范围宽，影响区域大，对近场区的工作人员能产生危害，是目前电磁辐射污染环境的重要因素。人为电磁辐射污染源如表 14－2 所示。

表 14－2　人为电磁辐射污染源分类

分　　类		设 备 名 称	污 染 来 源 与 部 件
放电所致场源	电晕放电	电力线(送配电线)	由于高电压、大电流而引起静电感应、电磁感应、大地漏泄电流所造成
	辉光放电	放电管	白光灯、高压水银灯及其他放电管
	弧光放电	开关、电气铁道、放电管	点火系统、发电机、整流装置
	火花放电	电气设备、发动机、冷藏车、汽车	整流器、发电机、放电管、点火系统

续表

分　类	设 备 名 称	污染来源与部件
工频感应场源	大功率输电线、电气设备、电气铁道	高电压、大电流的电力线场电气设备
射频辐射场源	无线电发射机、雷达	广播、电视与通风设备的振荡与发射系统
	高频加热设备、热合机、微波干燥机	工业用射频利用设备的工作电路与振荡系统
	理疗机、治疗机	医学用射频利用设备的工作电路与振荡系统
家用电器	微波炉、电脑、电磁灶、电热毯	功率源为主
移动通信设备	手机、对讲机等	天线为主
建筑物反射	高层楼群以及大的金属构件	墙壁、钢筋、吊车

人为辐射的产生源种类、产生的时间和地区以及频率分布特性是多种多样的，若根据辐射源的规模大小对人为辐射进行分类，可分为下述三大类：

(一)城市杂波辐射

在没有特定的人为辐射源的地方，也有发生于远处多数辐射源合成的杂波。城市杂波与各辐射源电波波形和产生机构等方面的关系不大，但与城市规模和利用电气的文化活动、生产服务以及家用电器等因素有直接的关系并有正比关系。城市杂波没有特殊的极化面，大致可以看成为连续波。

(二)建筑物杂波

在变电站所、工厂企业和大型建筑物以及构筑物中多数辐射源会产生一种杂波，这种来自上述建筑物的杂波，则称为建筑物杂波。这种杂波多从接收机之外的部分串入到接收机之中，产生干扰。建筑物杂波一般呈冲击性与周期性波形，可以认为是冲击波。

(三)单一杂波辐射

它是特定的电气设备与电子装置工作时产生的杂波辐射，它因设备与装置的不同而具有特殊的波形和强度。单一杂波辐射主要成分是工、科、医疗设备（简称 ISM 设备)的电磁辐射，这类设备对信号的干扰程度与该设备的构造、功率、频率、发射天线形式、设备与接收机的距离以及周围的地形、地貌有密切关系。

第二节　电磁污染的传播途径

电磁辐射所造成的环境污染途径大体上可分为空间辐射、导线传播和复合污染三种。

一、空间辐射

当电子设备或电气装置工作时，会不断地向空间辐射电磁能量，设备本身就是一个多型发射天线。

由射频设备所形成的空间辐射，分为两种：一种是以场源为中心，半径为一个波长之内的电磁能量传播是以电磁感应方式为主，将能量施加于附近的仪器仪表、电子设备和人体上。另一种是在半径为一个波长之外的电磁能量传播，以空间放射方式将电磁波施加于敏感元件和人体之上。

二、导线传播

当射频设备与其他设备共用一个电源供电时，或其间有电气连接时，电磁能量(信号)就会通过导线进行传播。另外，信号的输出和输入电路、控制电路等也能在强电磁场之中“拾取”信号，并将所“拾取”的信号再进行传播。

三、复合污染

当空间辐射与导线传播同时存在时所造成的电磁污染。

第三节　电磁辐射的危害

一、电磁辐射对人体的作用机理

电磁辐射对生物体的作用机制，大体上可分为热效应与非热效应两类，如图 14－1 所示。电磁辐射的危害，分为电离辐射与非电离辐射两类危害，本章主要阐述非电离辐射危害。非电离辐射危害主要是指工频场与射频电磁场的危害。工频场的电磁场的场强度达到足够高时，能对人体发生作用。从事射频作业时，直接对身体产生作用的不是射频电流而是射频电磁辐射。机体处在射频电磁场下，能吸收一定的辐射能量而发生生物学作用，主要是热作用。热作用的机理，是因为人体组织中含有的电介质可分为两类：在一类电介质中，分子在外电场不存在时，其正、负电荷的中心是重合的，称作非极性分子；另一类电介质中，即使没有外电场的作用，其正、负电荷的中心也不重合，则称作极性分子。如果分别把极性分

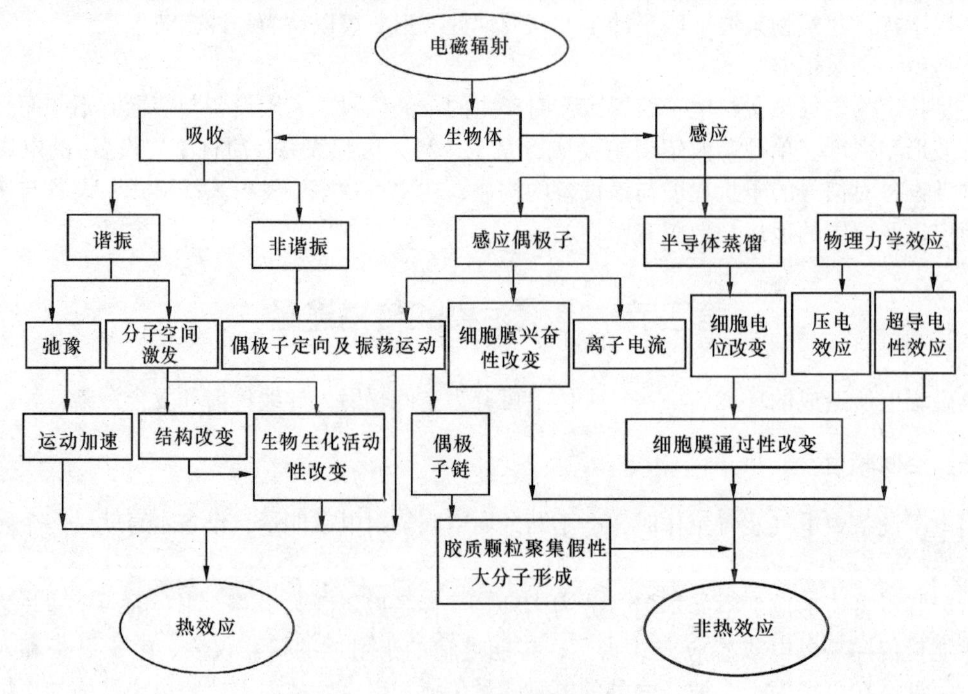

图 14－1　电磁辐射作用机理

子电介质与非极性分子电介质置于电磁场之中，必然发生下述变化：在电磁场作用下，非极性分子的正、负电荷分别向相反的方向运动，致使分子发生极化作用，被极化的分子称为偶极子。因偶极子的取向作用使极性分子发生重新排列，由于电磁场方向变化极快，致使偶极子发生迅速的取向作用。在取向过程中，偶极子与周围分子发生剧烈碰撞而产生大量的热量。所以，当机体处在电磁场中时，人体内的分子发生重新排列。由于分子在排列过程中的相互碰撞摩擦，消耗场能而转化成热能，引起热作用。此外，体内还有电介质溶液，其中的离子因受场力作用而产生位置变化，当频率很高时会在其平衡位置附近振动，也能使电介质发热。同时，体内的某些成分为导体，比如体液等，在不同程度上具有闭合回路的性质，这样在电磁场作用下也可产生局部性感应涡流而导致生热。由于体内各组织的导电性能不同，电磁场对机体各个组织的热作用也不尽相同。通过上述分析，可以得出：电磁场强度愈大，分子运动过程中将场能转化为热能的量值也愈大，身体热作用就愈明显与剧烈，即电磁场对人体的作用程度是与场强度成正比的。因此，当电磁场的辐射强度在一定量值范围内，可使人的身体产生温热作用，有益于人体健康，这是电磁辐射的积极作用的一面。然而，当电磁场的强度超过一定限度时，将使人体体温或局部组织温度急剧升高，破坏热平衡而有害于人体健康。随着场强度的不断提高，对人体的不良影响也必然不断增加。当然这些影响不是绝对的，因人而异。每个人的身体条件、个体适应性与敏感程度，以及性别、年龄或工龄不同，电磁场对机体的影响也不相同。因此，衡量电磁场对机体的不良影响，是一个综合分析的过程。

二、电磁能在机体内的作用特性

(一)人体对电磁能的吸收作用

电磁波在不同介质中进行传播时，因介质的性质各不相同，在界面上必然发生电波的反射、折射、绕射等现象，同时在介质内还会发生电波能量被吸收甚至被极化等现象。就导电性来说，人体也是电介质的一种，特别是在体内由于含有大量的水分与体液，因而可以把人体当成盛满生理食盐水的大容器，且由多层具有复杂形状的电介物质所组成。

1. 电波特性与含水量有密切关系，大致可划分为下述两类：

(1)含水量达70%以上的组织，如皮肤组织、肌肉、肝脏、肾脏、心脏等，频率在100~1 000MHz时，其介电常数为50~70，电阻率为100Ω·cm。含水量高的物质，其吸收电磁能量多。

(2)含水量在70%以下的组织，如脂肪、骨骼、骨髓等，其介电常数为4~8，电阻率达600~3500Ω·cm。这类物质含水量少，对电磁辐射吸收少，且呈反射、折射现象。

2. 电磁场频率不同，人体吸收电磁能量的情况也不一样，大致分为以下四种：

(1)一般在150MHz以下的频段，电磁波在体内传播时衰减比较慢，人体组织的任何一部分对电磁能量的吸收系数均较小而多数成分呈现直接透过。所以，人们把这一特征称为人体对电磁波的透过性。

(2)在150~1 200MHz的频段，人体对电磁波的吸收系数较大，透入深度在2cm以上，体表吸收少。大部分电磁能在人体内部被吸收，并被转化为热能。转化为热量的值接近人体新陈代谢散热值的情况下，人体能感到热负荷的作用。转化为热量的值超过散热值时，会破坏人体的热平衡，体温上升很快，可造成某些病变。这种热作用发生在体内组织中，一般不易被感觉，所以该频段被认为是危险频段。

(3)在 1 200 ~ 3 300MHz 的频段，人体对电磁波的吸收系数比较大，表面与深层均有吸收，含水量多的组织吸收多，含水量少的组织吸收少，人的骨骼对电波呈现反射作用，使骨骼附近的组织吸收电磁波能量就更多。在 3 000MHz 时对眼睛的危害最大，所以该频段被认为是次危险频段。

(4)在 3 300MHz 以上的频段，电磁波能量大部分被体表所吸收，主要危及皮肤与眼睛。

(二)人体对电磁能量的反射与折射作用

当电波从含水量低的组织(如脂肪、骨髓等)向含水量高的组织(如肌肉等)传播时，在分界面上将发生反射现象。当反射波的相位与入射波的相位相差 180°时，在含水量低的组织上(如脂肪)将出现驻波。反之，当电波从含水量高的组织向含水量低的组织传播时，在其分界面上也发生反射、折射现象，这些反射与折射作用的结果，可使电磁能量转化为热量的作用加剧，并且造成局部组织热负荷过大。骨骼对电磁波也可发生反射作用。

三、不同频段的电磁辐射对人体的危害与不良影响

电磁辐射危害的一般规律是随着波长的缩短，对人体的作用加大，微波作用最突出。研究发现，电磁场的生物学活性随频率加大而递增，就频率对生物学活性而言，即微波 > 超短波 > 短波 > 中波 > 长波，频率与危害程度亦成正比关系。不同频段的电磁辐射，在大强度与长时间作用的前提下，对人体的不良影响主要包括：

(一)中、短波频段(俗称高频电磁场)

在高频电磁场作用下，在一定强度和时间下，作业人员及高场强作用范围内的其他人员会产生不适反应。高频辐射对机体的主要作用，是引起神经衰弱症候群和反映在心血管系统的植物神经功能失调，主要症状为头痛头晕、周身不适、疲倦无力、失眠多梦、记忆力减退、口干舌燥；部分人员则发生嗜睡、发热、多汗、麻木、胸闷、心悸等症状；女性人员有月经周期紊乱现象发生。体检发现，少部分人员血压下降或升高、皮肤感觉迟钝、心动过缓或过速、心电图窦性心律不齐等，且发现少数人员有脱发现象。

通过研究发现，高频电磁场对机体的作用是可逆的。脱离高频作用后，经过一段时期的休息或治疗后，症状可以消失，一般不会造成永久性损伤，这已为实践所证明。通过大量的调查研究，我们发现，性别、年龄不同，高频电磁场对人体影响的程度也不一样。一般女性人员和儿童比较敏感。

(二)超短波与微波

由于超短波与微波的频率很高，特别是微波频率更高，均在 3×10^8Hz 以上。在这样高频率的电磁波辐射作用下，人体可将部分电磁能反射、部分电磁能吸收。被吸收的微波辐射能量使组织内的分子和电介质的偶极子产生射频振动，媒质的摩擦把动能转变为热能，从而引起温度上升。

微波对人体的影响，除引起比较严重的神经衰弱症状外，最突出的是造成植物神经机能紊乱。主要反映在心血管系统及交感紧张反应占优势的为多，如心动过缓、血压下降或心动过速、高血压等。心电图检查可见窦性心律不齐、窦性心动过缓、T 波下降等变化。

有一些报道认为：微波作为一种非特异性因素，促使心血管系统疾病更早发生，并更易发展，也有在微波引起严重血管张力失调的基础上，个别发展到心肌小灶性梗塞的报道。

在电磁场长期作用下，部分人员可有脑生物电流的某些改变，主要表现慢波增多，脑电

图除正常的 a 节律波外，出现较多的 Q 波和 S 波，这些慢波大多是散在的。

在血象方面，白细胞数具有不稳定性，主要有轻度的白细胞减少。由于中性白细胞减少，相对淋巴细胞增高。此外有白细胞吞噬能力下降的报道，也有不少白细胞增高的报道，尤其是在作用初期。红细胞一般变化不明显，可有轻度增高。在微波作用时可引起血小板下降。有人提出这种血细胞反应是神经反射性的，停照后能恢复正常。血液生化方面，发现有组织胺量增高，血清总蛋白及球蛋白升高以及白蛋白和球蛋白比值下降，胆碱酯酶活性下降，及白细胞碱性磷酸酶活性增高等现象。还有报道无线电波作业人员工作后体温可略见升高，嗅觉分析阈值提高，暗适应时间延长等生理改变。

微波危害除上述外，还可引起眼睛及生殖系统的损伤。微波对睾丸的损害是比较大。睾丸是人体对微波辐射热效应比较敏感的器官。在微波辐射的作用下，可使睾丸的温度上升，虽不感到很痛，但生殖机能可能受到微波辐射的损害。微波辐射只抑制精子的生长，并不损害睾丸的间质细胞，也不影响血液中的睾酮含量。受微波辐射的损害后，通常仅产生暂时性不育现象。辐射再大，将会引起永久性的不育。微波可引起眼睛损伤。眼睛是人体对微波辐射比较敏感和易受伤害的器官。一方面，眼睛的晶状体含有较多的水分，能吸收较多的微波能量；另一方面眼睛的血管分布较少，不易带走过量的热。在微波辐射下，可能角膜等眼的表层组织还没有出现伤害，而晶状体已出现水肿。在大强度长时间作用下会造成晶体混浊，严重的将导致白内障。更强的辐射会使角膜、虹膜、前房和晶状体同时受到伤害，以致造成视力完全丧失。但微波辐射导致白内障和生殖机能受损只是生物效应试验结果，具体确诊的病例还没有。

长时间的微波辐射可破坏脑细胞，使大脑皮质细胞活动能力减弱，已形成的条件反射受到抑制，反复经受微波辐射可能引起神经系统机能紊乱。某些长时间在微波辐射强度较高的环境下工作的人员，曾出现过疲劳、头痛、嗜睡、记忆力减退、工作效率低、食欲不振、眼内疼痛、手发抖、心电图和脑电图变化、甲状腺活动性增强、血清蛋白增加、脱发、嗅觉迟钝、性功能衰退等症状。但是这些症状一般都不会很严重，经过一段时间的休息后就能复原。

四、电磁干扰

人类社会步入了信息时代，环境中电磁辐射的污染也在与日俱增，有的地方已超过自然本底值的几千倍以上。实际上，电磁辐射作为一种能量流污染，人类无法直接感受到，但它却无时不在。电磁辐射污染不仅对人体健康有不良影响，而且对其他电器设备也会产生干扰。

电磁干扰、电磁辐射可直接影响到各个领域中电子设备、仪器仪表的正常运行，造成对工作设备的电磁干扰。一旦产生电磁干扰，有可能引发灾难性的后果。如美国就曾发生一起因电磁干扰使心脏起搏器失灵而使病人致死的事件。对电器设备的干扰这几年最突出的情况有三种：一是无线通信发展迅速，如发射台、站的建设缺乏合理规划和布局，使航空通信受到干扰。二是一些企业使用的高频工业设备对广播、电视信号造成的干扰。三是一些原来位于城市郊区的广播电台发射站，后来随着城市的发展被市区所包围，电台发射出的电磁辐射干扰了当地百姓收看电视。

电磁辐射还可以引起火灾或爆炸事故。较强的电磁辐射，因电磁感应而产生火花放电，可以引燃油类或气体，酿成火灾或爆炸事故。

为了加强对电磁辐射污染源的环境管理，了解我国电磁辐射污染设施的分布情况、运行功率、频率分布等情况，我国国家环境保护总局从1997年下半年到1998年底，在广播电视、通信、交通、电力、公安等部门的大力配合下，在全国进行了首次电磁辐射环境污染源调查，调查范围包括全国30个省、自治区、直辖市(西藏、台湾除外)的五大类电磁辐射设施，广播电视发射设备和通信发射设备、交通、电力以及工业、科研和医疗电磁辐射设备。调查结果显示，广播电视发射台是全国最大最集中的电磁辐射污染源，而通信系统的发射设备，由于种类多、数量大、分布广，也占了很大的比重。

目前全国共有广播电视发射设备10 235台，总功率为13万千瓦。其中包括中短波广播、调频广播和电视广播。近年来，随着广播电视事业的飞速发展，许多大城市都相继在市区内修建了高大的广播电视发射塔，安装了上百千瓦的发射设备。其中发射塔高度超过300m的有北京、上海、天津、沈阳、武汉、南京、青岛、大连、成都等城市。另外，通信系统发射设备种类多、数量大、分布广。全国各类通信系统发射设备共有8万余台，总功率为5万千瓦，其中包括长波通信、短波通信、微波通信、卫星地球站、专业通信网、移动通信网、寻呼通信网、雷达及导航设备等。这几年随着移动通信事业的迅猛发展，寻呼台基站和多网移动通信基础设施如雨后春笋般地出现，尤其是城市中无线寻呼台大量无序地增加，使一些基站附近高层居民楼窗口处的电磁辐射功率可达400μW/cm^2，超过了40μW/cm^{2}的国家标准。调查还显示，工业、科研、医疗中使用的高频设备为数也不少，且功率很大，总计14 756台，总功率为250万千瓦。一般来说，高频设备都放置在工作机房内，对外界影响不大，但也有一些设备对周围的广播电视信号接收和电子仪器干扰严重。再者以电力为能源的交通运输系统发展较快，全国电气化铁路、有轨及无轨电车通车总长度为4 800km，已修建电气化地铁和轻轨交通的有北京、上海、天津、广州等城市。在一些电气化铁路沿线，居民收看电视受到影响。另外，高压送变电系统建设规模越来越大，全国目前共有高压变电站3 801个，总功率为3.6亿千瓦，在许多大城市的周围已建设了500kV的高压电力环线系统，110kV和220kV的变电站在一些城市市区也比比皆是。

电磁辐射的危害可用图14－2综合表示。

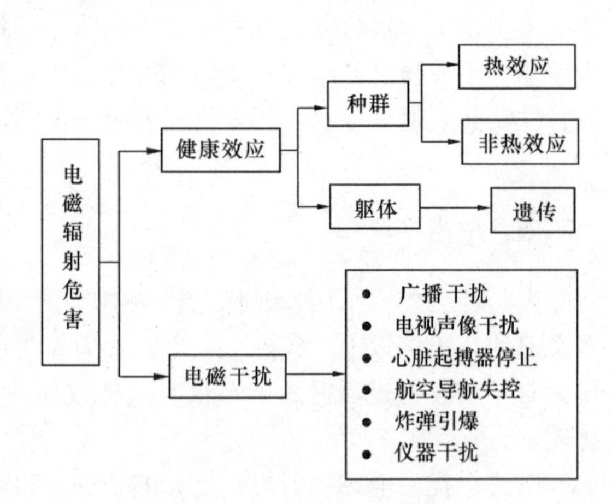

图14－2　电磁辐射的危害

五、电磁辐射对机体作用的相关因素

1. 场强

场强愈大，对机体的影响愈严重。例如，接触高场强的人员与接触低场强的人员，在神经衰弱症的发生率方面有极明显的差别。

2. 频率(波长)

一般来说，长波对人体的影响较弱，随着波长的缩短，对人体的影响加重，微波作用最突出。例如，根据有的单位对国内从事中波与短波作用的部分人员进行体检的资料，在血压方面，两臂血压收缩压差大于10mmHg的，中波组占10.28%，短波组占13.4%。舒张压差大于10mmHg的，中波组占7.12%，短波组占12.25%。

3. 作用时间与作用周期

作用时间愈长，即受暴露的时间愈长，对人体的影响程度愈严重。对作用周期来说，一般认为，作用周期愈短，影响也愈严重。实践证明，从事射频作业的人员接受电磁场辐射的时间愈长(指累积作用时间)，例如，工龄愈长，一次作业时间愈长等等，所表现出的症状就愈突出，连续作业所受的影响比间断作业也明显得多。

4. 与辐射源的间距

一般来讲，辐射强度随着辐射源距离的加大而迅速递减，对人体的影响也迅速减弱。

5. 振荡性质

脉冲波对机体的不良影响，比连续波严重。

6. 作业现场环境温度和湿度

作业现场的环境温度和湿度，与电磁辐射对机体的不良作用有直接的关系。温度和湿度愈高，机体所表现出的症状愈突出，愈不利于散热，对作业人员的身体健康影响愈大。加强通风降温，控制作业场所的温度和湿度，是减少电磁辐射对机体影响的一个重要手段。

7. 年龄与性别

大量的调查研究说明，电磁辐射因性别和年龄的不同，对人体影响的程度也不一样。一般女性和儿童比较敏感。

8. 适应与累积作用

关于机体对电磁能量的适应和累积作用问题，某些学者从动物实验及人们的体检中得出：当在多次重复辐射过程中，可以看到机体反应性的改变，如在微波作用条件下的工作人员，经过一个多月，70%的人有神经衰弱现象，以后几个月反而有所好转，然而随着工作时间的延长，症状再次加重，即由于累积作用引起适应以后机能状况的恶化。而适应人群，则很少表现出不良反应。

总之，电磁辐射对机体的作用，主要是引起机能性改变，具有可复性特征，往往在停止接触数周后可恢复。但在大强度电磁辐射的长期作用下，人体机能性改变持续时间较长。

第四节　作业场所电磁辐射安全卫生标准

为了有效地保护作业人员与高场强作用下居民的身体健康，防止电磁辐射对生产和生活环境的污染，制定电磁辐射控制标准是非常必要的。

关于标准的制定，目前国际上约有几十个国家和相关组织做出了标准限值与测量方法的规定。具体到标准限值，各国家相差甚为悬殊，主要是由于对于不同频段的电磁辐射生物学作用机理、实验内容与方法、现场卫生学调查的方法与对象、统计处理方法等不同而导致结果的不一致，致使限值有很大差异。此外，随着人们实践和认识的不断深化，实验与统计处理方法的不断完善与科学化，标准的限值也在不断修改与调整，使之更加合理、科学，更具实践意义和可操作性。

射频辐射与工频场作业场所安全卫生标准，是用于保护从事各种高频设备、微波加热设备、理疗医用设备、科学实验用电子电气装备、各种发射系统与高压系统等作业人员及高场强环境内的相关人员的身体健康。

由于不同频段电磁辐射在作业人员工作地点形成不同的作用场，而且不同频段电磁辐射的生物学作用的活性也不一致，因此需要根据不同频段的特征，分别制定容许辐射的限量。

此类标准按工作频率可划分为：作业场所工频辐射卫生标准、作业场所高频辐射卫生标准、作业场所甚高频辐射卫生标准与作业场所微波辐射卫生标准等四种。

一、作业场所工频辐射卫生标准（GB 16203—1996）

（一）工频电场卫生标准

该标准系由国家技术监督局与卫生部联合于1996年发布。该标准规定了从事高压和超高压输送电网、变配电站等大、中型交流50Hz（工频）用电、供电系统操作人员所处作业环境中工频电场强度的限值。

具体规定：频率范围为50Hz；

电场强度：$E \leqslant 5\mathrm{kV/m}$。

一些国家制定的输电线路附近工频场强度的限值标准列于表14-3。

表14-3　各国输电线路附近电场强度的限值

国　　家		场强值/$\mathrm{kV \cdot m^{-1}}$	位　　置
捷克		15	—
		10	跨越一、二级公路处
		1	线路走廊边缘
日本		3	人撑伞经过的地方
波兰		10	—
		1	医院、住房和学校所在地
前苏联		20	难于接近的地方
		15	非公众活动的区域
		10	跨越公路处
		5	公众活动区
		0.5	居民住宅内
		1	建筑物区
美国	明尼苏达州	8	
	蒙大拿州	7	跨越公路处
		1	线路走廊边缘居民住宅区
	新泽西州	3	线路走廊边缘
	纽约州	11.8	—
		11	跨越私人道路
		7	跨越公路
		1.6	线路走廊边缘
俄罗冈州		9	人们易接近的区域

（二）工频磁场卫生标准

我国目前尚未制定此类标准。文献指出频率为60Hz的磁感应强度不得超过0.2μT，否则将对人体产生危害，并提出以0.2μT作为安全最大容许限值。瑞典曾在1997年组织科学家们对43万名长期居住在高压输电线路附近的居民进行了调查研究。根据研究结果，目前瑞典首先正式制定了磁场国家标准，即0.2μT。在2000年前后，美国国家辐射与测试理事会

(NCRM)、美国电力研究院(EPRI)、瑞典 MPRII 等机构与组织又提出了磁场最大容许暴露限值新标准，见表 14－4。

表 14－4　磁场最大容许暴露限值

机构名称	NCRM	MPRII	EPRI
国家	美国	瑞典	美国
背景最大容许磁感应强度	10mG		
在 50cm 处阴极射线管最大容许发射值		2.5mG	
不存在暴露			2mG 以下
危害限值			10mG 以上

注：10mG = 1μT。

二、作业场所高频辐射安全卫生标准

为了保护广播发射台站、高频淬火、高频焊接、高频熔炼、塑料热合、射频溅射、介质加热、短波理疗等高频设备的工作人员和高场强环境中其他工种作业人员的身体健康而制定的。

我国的高频辐射作业安全标准是由广播系统值班人员首先提出的。1974 年，中央广播事业局(即广播电影电视部)和四机部(即现在的信息产业部)联合委托北京市劳动保护科学研究所，开展电磁辐射安全卫生标准和防护技术的科研工作。北京劳研所邀请北京市工业卫生职业病研究所、沈阳市劳动卫生研究所和江苏省及苏州市卫生防疫站等 15 个单位组成协作组，通过对我国不同地区、不同强度的广播电台和工业高频淬火、高频焊接、高频熔炼、高频热合、射频溅射、介质加热、短波理疗等设备的电磁场强度的测试与分析，大面积的现场卫生学调研、体检和动物实验研究，提出我国高频辐射作业安全标准。

工作频率适用范围：100kHz～30MHz；

场强标准限值：$E \leqslant 20V/m$；

$H \leqslant 5A/m$。

上述标准已经全国卫生标准技术委员会劳动卫生分委会审查通过。世界上有关国家颁布的标准列于表 14－5。

三、甚高频辐射作业安全标准(CB 10437—89)

这个标准规定了从事超短波理疗、甚高频通信、发射以及甚高频工业设备、科研实验装备等工作环境的电磁辐射场强限值与测试规范。

(一)名词术语

1. 超高频辐射

超高频辐射(即超短波)系指频率为 30～300MHz 或波长为 10^{-1}m 的电磁辐射(注：按现行规定，30～300MHz 应为甚高频，而非超高频)。

2. 脉冲波与连续波

以脉冲调制所产生的超短波称脉冲波，以连续振荡所产生的超短波称连续波。

3. 功率密度

单位时间、单位面积内所接受超高频辐射的能量称功率密度，以 P 表示，单位为

mW/cm^2。在远区场，功率密度与电场强度 E（V/m）或磁场强度 H（A/m）之间的关系式如下

$$P = \frac{E^2}{3770}\ (mW/cm^2)$$

$$P = 37.7 \times H^2\ (mW/cm^2)$$

(二)卫生标准限值

1. 连续波

一日内 8h 暴露时不得超过 $0.05mW/cm^2$（14V/m），4h 暴露时不得超过 $0.1mW/cm^2$（19V/m）。

2. 脉冲波

一日内 8h 暴露时不得超过 $0.025mW/cm^2$（10V/m），4h 暴露时不得超过 $0.05mW/cm^2$（14V/m）。有关国家制定的标准限值列于表 14－5。

表 14－5　世界各地射频辐射职业安全标准限值

国家及来源	频率范围	标准限值	备　注
美国国家标准协会	10MHz～100GHz	$10mW/cm^2$ $1mW/cm^2$	在任何 0.1h 之内 任何 0.1h 之内的平均值
美国三军	10MHz～100GHz	$10mW/cm^2$ $10～100mW/cm^2$ $100mW/cm^2$	连续辐射 不准接触
英国	30MHz～100GHz	$10mW/cm^2$	连续 8h 作用的平均值
北约组织	30MHz～100GHz	$0.5mW/cm^2$	
加拿大	10MHz～100GHz	$1mW·h/cm^2$ $10mW/cm^2$	在 0.1h 内的平均值 在任何 0.1h 内
波兰	300MHz～300GHz	$10\mu W/cm^2$ $100\mu W/cm^2$ $1mW/cm^2$ $10mW/cm^2$	辐射时间在 8h 之内 2h/d 20min/d 不允许接触
法国	10MHz～100GHz	$10mW/cm^2$ $100mW/cm^2$ $1mW/cm^2$	在任何 1h 之内； 休息与公共场所
前苏联	100kHz～10MHz 10～30MHz 100kHz～30MHz 0～300MHz ＞300MHz	50V/m 20V/m 5A/m 5V/m $10\mu m/cm^2$ $100\mu W/cm^2$ $1\mu W/cm^2$	电场分量； 电场分量； 磁场分量； 全日工作； 2h/d； 15～20h/d
IRPA/INIRC*	400MHz～300GHz	$1～5mW/cm^2$	
德国	30MHz～300GHz	$2.5mW/m^2$	
澳大利亚	30MHz～300GHz	$1mW/cm^2$	
捷 克	30kHz～30MHz 30～300MHz	50V/m 10V/m	均值 最大值
中国(全国卫生标准技术委员会劳卫分委会审查通过)	100kHz～30MHz	20V/m 5A/m	8h 允许值

续表

国家及来源	频率范围	标准限值	备　　注
中国(GB 10437—89)	30~300MHz	连续波≤50μm/cm² 脉冲波≤25μW/cm²	8h允许值
中国(GB 10436—89)	>300MHz	50μW/cm² 300μW/cm² 5mW/cm²	8h允许值 一日总剂量 不准接触
中国(军标)	30MHz~300GHz	50μW/cm² 25μW/cm²	连续波 脉冲波

* IRPA/INIRC——国际辐射防护协会/非电离辐射委员会。

四、作业场所微波辐射卫生标准(GB 10436—89)

本标准规定了作业场所微波辐射卫生标准及测试方法。本标准适用于接触微波辐射的各类作业，不包括居民所受环境辐射及接受微波诊断或治疗的辐射。

(一)名词术语

1. 微波

微波是指频率为300MHz~300GHz，相应波长为1m~1mm范围内的电磁波。

2. 脉冲波与连续波

以脉冲调制的微波简称为脉冲波，不用脉冲调制的连续振荡的微波简称连续波。

3. 固定辐射与非固定辐射

雷达天线辐射，应区分为固定辐射与非固定辐射。固定辐射是指固定天线(波束)的辐射，或天阵天线，其被测位所受辐射时间(t_0)与天线运转一周时间(T)之比大于0.1的辐射(即$\frac{t_0}{T}>0$)。此外的t_0是指被测位所受辐射大于或等于主波束最大平均功率密度50%强度时的时间。非固定辐射是指运转天线的$\frac{t_0}{T}<0.1$的辐射。

4. 肢体局部辐射与全身辐射

在操作微波设备过程中，只是手或脚部受到辐射为肢体局部辐射，除手脚外的其他部位，包括头、胸、腹等一处或几处受辐射，均为全身辐射。

5. 功率密度

功率密度表示微波在单位面积上的辐射功率，其计量单位为$\mu W/cm^2$或mW/cm^2。

6. 平均功率密度及日剂量

平均功率密度表示微波在单位面积上一个工作日内的平均辐射功率，日剂量表示一日接受微波辐射的总能量，等于平均功率密度与受辐射时间的乘积。计量单位为$\mu W \cdot h/cm^2$或$mW \cdot h/cm^2$。

(二)卫生标准限量值

作业人员操作位容许微波辐射的平均功率密度应符合以下规定：

1. 连续波

一日8h暴露的平均功率密度为$50\mu W/cm^2$，小于或大于8h暴露的平均功率密度按下式计算(即日剂量不超过$400\mu W \cdot h/cm^2$)。

$$P_d = \frac{400}{t} \tag{14-1}$$

式中　P_d——容许辐射平均功率密度($\mu W/cm^2$)；

t——受辐射时间(h)。

2. 脉冲波(固定辐射)

一日8h平均功率密度为$25\mu W/cm^2$；小于或大于8h暴露的平均功率密度以下式计算(即日剂量不超过$200\mu W\cdot h/cm^2$)。

$$P_d = \frac{200}{t} \tag{14-2}$$

脉冲波非固定辐射的容许强度(平均功率密度)与连续波相同。

3. 肢体局部辐射(不区分连续波和脉冲波)

一日8h暴露的平均功率密度为$500mW/cm^2$；小于或大于8h暴露的平均功率密度以下式计算(即日剂量不超过$4000\mu W\cdot h/cm^2$)。

$$P_d = \frac{4000}{t} \tag{14-3}$$

4. 短时间暴露最高功率密度的限制

当需要在大于$1mW/cm^2$辐射强度的环境中工作时，除按日剂量容许强度计算暴露时间外，还需使用个人防护，但操作位最大辐射强度不得大于$5mW/cm^2$。

第五节　电磁辐射环境安全标准

一些发达国家在比较深入和广泛的研究工作基础上，比如前苏联在中、短波与微波频段，美、日等国在微波频段等，研究电磁辐射对肌体的影响，寻求人、生物与电磁之间的关系，确定人与电磁场共存的和谐条件。在研究工作的基础上，上述国家相继于20世纪50年代或60年代提出并制定了相关频段的电磁辐射卫生标准或电磁污染环境标准，对电磁辐射环境进行人为控制。一般看来，许多国家基本上采用了作业安全标准允许值的1/10作为环境电磁辐射安全标准允许值。

我国在20世纪80年代开展了居民环境安全标准的制定工作，已经正式发布的标准有：国家环保总局批准的《电磁辐射防护规定》(GB 8702—88)、卫生部批准的《环境电磁波卫生标准》(GB 9175—88)和国防科学技术委员会1988—05—06发布的《微波辐射生活区安全限值军用标准》(GJB 475)三个标准。

一、电磁辐射防护规定(GB 8702—88)

该标准由国家环保总局和国家技术监督局联合发布。

(一)总则

1. 为防止电磁辐射污染、保护环境、保障公众健康、促进伴有电磁辐射的正当实践的发展，制定本规定。

2. 本规定适用于中华人民共和国境内产生电磁辐射污染的一切单位或个人，一切设施或设备，但本规定的防护限值不适用于为病人安排的医疗或诊断照射。

3. 本规定中防护限值的适用频率范围为100kHz～3 000GHz。

4. 本规定中的防护限值是可以接受的防护水平的上限，并包括各种可能的电磁辐射污染的总量值。

5. 一切产生电磁辐射污染的单位或个人，应本着“可合理达到尽量低”的原则，努力减少其电磁辐射污染水平。

6. 一切产生电磁辐射污染的单位或部门，均可以制定各自的管理限值(标准)，各单位或部门的管理限值(标准)应严于本规定的限值。

(二)电磁辐射防护限值

1. 基本限值

(1)职业照射

在每天8h工作期间内，任意连续6min按全身平均的比吸收率(SAR)应小于0.1W/kg。

(2)公众照射

在一天24h内，任意连续6min按全身平均的比吸收率(SAR)应小于0.02W/kg。

2. 导出限值

(1)职业照射

在每天8h工作期间内，电磁辐射场的场量参数在任意连续6min内的平均值应满足表14－6要求。

表14－6　职业照射导出限值

频率范围/MHz	电场强度/$V \cdot m^{-1}$	磁场强度/$A \cdot m^{-1}$	功率密度/$W \cdot m^{-2}$
0.1～3	87	0.25	(20)*
3～30	$150/\sqrt{f}$	$0.40/\sqrt{f}$	$(60/f)$*
30～3000	(28)**	(0.075)**	2
3000～15000	$(0.5/\sqrt{f})$**	$(0.0015/\sqrt{f})$**	$f/7500$
15000～30000	(61)**	(0.16)**	10

*系平面波等效值，供对照参考；

**供对照参考，不作为限值；表中f是频率，单位是Hz，表中数据作了取整处理。

(2)公众照射

在一天24h内，环境电磁辐射场的场量参数在任意连续6min内的平均值应满足表14－7要求(防护限值与频率关系曲线如图14－3所示)。

表14－7　公众照射导出限值

频率范围/MHz	电场强度/$V \cdot m^{-1}$	磁场强度/$A \cdot m^{-1}$	功率密度/$W \cdot m^{-2}$
0.1～3	40	0.1	(40)*
3～30	$67/\sqrt{f}$	$0.17/\sqrt{f}$	$(12/f)$*
30～3000	(12)**	(0.032)**	0.4
3000～15000	$(0.22/\sqrt{f})$**	$(0.001\sqrt{f})$**	$f/7500$
15000～30000	(27)**	(0.073)**	2

*系平面波等效值，供对照参考；

**供对照参考，不作为限值，表中f是频率，单位为MHz，表中数据作了取整处理。

(3)对于一个辐射体发射几种频率或存在多个辐射体时，其电磁辐射场的场量参数在任意连续6min内的平均值之和，应满足下式

$$\sum_{i}\sum_{j}\frac{A_{i,j}}{B_{i,j}} \leqslant 1 \qquad (14-4)$$

式中　$A_{i,j}$——第i个辐射体j频段辐射的辐射水平；

$B_{i,j}$——对应于 j 频段的电磁辐射所规定的照射限值。

(4)对于脉冲电磁波，除满足上述要求外，其瞬时峰值不得超过限值的 1 000 倍。

(5)在频率小于 100MHz 的工业、科学和医学等辐射设备附近，职业工作者可以在小于 1.6A/m 的磁场下连续工作 8h。

3. 对电磁辐射源的管理

(1)下列电磁辐射体可以免于管理

① 输出功率等于和小于 15W 的移动式无线电通信设备，如陆上、海上移动通信设备以及步话机等。

② 向没有屏蔽空间的辐射等效功率小于表 14－8 所列数值的辐射体。

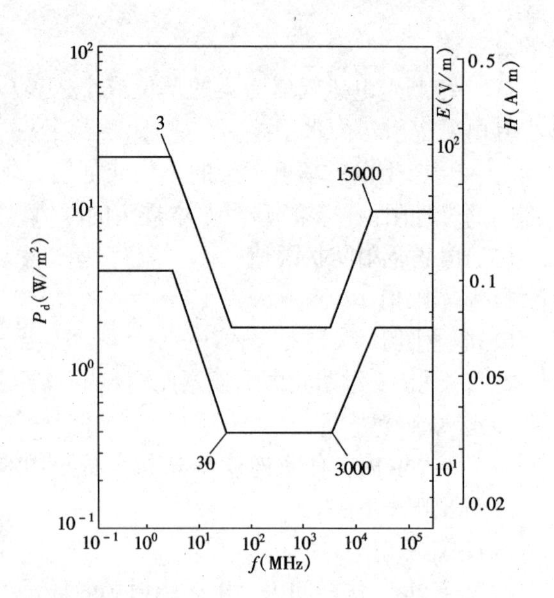

图 14－3 防护限值与频率的关系

表 14－8 可豁免的电磁辐射体的等效辐射功率

频率范围/MHz	等效辐射功率/W
0.1～3	300
>3～300 000	100

(2)凡其功率超过 3.(1)所列豁免水平的一切电磁辐射体的所有者，必须向所在地区的环境保护部门申报、登记，并接受监督。

① 新建或购置豁免水平以上的电磁辐射体的单体或个人，必须事先向环境保护部门提交“环境影响报告书(表)”。

② 新建或新购置的电磁辐射体运行后，必须实地测量电磁辐射场的空间分布。必要时以实测为基础划出防护带，并设立警戒符号。

(3)一切拥有产生电磁辐射体的单位和个人，必须加强电磁辐射体的固有安全设计。

① 工业、科学和医学中应用的电磁辐射设备，出厂时必须具有满足“无线电干扰限值”的证明书。运行时应定期检查这些设备的漏能水平，不得在高漏能水平下使用，并避免对居民日常生活的干扰。

② 长波通信、中波广播、短波通信及广播的发射天线，离开人口稠密区的距离，必须满足本规定安全限值的要求。

(4)电磁辐射水平超过 2.(2)①规定限值的工作场所必须配备必要的职业防护设备。

(5)对伴有电磁辐射的设备进行操作和管理的人员，应施行电磁辐射防护训练，其内容应包括：

①电磁辐射的性质及其危害性；

②常用防护措施、用具以及使用方法；

③个人防护用具及使用方法；

④电磁辐射防护规定。

二、环境电磁波卫生标准(GB 9175—88)

本标准为贯彻《中华人民共和国环境保护法(试行)》，控制电磁波对环境的污染、保护人民健康、促进电磁技术发展而制定。

本标准适用于一切人群经常居住和活动场所的环境电磁辐射，不包括职业辐射和射频、微波治疗需要的辐射。

(一)名词术语

1. 电磁波

本标准所称电磁波是指长波、中波、短波、超短波和微波。

(1)长波

指频率为100~300kHz，相应波长为3~1km范围内的电磁波。

(2)中波

指频率为300kHz~3MHz，相应波长为1km~100m范围内的电磁波。

(3)短波

指频率为3~30MHz，相应波长为100~10m范围内的电磁波。

(4)超短波

指频率为30~300MHz，相应波长为10~1m范围内的电磁波。

(5)微波

指频率为300MHz~300GHz，相应波长为1m~1mm范围内的电磁波。

(6)混合波段

指长、中、短波、超短波和微波中有两种或两种以上波段混合在一起的电磁波。

2. 电磁辐射强度单位

(1)电场强度单位

对长、中、短波和超短波电磁辐射，以伏/米(V/m)表示计量单位。

(2)功率密度单位

对微波电磁辐射，以微瓦每平方厘米($\mu W/cm^2$)或毫瓦每平方厘米(mW/cm^2)表示计量单位。

(3)复合场强

指两个或两个以上频率的电磁波复合在一起的场强，其值为各单个频率场强平方和的根值，可以用下式表示

$$E = \sqrt{E_1^2 + E_2^2 + \cdots + E_n^2} \tag{14-5}$$

式中 E——复合场强，(V/m)；

$E_1, E_2, \cdots, E_n$——各单个频率所测得的场强(V/m)。

3. 分级标准

以电磁波辐射强度及其频段特性对人体可能引起潜在性不良影响的阈下值为界限，将环境电磁波容许辐射强度标准分为二级。

(1)一级标准

一级标准为安全区，指在该环境电磁波强度下长期居住、工作、生活的一切人群(包括婴儿、孕妇和老弱病残者)，均不会受到任何有害影响的区域；新建、改建或扩建电台、电视台和雷达站等发射天线，在其居民覆盖区内，必须符合“一级标准”的要求。

(2)二级标准

二级标准为中间区，指在该环境电磁波强度下长期居住、工作和生活的一切人群(包括

婴儿、孕妇和老弱病残者)可能引起潜在性不良反应的区域；在此区内可建造工厂和机关，但不许建造居民住宅、学校、医院和疗养院等，已建造的必须采取适当的防护措施。

另外，超过二级标准地区，对人体可带来有害影响。在此区内可作为绿化或种植农作物，但禁止建造居民住宅及人群经常活动的一切公共设施，如机关、工厂、商店和影剧院等，如在此区内已有这些建筑，则应采取措施，或限制辐射时间。

(二)卫生要求

环境电磁波容许辐射强度分级标准见表14-9。

表14-9　环境电磁波容许辐射强度分级标准

波　　长		容　许　场　强	
		一级(安全区)	二级(中间区)
长、中、短波	$/V\cdot m^{-1}$	<10	<25
超短波	$/V\cdot m^{-1}$	<5	<12
微波	$/\mu W\cdot cm^{-2}$	<10	<40
混合	$/V\cdot m^{-1}$	按主要波段场强，若各波段场强分散，则按复合场强加权确定	

第十五章　电磁辐射的测量技术

第一节　电磁污染源的调查

一、调查目的和内容

(一)调查目的

为了迅速开展治理工作，切实保护环境，造福人类，电磁污染的调查研究是非常必要的。

(二)调查内容

1. 污染源与射频设备使用情况的调查

为了明确该地区主要人工电磁污染源的种类、数量以及设备的使用情况。

2. 主要污染源的测试

在污染源与射频设备使用情况调查的基础上，在专门单位统一指导下，按行业系统对主要污染源的辐射强度进行测量，以了解射频设备的电磁场泄漏、感应和辐射情况，摸清工作环境场强分布与生活环境电磁污染水平及对人体的影响，进而确定频射设备的漏场等级和治理重点。

3. 电磁污染情况的调查

在调查的最初阶段，应以电磁辐射对电视信号的干扰为主，方法如下：以所测定的污染源为中心，取东、南、西、北四个方位，在每一个方位上间隔 10m 选取一户为调查点，深入到各户调查点，详细了解电视机接收情况，包括图像与伴音两个方面，是否受到干扰。

二、调查的程序

1. 设计各类调查表以及进行调查；
2. 定点测量；
3. 测试数据整理以及综合分析与绘制辐射图。

将场强测试结果按强度大小、频率高低进行分类整理，通过定点距离与场强关系值，场强与频率及时间变化关系特性表(或曲线)，做出各种特性曲线和绘制辐射图。

第二节　电磁污染的监测方法

电磁污染的测量实际是电磁辐射强度的测量。在这方面，重点介绍工业、科研和医用射频设备辐射强度的测量方法。

基于它们所造成的污染是由于这些设备在工作过程中产生的电磁辐射，因此，对于这类设备辐射强度的测量可以一次性进行。大体测量方法如下：当设备工作时，以辐射源为中心，确定东、南、西、北、东北、东南、西北、西南八个方向(间隔 45°角)做近区场与远区场的测量。

一、近区场强的测量

1. 首先计算近区场又称感应场作用范围，即1/6波长之间均为近区场。

2. 由于射频电磁场感应区中电场强度与磁场强度不呈固定关系，因此感应区场强的测定应分别进行电场强度与磁场强度的测定。

3. 用经有关部门检定合格的射频电磁场(近区)强度测定仪进行测定。测定前应按产品说明书规定，关好机柜门，上好盖门，拧紧螺栓，使设备处于完好状态。测定时，射频设备必须按说明书的规定使其处于正常工作状态。

4. 在每个方位上，以设备面板为相对水平零点，分别选取0.1m、0.5m、1m、2m、3m、10m、50m为测定距离，一直测到近区场边界为止。

5. 取三种测定高度，即：

头部：离地面150~170cm处；

胸部：离地面110~130cm处；

下腹部：离地面70~90cm处。

6. 测定方向以测定点上的天线中心点为中心，全方向转动探头，以指示最大的方向为测定方向。现场为复合场时，暂以测定点上的最强方向上的最大值为准(若出现几个最大点时，以其中最大的一点为准)。

7. 应避免人体对测定的影响。测定电场时，测试者不应站在电场天线的延伸线方向上。测定磁场时，测试者不应与磁场探头的环状天线平面相平行，操作者应尽量离天线远些，测试天线附近1m范围内除操作者外避免站人或置放金属物体。

8. 测定部位附近应尽量避开对电磁波有吸收或反射作用的物体。

二、远区场强的测量

1. 根据计算，确定远区场起始边界。

2. 在8个方面上分别选取3m、11m、30m、50m、100m、150m、200m、300m作为测定距离。

3. 可以只测磁场或电场强度。

4. 测定高度均取2m。如有高层建筑，则分别选取1、3、5、7、10、15等层测量高度。

5. 测定仪器为标定合格的远场仪并选取远场仪所示的准峰值。

第三节 电磁污染测量仪器及使用

一、近区场强仪

(一)工作条件

1. 使用频率范围：200kHz~30MHz。

2. 场强测量范围：

电场：1～1500V/m，其量程可分为四档。

磁场：1～300A/in（10兆周以上为100A/m以上），其量程可分为四档。

3. 工作误差：小于15%（包括标定装置误差5%在内）。

4. 环境要求：符合颁布标准SJ 944—75规定的Ⅱ组仪器。

（二）使用方法

1. 准备

（1）将工作开关置于“检1”位置。

（2）打开电源开关，此时表针应超过红色标线，这表明第一组电池电压正常；然后将开关扳至“检2”的位置，检查表针指示是否超过红色标线，如两组电池电压都正常时即可将工作开关置于“工作”位置。

（3）调“零点”旋钮，使表针指示为“零”（不要插探头，以免外部信号干扰）。

2. 电场测量

（1）将指示器上的量程开关置于“正”（电场）位置。

（2）将天线杆拧在电场探头的天线座上。

（3）用传输线或连接插头将电场探头与指示器相连接。

（4）将电场探头上的量程开关置于相应的档位（若测未知场，一般应先放在最高档）。

（5）手持探头将天线置于被测部位，同时转动探头找出场强最大点，如表针指示过大或过小，应及时变换量程档位。此时即可从表头刻度盘上直接读出被测部位的电场强度。

3. 磁场测量

（1）将指示器上量程开关置于相应的磁场量程档上。

（2）用传输线或连接插头将相应的磁场探头与指示器相连接。

（3）本仪器的磁场天线有两个，分别适用于不同的场源频率。

（4）手持探头将天线置入被测部位，同时转动探头找出场强最大点。如表针指示过大或过小，则应及时变换量程档位。此时即可从表头刻度盘上直接读出被测部位的磁场强度。

4. 注意事项

（1）测量完毕应及时关闭电源，并将仪器保存在干燥的地方。

（2）仪器不能长期放置于强电磁场中。

（3）本仪器是在专用定标场中校准的，各种可调元件切勿随意调动。

（4）本仪器的传输线必须采用双绞线，不能用其他导线来代替。

（5）本仪器使用9V电池，必要时可用6V电池代替，但需注意勤检查，要始终保持“检1”时表头指针在红色标志线以上，只要两组电池在检查时确能保持在红色标志线以上，仪器可保证正常工作。长期不使用时应将电池取出。

（6）本仪器一般应用于连续波，测量脉冲波时，仅作参考。

（7）当测量波形不对称的电场时，将会出现天线不对称现象（即天线杆水平转向180°时读数不同）。此时，应注意选择天线杆的端向，一般以测出的读数较大的端向为准。为便于区别端向，应在探头上标有不同的色标。

二、超高频近区场强测量仪

超高频近区电场测量仪是测量近区超高频波段电场空间分布强度的仪器，如CHY—801

型场强仪。

(一)技术指标

1. 频率适用范围：75~600MHz。

2. 电场强度测量范围：5~500V/m。

3. 量程分配：第一档，100~500V/m；第二档，50~150V/m；第三档，20~50V/m；第四档，5~25V/m。

4. 仪器工作误差：<25%。

5. 使用条件：环境温度为-10~+40℃，环境湿度80%以下，大气压力750±30mmHg（1 mmHg=133.33Pa）。

6. 供电：12V电源由两节4F—22—2型电池串联供电，6V电源由一节4F—22—2型电池供电。

(二)使用方法

1. 使用前先了解仪器的工作原理和使用方法。

2. 把电场测量探头与指示器可靠地连接并接通电源。将工作选择旋钮分别置于12V、6V电源校正处，指针应在红线刻度范围之内，否则应更换电池。仪器预热5min即可使用。

3. 先将工作选择旋钮置于第一档，然后将电场测量探头由远而近慢慢置入被测场。若指示偏小，再逐级改变量程，直到获得满意的读数时为止。

4. 指示器有指示后，缓缓转动探头手把，以调整天线与电场之间的相对取向，使获得指示读数最大。

5. 改变量程时，需重新调零点。

6. 仪器在低温环境中使用时，为保证测量精度，请查阅温度校正曲线。

7. 测量完毕后，将工作选择旋钮置于“关”的位置，切断内部电源。

三、远场仪与干扰仪

远区场强度与磁场强度由于有固定的比例关系，所以可只测其中一个分量。远区场电磁波强度的测量，一般均用远场强仪或干扰仪，远区场强仪又分高频与超高频测量仪两大类。远场仪与干扰仪的结构原理大体是一致的。这里以RR3型干扰场强测量仪为例说明如下。

(一)仪器用途

可供测量频率28~500MHz的脉冲干扰终端电压和脉冲干扰场强，也可用于测量正弦信号电压、场强和测量漏场等。

(二)仪器使用条件

1. 温度：-10~+40℃。

2. 相对湿度：当温度为+30℃时，应达80%。

3. 大气压力：750±30mmHg（1mmHg=133.322Pa）。

(三)仪器主要技术指标

1. 频率范围：28~500MHz。

2. 频率刻度误差：（±0.5±2%）MHz。

3. 场强测量范围：28MHz，9~110dB；500MHz，35~110dB。

4. 场强测量误差：±3dB。

5. 背景噪声引起的误差：不应超过 1dB。

6. 电源

直流：本仪器自备 CNY—1 型蓄电池 10 个，1A，容量充满后可连续工作 5h。

交流：220V，50Hz，消耗功率不大于 7W。

充电：100mA，10h。

(四)使用方法

1. 检查表头机械零点是否正常。

2. 根据被测频率，将对应的天线装在平衡变换器上，然后用三脚架与木杆将平衡变换器架妥，并用 7m 长的同轴电缆与主机输入插孔连接起来。

3. 接好电源。

(五)校准

1. 根据所用电源性质将“电源选择”开关置于合适位置。使用交流电时指示灯亮，使用直流电指示灯不亮。

2. 检查电源电压。

3. 将“增益”旋钮旋至增益最小位置，调零点。

4. 将“调谐”与“波段”放到相应的位置。

5. 将“输入电平－I”放在 0dB 位置上。

6. 将“输入电平－Ⅱ”放在红色 20dB 位置上。

7. 将“工作选择”开关放到“校准”位置上，调整增益钮使表头指示在红线位置上，这时，仪器校准完毕。

8. 再将“工作选择”开关放到“测量”位置上，将“准峰值－平均值”开关根据被测信号的性质扳到所需位置上。

(六)场强测量

1. 根据被测信号频率选择并调整好天线的长度。

2. 根据所需选择平衡变换器，将选调完毕的天线拧在平衡变换器上。

3. 用 7m 长同轴电缆将平衡变换器与主机输入插座连接起来。

4. 用三脚架木杆将平衡变换器架到 3.5m 的高度上。

5. 调整“调谐”旋钮，使表针指示最大。

6. 改变天线轴向，使表指示最大。

7. 调整“输入电平－I”与“输入电平－Ⅱ”，使表针指在红线的位置上。

8. 被测场强为“输入电平－I”＋“输入电平－Ⅱ”＋“天线校准系数 K”（K 可查得）。

9. 取最大值为该空间场强。

(七)注意事项

1. 测量场强高时，若主机量程不够，可在输入端串接一只固定 20dB 的同轴衰减器。

2. 应及时对机内蓄电池充电。充电 10h 后完毕，把“电源选择”开关扳到关档或工作档位上，不要仍放在“充电”档，以免将所充的电放掉。

3. 测量时，应使接收天线与发送天线之间距离 $D>3\lambda$。

4. 天线附近不应有金属物体，人员不要走动与靠近天线。

四、微波漏能测试

(一)漏能测试仪的主要技术参数

微波漏能测试仪用于测定工业熔炉、加热炉、烘干炉、各种雷达以及采用微波技术的小型设备泄漏于空间的微波能量的测量，是一个携带方便，使用简单的手提直读式仪器，可供科研单位、工厂、部队测量 $\mu W/cm^2$ 及 mW/cm^2 级的微波功率密度。仪器的工作电压是由仪器内部的三节 6V 干电池供电，并可用仪器面板上的电表指示电压的大小。

1. 仪器的正常使用条件：环境温度为 -10～+40℃，传感器要避免阳光直接照射，相对湿度为 65%±15%，大气压力为 750±30mmHg（1mmHg=133.322Pa）。

2. 仪器能在 3.3～33cm 波长范围内工作，其频率灵敏度的变化应不大于 ±2dB。

3. 仪器能测量的功率密度范围为 0～30mW/cm^2：共分 6 档，即 100$\mu W/cm^2$、300$\mu W/cm^2$、1mW/cm^2、3mW/cm^2、10mW/cm^2、30mW/cm^2。

4. 仪器应能测试连续波与脉冲波两种工作状态，并能在表头上直接读出数据。探头过载，连续波不大于 100mW/cm^2 时，峰值功率不超过 3W/cm^2，否则要烧毁传感器。

5. 指示器的精确度在额定电压下不大于满刻度的 ±10%。

6. 电源电压在表头指示的红线范围内仪器能正常工作。

(二)漏能测试仪的使用方法

使用本仪器前需熟悉仪器的工作原理及使用方法，任何时候都必须将传感器置于“零功率密度”模拟器内加以屏蔽。

使用时，首先检查电源电压，将传感器的插头插入指示器左下方的输入插座上，将量程开关放在第一档 +12V 上，拨面板右下方电源开关至电源电压为 12V。如使用一段时间后指针所指不在表头红线范围内，则表示电池电压不足，需更换电池。然后将量程开关顺时针方向转至第二档 -6V 上。如表头指针指在满刻度，则表示电源电压为 -6V，如经使用后指针不在表头红线范围内则需更换电池。

测量微波功率密度前，先将电源开关置于电源“通”的位置。预热约 5min 后，根据实际辐射强度的量来选择量程开关的位置，如测量的功率密度大致在 10～30mW/cm^2，则量程开关应顺时针放在第三档即 30mW/cm^2 档，如测试的功率密度在 100$\mu W/cm^2$ 以内，则开关应放在顺时针第八档位置上即 100$\mu W/cm^2$ 档。

如场外辐射强度事先不清楚，则将量程开关放在 30mW/cm^2 档即最大档上，然后逐步减小量程，直到能清楚地读出功率密度值为止。测试时，应先将“零功率密度”模拟器套在传感器上，使探头完全屏蔽，然后旋动零电位器使指针指零，再去掉屏蔽罩逐步将传感器移近辐射源，并沿传感器的轴向转动把手，使指示器指示最大，此时电表读数即为功率密度值。

测量结束后将电源开关向左拨向“断”的位置，切断电源避免消耗电池。如场强超过额定功率密度范围太多，容易将探头内的膜片烧毁。

在仪器正常工作时，将传感器插头插入指示器，接通电源开关，调零按钮起作用。否则，可能是插头未插好或传感器膜片被烧毁或传感器内接线断开，也可能是电源电压不足，应仔细检查。一般在 100mW/cm^2 档调零调好后，其他各档量程可以不再重新调零。

本仪器在使用过程中应注意维护，防止受潮及尘埃的侵入。不用时，应放在干燥的室内。

第十六章　电磁辐射污染的控制

第一节　电磁辐射的主要防护措施

为了减小电子设备的电磁泄漏，必须从产品设计、屏蔽与吸收等角度入手，采取治本与治表相结合的方案，防止电磁辐射的污染与危害。

制定防护技术措施的基本原理是：

(一)加强电磁兼容性设计审查与管理

纵观中外，无论是工厂企业的射频应用设备，还是广播、通信、气象、国防等领域内的射频发射装置，其电磁泄漏与辐射，除技术上的原因外，主要问题就是设计与管理方面的责任。因此，加强电磁兼容性管理是极为重要的一环。

(二)认真做好模拟预测与危害分析

无论是电子、电气设备，还是发射装置，在产品出厂前，均应进行电磁辐射与泄漏状态的预测与分析，实施国家强制性产品认证制度。大、中型系统投入使用前，还应当对周围环境电磁场分布进行模拟预测，以便对污染危害进行分析。

(三)设备的合理设计

1. 提高槽路的滤波度

滤波度不好的设备，不仅造成很强的谐波辐射，产生串频现象，影响设备的正常工作，而且也会带来过大的能量损失。因此，在进行设备的槽路设计时，必须精确计算，采取妥善的技术措施，努力提高其滤波度，达到抑制谐波的目的。

2. 元件与布线要合理

元件与布线不合理，比如高、低频布线混杂在一起，元件距离机壳过近等等，均是造成电磁辐射与泄漏的原因之一。为此，在进行线路设计时，元件与布线必须合理。例如，元件与布线均应高、低频分开，条件允许时宜在高、低频中间实行屏蔽。

目前，在布线上多采用垂直交叉布线或高、低频线路远距离布设并采用屏蔽等技术方案，效果良好。

3. 屏蔽体的结构设计要合理

一般要求设备的屏蔽壳设计要合理，比如机壳的边框不能采用直角过渡，而应当采用小圆弧过渡。各屏蔽部件之间尽量采用焊接，特殊情况下采用螺钉固定连接时，应当在两屏蔽材料之间垫入弹片后再拧紧，以保证它们之间的电气性能良好。

(四)实行屏蔽

由于设备的屏蔽不够完善，例如以往的设备，有些屏蔽体不是良导体，或者缺乏良好的电气接触；有些设备的结构不严密，缝隙过大；有些设备的面板为非屏蔽材料……因而造成漏场强度很大，有时出现局部发热或喷火现象。由于屏蔽体的结构设计不合理，有部分设备，主要辐射单元的屏蔽壳采用了棱角突出的设计，容易引起尖端辐射。比如，某广播发射机面板处电磁场强度均为30V/m，而其机箱框边为直角，没有小圆弧过渡，结果场强高达50V/m。所以正确的、合理的屏蔽，是防止电子、电气设备的电磁辐射与泄漏，实现电磁兼容的基本手段与关键。

(五)射频接地

射频防护接地情况的好坏，直接关系到防护效果的好坏。随着频率的升高，地线要求就不太严格，微波频率甚至不需要接地。射频接地的作用原理，就是将在屏蔽体(或屏蔽部件)内由于感应生成的射频电流迅速导入大地，以便使屏蔽体(或屏蔽部件)本身不再成为射频的二次辐射源，从而保证屏蔽作用的高效率。必须强调的是，射频屏蔽要妥善进行接地，二者构成一个统一体。射频接地与普通的电气设备保护接地是极不相同的，二者不能互相替代。

(六)吸收防护

吸收防护是将根据匹配原理与谐振原理制造的吸收材料，置于电磁场之中，可以把吸收到的波能转化为热能或其他能量，从而达到防护目的。采用吸收材料对高频段的电磁辐射，特别是微波辐射与泄漏抑制，效果良好。吸收材料多用于设备与系统的参数测试。防止设备通过缝隙、孔洞泄漏能量，也可用于个人防护。

(七)采用机械化与自动化作业，实行距离防护

从理论上分析，感应电磁场与距离的平方成反比，辐射电磁场与距离成反比。因此可知，屏蔽间距愈大，电磁场强度的衰减幅度愈大。所以，加大作业距离可提高屏蔽效果。

(八)滤波

即使系统已经有合适的设计和安排，并考虑了恰当的屏蔽和接地，但仍然有泄漏的能量进入系统，使其性能恶化或引起故障。滤波器可以限制外来电流数值或把电流封闭在很小的结构范围内，从而把不希望传导的能量降低到系统能圆满工作的水平。确定设备滤波要求(或对前面述及的屏蔽、接地要求)的原始依据，是设计人员所采用的正式或非正式的技术规范。关键设备引线上允许的干扰电平必须在设计初期就加以规定，以使电路设计人员知道它们的分机所必须满足的条件。因此应在功能试验阶段和其他阶段连续地确定它们是否能符合这些技术规范的要求。然而，当必须采用滤波器的时候，应该注意避免由于各个设计组之间的不协调所引起的重复滤波。

(九)设备的正确使用

当设备投入使用前，必须结合工艺与加工负载，正确调整各项电气参数，最大限度地保证设备的输出匹配，使设备处于优良的工作条件下。同时，还要加强对设备的维护与保养。例如，10kW的高频设备，其阳极电流调整到0.8~1.5A之间，栅极反馈电流调整到150~300mA之间，属于正常范围。但在使用上，往往阳极电流大而栅极电流小，这表明了振荡部分本身的耗散功率高，从而使得加热效率很差。因此，为达到最佳的工作状态，即理想的匹配与耦合状态，要求调整阳极电流到谷点，栅极电流到峰点。但要注意工作频率不可过低或过高，若过高，则高频辐射所造成的散射功率过多；若过低，则涡流减小，加热效果差。

(十)加强个人防护

增强自我保护意识，加强自我防护。减轻电磁波污染的危害，有许多易于操作的措施。总的原则有二：其一，由于工作需要不能远离电磁波发射源的，必须采取屏蔽防护的办法；其二，尽量增大人体与发射源的距离。因为电磁波对人体的影响，与发射功率大小、发射源的距离紧密相关，它的危害程度与发射功率成正比，与距离的平方成反比。以移动电话为例，虽然其发射功率只有几瓦，但由于其发射天线距人的头部很近，其实际受到的辐射强度，却相当于距离几十米处的一座几百千瓦的广播电台发射天线所受到的辐射强度。好在人们使用的时间很短，一时还不会表现出明显的危害症状，但使用时间一长，辐射引起的症状将会逐渐暴露。有鉴于此，我们在平时工作和日常生活中，应自觉采取措施，减少电磁波的危害。如在机房等电磁场强度较大的场所工作的人员，应特别注意工作期间休息，可适当到远离电磁场的室外活动；家用电器不宜集中放置；观看电视的距离应保持在2~5m，并注意开窗通风；微波炉、电冰箱不宜靠近使用；青少年尽量少玩电子游戏机；电热毯预热后应切断电源；儿童与孕妇不要使用电热毯；平时应多吃新鲜蔬菜与水果，以增强肌体抵御电磁波污染的能力；积极采用个体防护装备。

(十一)加强城市规划与管理，实行区域控制

根据日本及其他国家的实践，应当强调工、科、医设备的布局要合理，凡是射频设备集中使用的单位，应划定一个确定的范围，给出有效的保护半径，其他无关建筑与居民住宅应在此范围之外建造。大功率的发射设备则应当建在非居民区和居民活动场所之外的地点，实行区域控制以及距离防护。全市应划分干净区、轻度污染区与严重污染区，确定重点，逐步加以改造与治理。进一步加强对无线电发射装置的管理，对电台、电视台、雷达站等的布局及新设台址的选择问题，必须严格执行我国制定的《关于划分大、中城市无线电收发信区域和选择电台场址暂行规定》。新建电台不宜建筑在高层建筑物的顶部。只有合理的布局，妥善地治理，加强城市规划与管理，努力实现电磁兼容，才是搞好电磁防治的关键。

第二节　高频辐射的屏蔽防护

屏蔽是防止电磁辐射的关键。最理想的是密封屏蔽包壳，而且屏蔽包壳要良好接地。但是，在实际屏蔽设计中，不可能完全按照理论要求进行理想屏蔽体的设计，只能按照理论要求做近似的屏蔽设计计算。为此，我们总结出屏蔽设计中带有规律性的普遍性原则，主要有：屏蔽材料与屏蔽材料规格的选择问题；屏蔽与场源间距的确定原则；屏蔽体的结构设计；接地设计基本条件等。我们将这些问题的解决和实践，称之为屏蔽技术。

屏蔽实质上是一种用以减小设备之间或既定设备内各部分之间辐射干扰的去耦技术。设备或组件机壳的屏蔽效果是多种参数的综合函数，其中最值得注意的参数是入射波的频率和波阻抗、屏蔽材料固有特性以及屏蔽体上不连续点的数量和形状。设备的设计过程包括：首先在推荐的屏蔽物的一侧设立一个不希望有的信号电平，在屏蔽体的另一侧测出容许的信号电平，然后调整屏蔽设计方案以达到获得必要的屏蔽效果的水平。

一、电磁屏蔽

(一)屏蔽目的与种类

电磁屏蔽的目的在于防止射频电磁场的影响，使其辐射强度被抑制在允许范围之内。要实现这一目的，就必须采用一切技术手段，将电磁辐射的作用与影响限制在所指定的空间范围之内。

一般屏蔽分为主动场屏蔽与被动场屏蔽两大类。屏蔽可采用金属材料，做成板状或网状的屏蔽结构，进行电磁辐射的抑制。此外，亦有采用金属与非金属构成复合材料进行防护的，均可获得良好的屏蔽效果。

1. 主动场屏蔽

场源位于屏蔽体之内，主要是用来防止场源对外的影响，使其不对限定范围之外的任何生物机体或仪器设备发生影响。主动场屏蔽，场源与屏蔽体的间距很小，屏蔽体要具有衰减量值很大的功能。因此，要求屏蔽体结构设计要合理，电气性能良好，并具有妥善的射频接地。例如，上一节谈到的高频振荡回路的屏蔽，高频输出变压器的屏蔽以及射频设备屏蔽室等。

2. 被动场屏蔽

场源位于屏蔽体之外，主要是用来防止外界电磁场对屏蔽室内的影响，使其不对限定范围之内的空间构成干扰与污染。被动场屏蔽，场源与屏蔽体的间距很大，且往往呈现未知场特点，其屏蔽室要求一点接地，例如，操作控制屏蔽室等属于这一类。

无论是主动场屏蔽，还是被动场屏蔽，均是利用屏蔽材料的反射效应与吸收效应。当电磁波从空气介质射入到金属屏蔽体表面时，在空气与金属体两种介质的接触面，将由于波阻抗的突然变化而引起波的反射。一般而言，频率愈高，金属材料的导电性愈好，则反射效应愈明显。而电磁波通过金属体表层进入其内部时，又将在金属体内部引起吸收衰减。衰减速度取决于衰减常数，衰减常数愈大则表示电磁波在金属体中衰减得愈快。按照常规情况分析，金属材料铜的导电率大于铁，因而铜的反射效能高于铁，而铁的吸收效能则又大于铜。因此，究竟是采用铜屏蔽还是铁屏蔽，要依据具体条件与要求决定。

(二)选择屏蔽方式的注意事项

1. 涂层薄膜屏蔽

薄层屏蔽(亦即屏蔽厚度小于电磁波在该材料中传播波长的 1/4)已经有多种形式的应用，其涉及范围从为了在装运和储存期间防护射频场所采用的金属化元件包装，一直到用于微电子工艺的真空镀覆屏蔽层。

2. 电缆屏蔽

(1)编织层(包括编结的或多孔的材料)可在不能采用实体材料制作屏蔽层的情况下用来屏蔽电缆。优点是成缆方便和重量轻。然而必须记住，当用于辐射场时，编结或编织材料的屏蔽效果随频率的增高而降低，而且，屏蔽效果将随编织密度增加而提高。编结屏蔽层覆盖的百分率是设计中的关键性参数。

(2)导管(不管是刚性的还是柔性的)可以用于武器系统的布缆和布线，使电缆免受电磁环境影响。刚性导管的屏蔽效果与同样厚度同种材料的实心板相同。链接式铠装或柔性导管在较低频率下可以提供有效的屏蔽作用，但当频率较高时，每两个铠装链节之间的缝隙可能呈现裂缝天线的性质，它将大大地降低屏蔽效果。如果必须采用链接式铠装导管，则它内部的所有布线都应该单独地加以屏蔽。屏蔽导管的性能恶化通常不是由于导管材料屏蔽性能不够，而是由于电缆屏蔽层的不连续性所造成的。这些不连续性通常是由屏蔽层的拼接或不适当的端接所引起的。

(3)注意电磁线圈或者有高启动电流的其他装置，也就是那些装有开关，通常会引起大幅度瞬变过程的装置。为了防护这类装置的能量，希望选用高磁导率屏蔽材料，由于这类材料在冷加工时会降低屏蔽特性，不能拉成管子，因此用退过火的金属带在电缆外面绕成连续覆盖层以获得足够的屏蔽效果。建议在其外面加上橡胶防护性涂层。

(4)通用屏蔽电缆的主要类型包括屏蔽单线，屏蔽多导线，屏蔽双绞线和同轴电缆。此外，通用电缆屏蔽层既有单层的也有多层的，屏蔽本身又有许多不同形式，并且有各种各样的物理特性。

(三)必要的观察孔

一般在观察孔上要进行屏蔽处理。可供选择的通用方案有:利用金属网状材料屏蔽,对应给予关注的组件加以屏蔽,并对该组件的所有引线进行滤波,可采用导电玻璃并缩小孔洞尺寸。

1. 在窗口上使用金属网以产生屏蔽效果。典型的金属网至少导致 15% ~ 20% 的光学损耗。在有些情况下，金属网能以相当低的成本提供良好的屏蔽效果。

2. 当采取内部屏蔽方案时，进入屏蔽组件的所有引线必须完善地滤波。必须选用不致使预期信号引起变换的滤波器。滤波器可以安装在被屏蔽组件的输入端，或者安装在外部引线上的任一点。然而，如采用后面这种方式，则必须在安装的滤波器和被屏蔽的组件之间保持屏蔽的完整性。

3. 涂有导电材料(如银)的玻璃可以在观察孔面上提供屏蔽作用，但光线透过时会有一些损耗。导电玻璃可以满足要求。

(四)实施屏蔽要点

1. 屏蔽高频电场应该用铜、铝和镁等良导体，以得到最高的反射损耗。

2. 屏蔽低频磁场应该用铁和镍金属等磁性材料，以得到最高的贯穿损耗。

3. 任何一种屏蔽材料，只要其厚度足以稳固地支撑自身，则一般也就能足以屏蔽电场。

4. 采用薄膜屏蔽层时，在材料的厚度低于 $\lambda/4$ (此波长在材料内部测得)的情况下屏蔽效果恒定，超过此厚度则显著增大。

5. 多层屏蔽(既可用于机壳也可以用于电缆的屏蔽)不但能够提供较高的屏蔽效果，而且能拓宽屏蔽的频率范围。

6. 在设计过程中，应该认真地对待所有的开口和间断点，以保证屏蔽效果的减弱程度降到最小，应该特别注意选择材料，使它不只适用于屏蔽，而且从电化学腐蚀观点看也应当是令人满意的。

7. 当系统设计的其他方面允许时，连续的对接或搭接式焊缝是最合乎需要的。重要的一点是要尽可能实现接缝处整个交接表面之间的紧密接触。

8. 待配合表面必须予以清洁而且不能有不导电涂层，除非接地工艺能绝对有效地贯穿该涂层。

9. 导电衬垫和指状弹簧片、波导衰减器、金属丝网和百叶窗，以及导电玻璃是可以保持机壳屏蔽效果的主要装置和手段。除屏蔽层的本身特性之外，在某些特定条件下所采用的设计方法还必须考虑空间利用率、经济性、空气环流、可见度等许多因素。

10. 屏蔽的目的是减小设备电磁干扰，应综合考虑可减小设备电磁干扰的每一种方法，比如滤波、接地和搭接等技术。

二、接地技术

(一)接地抑制电磁辐射的机理

射频接地是指将场源屏蔽体或屏蔽体部件内由于感应电流的产生而采取迅速的引流，造成等电势分布的措施。也就是说，高频接地是将设备屏蔽体和大地之间，或者与大地可以看成公共点的某些构件之间，用低电阻的导体连接起来，形成电气通路，造成屏蔽系统与大地之间提供一个等电势分布。

接地包括高频设备外壳的接地和屏蔽的接地。屏蔽装置有了良好的接地后可以提高屏蔽效果，以中波段较为明显。屏蔽接地除个别情况(如大型屏蔽室以多点接地)一般采用单点接地。高频接地的接地线不宜太长，其长度最好能限制在1/4波长以内，即使无法达到这个要求，也应避开1/4波长的奇数倍。

(二)接地系统

射频防护接地情况的好坏，直接关系到防护效果。射频接地的技术要求有：射频接地电阻要尽可能小，接地线与接地极用铜材为好，接地极的环境条件要适当，接地极一般埋设在接地井内。

接地系统包括接地线与接地极。任何屏蔽的接地线都要有足够的表面积，要尽可能地短，以宽为10cm的铜带为好。

接地极主要有三种方式：接地铜板、接地格网板、嵌入接地棒。

地面下的管道(如水管、煤气管等)是可以充分利用的自然接地体。这种方法既简单又节省费用，但是接地电阻较大，只适用于要求不高的场合。

三、滤波

滤波是抑制电磁干扰最有效的手段之一。线路滤波的作用就是保证有用信号通过，并阻截无用信号。电源网络的所有引入线，在其进入屏蔽室之处必须装设滤波器。若导线分别引入屏蔽室，则要求对每根导线都必须进行单独滤波。在对付电磁干扰信号的传导和某些辐射干扰方面，电源电磁干扰滤波器是相当有效的器件。

滤波器是由电阻、电容和电感组成的一种网络器件。滤波器在电路中的设置位置是各式各样的，其设置位置要根据干扰侵入的途径确定。

四、其他措施

1. 采用电磁辐射阻波抑制器，通过反作用场在一定程度上抑制无用的电磁散射。

2. 在新产品和新设备的设计制造时，尽可能使用低辐射产品。

3. 从规划着手，对各种电磁辐射设备进行合理安排和布局，并采用机械化或自动化作业，减少作业人员自接进入强电磁辐射区的次数或工作时间。

除上述防护措施外，加强个体防护，通过适当的饮食，也可以抵抗电磁辐射的伤害。

五、广播、电视发射台的电磁辐射防护

广播、电视发射台的电磁辐射防护首先应该在项目建设前，以《电磁辐射防护规定》(GB 8702—88)为标准，进行电磁辐射环境影响评价，实行预防性卫生监督，提出包括防护带要求等预防性防护措施。对于业已建成的发射台对周围区域造成较强场强，一般可考虑以下防护措施：

1. 在条件许可的情况下，采取措施，减少对人群密集居住方位的辐射强度，如改变发射天线的结构和方向角。

2. 在中波发射天线周围场强大约为15V/m，短波场强为6V/m的范围设置一片绿化

带。

3. 调整住房用途，将在中波发射天线周围场强大约为 10V/m，短波场源周围场强为 4V/m的范围内的住房，改作非生活用房。

4. 利用建筑材料对电磁辐射的吸收或反射特性，在辐射频率较高的波段，使用不同的建筑材料，包括钢筋混凝土，甚至金属材料覆盖建筑物，以衰减室内场强。

第三节 微波辐射的安全防护

一、微波辐射通用抑制措施

(一)利用吸收材料进行防护

对于射频电磁场，特别是微波辐射，采用能量吸收材料进行防护，是一项有效的措施。目前，在微波防护上，通常有两种方案应用最多：第一种是仅用吸收材料，将辐射波能吸收掉；第二种是将吸收材料与屏蔽材料叠加复合在一起，以吸收波能，并防止透射。

吸收方案是应用吸收材料作为防护措施，一般多用在微波设备调机防护上。微波设备调试时，要求在场源附近就能把辐射波大幅度地衰减下来，以防止对较大范围的污染。为此，可在场源周围敷设吸收材料，在主要辐射方位上使用波能吸收装置(如功率吸收器等)。实际上应用的吸收材料种类较多，如加入铁粉、石墨的塑料、橡胶、胶木和陶瓷及木材和水等物质。我们曾对某种吸收材料进行了分析，其吸收效率在 80%以上。应用等效天线吸收辐射能量的方法，也有良好效果，可以采用。

(二)利用等效负载

利用等效负载是直接减少微波设备最强辐射源的最有效措施。在可能的情况下，尽量多利用等效天线或将大功率吸收负载设置在适当部位，减少微波从天线的直接辐射，这样在工作场地附近仅存在泄漏功率，一般为数十微瓦/平方厘米。

(三)实行屏蔽

可以建造金属屏蔽室防止漏能或微波辐射。如某厂 2 号天线向某房顶辐射，其场强为 $60\mu W/cm^2$，而建造屏蔽室后，房顶上屏蔽室内顶部场强衰减到接近于 0。

除屏蔽室外，还可采用屏蔽墙。金属屏蔽墙若有足够的面积置于微波设备与工作人员或其他工作场地之间时，可以有效地防止微波向上述场所的辐射。例如，某厂 12 号机调试时，在屏蔽墙前空间场强为 $80\mu W/cm^2$，而屏蔽墙后几乎检测不到微波辐射。

(四)防磁控管的阴极漏能

目前，微波加热方面使用的微波管大部分是磁控管。当使用磁控管时，微波能量很容易从阴极部位泄漏出来。为了防止上述漏能，可以在磁控管管内阴极陶瓷筒内加装扼流筒，扼流筒高度为波长的 1/4。

另外，也可以在磁控管上加装金属罩予以屏蔽。为了维持阴极与灯丝等负高压部件和大地之间的高度绝缘，可在屏蔽罩上安装耐高压的穿心电容，灯丝引线从穿心电容内引出。如高功率试验时，有一种管子不加屏蔽时辐射强度为 $3mW/cm^2$，加铝罩后降为 $750\mu W/cm^2$。

(五)加大微波场源与人体的间距

由于微波辐射能量有随间距的加大而衰减的规律，且波束方向狭窄传播集中。因此，可以结合工作场地的合理布局，千方百计地加大微波场源(如天线)与工作人员或生活区的距离，达到防护的目的。如某天线架在三楼顶上后，大大减少了对厂区地平面内的辐射量，在距天线 2m 的同一水平处功率密度为 16mW/cm^2，而在距天线下约 3 ~ 4m 处只有 5μW/cm^2。

(六)合理设计排湿孔和观察孔

各类加热器在干燥物料过程中，必然要随时地将加热器内部由于物料干燥放出的水蒸气及时排出加热器外，所以一般加热器均设有排湿孔。为防止微波从排湿孔中泄漏，要求孔径不应超过 1/40 波长。

在屏蔽实践中，对洞孔或缝隙的处理，在感应场中由于频率低波长长，虽然要求不十分严格，但处理得不当，也会影响屏蔽效能。由于在屏蔽罩上出现了洞孔或缝隙，破坏了屏蔽壳体的连续性，就迫使屏壁上的感应电流在洞孔或缝隙处产生途径迂回，使感应电流不能畅流，从而减弱了所产生的反向磁场，降低了屏蔽效果。所以，按这种迂回电流观点，窄长缝隙要比同样面积的圆洞孔或方形洞孔影响严重，一个大圆孔或方洞孔要比同样面积的若干小洞孔影响严重。随着频率的升高，这种情况更为明显。其实在感应场防护中，在屏蔽体上开 10cm 的圆孔，电磁泄漏并不严重。对电场来说，屏蔽体上开孔缝，问题不是很大，主要是由于波长长的缘故，但对磁场来说，磁力线容易绕出来。在特殊的条件下，为了减少屏蔽体的发热，破坏强大的涡流而将屏蔽体分成两半。不过在屏蔽体上开一条缝，将引起缝隙两端的严重发热。这是因为：感应电流受阻，迂回集中流向开口缝隙的两端。所以在实际制作中，应尽量减少不必要的洞孔和缝隙，有时为了观察加工件加热情况，可以开个洞孔，但洞孔不宜太大，洞孔大了将成为一个有效的辐射振子，向外大量地辐射电磁波。所以对微波而言，要求孔径不应超过 1/40 波长。

二、微波设备的电磁辐射防护

为了防止和避免微波辐射对环境的污染而造成公害，影响人体健康，在微波辐射的安全防护方面，主要的措施有以下三方面。

(一)减少源的辐射或泄漏

根据微波传输原理，采用合理的微波设备结构，正确设计并采用适当的措施，完全可以将设备的泄漏水平控制在安全标准以下。在合理设计和合理结构的微波设备制成之后，应对泄漏进行必要的测定。合理使用微波设备，为了减少不必要的伤害，规定维修制度和操作规程是必要的。

在进行雷达等大功率发射设备的调整和试验时，可利用等效天线或大功率吸收负载的方法来减少从微波天线泄漏的直接辐射。利用功率吸收器(等效天线)可将电磁能转化为热能散掉。

(二)实行屏蔽和吸收

为防止微波在工作地点的辐射，可采用反射型和吸收型两种屏蔽方法。

1. 反射微波辐射的屏蔽

使用板状、片状和网状的金属组成的屏蔽壁来反射散射微波，可以较大地衰减微波辐射作用。一般来说，板片状的屏蔽壁比网状的屏蔽壁效果好，也有人用涂银尼龙布来屏蔽，亦有不错的效果。

2. 吸收微波辐射的屏蔽

对于射频，特别是微波辐射，也常利用吸收材料进行微波吸收。吸收材料是一种既能吸收电磁波，又是对电磁波的发射和散射都极小的材料。目前，电磁辐射吸收材料可分为两类：一类为谐振型吸收材料，是利用某些材料的谐振特性制成的吸收材料，这种吸收材料厚度小，对频率范围较窄的微波辐射有较好的吸收效率。另一类为匹配型吸收材料，是利用某些材料和自由空间的阻抗匹配，达到吸收微波辐射能的目的。

人们最早用的吸收材料是一种厚度很薄的空隙布，这层薄布不是任意的编织物，它具有377Ω·m的表面电阻率，并且是用碳或碳化物浸过的。

如果把炭黑、石墨羧基铁和铁氧体等，按一定的配方比例填入塑料中，即可以制成较好的窄带电波吸收体。为了使材料具有较好的机械性能或耐高温等性能，可以把这些吸收物质填入橡胶、玻璃钢等物体内。

微波吸收的方案有两个：一是仅用吸收材料贴附在罩体或障板上将辐射电磁波能吸收；二是把吸收材料贴附在屏蔽材料罩体和障板上，进一步削弱射频电磁波的透射。

微波炉吸收电磁波的应用如下：微波炉在使用时会产生电磁波。通常，微波炉的炉体和炉门之间，是可能泄漏电磁能的主要部位。在其间装有金属弹簧片以减小缝隙，然而这个缝隙减小是有限度的，由于经常开、关炉门，而且附有灰尘杂物和金属氧化膜等，使微波泄漏仍然存在。为此，人们采用导电橡胶来防止泄漏。但由于长期使用，重复加热，橡胶会老化，从而失去弹性，缝隙又出现了。目前，人们用微波吸收材料来代替导电橡胶，这样一来，即使在炉门与炉体之间有缝隙，也不会产生微波泄漏。这种吸收材料是由铁氧粉与橡胶混合而成，它具有良好的弹性和柔软性，容易制成所需的结构形状和尺寸，使用时相当方便。

(三)微波作业人员的个体防护

必须进入微波辐射强度超过照射卫生标准的微波环境操作人员，可采取下列防护措施。

1. 穿微波防护服

根据屏蔽和吸收原理设计成三层金属膜布防护服。内层是牢固棉布层防止微波从衣缝中泄漏照射人体；中间层为涂金属的反射层，反射从空间射来的微波能量；外层为介电绝缘材料，用以介电绝缘和防蚀，并采用电密性拉锁，袖口、领口、裤角口处使用松紧扣结构。也可用直径很细的钢丝、铝丝、柞蚕丝、棉线等混织金属丝布制作防护服。

现在有采用将银粒经化学处理，渗入化纤布或棉布的渗金属布防护服，使用方便，防护效果较好，但银来源困难且价格昂贵。

2. 带防护面具

面具可制作成封闭型(罩上整个头部)或半边型(只罩头部的后面和面部)。

3. 带防护眼镜

眼镜可用金属网或薄膜做成风镜式，较受欢迎的是金属膜防目镜。

参 考 文 献

1 李耀中主编．声控制技术．北京：化学工业出版社，2001
2 陈湘筑主编．环境工程基础．武汉：武汉理工大学出版社，2003
3 张宝杰等编．环境物理性污染控制．北京：化学工业出版社，2003
4 洪宗辉主编．环境噪声控制工程．北京：高等教育出版社，2000
5 刘惠玲主编．环境噪声控制．哈尔滨：哈尔滨工业大学出版社，2002
6 衬秀娟主编．实用噪声与振动控制．北京：化学工业出版社，1996
7 赵良省主编．噪声与振动控制技术．北京：化学工业出版社，2004
8 盛美萍，王敏庆，孙进才编．噪声与振动控制技术基础．北京：科学出版社，2001
9 W.B.MANN,A.RYTI,A.SPERNOL 著，卞祖合等译．放射性测量原理与实践．合肥：中国科技大学出版社，1992
10 姜海涛，郭秀兰，吴成祥编著．环境物理学基础．北京：中国展望出版社，1987
11 约翰.H.哈利编．程荣林，王作元，朱昌寿等译．环境放射性监测技术手册．卫生部工业卫生实验所，1976
12 俞誉福编著．环境放射性概论(第1版)上海：复旦大学出版社，1993
13 M．姆拉杰诺维奇．王选廷，刘书田，徐新译．放射性同位素和辐射物理学导论(第1版)．北京：原子能出版社，1986
14 卢玉楷，马崇智，姚历农等著．放射性核素概论(第1版)．北京：科学出版社，1987
15 于孝忠，吕国刚，张觐等编．核辐射物理学(第2版)．北京：原子能出版社，1986
16 丁绪荣主编．普通物理教程——电法及放射性(第1版)．北京：地质出版社，1984
17 吴成祥，李彦主编，环境放射学．北京：中国环境科学出版社，1991
18 万本太主编．突发性环境污染事故应急监测与处理处置技术．北京：中国环境科学出版社，1996
19 杨俊诚，张骏译．放射性核素释放事故情况下的农业对策指南．北京：中国环境科学出版社，2000
20 高米力主编．放射性与环境．北京：中国环境科学出版社，1989
21 黄祖洽主编．探索原子核的奥秘．长沙：湖南教育出版社，1994
22 林文廉主编．让射线造福人类．北京：北京师范大学出版社，1997
23 田立泉，张忠卫，刘辉著．浅析放射源的可能危害．河北环境科学，2001，001 (001)：17－19
24 顾景智著．大亚湾核电站放射源和放射性物品的监管．辐射防护通讯，2002，022 (004)，44－45
25 姜建其著．秦山核电厂放射源管理经验．辐射防护通讯，2002，022 (001)，24－26
26 郭志锋，伍浩松著．国际原子能机构要求运输部门执行辐射防护要求，国外核新闻，2003，000 (011)，26－28
27 奚旦立等主编．环境监测．北京：高等教育出版社，1996
28 中华人民共和国环境保护行业标准．核设施水质监测采样规定(HJ/ 21—1998)
29 汪晶，阎雷生编著．环境样品前处理规范详解．北京：化学工业出版社，1994
30 李爱武主编．高灵敏度的放射性气溶胶连续监测仪．核电子学与探测技术，2001，21：5
31 关于调整和加强全国放射性污染监测工作的通知．www. sxwsjd. com 山西卫生监督网．2002，5，20
32 国家环境保护总局科技标准司编．核辐射与电磁辐射分册．北京：中国环境科学出版社，2001
33 赵玉峰主编．现代环境中的电磁污染．北京：电子工业出版社，2003